风景园林工程项目管理

雷凌华　主　编
许冲勇　胥应龙　戴庆敏　副主编
唐京华　主　审

中国建筑工业出版社

图书在版编目（CIP）数据

风景园林工程项目管理 / 雷凌华主编. — 北京：中国建筑工业出版社，2018.8（2024.2重印）
ISBN 978-7-112-22509-5

Ⅰ.①风… Ⅱ.①雷… Ⅲ.①园林 — 工程项目管理
Ⅳ.① TU986.3

中国版本图书馆CIP数据核字（2018）第173111号

本书根据国际及国家最新规范标准及国内外工程项目管理技术最新发展动态编写而成，全书共分11章，系统地介绍了风景园林工程项目管理的管理基础、组织管理、前期决策管理、招投标管理、合同管理、勘察设计管理、进度管理、施工成本管理、施工质量管理、收尾管理以及安全管理，理论与实践相结合。《风景园林工程项目管理》可作为高等院校风景园林、园林、景观设计及相关专业学生学习用书，也可供大专院校项目管理、园林工程技术、园林工程管理、旅游规划设计专业人员阅读和参考，还可供工程施工、设计及管理人员使用。

责任编辑：田启铭　兰丽婷
责任校对：王　瑞

风景园林工程项目管理
雷凌华　主　编
许冲勇　胥应龙　戴庆敏　副主编
唐京华　主　审
*
中国建筑工业出版社出版、发行（北京海淀三里河路9号）
各地新华书店、建筑书店经销
建工社（河北）印刷有限公司印刷
*
开本：787×1092毫米　1/16　印张：24½　字数：640千字
2018年8月第一版　2024年2月第六次印刷
定价：75.00元
ISBN 978-7-112-22509-5
（32552）

前 言

风景园林学于2011年升为国家一级学科。风景园林是以风景园林植物、风景园林材料为基础，立足于场地及其环境状况，运用景观生态学、风景园林艺术原理对场地进行科学、系统、规范、合理的布局，通过科学高效的风景园林工程项目管理技术重塑起与城乡发展相协调、生态功能优先、环境优质的生态系统，使人们生活更舒适、更健康。风景园林目标的实现，其规划设计是先导，风景园林工程项目管理是保证，因此，为了培养风景园林工程建设领域合格人才，我国许多高等院校园林及风景园林等相关专业本科生教育多开设了（风景）园林工程项目管理课程，且部分院校将（风景）园林工程项目管理作为专业的主干课程。同时，（风景）园林工程项目管理水平已经成为注册建造师、注册监理工程师、注册造价师、注册咨询工程师等专业人员知识和能力结构及执业能力的重要体现。

本书是在总结建设工程项目管理的长期教学经验、我国工程项目管理实践经验的基础上，依据高等学校工程管理专业指导委员会所制定的工程管理专业培养方案，基于《建设工程项目管理规范》GB/T 50326—2017 和美国项目管理协会（Project Management Institute, PMI）颁发的《项目管理知识体系指南》(PMBOK 指南)（第6版）的原理和方法、2004年建设部《建设工程项目管理试行办法》，以及住房和城乡建设部2008年制定的《关于大型工程监理单位创建工程项目管理企业的指导意见》、2017年出台的工程项目总承包国家标准《建设项目工程总承包管理规范》GB/T 50358—2017 及《建设工程项目管理规范》GBT 50326—2017，同时参考注册建造师、注册监理工程师、注册造价师、注册咨询工程师等执业考试要求，根据风景园林学科特点、专业特点、行业特点，结合应用型本科专业学生的培养目标编写而成。

本书由雷凌华担任主编。参加本书编写的人员为：雷凌华（第1章，第2章，第3章3.4、3.5，第5章，第6章及第11章11.2、11.3、11.4、11.5、11.6），许冲勇（第9章，校正由杨承清完成），唐世斌（第8章），胥应龙（第10章），焦丽（第3章3.1、3.2、3.3），戴庆敏（第7章），李婷（第4章，校正与制图由杨承清完成），朱强根（第11章11.1）。全书由雷凌华负责总体策划、构思、统稿和修正，唐京华主审，宋艳冬校对。

在此要特别感谢出版社领导和编辑为本教材的出版所付出的艰辛工作，感谢湖南建科园林有限公司陈琼琳总经理的指导，同时还要感谢本书所有参考著作的编著者们及论文的原创者们，正是由于这些专家、学者的无私奉献才能让本书的撰写得以顺利完成。

由于风景园林工程项目管理尚处于发展阶段，尽管通过我们的努力完成了本书的编写，限于风景园林工程项目领域的学识水平，本书的编写难免有疏漏之处，甚至错误之处，敬请各位读者、同行批评指正，对此我们将不胜感激。

雷凌华

2018年5月

目　录

第 1 章　风景园林工程项目管理基础

学习目标

通过本章的学习，理解项目、工程项目、施工项目、风景园林工程项目及其相关项目管理等概念的内涵及特点，理解风景园林工程项目的生命周期及各阶段的主要管理内容，熟悉风景园林工程项目的建设程序以及各参与方的责任与义务，把握风景园林工程项目管理的发展动态。

1.1 风景园林工程项目

1.1.1 项目

1. 项目的定义

项目的概念非常宽泛，自从人类开始开展有组织的活动以来，各类的项目就普遍存在于社会经济和文化生活的方方面面。科研项目、咨询项目、规划项目、工程项目、网络项目、航天项目、通讯项目、军事项目、开发项目等等，不一而足，人类一直在计划并执行着各种类型的项目。因此，项目来源于人类有组织的活动的分化。

关于项目的内涵，众说纷纭，目前暂还没有形成完全统一的看法。主要有以下几种典型观点：

（1）美国项目管理协会（PMI）对项目的定义为：项目是为完成某项独特产品或服务以达到一个独特的目的而所做的一次性努力。

（2）英国标准协会（British Standards Institution，BSI）对项目的定义为：具有明确的开始和结束点、由某个人或某个组织所从事的具有一次性特征的一系列协调活动，以实现所要求的进度、费用以及各功能因素等特定目标。

（3）国际质量管理标准 ISO10006 将项目定义为：由一系列有开始和结束时间、相互协调的受控活动所组成的独特性过程，实施该过程是为了达到符合规定要求的目标，包括时间、费用和资源等约束条件。

（4）德国标准化学会（Deutsches Institut für Normung，DIN）定义项目为：项目是指在总体上符合如下条件的具有唯一性的任务（计划）：具有预定的目标；具有时间、财务、人力和其他限制条件；具有专门的组织。

（5）《中国项目管理知识体系（修订版）》C-PMBOK 2006 对项目定义为："项目是创造独特产品、服务或其他成果的一次性工作任务。"

从以上定义可以看出，项目包含三个方面的含义：第一，项目是一项有待完成的、临时性的、一次性的、有限的任务，这是项目的主要特征，也是识别项目的主要依据；第二，在一个临时性、富弹性、开放性的组织机构内，在特定的环境与要求下利用有限资源（人力、物力、财力等），在规定的时间内完成独特的任务；第三，任务要满足一定时间、性能、质量、数量、技术指标等要求，满足成果性目标和约束性目标的既定要求。

2. 项目的特征

（1）一次性。项目具有明确的进度目标要求，有明确的开始时间和结束时间。一旦项目的任务完成（或因项目目标不能实现而中止），项目即告结束，一般也不能重复。

（2）唯一性。每个项目的内涵是唯一的或专门的，它所提供的产品或服务或成果具有排他性，即使形态相同或性能相似，但因所处地点、时间、环境、自然条件、社会条件等等的不同而有所差异。因此，项目具有自身所独有的唯一性。

（3）明确性。项目具有一个期望明确的结果或产品或服务目标，该目标有确定的终点，其终点包含项目的任务范围、时间进度、功能要求和投资成本等成果性目标和约束性目标的控制域目标。成果性目标是指项目完成后必须满足的质量或功能要求。约束性目标是指项目在实施过程中可能受到的限制，包括进度、投资、技术、人员、材料、机械设备等等的限制。

一般来说项目主要包括质量（或功能要求）、进度和投资三大目标，如图1-1所示。其中质量（或功能）目标是关于项目效果（effectiveness）的性能指标，保证项目能够发挥既定功能，获得预想的结果。而进度和投资目标是关于项目效率（efficiency）的约束指标，即以正确、高效、经济的方式实施项目。项目的三大目标相互依赖、相互矛盾，统一于项目目标体中。因此，在确定项目目标时必须立足于全局，兼顾成效、效率和效益，保证各项目目标处于合理的均衡状态。

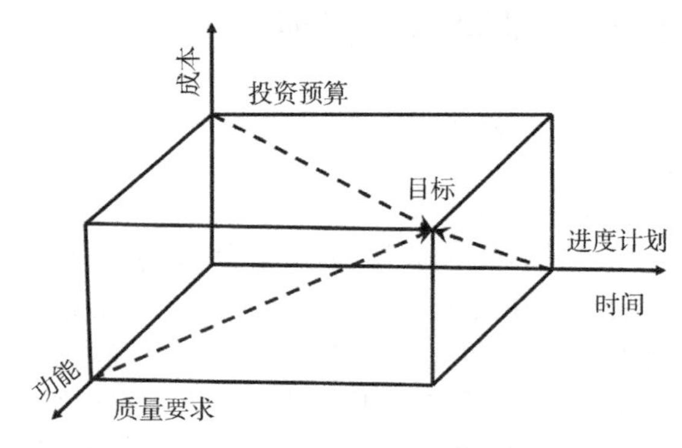

图1-1 项目的主要目标

（4）时限性。项目都有明确的时间计划或有限的寿命。项目从开始到结束，必然要经历一定的时间阶段，就是项目的生命周期。对工程项目来说就是项目的建设周期。

（5）不可逆性。项目不同于其他事情可以试做，也不同于一般的工业产品的生产加工那样质量不行可以重来。项目一旦在一定条件下启动，就需要运用各种资源来执行任务，保证项目目标的有效实现。项目目标一经实现（包括有缺陷实现）就不能推倒重来，即使项目目标失败了也就永远失去了重新进行原项目的机会。

（6）不确定性。为保证项目目标能够顺利实现，项目实施前就需要根据项目的资源状况制订详细的执行计划，而执行计划是建立在各种各样的假设和预估的基础之上。也就是说，项目的执行要通过按照预先设定的进度计划以一定的顺序完成一系列相互关联的独特的活动任务，每项活动任务将需要耗用一定的时间、一定的资源、一定的成本，所有这些都需要根据项目目标进行阶段性预估和总的预估，根据获取这些资源的能力进行可得性的假定，以便保证项目目标的实现。这些预估与假定在一定程度上给项目的实施带来了较大的不确定性，对项目能否成功实现预期目标具有较大的影响。

3. 影响项目目标实现的因素

项目在实施过程中是否能够达到预期目标通常受以下四个因素的制约。

（1）项目范围。项目范围也称工作范围，即为完成项目预期目标而必须做的所有工作。项目是由一系列活动所组成的，这些活动相互关联、相互影响，而各项活动的完成都有其特定的要求。在项目实施过程中如果有一项活动或工作没有完成或者达不到预期目标要求，就有可能对整个项目产生影响。因此，在项目实施前了解项目的范围是非常必要的。

（2）项目进度计划。项目进度计划是每项活动应当何时开始或何时结束的具体的时间安排。在项目范围确定以后就必须根据项目目标制订项目范围内各项活动的具体实施时间。

（3）项目成本。项目成本是项目业主为实现一个可接受的设想目标物所投入的费用。项目成本是以预算为基础，预算是对完成项目相关系列活动所需的各种资源有关的成本估计，它可能包括支付人工工资、材料、设备和安装费用，以及与项目实施有关的其他费用等。

（4）客户满意度。任何项目目标都要在一定的时间和在投资预算范围内完成工作任务，并使客户满意。项目管理人员需要随时与客户沟通，使客户随时掌控项目进展状况，并决定是否需要对预期目标进行修正。

为确保项目的成功完成，在项目实施前必须制订一份详细的项目实施计划，该计划应当包括所有的工作任务、相关实施成本以及为完成这些任务所需时间的估计。

在项目实施过程中可能会发生前期所无法预见的情况，影响项目目标中有关工作任务、成本和进度计划的实现。项目管理者的主要任务就是预测、防止、调整项目实施过程中影响项目任务执行的各种情况的发生，以及情况发生后如何使其对项目的影响最小化。

4. 项目的生命周期

任何项目都是唯一的努力，因而项目包括一定程度的不确定性。每个项目通常都分为多个项目阶段（project phase）。项目阶段的集合组成一个项目生命周期（project life cycle）。

项目阶段随项目的复杂性以及工程项目所属行业的不同而不同。通常可以分为 4 ～ 6 个项目阶段。如一个典型的软件开发项目包含需求分析、框架设计、详细设计、编程、测试安装和交付运行 6 个项目阶段；工程项目一般包括前期策划、设计、建设、交付使用 4 个项目阶段。项目阶段数目没有明确限制，根据项目生命周期四阶段理论，典型的项目阶段包括以下 4 个：

概念（concept）：包括确定项目需求和项目选择；

开发 / 规划（development/planning）：主要针对项目需求和项目选择制定项目计划；

实施 / 执行（implementation/executing）：包括项目实施和项目控制；

交付 / 运行（delivery/operation）：包括项目收尾和项目评价。

概念与开发阶段也称为项目可行性阶段（project feasibility phase）。项目可行性阶段一般占总的项目周期的 25%（其中概念阶段约占 5%，开发阶段约占 20%）。项目可行性阶段对于项目的成功至关重要。

实施与交付 / 运行阶段也称为项目获得阶段（project acquisition phase）。项目获得阶段一般占总的项目周期的 75%（其中实施 / 执行阶段约占 74%，交付 / 运行阶段约占 1% 甚至更低）。

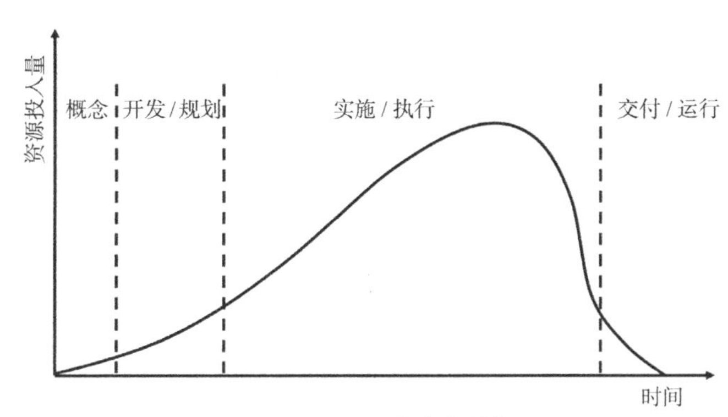

图 1-2　项目的生命周期

项目生命周期划分如图 1-2 所示。

项目生命周期具有以下特点：

（1）项目资源的配置（包括成本和配备的人员等）在项目可行性阶段刚开始启动时较低，随着项目的进展投入也逐渐增多，并在项目获得阶段达到最高峰，在项目接近收尾时快速降低。

（2）成功完成项目的概率在项目任务开始启动执行时最低，项目风险和不确定性也最高。

（3）项目纠错成本随项目的开展而逐渐急剧增长。

1.1.2 工程项目

1. 工程项目的概念

工程是一个很宽泛的概念，人们常把一些内容复杂，且具有系统性的项目都称为工程。如航天工程、三峡工程、北京奥运工程、上海世博工程、生态修复工程、扶贫工程等等。

工程项目是指通过一定的投资，经过决策和实施（设计、施工等）等一系列程序，在一定的约束条件下以形成固定的有形目标物为明确目标的一次性任务。

工程项目是最为常见、最为典型、最为重要的项目类型，它属于投资项目中最重要的一类，是一种既有投资行为又有建设行为的项目决策与实施活动，是工程建设的产成品，亦是项目管理的重点。

工程项目具有特定的对象，它以形成固定的有形目标物为目的，由建筑、工器具、材料设备购置、安装、技术改造活动以及与此相联系的其他活动内容构成。它是以实物形态表示的具体项目，如修建三峡工程、建设迪斯尼乐园等。

一般来说，投资与建设密不可分，投资是项目建设的起点，没有投资就不可能进行建设，反过来，没有建设行为，投资的目的就不可能实现。建设过程实质上是投资的决策和实施过程，是投资目的的实现过程，是把投入的货币转换为实物资产的经济活动过程。

2. 工程项目的特点

（1）具有特定的对象

工程项目的对象是有着特定要求的工程技术系统。

特定要求通常可以用一定的功能（如产品的产量或服务能力）要求、实物工程量、质量、技术标准等指标表达。

工程技术系统决定了工程项目的范围，它在项目的生命周期中经历了由构思到实施、由总体到具体的过程。通常，它在项目的前期策划和决策阶段概念上被确定；在项目的设计和计划阶段被逐渐分解、细化和具体化，通过项目任务书、设计图纸、规范、实物模型等定义和描述，通过工程的施工过程一步步形成工程的实体，最终形成一个具有完备的使用功能的工程技术系统，并在运行（使用）过程中实现它的价值。

任何项目都有具体的对象。项目对象确定了项目的最基本特性，同时它又确定了项目的工作范围、规模及界限。通常，工程项目的对象在项目前期策划和决策阶段得到确定，在项目的设计和计划阶段被逐渐分解、细化和具体化，并通过项目的施工过程一步步得到实现，在运行（使用）中实现价值。工程项目的对象通常由可行性研究报告、项目任务书、设计图纸、规范、实物模型等定义和说明。

（2）有时间限制

任何项目不可能无限期延长，否则这个项目无意义。工程项目的时间限制不仅确定了项目的生命期限，而且构成了工程项目管理的一个重要目标。项目的实施必须在一定的时间范围内进行。

（3）有资金限制和经济性要求

任何工程项目都不可能没有资金上的限制，往往必须按投资者（企业、国家、地方等）

所具有的或能够提供的财力策划相应范围和规模，安排工程项目的实施计划，进而按项目实施计划安排资金计划，并保障资金供应，以尽可能少的费用消耗（投资、成本）完成预定的工程目标，达到预定的功能要求。

现代工程项目资金来源渠道较多，投资呈多元化，人们对工程项目的资金限制越来越严格，经济性要求也会越来越高。资金和经济性问题已成为现代工程项目能否立项，能否取得成功的关键。这就要求尽可能做到全面的经济分析，精确的预算，严格的投资控制。

（4）一次性

任何工程项目作为总体来说是一次性的，不重复的。它经历前期策划、批准、设计和计划、施工、运行的全过程，最后结束。

工程项目的一次性是工程项目管理区别于企业管理最显著的标志之一。

（5）特殊的组织和法律条件

由于社会化大生产和专业化分工，现代工程项目参与者较多，对于大型工程可能有几百个甚至几千个单位和部门参加，需要严密的、特殊的组织形式。

工程项目参加单位之间主要以合同为纽带，以经济合同作为分配工作、划分责权利关系的依据，通过合同和项目管理规范实现单位协调，作为最重要的组织运作规则。

工程项目适用与其建设和运行相关的法律条件，例如建筑法、合同法、环境保护法、税法、招标投标法、城市规划法等。

企业组织结构是相对稳定的，而工程项目组织是一次性的，随项目的确立而产生，随项目结束而消亡，是多变的、不稳定的。由于工程项目组织和法律条件的特殊性，合同对项目的管理模式、项目运作、组织行为、组织沟通有很大的影响。合同管理在工程项目管理中有着特殊的地位和作用。

（6）复杂性和系统性

工程项目投资大，规模大，范围广，科技含量高，由多专业组成，参加单位多，参与工程项目建设的各有关单位之间的沟通、协调困难多、难度大，是复杂的系统工程，往往受多目标限制。

工程项目经历构思、决策、设计、计划、采购供应、施工、验收到运行的全过程，项目使用期长，对全局影响大。

现代工程项目常常是集研究过程、开发过程、工程施工过程和运行过程于一体，而不是传统意义上的仅按照设计任务书或图纸进行工程施工的过程。

现代工程项目的资本组成方式（资本结构）、管理模式、组织形式、承包方式、合同形式丰富多彩。

（7）风险性

由于工程项目的复杂性、项目建设的一次性，加上工程项目投资大、建设周期长、建设过程中各种不确定因素多，因此工程项目在实施过程中存在较大风险。

（8）资源环境的限制

工程项目既受诸如劳动力、材料和设备的供应条件和供应能力的限制，受技术条件与信息资源的限制，也受自然条件的约束，包括气候、水文和地质条件，地理位置、地形和现场空间的制约，还受政治、经济、法律和社会情况的约束，如环境保护法对工程施工和运行过程中废弃物排放标准的规定，招标投标法的规定，劳动保护法的规定等。

3. 工程项目的生命期

项目的时间限制和一次性决定了项目的生命期。

项目阶段随项目的复杂性或所属行业的不同而不同。根据项目管理知识体系（Project Management Body of Knowledge, PMBOK）的规定，典型的项目阶段包括概念（concept）；开发/规划（development/planning）；实施/执行（implementation/executing）；交付/运行（delivery/operation）4个阶段。

反映在工程项目上，概念阶段包括一般机会研究，特定项目机会研究，方案策划，初步可行性研究，详细可行性研究，项目评估，商业计划书编写，要素分层，方案比较，资金的时间价值、评价指标体系、项目财务评价，国民经济评价，强化项目可行性的论证。

开发阶段包括项目背景描述、目标确定、范围规划、范围定义、工作分解、工作排序、工作延续时间估计、进度安排、资源计划、费用估计、费用预算、质量计划、质量保证、强化项目规划等。

实施阶段包括采购规划、招标采购的实施、合同管理基础、合同履行和收尾、实施计划、安全计划、项目进展报告、进度控制、费用控制、质量控制、安全控制、范围变更控制、生产要素管理、现场管理与环境保护等，强化对项目的控制。

交付阶段包括范围确认、质量验收、费用决算与审计、项目资料与验收、项目交接与清算、项目审计、项目后评价等。

与此对应，工程项目生命期可以分为以下四个阶段：

（1）项目的前期策划和决策阶段（概念阶段）。这个阶段从项目构思到批准立项为止。

（2）项目的设计与计划阶段（开发阶段）。这个阶段从批准立项到现场开工为止。

（3）项目的施工阶段（实施阶段）。这个阶段从现场开工直到项目的可交付成果完成，工程竣工并通过验收为止。

（4）项目的交付运行阶段。

一个工程建设项目的阶段划分可如图1-3所示。

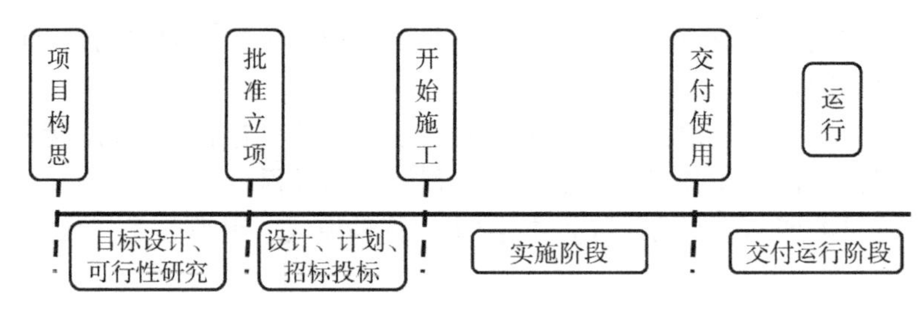

图1-3 工程项目的生命期阶段划分

1.1.3 风景园林工程项目

1. 风景园林工程项目的内涵

风景园林工程项目是通过一定的投资，经过决策和实施的一系列程序，在一定的约束条件下以建成功能性风景园林绿地为目标的一次性任务，如1个风景区、1个公园等。它具有完整的结构系统、明确的使用功能与工程质量标准、明确的工程数量、限定的投资数额、规定的建设工期以及固定的建设单位等基本特征。

风景园林工程项目是指为完成依法立项的各类新建、扩建、改建风景园林绿地而进行的，有起止日期的、达到规定要求的一系列相互关联的受控活动组成的特定过程，包括策划、勘察、设计、采购、施工、试运行、竣工验收和考核评价等。

风景园林工程项目是需要一定量的投资、按照一定程序、在一定时间内完成，还应符合质量要求，以形成固定景观产出物为确定目标的一次性工作任务。

风景园林工程项目属建设项目领域中的一类项目，是指在一定的约束条件下以景观建筑物、设施构筑物、植物景观等为目标产出物，由一系列有开工时间和竣工时间的相互联系的活动所组成的特定任务。

景观建筑物：是指占有建筑面积，能满足人们观赏、文化、娱乐、生产、经营、办公、居住和各种社会活动的要求并具有一定艺术价值的建筑物。

设施构筑物：是指通过施工而得到的能满足观赏要求、功能要求的地形、道路、桥梁、水体、假山、雕塑、花架等土木产出物，它以其不具有建筑面积为主要特征而区别于建筑物。

相互联系的活动：是指围绕目标产出物的建设而开展的施工活动、生产活动、经济活动、经营活动、社交活动和管理活动等，是社会化大生产所需要的广义的人类集体活动。

2. 风景园林工程项目的特点

（1）唯一性

每个风景园林工程项目创造的是特定的园林产品或提供的是特定的园林服务，并因其建设时间、地点、条件等而异。

（2）一次性

每个风景园林工程项目都有其明确的起点、终点，经过一系列相互关联的实施活动之后项目任务完成，风景园林工程项目将达到其终点，交付给业主使用运行。风景园林工程项目的一次性不仅表现在有明确的起始时间和竣工时间，还表现在项目设计的唯一性、建设过程的不可逆性、实施产出物的单件性、实施位置的特定性等。

（3）系统性

任何工程项目都是一个系统，具有鲜明的系统特征。一方面，一个风景园林工程项目都有明确的建设目标，既有成果性目标，也有约束性目标，既有宏观目标，也有微观目标。宏观目标主要是指风景园林工程项目的宏观经济效果、社会效果和环境效果，微观目标主要是指风景园林工程项目的盈利能力等微观财务目标。一个风景园林工程项目目标的实现往往建立在一系列环环相扣、层层递进的相互关联的活动完成的基础上。这些活动组成多个单项工程、多个单位工程，彼此结合到一起发挥项目的整体功能效应。

（4）固定性

风景园林工程项目都含有一定的建筑或建筑安装工程、种植工程，都必须固定在一定的地点，都必须受项目所在地的资源、气候、地质等条件制约，受到当地政府以及社会文化的干预和影响。

（5）不确定性

一个风景园林工程项目要建成少则几个月，多则往往需要几年，有的甚至更长，而且建设过程中涉及面广，所以各种情况的变化带来的不确定因素较多。

（6）不可逆转性

风景园林工程项目实施完成后，很难推倒重来，否则将要造成较大的经济损失与环境破坏。

（7）露天性

风景园林工程项目的实施大多在露天下进行，这一过程受自然条件影响大，活动条件艰难，变更多，组织管理工作繁重且非常复杂，目标控制和协调工作较困难。

（8）长期性

风景园林工程项目生命周期长，从概念阶段到交付运行，少则数月，多则数年乃至数十年。风景园林工程产品的使用周期也很长，其自然寿命主要是由设计寿命和植物自然生命期决定的。

（9）高风险性

由于风景园林工程项目体形庞大，需要投入的资源多，生命周期长，投资巨大，风险自然很大。另外，风景园林绿化种植工程的施工对象是活生命体，其材料采购、苗木运输、种植地地质环境、气候条件等都构成园林工程项目的高风险源。在风景园林工程项目管理中必须突出风险意识，加强风险管理，积极预防投资风险、技术风险、自然风险和资源风险。

3. 风景园林工程项目的系统

（1）单项工程

单项工程是指具有独立设计文件的、建成后可以独立发挥生产能力或效益的一组配套齐全的工程项目。单项工程从施工的角度来说是一个独立的工程系统，在风景园林建设项目总体施工部署和管理目标的指导下，形成自身的项目管理方案和目标，按其投资和质量的要求，如期建成交付生产和使用。一个建设项目有时包括多个单项工程，但也可能仅有一个单项工程，该单项工程也就是建设项目的全部内容。单项工程的施工条件往往具有相对的独立性。因此，一般单独组织施工和竣工验收。例如，风景园林建设工程项目可以划分为园林绿化工程、市政设施工程、建筑工程等单项工程。

（2）单位工程

单位工程是单项工程的组成部分。单位工程是指具有单独的设计文件，可以独立施工，但不能单独发挥作用的工程，一般情况下，是指一个单体的建筑物、构筑物或种植群落。一个单位工程往往不能单独形成生产能力或发挥工程效益。只有在几个有机联系、互为配套的单位工程全部建成竣工后才能提供生产和使用。例如，植物群落单位工程必须与地下排水系统、地面灌溉系统、照明系统等各单位工程配套，形成一个单项工程交工系统，才能投入生产使用。

（3）分部工程

分部工程是单位工程按工程部位划分的组成部分，或按不同工种、材料和施工机械而划分的组成部分，亦即单位工程的进一步分解。例如，植物群落单位工程按材料和施工机械划分，可以分为乔木种植、灌木种植、地被种植和草坪铺设等分部工程，按不同工种可以分为乔灌木种植、地被种植和草坪铺设等分部工程。

（4）分项工程

分项工程是分部工程中按工种、不同的施工方法、不同的施工材料及不同规格等因素进一步划分的最基本的工程项目，是形成园林工程项目产品的基本部件或构件的基础施工过程。例如，乔木种植分项工程按不同的施工方法、不同的施工材料可以分为大树移植工程、中乔种植工程、小乔种植工程等分项工程，按工种可以分为挖土、改土、修剪、种植、填土、支撑、绕草绳、浇水、清理等。

分项工程是施工活动的基础，也是工程用工用料和机械台班消耗计量的基本单元，是工程质量形成的直接过程。分项工程既有其作业活动的独立性，又有相互联系、相互制约的整体性。

1.1.4 风景园林施工项目

1. 含义

风景园林施工项目是风景园林建设企业对一个风景园林工程项目产品的施工过程及最终成果，即风景园林企业的生产对象。

它可能是一个风景园林项目的施工对象及成果，也可能是其中的一个单项工程或单位工程的施工对象及成果。这个过程的起点是投标，终点是保养期满。

2. 特征

风景园林施工项目是风景园林建设项目或其中的单项工程或单位工程的施工任务。

风景园林施工项目作为一个管理整体，是以风景园林工程企业为管理主体的。

项目任务范围由风景园林工程承包合同界定。

施工产品具有多样性、固定性、体积庞大的特点。

1.2 风景园林工程项目生命周期与建设程序

1.2.1 风景园林工程项目的生命周期

风景园林工程项目的生命周期是指从业主的角度来看，一个拟建风景园林工程项目从设想、研究决策、设计、施工建设、投入运行，直到项目遭废弃终结所经历的全部时间，通常包括项目的决策阶段、实施阶段和运行阶段，如图1-4所示。从项目概念设计和可行性研究到项目竣工移交业主应用的所有阶段结合在一起可以看成是一个设计/建造过程，风景园林工程项目完工、交付使用之后的运行和养护阶段通常会持续很长的时间，因而此阶段的花费通常不计算在整个项目生命周期的费用中。

1. 决策阶段

风景园林工程项目决策阶段需要从总体上考虑问题，提出总目标、功能总要求。一个风

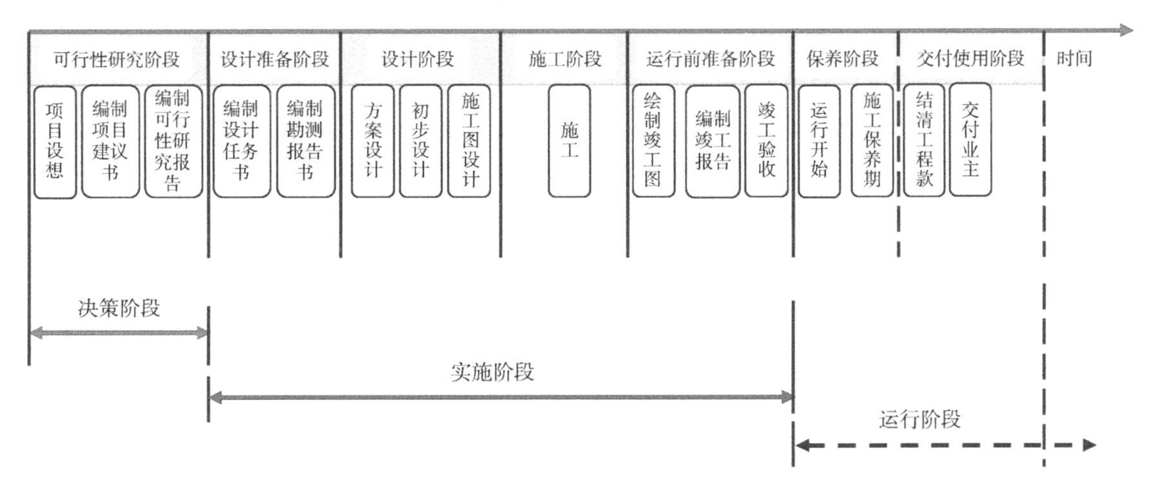

图1-4　一个风景园林工程项目的生命周期

景园林工程项目可能要满足环境建设的需要、文化建设的需要、旅游观光的需要、休闲养生的需要，这就要在概念性策划阶段考虑各种不同的可能性，分析每一方案的技术和经济可行性，以便选择最优方案。对所提方案的融资也要计划好，同时应在考虑好工期和可靠现金流的基础上制订一个风景园林工程项目的实施进度方案。这个阶段从项目构思到批准立项为止，其工作内容包括编制项目建议书和编制项目可行性研究报告。

项目建议书阶段进行投资机会分析，提出建设项目投资方向的建议，是投资决策前对拟建项目的轮廓设想。可行性研究阶段是在项目建议书的基础上，综合应用多种学科方法对拟建项目从建设必要性、技术可行性和经济合理性等方面进行深入调查、分析和研究，为投资决策提供重要依据。该阶段在建设工程项目生命周期中的时间不长，往往以高强度的能量、信息输入和物质迁移为主要特征。

2. 实施阶段

建设工程项目实施阶段的主要任务是完成建设任务，并使项目的建设目标尽可能好地实现。该阶段可进一步细分为设计准备阶段、设计阶段、施工阶段、运行前准备阶段。

实施阶段的工作内容体现在以下几个方面：

设计准备阶段的主要工作是编制设计任务书、做好场地的现场勘察设计工作。

设计阶段的工作内容是进行初步设计、技术设计和施工图设计。

施工阶段的主要工作是按照设计图纸和技术规范的要求，在建设场地上将设计意图付诸实施，形成工程项目实体。

运行前准备阶段的主要工作是进行竣工验收和试运行，全面考核工程项目的建设成果，检验设计文件和过程产品的质量。

3. 运行阶段

建设工程项目应用阶段的工作包括项目运行初期的质量保证、园林植物景观保养提升管理和设施保修管理等工作。质量保证阶段的主要工作是保证工程项目各要素的材料质量、工艺质量、外观质量、审美质量和生命质量。植物景观保养提升的主要工作就是通过科学的工程技术及养护技术保持植物景观的稳定性、可持续性与发展性。通过设施保修、植物保养管理维修调整工程因建设问题所产生的缺陷，了解用户的意见和工程的质量，确保项目的正常运行或运营，使项目保值和增值。这个阶段是工程在整个生命历程中较为漫长的阶段之一，是满足其业主、体验者、游客等消费者用途的阶段。

1.2.2 风景园林工程项目的建设程序

建设程序也称基本建设程序，指风景园林工程项目从构思选择直至交付使用全过程中，各项工作必须严格遵循的先后次序和相互联系，其先后顺序不能颠倒，但是可以进行合理的交叉。建设程序是风景园林工程项目的技术经济规律的反映，也是风景园林工程项目科学决策和顺利进行的重要保证。

按照我国现行规定，建设工程项目的建设程序可以分为项目建议书、可行性研究、设计工作、建设准备、建设实施、竣工验收及项目后评价 7 个阶段，如图 1-5 所示。

1. 项目建议书阶段

项目建议书是建设单位向国家提出的要求建设某一具体风景园林项目提出的建议文件，是基本建设程序中最初阶段的工作，是投资决策前对拟建项目的轮廓设想。项目建议书首先由项目建设单位通过其主管部门报行业归口主管部门和当地发展计划部门，由行业归口主管

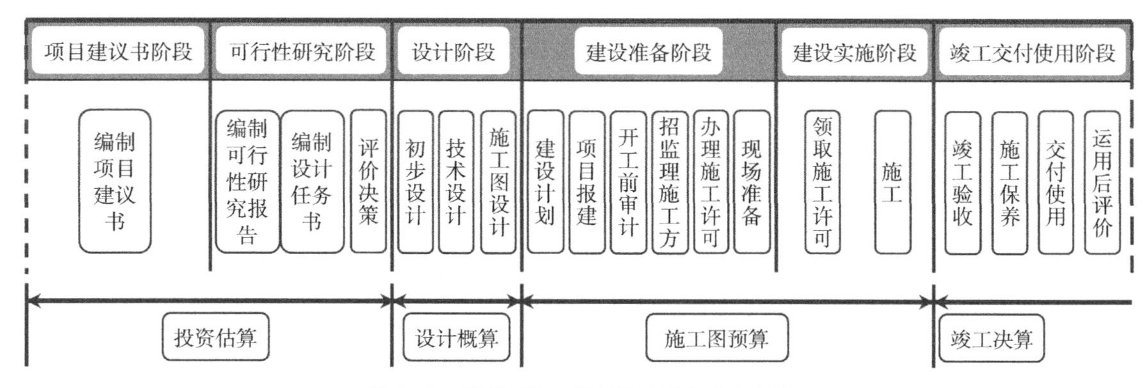

图1-5 风景园林工程项目建设程序示意图

部门提出项目审查意见（着重从资金来源、建设布局、资源合理利用、经济合理性、技术可行性等方面进行初审），发展计划部门参考行业归口主管部门的意见并根据国家规定的分级审批权限负责审、报批。凡行业归口主管部门初审未通过的项目，发展计划部门不予审批。

政府资金投资建设的风景园林工程项目（含政府性企业融资项目和事业单位建设项目）原则上必须进行项目建议书审批，对企业投资建设项目可采用核准制。

项目建议书审批可依据建设项目资金来源，由省市、区县发展计划部门或其委托单位进行，也可依据项目投资规模分别由省市、区县发展计划部门或其委托单位进行。项目建议书报经有审批权限的部门批准后，下一步进行可行性研究工作，但并不表明项目非上不可，项目建议书不是项目的最终决策。

项目建议书的主要作用是为了推荐一个拟进行建设项目的初步说明，论述它建设的必要性、条件的可行性和获得的可能性以及建设的目的、要求、计划等内容，写成报告，建议批准，供基本建设管理部门选择并确定是否进行下一步工作。

2. 可行性研究阶段

可行性研究是对风景园林建设项目的建设方案在技术和经济两个方面进行研究、分析、论证，并对其投产后的效果进行预测，从而判断项目在技术上是否可行、经济上是否合理所进行的综合评价。它的主要任务是通过既定范围内多方案的比较，提出评价意见，推荐最佳方案，为项目的投资决策提供依据，以便最合理地利用资源。

在可行性研究的基础上，编制可行性研究报告。可行性研究报告经过批准后，项目才算正式立项。一般工程项目的可行性研究报告内容包括：

（1）项目提出的背景、必要性、经济意义、工作依据和范围。

（2）需求预测和拟建规模。

（3）资源、材料和公用设施情况。

（4）建园条件和园址选择。

（5）环境保护。

（6）项目运行组织定员及培训。

（7）实施进度建议。

（8）投资估算和资金筹措。

（9）社会效益和经济效益评价。

在可行性研究的基础上，对工程项目进行财务评价、国民经济评价和环境影响评价。根据国家相关规定，大型建设项目必须通过环境影响评价审批。建设项目根据建设内容和对环境影响程度，可以采取环境影响登记表、环境影响报告表和环境影响报告书3种形式，审批单位为各省市、区县环保管理部门。凡单纯性园林项目和综合性园林项目中不涉及对环境有影响的项目只需填报环境影响登记表；对地形、地貌、水文、土壤、生物多样性等有一定影响，但不改变生态系统结构和功能的风景园林建设项目，需编制环境影响报告表；对环境可能造成重大影响的风景园林建设项目，应编制环境影响报告书。报告书内对建设项目产生的污染和对环境的影响应有全面、详细的评价。

根据可行性研究和评价的结果，由上层组织对工程项目的立项作出最后决策。在我国，可行性研究经过批准项目就立项，经批准的可行性研究报告就作为工程项目的任务书，作为项目初步设计的依据。获立项的项目进入实施阶段，此阶段的主要工作是工程项目管理组织筹建、项目设计、计划、工程招标、建设准备、施工安装和运行前准备、竣工验收等。项目立项后，应正式组建工程建设单位，由它负责工程项目的建设管理。

3. 设计阶段

可行性研究报告经批准后，建设单位可委托勘察单位、设计单位，按可行性研究报告中的有关要求编制勘察文件、设计文件。一般风景园林工程项目的设计分两阶段进行，即初步设计和施工图设计。技术上比较复杂而又缺乏设计经验的项目，在初步设计阶段后加上技术设计。设计文件是安排风景园林建设项目并组织施工的主要依据。

（1）初步设计

初步设计是基于勘察文件根据可行性研究报告的要求所做的具体实施方案，表现场地景观建筑物及构筑物的外形以及构筑设施的组成和周围环境的配合，表现场地植物景观效果特色，还包括各种游览路线系统、水系的设计效果，能够完整地表现风景园林各要素色彩、质感、外形等，阐明在指定地点、时间和投产限额内拟建风景园林建设项目在技术上的可行性、经济上的合理性，并通过对工程建设项目所做的基本技术经济规定，编制建设项目总概算。

（2）技术设计

技术设计是根据初步设计和更详细的调查研究资料编制的，进一步解决初步设计中的重大技术问题，如工程工艺流程、工程结构、设备造型及数量确定等，同时对初步设计进行补充和修正，以使建设项目的设计更完善，技术经济指标更好，然后编制修正总概算。

（3）施工图设计。施工图设计是在初步设计或技术设计的基础上进行，完整地表现场地地形的起伏变化、设施位置及其尺度大小，完整地表现园林植物的规格大小、种植位置、形态尺度、姿态，完整地表现景观建筑物的外形、内部空间、结构体系、构造状况以及构筑设施的组成和周围环境的配合，还包括各种游览路线系统、通信系统、管道系统、灯光系统、灌溉系统、音响系统的设计，能够完整地表现风景园林各要素色彩、质感、外形、内部空间分割、结构体系和构造状况等。施工图设计完成后应编制施工图预算。国家规定，施工图设计文件应当经有关部门审查。

4. 建设准备阶段

风景园林建设工程项目新建、扩建、改建活动的施工准备阶段分为工程建设项目计划、报建、委托建设监理、招标投标、施工合同签订。

（1）计划

计划是对风景园林工程项目建设和运营的实施方法、过程、预算投资、资金使用、建设进度、采购和供应、组织等作详细的安排，以保证项目目标的实现。

应根据批准的总概算和建设工期，合理地编制建设项目的建设计划和年度建设计划，计划内容要与投资、材料、设备相适应。配套项目要同时安排，相互衔接。

（2）工程建设项目报建

建设单位或其代理机构在风景园林工程建设项目可行性研究报告或其他立项文件批准后，须向建设行政主管部门或其授权机构进行报建，交验工程建设项目立项的批准文件、批准的建设用地等其他有关文件。

1）报建内容

工程建设项目的报建内容主要包括：工程名称、建设地点、投资规模、资金来源、当年投资额、工程规模、开竣工日期、发包方式、工程筹建情况。

2）报建程序

①建设单位到建设行政主管部门或其授权机构领取《工程建设项目报建表》。

②按报表的内容及要求认真填写。

③向建设行政主管部门或其授权机构报送《工程建设项目报建表》，经批准后，按规定进行招标准备。

工程建设项目的投资和建设规模有变化时，建设单位应及时到建设行政主管部门或其授权机构进行补充登记。筹建负责人变更时，应重新登记。

3）建设行政主管部门报建管理

①贯彻实施《建筑市场管理规定》和有关的方针政策。

②管理监督工程项目的报建登记。

③对报建的工程建设项目进行核实、分类、汇总。

④向上级主管机关提供综合的工程建设项目报建情况。

⑤查处隐瞒不报违章建设的行为。

凡未报建的工程建设项目，不得办理招标手续和发放施工许可证，勘察、设计、施工单位不得承接该项工程的勘察、设计和施工任务。

（3）开工前审计

固定资产投资项目实行开工前审计制度。大中型建设项目和总投资3000万元以上的楼堂馆所项目（不包括技术改造项目，下同）的开工报告，须先经审计机关审计，方可向有权审批机关报批。小型建设项目和3000万元以下的楼堂馆所项目开工前，须先经审计机关审计，方可向有权审批开工的机关办理项目开工手续。

（4）委托建设监理

建设单位应当根据国家有关规定，对必须委托监理的工程，委托具有相应资质的建设监理单位进行监理。

（5）工程建设项目招标

风景园林建设项目施工，除某些不适宜招标的特殊建设工程项目外，均需依法实行招标。施工招标可采用公开招标、邀请招标的方式。

工程建设项目的施工招标，按《招标投标法》的规定进行。通过招标委托工程项目范围内的勘察、设计、施工、供应、项目管理（咨询、监理）等任务，选择这些项目任务的合适承担者。

（6）签订施工合同

建设单位和施工承包企业必须签订建设工程施工合同。总承包企业将承包的工程建设项目分包给其他单位时，应当签订分包合同。分包合同与总承包合同的约定应当一致，不一致时，以总承包合同为准。

施工合同的签订，应使用国家工商管理局、建设部制定的《建设工程施工合同》示范文本，并严格执行《合同法》、《建设工程施工合同管理办法》的规定。

（7）办理建设项目施工许可证

建设单位必须在开工前向建设项目所在地县以上人民政府建设行政主管部门或其授权的机构办理工程建设项目施工许可证手续。工程建设项目总投资额在100万元及以上的应当办理施工许可证。为主体工程配套的绿化工程项目，主体工程已办理施工许可证的，配套绿化工程不再办理施工许可证。未取得施工许可证的，不得开工。

申请施工许可证应当具备下列条件：

①已经办理该建设工程用地批准手续。

②在城市规划区的建设工程，已经取得建设工程规划许可证。

③需要拆迁的，其拆迁进度符合施工要求。

④已经确定施工单位。

⑤有满足施工需要的施工图纸和技术资料。

⑥有保证工程质量和安全的具体措施。

⑦建设资金已经落实。

⑧法律、法规规定的其他条件。

建设单位应当自领取施工许可证之日起3个月内组织开工。因故不能按期开工的，建设单位应当向发证机关说明理由，申请延期。延期以2次为限，每次不超过3个月。不按期开工又不按期申请延期的或超过延期时限的，施工许可证自行废止。

（8）现场准备

为保证工程项目施工顺利进行，在开工建设之前要切实做好各项现场准备工作，其主要内容包括：

1）征地、拆迁和场地清理。

2）完成施工用水、电、道路和通信等的接通工作。

3）组织工程招标择优选定建设监理单位、施工承包单位及设备、材料供应商。

4）组织施工图会审，准备好施工图。

5. 建设实施阶段

实施阶段分为建设项目施工许可证领取、施工。承包风景园林工程建设项目的施工单位必须在良好的社会信誉许可的范围内承揽工程。建设项目开工前，建设单位应当指定施工现场的工程师，施工单位应当指定项目经理，并分别将工程师和项目经理的姓名及授权事项书面通知对方，同时报工程所在地县级以上地方人民政府建设行政主管部门备案。

施工单位项目经理必须持有资质证书，并在资质许可的业务范围内履行项目经理职责。项目经理全面负责施工过程中的现场管理，并根据工程规模、技术复杂程度和施工现场的具体情况，建立施工现场管理责任制，并组织实施。

施工单位必须严格按照有关法律、法规和工程建设技术标准的规定，编制施工组织设计，制定质量、安全、技术、文明施工等各项保证措施，确保工程质量、施工安全和施工文明。

施工单位的施工活动必须严格按照批准的设计文件要求、合同条款、预算投资、施工程序顺序、施工组织设计和国家现行的施工及验收规范，在保证质量、工期、成本等目标的前提下进行工程建设项目施工，达到竣工标准要求，经过验收后，移交给建设单位。施工中若需变更设计，应按照有关规定和程序进行，不得擅自变更。新开工建设的风景园林工程项目建设实施阶段开始时间以开始进行土、石方工程日期作为正式开工日期。

建设、监理、勘察设计单位、施工单位和园林工程材料、构配件及苗木生产供应单位，应按照《建筑法》、《建设工程质量管理条例》的规定承担工程质量责任和其他相应责任。

6. 竣工验收及交付使用阶段

竣工验收及交付使用阶段分为竣工验收、保养保修。

竣工验收是全面考核建设工作，检查建成项目是否符合设计要求和工程质量标准要求的重要环节，对促进建设项目及时投入运营、发挥经济环境效益、总结建设经验有重要作用。

工程建设项目竣工后，施工单位应自查并向建设单位报送工程竣工报告；设计单位经检查后签发质量检查报告；监理单位经检查后签发工程质量评估报告；建设单位应在收到各方提交的相关报告和竣工资料后，在组织安排竣工验收的 7 个工作日前，向质量监督机构提交报告与资料，经质量监督机构审查同意后，由建设单位组织竣工验收，并做工程质量合格与否的决定。监督机构对建设单位组织的竣工验收进行监督。

风景园林工程竣工验收前，建设单位应当拆除绿地范围内的临时设施。公共绿地建设工程竣工后，各省市区、县绿化管理部门应当组织验收，验收合格后方可交付使用。

当建设工程项目按设计文件的规定内容全部施工完成之后，便可组织验收。竣工验收工作的主要内容包括整理技术资料、绘制竣工图、编制竣工决算等。通过竣工验收，可以检查建设工程项目实际形成的接待能力和效益，也可避免项目建成后继续消耗建设费用。竣工验收报告经批准后，可进行竣工结算，并可交付使用，完成施工单位、建设单位和运营单位的交付过程。

1.2.3 风景园林工程项目的主要参与者

1. 风景园林建设项目中的业主

风景园林工程建设项目中的业主一般是指项目建设的投资者，对于为该工程建设项目提供服务的其他方而言，他们的目标应该是提供业主满意的服务和支持。

虽然业主有不同类型，每个业主所关注的问题和他们的经验也各不相同，但对于一位打算改善住宅周边环境的人和一个准备开发建设大型风景名胜区的开发商或生态修复某一地块的建设方来说，对工程建设的态度并没有多大不同，尽管前者的规模很小，但他们都希望能够确保项目按预算、按时完成，并达到预期的目标。他们都不希望出现意外的情况，都希望能将造成项目额外费用和工期延误的风险降至最小，这是所有业主所具有的共同点。

2. 风景园林代建单位

风景园林代建单位是指受业主委托，依据代建制合同，按照合同约定代行项目建设的投资主体职责，行使建设单位管理工程建设权力的法人单位。国务院于 2004 年 7 月 16 日批准实施的《关于投资体制改革的决定》中明确指出："对非经营性政府投资项目加快推行'代建制'，即通过招标等方式，选择专业化的项目管理单位负责建设实施，严格控制项目投资、质量和工期，竣工验收后移交给使用单位。这有利于增强投资风险意识，建立和完善政府投资项目的风险管理机制。"代建制是一种为了有效管理政府投资的公益性建设项目，建立科学的责权分担机制，由项目出资人（政府或政府授权的投资公司）通过招标等市场竞争的方式或其他方式，委托有相应代建资质的社会专业化项目代建单位对项目的可行性研究、勘察、设计、监理、施工等全过程进行管理，并严格按照代建合同对建设项目投资、工期、质量和设计的要求完成建设任务，直至项目竣工验收后交付使用单位，并获得相应代建费用的项目建设管理制度。

代建制的主要宗旨是为了解决在传统的“投资、建设、管理、使用”四权合一的行政管理体制之下，行政机关以国家名义对政府投资的项目在建设管理中的“责、权、利”难以分清和落实的严重弊端，减少政府投资项目管理中繁杂的规章条文限制，引进以鼓励竞争、强调激励的市场为基础的管理模式，是深化改革我国政府兼供给与生产于一身的工程项目组织实施方式。

目前，我国“代建制”有多种模式，主要的两种模式是：①以深圳为代表的成立专门承担政府投资建设项目代建任务的事业性机构进行“集中代建”；②以上海为代表的由政府通过招标的市场竞争方式选择专业性项目管理公司实施“公司代建”。这两种代建制模式在具体操作上有所不同，但都是试图通过委托方式的改变进行权力重新配置，利用激励与约束机制，发挥专业机构的人力资源和管理优势，减少由于信息不对称引起的道德风险和投资风险，提高建设管理的效率。实质上，房地产投资商将房地产项目的开发建设委托给开发商完成，就是一种代建委托。

3. 风景园林工程咨询机构

风景园林工程咨询机构是指接受委托对风景园林工程建设项目前期工作的咨询和决策服务，包括建设项目专题研究、编制和评估项目建议书或者可行性研究报告，以及其他与建设项目前期工作有关的咨询服务的中介机构。

建设项目前期工作咨询服务遵循自愿原则，即委托方自主决定选择工程咨询机构，工程咨询机构自主决定是否接受委托。从事工程咨询的机构，必须取得相应工程咨询资格证书，具有法人资格。工程咨询机构提供咨询服务，应遵循客观、科学、公平、公正原则，符合国家经济技术政策、规定，符合委托方的技术、质量要求。

工程咨询机构承担编制建设项目的项目建议书、可行性研究报告、勘察文件、初步设计文件的，不能再参与同一建设项目的项目建议书、可行性研究报告以及工程设计文件的咨询评估业务。工程咨询机构提交的咨询成果达不到合同规定标准的，应负责完善，委托方不另行支付咨询费。在履行工程咨询合同的过程中，由于咨询机构失误造成委托方损失的，委托方可扣减或者追回部分以至全部咨询费用，对造成的直接经济损失，咨询机构应部分或全部赔偿。

4. 风景园林勘察、设计单位

风景园林工程勘察、设计单位是指从事风景园林建设工程勘察、设计业务的单位。风景园林工程勘察是指根据建设风景园林工程项目的要求，查明、分析、评价建设场地的地质地理环境特征和岩土工程条件，编制建设工程勘察文件的活动。风景园林工程设计是指根据建设风景园林工程项目的要求，对建设项目所需的技术、经济、资源、环境等条件进行综合分析、论证，编制建设工程设计文件的活动。从事建设工程勘察、设计活动，应当坚持先勘察、后设计、再施工的原则。

国家对从事建设工程勘察、设计业务的单位，实行资质管理制度。建设工程勘察、设计单位应当在其资质等级许可的范围内承揽建设工程勘察、设计业务，不得超越资质等级许可的范围或者以其他建设工程勘察、设计单位的名义承揽建设工程勘察、设计业务。

国家对从事建设工程勘察、设计业务的专业技术人员，实行执业资格注册管理制度。未经注册的建设工程勘察、设计人员，不得以注册执业人员的名义从事建设工程勘察、设计活动。建设工程勘察、设计注册执业人员和其他人员只能受聘于一个建设工程勘察、设计单位；未受聘于建设工程勘察、设计单位的人员，不得从事建设工程勘察、设计。

5. 风景园林施工图审查机构

施工图审查机构是指受建设单位委托，按照有关的法律、法规，对涉及公共利益、公众安全和工程建设强制性标准的施工图设计文件（含勘察文件，简称施工图）内容进行审查并出具审查结论书的审查机构。国家实施（房屋建筑工程和市政基础设施工程）施工图审查制度，施工图未经审查合格的，不得使用。

审查机构是不以营利为目的的独立法人。审查机构按承接业务范围分为两类；一类机构承接房屋建筑、市政基础设施工程施工图审查，业务范围不受限制；二类机构可以承接二级及以下房屋建筑、市政基础设施工程的施工图审查。建设单位可以自主选择审查机构，但是审查机构不得与所审查项目的建设单位、勘察设计企业有隶属关系或者其他利害关系。

6. 工程招标代理机构

工程招标代理机构是指接受招标人的委托，从事工程的勘察、设计、施工、监理以及与工程建设有关的重要设备、材料、苗木采购招标的代理业务的具有独立法人资格的中介组织。从事工程招标代理业务的机构，应当依法取得国务院建设主管部门或者省、自治区、直辖市人民政府建设主管部门认定的工程招标代理机构资格，并在其资格许可的范围内从事相应的工程招标代理业务。政府的采购招标代理或进口机电设备的采购招标代理应取得相应的政府主管部门的资格认可。

工程招标代理机构的资格分为甲级、乙级和暂定级。甲级工程招标代理机构可以承担各类工程的招标代理业务；乙级工程招标代理机构只能承担工程总投资1亿元人民币以下的工程招标代理业务；暂定级工程招标代理机构只能承担工程总投资6000万元人民币以下的工程招标代理业务。

工程招标代理机构应当与招标人签订书面合同，在合同约定的范围内实施代理，并按照国家有关规定收取费用；超出合同约定实施代理的，依法承担民事责任。工程招标代理机构应当在其资格证书的有效期内，妥善保存工程招标代理过程文件以及成果文件；不得伪造、隐匿工程招标代理过程文件以及成果文件。

工程招标代理机构在工程招标代理活动中不得有下列行为；

（1）与所代理招标工程的招投标人有隶属关系、合作经营关系以及其他利害关系。

（2）从事同一工程的招标代理和投标咨询活动。

（3）超越资格许可范围承担工程招标代理业务。

（4）明知委托事项违法而进行代理。

（5）采取行贿、提供回扣或者给予其他不正当利益等手段承接工程招标代理业务。

（6）未经招标人书面同意，转让工程招标代理业务。

（7）泄露应当保密的与招标投标活动有关的情况和资料。

（8）与招标人或者投标人串通，损害国家利益、社会公共利益和他人合法权益。

（9）对有关行政监督部门依法责令改正的决定拒不执行或者以弄虚作假方式隐瞒真相。

（10）擅自修改经招标人同意并加盖了招标人公章的工程招标代理成果文件。

（11）涂改、倒卖、出租、出借或者以其他形式非法转让工程招标代理资格证书。

（12）法律、法规和规章禁止的其他行为。

7. 风景园林工程施工单位

风景园林工程施工单位是指从事土石方工程、打桩、围堰、基础垫层工程、砌筑工程、园路工程、混凝土及钢筋混凝土工程、木作工程、抹灰工程、建筑工程、给排水管线安装工程、景观照明工程、园林绿化工程等活动的企业。《国务院关于修改和废止部分行政法规的决定》（国务院令第676号）删除了《城市绿化条例》第十六条“城市绿化工程的施工，应当委托持有相应资格证书的单位承担”的决定，中华人民共和国住房和城乡建设部办公厅2017年4月13日发文自即日起，风景园林工程施工企业不再须要拥有相应等级的资质证书才可从事风景园林工程项目的施工生产活动。但是，园林绿化工程招标时，施工企业所持的有效营业执照须包含园林绿化经营范围，并且企业要有一定实力，诚信和信誉度较好，同时企业项目负责人、施工负责人和专业技术人应具备专业资格证书且具有园林绿化施工的从业经历，并经过专业培训。针对城市园林绿化工程投标资格，住房和城乡建设部办公厅建议除工程主要管理人员、技术人员和诚信行为等以外，可以设置与园林绿化工程相适应的企业类似业绩要求。类似业绩通过面积、造价等量化指标体现，一般可设置不超过招标工程相应指标的70%。

获得施工总承包资质的风景园林企业，可以对风景园林工程项目实行施工总承包或者对主体工程实行施工承包。承担施工总承包的企业可以对所承接的工程全部自行施工，也可以将非主体工程或者劳务作业分包给具有相应专业承包资质或者劳务分包资质的其他企业。

8. 工程材料/苗木/构件供应单位

风景园林工程材料/苗木/构件供应单位是指为风景园林工程项目建设提供工程材料/苗木/构件的生产厂商或供应商，其所提供的工程材料/苗木/构件是由项目建设单位或施工安装单位所采购，通过采购招标或其他方式确定工程材料/苗木/构件供应单位后，由工程材料/苗木/构件供应单位按照所签订的购销合同为用户提供工程材料/苗木/构件。

在我国，工程材料/苗木/构件的生产过程应符合行业的管理和有关技术标准的规定，地方材料的生产应纳入当地生产主管部门的管理并符合相关规定。生产与销售产品的质量监管由工商行政管理部门和质量技术监督局监督实施。风景园林工程项目建设使用的各种工程材料/苗木/构件实行准入制度，即必须依据国家法律法规和政府建设主管部门的规章制度进行检验合格后方能使用，如“见证取样检验制度”就是准入制度的具体体现。

9. 工程建设监理单位

风景园林工程建设监理单位是指受风景园林建设单位委托，从事风景园林工程项目监理业务并取得风景园林工程监理企业资质证书的经济组织。依据《中华人民共和国建筑法》，国家推行建设工程监理制度，国务院规定实行强制性监理的工程范围。工程监理应当依据法律、行政法规及有关的技术标准、设计文件和工程承包合同，对承包单位在施工质量、施工安全、建设工期和建设资金使用等方面，代表建设单位实施监督。

监理单位从事监理活动应满足的监理总体要求主要体现在以下方面：

（1）监理人员认为工程施工不符合工程设计要求、施工技术标准和合同约定的，有权要求施工企业改正。

（2）监理人员发现工程设计不符合工程质量标准或者合同约定的质量要求的，应当报建设单位要求设计单位改正。

（3）实施工程监理前，建设单位应当将委托的工程监理单位、监理的内容及监理的权限，书面通知被监理的施工企业。

（4）监理单位应在其资质等级许可的监理范围内，承担监理业务；应当根据建设单位的委托，客观、公正地执行监理任务。

（5）监理单位与被监理工程的承包单位以及风景园林工程材料、建筑构配件和设备供应单位不得有隶属关系或者其他利害关系；不得转让工程监理业务。

（6）监理单位不按照委托监理合同的约定履行监理义务，对应当监督检查的项目不检查或者不按照规定检查，给建设单位造成损失的，应当承担相应的赔偿责任；监理单位与承包单位串通，为承包单位谋取非法利益，给建设单位造成损失的，应与承包单位承担连带赔偿责任。

10. 工程造价咨询单位

建设工程造价咨询单位是指接受委托，对建设项目投资、工程造价的确定与控制提供专业咨询服务，出具工程造价成果文件的中介组织或咨询服务机构。工程造价咨询企业应当依法取得工程造价咨询企业资质，并在资质等级许可的范围内从事工程造价咨询活动。工程造价咨询企业从事工程造价咨询活动，应当遵循独立、客观、公正、诚实信用的原则，不得损害社会公共利益和他人的合法权益。

建设工程造价咨询单位的服务范围为：①编制和审核建设项目建议书及可行性研究投资估算、项目经济评价报告。②编制与审核建设项目概预算，并根据设计方案比选、优化设计、限额设计等进行工程造价分析与控制。③确定建设项目合同价款（包括编制和审核招标工程工程量清单和标底、投标报价），编制与审核合同价款的签订与调整（包括工程变更、工程洽商和索赔费用的计算）以及工程款支付、工程结算与竣工结（决）算报告等。④工程造价经济纠纷的鉴定和仲裁的咨询。⑤提供工程造价信息服务等。工程造价咨询单位对所出具的咨询结论的真实性负责，且其准确率应保证在正常的允许范围内。

工程造价咨询企业必须遵守以下行为规范要求：

（1）保守机密，不得擅自与有利害关系的人员接触或透露有关情况。

（2）严禁涂改、倒卖、出租、出借资质证书，或以其他形式非法转让资质证书。

（3）严禁超越资质等级业务范围承接工程咨询业务。

（4）严禁同时接受招标人和投标人或两个以上投标人对同一工程项目的工程造价咨询业务。

（5）严禁以给予回扣、恶意压低收费等方式进行不正当竞争。

（6）严禁转包承接的工程造价咨询业务。

（7）严禁从事法律、法规禁止的其他行为。

11. 工程质量检测机构

工程质量检测机构是指接受风景园林工程项目建设单位委托，依据国家有关法律、法规和工程建设强制性标准，对涉及结构安全项目、严重影响工程质量的抽样检测和对进入施工现场的风景园林工程材料、构配件的见证取样检测的单位。检测机构是具有独立法人的中介机构，并依法取得相应的资质证书。检测机构资质按照其承担的检测业务内容分为专项检测机构资质和见证取样检测机构资质。

委托检测方与委托方应当签订书面合同。利害关系人对检测结果发生争议时，由双方共同认可的检测机构复验，复验结果由提出复验方报当地建设主管部门备案。检测机构及其相关人员应满足以下要求：

（1）质量检测试样的取样应当严格执行风景园林有关工程建设标准和国家有关规定，在建设单位或者监理单位监督下现场取样；提供质量检测试样的单位和个人，应对试样的真实性负责。

（2）检测机构完成检测业务后，应及时出具检测报告。检测报告经检测人员签字、检测机构法定代表人或其授权的签字人签署，并加盖检测机构公章或检测专用章后方可生效。检测报告经建设单位或工程监理单位确认后，由施工单位归档。见证取样检测的检测报告应当注明见证人单位及姓名。

（3）任何单位和个人不得明示或者暗示检测机构出具虚假检测报告，不得篡改或者伪造检测报告。

（4）检测人员不得同时受聘于两个或者两个以上的检测机构；检测机构和检测人员不得推荐或者监制风景园林工程材料、苗木和构配件；检测机构不得与行政机关、法律法规授权的具有管理公共事务职能的组织以及检测工程项目相关的设计单位、施工单位、监理单位有隶属关系或者其他利害关系。

（5）检测机构不得转包检测业务，跨省、自治区、直辖市承担检测业务的，应当向工程所在地的省、自治区、直辖市人民政府建设主管部门备案。

（6）检测机构应对其检测数据和检测报告的真实性和准确性负责，违反法律、法规和强制性标准，给他人造成损失的，应当依法承担相应的赔偿责任。

（7）检测机构应当将检测过程中发现的建设单位、监理单位、施工单位违反有关法律、法规和工程建设强制性标准的情况，以及涉及结构安全检测结果的不合格情况，及时报告工程所在地建设主管部门。

（8）检测机构应当建立档案管理制度，检测合同、委托单、原始记录、检测报告应当按年度统一编号，编号应当连续，不得随意抽撤、涂改。检测机构应单独建立检测结果不合格项目台账。

12. 风景园林建设工程项目管理单位

风景园林建设工程项目管理单位是指接受建设工程项目业主方委托，对风景园林建设工程建设的（决策、实施、保养保修）全过程或某阶段进行管理和提供服务的单位。

风景园林建设工程项目管理单位应当具备下列条件和能力：

（1）具有工商行政管理部门颁发的企业法人营业执照，注册资本金不少于相应规定，具有固定的办公场所、健全的组织机构、完善的管理制度，依法规范经营、社会信誉良好。

（2）单位负责人具有一定年限以上从事工程建设管理工作经历，单位技术负责人具有相关专业高级技术职称。

（3）具有工程勘察、设计、施工、监理、造价咨询、招标代理等一项或多项资质。

（4）具有工程项目管理的综合实力，建设工程的管理、经济、技术人员不少于相应规定，具有国家工程类注册执业资格的人员不少于相应规定，且相关专业配套。

（5）具备广泛汇集技术专家资源的能力。

从事风景园林工程项目管理的专业技术人员，应当具有城市规划师、建筑师、勘察设计工程师、建造师、监理工程师、造价工程师等一项或者多项注册执业资格。取得城市规划师、建筑师、勘察设计工程师、建造师、监理工程师、造价工程师等注册执业资格的专业技术人员，可在工程勘察、设计、监理、施工、造价咨询、招标代理等任何一家相应资质的企业申请注册并执业。取得多项注册执业资格的专业技术人员，可以在同一企业分别注册并执业。工程项目业主在委托工程项目管理时，应当对相关工程项目管理单位的条件和能力进行详细审查。工程项目管理单位同时承担工程项目的工程咨询、招标代理、勘察设计、工程监理、造价咨询等工作时应当具备相对应的资质。工程项目管理单位不得同时承担同一工程项目的施工。两个及以上工程项目管理单位可以组成联合体共同承担工程项目管理工作。联合体各方应当共同与业主签订委托工程项目管理合同，对合同的履行承担连带责任。联合体各方应当签订联合体协议，明确各方权利、义务和责任，并确定一方作为联合体的主要责任方，项目经理由主要责任方选派。

项目主要参加者包括项目投资者、建设单位、设计单位、施工承包商、咨询单位等。在传统工程项目管理模式DBB模式（设计—招标投标—施工）中，各方介入项目的时间如图1-6所示。

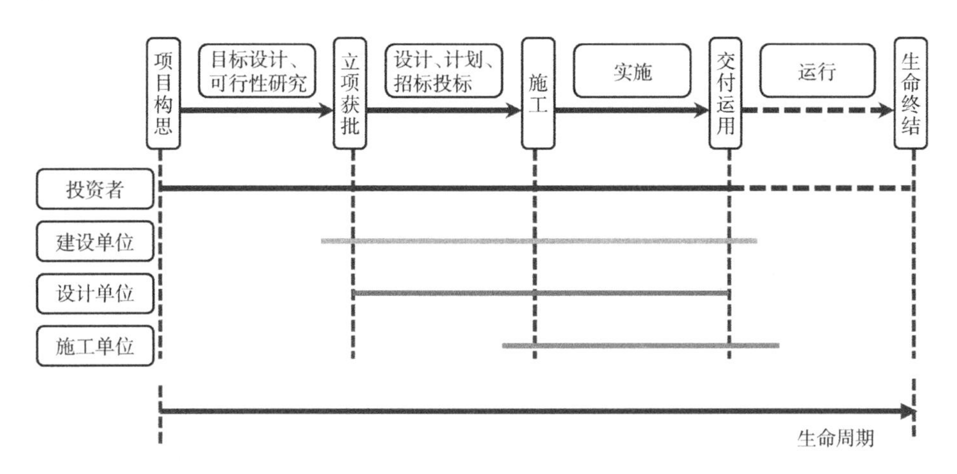

图1-6　传统模式下各方介入项目时间

需要说明的是，项目管理（咨询或监理）单位作为业主的代理人，它可能在施工阶段才介入，也有的在项目构思、目标设计阶段就介入，其介入项目的时间主要由业主与项目管理单位签订的委托合同所约定的工作范围决定。

随着现代工程项目管理的不断发展，项目管理也不断出现新的管理模式，特别是总承包的出现，承包商介入项目的时间也不断前移，承包商在项目批准立项后，甚至在可行性研究阶段或项目构思阶段就介入项目，为业主提供全过程、全方位的服务，包括项目的设计、施工、供应、项目管理、运行管理，甚至参与项目融资。这样的承包商在工程项目中的持续时间很长，责任范围很大。

1.3 风景园林工程项目管理

1.3.1 项目管理

1. 内涵

英国皇家特许建造学会（The Chartered Institute of Building，CIOB）对项目管理（project management, PM）的表述为："自项目开始至项目完成，通过项目策划和项目控制，以使项目的费用目标、进度目标和质量目标得以实现。”

美国项目管理协会（Project Management Institute, PMI）发布的项目管理知识体系（PMBOK）将项目管理（PM）定义为“将各种知识、技能、工具和技术应用于项目的各项活动中，以实现项目的特定相关者的要求和期望（Application of knowledge, skills, tools and techniques to project activities to meet or exceed stakeholder needs and expections from a project）”。

项目管理是一种基于长期实践并研究项目的基础上所形成的专业管理方法体系。项目管理可以理解为一种为实现创造的管理，是通过项目管理单位或组织的努力，运用系统理论和方法对项目及其资源进行计划、组织、协调、控制，旨在实现项目目标的管理方法体系。

项目管理是以项目为对象，通过一个临时性的专门的柔性组织，在既定的约束条件下，对项目进行有效的计划、组织、指挥、控制，以实现项目全过程的动态管理与项目目标的综合协调和优化的系统管理活动。

项目全过程的动态管理是指在项目的生命周期中不断对资源的配置和协调作出科学决策，从而使项目执行的全过程处于最佳的运行状态，产生最佳的效果。

项目目标的综合协调和优化是指项目管理应综合协调好时间、费用及功能等约束性目标，在相对较短的时间内成功地达到一个特定的成果性目标。

项目管理是以项目经理负责制为基础的目标管理，并围绕项目计划、项目组织、质量控制、费用控制、进度控制等任务来展开日常活动。

项目管理当前已发展为三维管理：一是时间维；二是知识维；三是保障维，即对项目的人、财、物、技术和信息等进行后勤保障管理。

从以上分析可以看出，项目管理包含以下几个方面的含义：

（1）项目管理是一种管理方法体系。项目管理是以项目管理活动为研究对象，探究科学组织和管理项目活动理论与方法的一门新的管理学科。

（2）项目管理的客体是项目，即由一系列相互关联的任务组成的整体系统。

（3）项目管理的主体是项目活动的中枢神经系统，其中项目经理是项目活动的神经中枢，是项目管理主体的核心。

（4）项目管理的职能与其他管理的职能完全一致，即对组织的资源进行计划、组织、协调、控制。

（5）项目管理的目的是通过运用科学的项目管理技术，保证项目在一定的约束条件下实现项目的预定目标。

2. 特点

（1）管理的对象是项目

企业管理的对象是一个相对稳定的经济实体，而项目管理的对象是一项动态性很强的任务。

企业管理的目的是促进该实体不断发展、壮大，而项目管理的目的是促使该项任务按质、按量、按期完成。

（2）管理的组织具有特殊性

临时性：由于项目的一次性，其项目的组织使命随项目的完成而终结。

柔性：为保障组织的高效、经济运行，项目的组织总是根据项目生命周期各个阶段的具体需要而适时调整、合理配置。组织结构趋于扁平化。

（3）管理思想是系统工程思想

项目管理把项目看成一个完整的系统，依据系统论“整体—分解—综合”的原理，管理者将系统分解为许多责任单元，由责任者分别按要求完成目标，然后综合为最终的成果。

项目管理把项目看成一个具有连续生命周期的过程，管理者不能忽视其中的任何阶段。

（4）管理方式是目标管理

项目管理是一种多层次多目标的管理。项目管理者以综合协调者的身份，向被授权者讲明应承担工作的责任、意义，协商确定目标以及时间、经费、工作标准，具体由被授权者独立完成。项目管理者经常进行检查督促，并在遇到困难而需要协调时及时给予有关支持。

（5）管理要点是创造和保持使项目顺利进行的环境

项目管理者关注的是如何使具有不同文化背景、来自不同部门甚至不同企业的人员能协调一致地在一个临时性组织中工作，项目管理的要点是创造和保持一种能使所有人员彼此认同、和谐共处的环境，主要工作是处理项目实施过程中的各种冲突和意外事件。

（6）对项目经理有特殊要求

企业单位的职能主管一般管理的是一个专业性很强的机构，而项目经理管理的则是项目，涉及面相当广泛，既要有较深的技术功底，又要有比较广博的知识面，还要有较强的组织能力、应变能力，能妥善地协调、处理各种关系。

（7）实行基于团队管理的个人负责制体制

项目管理需对资金、人员等资源进行优化配置和合理使用，并依需及时调整更新。这既需要由项目团队来共同完成，也需要以项目经理为核心来开展项目策划、组织、指挥、协调和控制，项目经理是项目实施的集成者、决策者和指挥者。

（8）项目管理以客户的满意度为标准

项目成功的标准是客户的满意度，关键在于项目管理。项目的客户是那些参与该项目或其利益受到该项目影响的个人和组织，是项目的利益相关者，因此项目管理必须充分考虑相关客户的利益，最大程度地满足客户的要求。

3. 知识体系

（1）项目的动态管理

项目动态管理依项目的进程可分为需求确定、项目选择、项目计划、项目执行、项目监控、项目评价和项目扫尾 7 个阶段。

（2）项目的静态管理

1）综合集成管理

包括制定项目的计划、项目计划的执行和项目整体变更控制，其核心是在多个相互冲突的目标和方案中做出权衡，以实现项目的目标和要求。

2）范围管理

包括项目范围计划和定义、范围确认、范围变更控制，这是项目未来一系列决策的基础。

3）时间管理

管理的任务包括项目活动定义和排序、时间估计、制定进度计划、实行进度控制。

采用的管理工具包括：甘特图、里程碑表、网络技术方法等。

4）成本管理

包括资源规划、成本估算、成本预算和成本控制。

5）质量管理

包括质量计划、质量保证和质量控制。

6）人力资源管理

包括组织规划、人员招聘和项目团队建设。

7）沟通管理

对于项目组的成员来说，沟通管理所要解决的问题是何时（when）向何人（who）汇报什么（what）的问题。

8）风险管理

包括风险识别、风险度量、风险应变措施取舍和风险控制等过程。

9）采购管理

包括采购计划、询价、进货选择、合同管理和合同收尾。

管理任务是要确认项目何时需要何种产品和资源的支持，并决定项目组的采购计划。

管理技术有合同管理技术、预算技术和谈判技巧等。

4. 主体

（1）业主方的项目管理（owner's project management, OPM）

设立项目管理机构（项目经理部）。

OPM 偏重于重大问题的决策：项目立项决策、选择咨询（监理）公司、建设用地报批、确定勘察、设计单位、承包商选定等。

（2）设计方的项目管理（designer's project management, DPM）

目标：设计合同所界定。

DPM 始于对业主建设意图的了解、对项目使用功能、质量要求等的掌握，终于对设计成果的检验（推行限额设计）。

（3）施工单位的项目管理（construction organization's project management, CPM）

目的：合同约定下追求最大的工程利润控制。

（4）供货方的项目管理（supplier's project management, SPM）

供货方作为项目建设的一个参与方，其项目管理主要服务于项目的整体利益和供货方本身的利益。其项目管理的目标包括供货方的成本目标、供货的进度目标和供货的质量目标。

供货方的项目管理工作主要在施工阶段进行，在合同约定下追求最大的货物利润控制。

5. 发展

自从有组织的人类活动出现到当今，人类就一直执行着各种规模的“项目”，如中国长城、埃及金字塔、上海世博园等。传统的项目管理起源于建筑业。现代项目管理开始于大型国防工业，通常被认为是第二次世界大战的产物。

1.3.2 工程项目管理

1. 概念

工程项目管理，就是在一定的约束条件下，以实现工程项目目标为目的，应用项目管理的理论、观点、方法，对项目决策和实施的全过程的所有活动实施决策与计划、组织与指挥、控制与协调等系统管理活动。

工程项目管理（PM）是从项目的开始到项目的完成，通过项目策划（PP）和项目控制（PC）以达到项目的费用目标（投资、成本目标）、质量目标和进度目标，即 PM=PP+PC。

工程项目管理的核心任务是为工程建设增值以及为工程使用（运营）增值。工程建设增值包括确保工程按期、提供工程质量、控制工程投资（成本）、控制工程进度等；工程使用（运营）增值包括确保工程使用（运营）安全、有利于环保和节能、满足最终用户的使用功能、有利于降低工程运营成本、有利于工程保养、维护和维修。

2. 工程项目管理的特点

（1）任务复杂

工程项目周期长、时间跨度大，既受多种外界因素影响，又受投资、时间、质量、环境等多种约束条件的严格限制，还受工程项目各个阶段的有机组合影响，其中任何一个阶段出现问题，就会影响到整个项目目标的实现，增加项目管理目标实现的不确定性因素。因此，在工程项目建设过程中对每个环节都应严密监管，选择优秀的项目经理人选，配备优秀的项目团队成员，每个人员专业技术过硬，经验丰富，团队意识强，协调一致地服从项目的整体利益，保证项目目标能够顺利实现。

（2）全过程性、综合性突出

工程项目从项目构思到项目投产运营有着严格的建设程序，项目各阶段活动内容既有明显界限，又有紧密的衔接关系，这就决定了工程项目管理是对工程项目生命周期全过程的管理，如对项目可行性研究、勘察设计、招标投标、施工等各阶段全过程的管理。而每个阶段的管理任务都面临进度、质量、成本、安全等诸要素的管理，所以项目管理是一种全过程的综合性管理。

（3）约束性强

工程项目管理要求在限定的时间和资源消耗、预定的功能要求和质量标准，以及技术条件、法律法规、环境等条件下完成质量、投资和进度目标等，这表明工程项目管理的约束条件和强度高于其他管理。这些约束条件是工程项目管理的不可逾越的限制条件。项目能否实现，取决于项目管理者在满足这些限制条件的前提下，如何合理计划，精心组织，充分利用这些条件，完成既定任务，达到预期目标。因此，工程项目管理是一种强约管理。

（4）创造性明显

工程项目的独特性决定了工程项目管理者在工程项目管理决策和实施过程中，必须针对工程项目的特点，因地制宜，从实际出发，创造性地将现代项目管理理论与经验运用于工程管理实践，制订出能保证项目顺利实施的项目管理模式和管理方案，处理和解决工程项目实际问题。

3. 工程项目管理的职能

根据管理学理论，工程项目管理被赋予包括计划、组织、控制和协调的职能。

（1）计划职能

计划是对未来活动在未来一定时期内要达到的目标以及实现目标的方案途径所进行的一种预先谋划。计划职能包括决定最后的结果以及决定获取这些结果的方法、手段与途径的全部管理活动。为制订科学有效的全面计划，以引导工程项目的组织达到预期目标，需要从以下四个相互关联的阶段开展工作。

第一阶段：确定目标、为实现目标所需进行的活动以及这些活动的执行次序，即科学合理确定工程项目的总目标、分目标及其先后次序、实现各目标所需活动的完成时间。

第二阶段：分析影响目标达成的风险因素，预测这些风险发生的可能性、风险对项目影响的程度及发展趋向，评估实现目标所需进行的活动的可能实现水平，摸清支持计划实施的可能资源。

第三阶段：提出实现计划的保障措施，包括完成计划所需要的资源及其内在联系。

第四阶段：根据组织的基本目标制定指导实现预期目标的最优方案或准则，方案需具备灵活性、全面性、协调性和明确性。

（2）组织职能

组织职能是为实现组织目标而明确每个成员在工作中的合理的分工协作关系，即根据选择的项目管理组织形式划分业主、承包商、项目管理单位等项目参与者在各阶段的任务，并对为实现目标所必需的各种业务活动进行分类组合，明确对各类业务活动的监管职权与职责，规定各工程项目管理部门之间的协调关系，制定以责任制为中心的工作制度，以确保工程项目目标的实现。

（3）控制职能

工程项目管理的控制职能是管理人员为保证组织各部门、各环节按照预定要求运作而实现项目目标所采取的一切行动。

首先，项目管理者必须根据项目预定目标确定控制标准，在项目实施过程中及时收集项目进展的实际数据，并将实际数据与计划数据进行比较，判断是否存在偏差。若存在偏差，则分析偏差产生的原因，并采取针对性措施纠正实际结果与标准间的偏差。工程项目管理采用动态调整和优化控制的方法进行控制，具体体现在以下几个方面：

1）主动控制。在项目实施前预先分析项目执行时可能出现的干扰，并预先采取相应的防范措施，防止项目实施过程中产生偏差。

2）现场控制。指对正在进行的项目活动进行监督、调节，保证项目正常的实施。

3）反蚀原理。依据工程项目已实施部分的结果进行分析而采取相应的纠偏措施。其纠正内容主要是改进资源输入和改进具体作业措施。

（4）协调职能

协调职能是指工程项目管理者从实现工程项目的预定目标出发，依据正确的政策、原则和工作计划，运用恰当的方式方法，及时排除各种障碍，理顺各方面关系，促进项目组织机构正常运转和工作均衡发展的一种管理职能。

协调的目的是要处理好项目内外大量的复杂关系，调动协作各方的积极性，使之协同一致、齐心协力，从而提高项目组织的运转效率，保证项目目标的实现。协调管理也称为界面管理或结合部管理。协调的内容大致包括以下几个方面：

1）人际关系的协调。主要解决人员之间在工作中的矛盾，包括项目组织内部的人际关系、项目组织与项目组织外相关者等的人际关系的协调。

2）组织关系的协调。主要解决项目组织内部部门及成员的分工与配合关系。

3）供求关系的协调。主要解决项目实施中所需人力、资金、设备、材料、技术、信息的供求平衡问题。

4）配合关系的协调。保证与项目相关者如业主、设计单位、承包商、分包商、供应商、咨询单位等在配合关系上的协调和步调上的一致。

5）约束关系上的协调。主要是了解和遵守国家及地方在政策、法规、制度等方面的制约，求得执法部门的指导和许可。

1.3.3 风景园林工程项目管理

1. 概念

风景园林工程项目管理是指通过一定的组织形式，在一定的约束条件下（在规定的时间和预算费用内）运用系统工程的观点、理论和方法对风景园林工程建设项目生命周期内的所有工作，包括风景园林项目建议书、可行性研究、项目决策、设计、材料 / 苗木 / 构件询价、施工、签证、验收等系统活动进行计划、组织、指挥、协调和控制，以实现风景园林工程项目的质量、工期、投资目标等。

从项目的开始到项目的完成，通过项目策划（PP）和项目控制（PC）以达到项目的费用目标（投资、成本目标）、质量目标和进度目标。

风景园林工程项目管理是以风景园林建设工程项目为对象的系统管理方法，通过一个临时性的专门的柔性组织，对项目进行高效率的计划、组织、实施和控制，以实现项目全过程的动态管理和项目目标的综合协调与优化。

2. 特征

（1）每个项目的管理程序和步骤特定

风景园林工程项目的一次性、单件性决定了每个项目都有其特定的目标，而风景园林工程项目管理的内容和方法要针对风景园林工程项目目标而定，风景园林工程项目目标的不同决定了每个项目都有自己的管理程序和步骤。

（2）以项目经理为管理中心

风景园林工程项目具有较大的责任和风险，其管理涉及人力、技术、设备、材料、资金等多方面因素，为了更好地进行计划、组织、指挥、协调和控制，必须实施以项目经理为中心的管理模式。

（3）应用现代管理方法和技术手段

现代多数风景园林工程项目是一种涉及多学科的系统工程，要使风景园林工程项目圆满地完成，就必须综合运用现代化管理方法和科学技术，如决策技术、网络计划技术、价值工程、系统工程、目标管理、样板管理等。

（4）管理过程实施动态控制

为了保证风景园林工程项目目标的实现，在项目实施过程中采用动态控制的方法，阶段性地检查实际完成值与计划目标值的差异，以便需要时采取措施纠正偏差，制定新的计划目标值，使风景园林工程项目的实施结果逐步向最终目标逼近。

3. 管理分类

（1）按管理层次划分

按管理层次划分，风景园林工程项目管理可分为宏观项目管理和微观项目管理。宏观项目管理是指作为项目投资者，政府（中央政府和地方政府）也作为管理主体对项目活动开展项目管理。微观项目管理是指项目法人或其他参与主体对项目活动进行管理。通常，风景园林工程项目管理指微观项目管理。

（2）按管理范围和内涵不同划分

按管理范围和内涵的不同，风景园林工程项目管理可分为广义项目管理和狭义项目管理。广义项目管理包括从项目投资构思、项目建议书、可行性研究、建设准备、设计、施工、竣工验收到项目后评估全过程的管理。狭义项目管理是从项目正式立项时开始，即从项目可行性研究报告被批准后到项目竣工验收、项目后评估全过程的管理。

（3）按管理主体不同划分

一项风景园林工程的建设，涉及不同的管理主体，如项目法人、项目使用者、设计单位、施工单位、供应商和监理单位等。管理主体的不同构成了项目管理的不同类型，概括起来大致有以下几种：

1）建设方项目管理。它是指由项目法人或委托人对项目建设全过程的监督与管理。

2）监理方项目管理。社会监理单位接受业主的委托，对项目建设过程及参与各方的行为进行监督、协调和控制，以保证项目顺利建成。社会监理类似于国外CM项目管理模式，同监理方的项目管理。

3）总承包方项目管理。它是指由总承包单位全面负责风景园林工程项目的实施过程，直至最终交付符合合同规定的风景园林产品的管理。它包括设计阶段、施工安装阶段。

4）施工方项目管理。施工单位通过施工投标取得风景园林工程施工承包合同，并以施工合同所界定的工程范围进行项目管理，简称为施工项目管理。

5）设计方项目管理。设计单位受业主委托承担风景园林工程项目的设计任务，以合同所界定的工作目标及其责任义务作为工程设计管理的对象，通常简称为设计项目管理。建设单位、设计单位和施工单位的风景园林工程项目管理的主要区别见表1-1。

不同管理主体风景园林工程项目管理的主要区别　　表1-1

	管理目标	管理执行机构	管理手段	管理范围内容
建设单位	以最少投资、最短工期获得有效的使用价值	建设项目管理组织机构	间接管理方式，以合同作为管理手段	从项目建议书到投产使用全过程
设计单位	基于业主要求，实现设计产品的最大价值	设计项目管理组织机构	直接、具体管理方式，以经济、组织和技术等措施为主要管理手段	从设计投标到施工图交付，直至施工配合
施工单位	基于合同条件，追求利润最大化	施工项目管理组织机构	直接、具体管理方式，以经济、组织和技术等措施为主要管理手段	从施工投标到竣工验收、保修保养

6）供应方项目管理。它是指制造厂、供应商、园林苗木公司将制造、供应合同所界定的工程材料任务，作为项目进行目标管理和控制，以适应建设项目总目标控制的要求。

4. 风景园林工程项目管理的时间范畴

风景园林工程项目管理的时间范畴如图1-7所示。

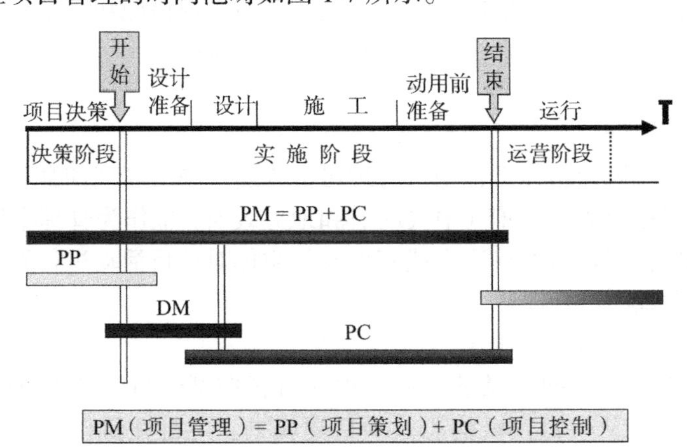

图1-7　建设工程项目管理时间范畴示意图

5. 风景园林工程项目管理过程

风景园林工程项目管理的过程如图 1-8 所示。

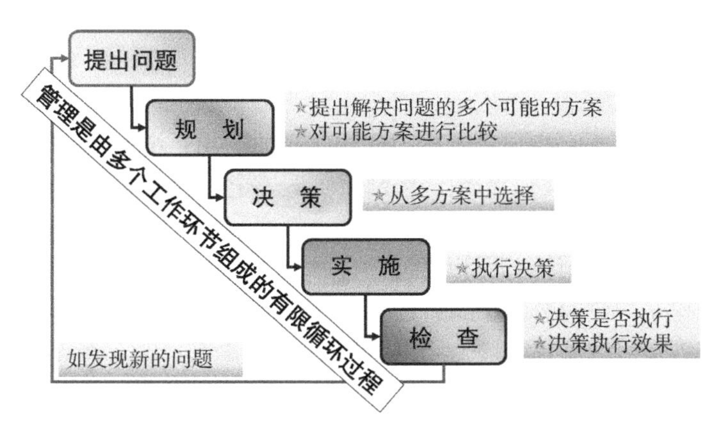

图 1-8 建设工程项目管理过程示意图

6. 管理任务

（1）合同管理

从某种意义上讲，风景园林工程项目的实施过程就是项目合同订立和履行的过程。

风景园林工程项目合同管理主要是指对各类风景园林合同的依法订立过程和履行过程的管理，包括合同文本的选择、合同条件的协商与谈判、合同书的签署及合同履行、检查、变更和违约纠纷的处理，以及总结评价等。

（2）组织协调

组织协调是实现风景园林工程项目目标必不可少的方法和手段。在风景园林工程项目实施过程中，各个项目参与单位需要处理和调整众多复杂的业务组织关系。

（3）目标控制

风景园林工程项目目标控制的主要任务就是在项目前期策划、勘察设计、施工、竣工交付等各个阶段采用规划、组织、协调等手段，从组织、技术、经济、合同等方面采取措施，确保风景园林项目总目标的顺利实现。

（4）风险管理

风险管理是一个确定和度量风景园林工程项目风险，以及制定、选择、管控和处理风险方案的过程。

通过风险分析减少项目决策的不确定性，以便科学决策，并在项目实施阶段保证目标控制的顺利进行，更好地实现风景园林工程项目质量、进度和投资目标。

（5）信息管理

收集、储存、加工整理、传递与使用风景园林工程项目的各类信息，及时、准确地向项目管理各级领导、各参与单位及各类人员提供所需的综合程度不同的信息，以便在风景园林工程项目进展的全过程中动态地进行项目规划，迅速正确地进行各种决策，并及时检查决策执行结果，反映风景园林工程项目实施中暴露的各类问题，为项目总目标服务。

（6）环境保护

充分研究和掌握国家和地区有关环保的法规和规定，根据环境影响报告，提出可行、有效的对策措施，并严格按建设程序向环保管理部门报批。

在风景园林工程项目实施阶段，做到主体工程与环保措施工程同步设计、同步施工、同步投入运行，并在施工承发包中，将环保工作列为重要的合同条件加以落实。

1.3.4 风景园林施工项目管理

1. 概念

风景园林施工项目管理是指风景园林工程相关企业运用系统的观点、理论和方法对风景园林施工项目进行的决策、计划、组织、控制、协调等全过程的全面管理。

2. 特征

（1）管理的主体是风景园林工程相关企业。

（2）管理的对象是风景园林施工项目。

（3）管理的内容按阶段变化。

（4）管理要求强化组织协调工作。

3. 程序

（1）投标、签约阶段（立项阶段）

风景园林工程相关施工企业做出是否投标的决策。

决定投标以后，从多方面（企业自身、相关单位、市场、现场等）掌握大量信息。

编制既能使企业营利，又有竞争力，可望中标的投标书。

如中标，则与招标方进行谈判，依法签订风景园林工程承包合同，使合同符合国家法律、法规和国家计划，符合平等互利、等价有偿的原则。

（2）风景园林工程施工准备阶段

成立项目经理部，根据风景园林工程管理的需要建立相关机构，配备管理人员。

编制风景园林工程施工组织设计，主要是施工方案、施工进度计划和施工平面图，用以指导施工准备和施工。

制订风景园林工程施工项目管理规划。

进行风景园林施工现场准备。

编写开工申请报告，待批开工。

（3）风景园林施工阶段

领取开工报告，按施工组织设计的计划安排开展施工。

做好动态控制，保证质量目标、进度目标、预算目标、安全目标、节约目标的实现。

管好施工现场，实行文明施工。

严格履行园林工程承包合同要求，处理好内外关系，管好合同变更及索赔。

做好原始记录、协调、检查、分析等工作。

（4）风景园林工程竣工验收阶段

风景园林工程收尾。

进行试运转。

在预验的基础上接受正式验收。

整理、移交竣工文件，进行财务结算，总结工作，编制竣工总结报告。

办理风景园林工程交付手续。

项目经理部解体。

（5）交付后服务阶段

为保证风景园林工程正常使用而作必要的技术咨询和服务。

进行风景园林工程回访，听取使用单位意见，总结经验教训，观察使用中的问题，进行必要的维护、维修和保养。

进行沉陷、抗震性能等观察。

4. 管理要求

（1）资质和经验

自 2017 年 4 月起，国务院已发文取消对风景园林工程项目施工企业施工资质的要求。

在过去五年内承接和实施完成一个以上项目，项目价值和规模一般应和现有目标项目相似。

承建商在建工程的详细资料。

承建商的流动资金状况。

承建商的管理资源和能力。

（2）综合能力

组织管理能力。

专业技术能力。

过往经验。

财务状况。

（3）资金及财务能力

足够的营运资金。

良好的财务状况。

信贷能力。

（4）社会信誉

同业主（或顾问工程师）的关系。

关于恶意索赔。

社会影响。

社会形象。

（5）国际视野

有同国际一流企业长期合作的经验和体会。

建立起良好的国际合作关系。

具有国际化人才。

1.4 工程项目管理的发展

1.4.1 工程项目管理的萌芽

有工程项目的地方就有工程项目管理。工程项目的开发和管理实践从人们开始进行共同生产合作、社会化的生产活动之日起就已开始。西方工程项目管理方面的学者一致认为，工程项目管理的实践最早可以追溯到古代的工程建设项目杰出代表——始建于西周时期的中国长城工程、始建于公元前 2600 年前的埃及金字塔工程以及其他许多世界著名的古代工程项目等。这些工程项目规模宏大，存续时间久远，都经受了多重自然和战争等方面的考验。它们的存在证明了当初为完成如此巨大的工程项目所开展的工程项目管理工作十分成功。

尽管如此，截至20世纪30年代工程项目管理一直没有形成科学的管理方法和手段，没有形成有效的计划和方法，也没有形成明确的操作工程技术标准，人们在进行工程项目管理时仅是凭借个人的经验和直觉，缺乏科学性，项目管理没有形成相对独立的体系。直至第二次世界大战爆发，由于战争的需要，大量技术复杂、耗资巨大、而时间又很紧迫的工作接踵而至，这迫使人们开始思考在工作中如何应用项目管理的方法和手段来提高工作效率。“项目管理”这一专业术语由此开始为人们所了解和认识。

1.4.2 近代工程项目管理

学术界普遍认为近代项目管理是第二次世界大战后的产物，是在第二次世界大战期间、战后重建和冷战阶段为国防建设项目而发展起来的一种管理方法。“二战”期间由于战争需要，美国开发了研制原子弹的“曼哈顿计划”。由于此项计划工程巨大，技术复杂，又因战争期间分秒必争的时间限制，使得美国军方不得不采用项目管理这种新的方法对该任务进行进度、预算和质量等方面的管理。在此期间，德国和日本也先后将项目管理的思维方式应用到武器开发项目中。这些均被认为是项目管理的雏形。

“二战”结束后，项目管理以美国为中心在世界范围内迅速发展起来。1957年美国杜邦公司和兰德公司共同研发出计划管理技术关键路径法（CPM）。1958年美国海军特种计划局在研制“北极星”导弹核潜艇的过程中发明并运用了项目管理计划评审技术（PERT）。随即美国国防部创造了工作分解结构（WBS）和赢得价值管理（EVM）的项目管理思想和方法。1966年在“阿波罗登月计划”中，美国基于项目管理计划评审技术（PERT）开发了随机型的网络技术图表评审技术（GERT），并将其用于计算阿波罗系统的最终发射时间，从而极大地扩展了项目管理的应用范围。

20世纪50年代到70年代，随着新颖的项目管理方法在“曼哈顿计划”和“阿波罗计划”等著名工程中取得的巨大成功，许多学者也对项目管理产生了浓厚兴趣。在他们对项目管理相关理论深入研究和探讨的过程中，逐步形成了如下两个知名的项目管理研究组织：①欧洲国家建立的侧重实践的国际性项目管理学术组织——国际项目管理协会（International Project Management Association，简称IPMA，成立于1965年）；②美国建立的注重知识性的项目管理学术组织——美国项目管理研究会（Project Management Institute，简称PMI，成立于1969年）。

项目管理在建筑工程领域和国防工业系统中得到持续发展，这些行业需要对那些大型的、复杂的任务实施强有力的控制。由于项目管理能够处理需要跨领域的复杂问题，并能够实现更高的运营效率，在20世纪70年代，项目管理的影响扩展到其他许多行业，如电信业、计算机业、软件业、制药业、金融业、投资银行业、能源业等。

这个时期的项目管理非常注重时间、成本和质量三大目标的控制，强调技术，注重管理工具的开发和运用，在20世纪30～50年代期间运用横道图进行项目的规划和控制，较大型的工程项目和军事项目中广泛采用了里程碑计划，在20世纪50～70年代末运用关键路径法（CPM）、计划评审技术（PERT）和网络技术图表评审技术（GERT）进行计划控制，如杜邦公司化工厂项目运用关键路径法缩短建设工期，节约工程项目费用10%，美国海军北极星导弹项目运用计划评审技术节约工程项目费用高达25%。但是，近代项目管理往往忽视客户的重要性，过分关注管理工具和方法的运用，在项目选择方面重视不够，项目失败率较高。

1.4.3 现代工程项目管理

现代工程项目管理概念起源于美国，是从 20 世纪 50 年代末“关键路径法”、“计划评审技术”这两项技术的基础上迅速发展起来的一门关于项目资金、时间、人力等资源控制的管理科学。

目前国际专业人士对项目管理的重要性及其基本概念已经形成完整的体系。在这个领域中，成立于 1969 年的美国项目管理协会（PMI）走在了前列，该组织制定并实施了完整的项目管理体系及不断细分延展的各体系的分支。

企业项目管理是伴随着项目管理方法在长期性组织中的广泛应用而逐步形成的一种以长期性组织为对象的管理方法和模式，其主导思想就是把任务当作项目以实行项目管理，即“按项目进行管理”。

20 世纪 80 年代以后，由于项目管理本身较强的跨行业适用性以及两大国际性项目管理研究组织的努力推广，项目管理被广泛运用于军事、建筑、航空工程以外的其他许多行业中，如软件业、制造业、金融业、保险业、电信业等。政府机关和一些国际组织也将项目管理作为其中心运作模式以便提高工作和管理效率，如 IBM、美国白宫行政办公室、世界银行、美国能源部等，在其核心的运营部门均采用了项目管理方法。

这段时期也是项目管理理论的多产时期。1993 年，美国项目管理协会首次将项目管理知识体系规范为一项标准。1996 年 8 月，美国项目管理协会发表了项目管理知识体系指南（Project Management Body of Knowledge, PMBOK），用于定义一般公认的过程，并以之作为项目管理实践的标准。2000 年，美国项目管理协会在 1996 年版的项目管理知识体系基础上进一步修订，推出了 2000 年版的项目管理知识体系。自 2001 年 2 月起，美国项目管理协会又开始进行项目管理知识体系第三版的修订工作，2004 年 10 月第三版的项目管理知识体系已正式出版。第三版项目管理知识体系新增了 7 个过程，对先前版本的 13 个过程进行了重新命名，同时删除了先前版本中的 2 个过程，总计增加了 5 个过程。同时，第三版项目管理知识体系指南内未再使用辅助过程和核心过程这两个术语，取消这两个术语的原因在于确保项目管理过程中的每个过程都享有同等水平的重要性。

现代项目管理呈现以下特点：

（1）管理思想现代化，体现出系统性、整体性和动态性等三大特点。

（2）管理组织现代化，体现出开放、柔性和注重环境等三大特点。

（3）管理方法现代化，体现出软件技术、信息化和网络化应用的特点。

1.4.4 工程项目管理在中国的发展

1. 工程项目管理的潜意识

中国作为世界文明古国，历史上有许多举世瞩目的项目，如秦始皇统一中国后继续对长城进行修筑、战国时期李冰父子设计修建的都江堰水利工程、北宋真宗年间修复皇城的丁渭工程、河北的赵州桥、北京的故宫等都是中华民族历史上运作大型复杂项目的典范。从今天的角度来看，这些项目都堪称是极其复杂的大型项目。对于这些项目的管理，如果没有进行系统的规划，要取得成功也是非常困难的。不过，当时人们完成项目的潜意识想法主要是为了完成任务，当时还没有行之有效的计划和方法，没有科学的管理手段，没有明确的操作技术标准，对项目的管理只是凭个别人的经验、智慧和直觉，依靠个别人的才能和天赋。所以，中国古代这些工程项目的管理还不是真正意义上的项目管理。

2. 工程项目管理在中国的发展

中国的项目管理研究和应用起步都较晚，这种情况造成我国目前的项目管理无论是理论研究还是实践应用都和国外发达国家有相当大的差距。而随着改革开放的逐步深入，中国的经济发展对项目管理人才的需求变得越来越迫切，具体表现在以下几个方面：数万亿的资金按项目运作；机构中的改革活动都属于项目活动；由于经济全球化的发展，中国经济逐渐融入全球市场，最近我国涉外项目的投资额达数百亿美元。可以预见，项目管理将在中国的经济发展过程中发挥巨大的作用，中国的改革与发展需要项目管理。

中国真正的项目管理发展历史可以追溯至20世纪60年代。当时华罗庚教授引进了网络计划技术，并结合中国的“统筹兼顾、全面安排”指导思想，创立了“统筹法”，并在重点项目中进行推广应用，取得了良好的收益。中国国内对现代项目管理的引进和推广始于20世纪80年代。1982年，在鲁布革水电站引水导流工程中，日本建筑企业运用项目管理方法对工程施工进行有效管理，这给当时整个投资建设领域带来巨大的震动。基于鲁布革工程的经验，1983年中国推行项目前期建立项目经理负责制，1987年中国开始在试点企业和建设单位使用项目管理施工方法，并开始建立中国的项目经理认证制度，1988年推行建立工程监理制度。1991年试点工作发展为全行业的综合改革，全面推广项目管理和项目经理负责制，当时采用项目管理方法的工程包括二滩水电站、三峡水利枢纽和其他大型建设工程等。20世纪90年代初，在西北工业大学等单位的倡导下，中国成立了第一个项目管理专业学术组织——中国优选法统筹法与经济数学研究会项目管理研究委员会（Project Management Research Committee China，PMRC）。

PMRC的成立是中国的项目管理学科体系走向成熟的标志。PMRC自成立至今，做了大量开创性工作，为推动我国项目管理事业的发展和学科体系的建立，起到了非常重要的作用。在PMRC、各高等院校、研究机构和政府部门的推动下，中国项目管理制度的规范化和项目管理资质认证不断发展完善。中国政府出台关于项目经理资质的要求，制定关于各行业领域的项目管理规范以及实施招投标法规，说明项目管理向专业化、规范化方向发展。同时，项目管理资质认证（International Project Management Professional，IPMP）在2001年由PMRC推动正式进入中国后，发展势头良好。2002年中国人力资源和社会保障部正式推出了中国项目管理师（CPMP）资格认证，项目管理职业化成为发展的必然趋势。

很明显，中国的工程项目管理取得了巨大的成就，对社会作出了巨大贡献。中国建设了一大批工程项目，如三峡工程、地铁与高铁工程、港口工程、奥运会工程、世博会会馆工程以及包括风景园林工程在内的城镇系列建设工程等诸多工程，培养了一大批从事相关设计、施工、监理的工程技术专业人才，支持了中国的工业化和城镇化建设，节约了大量建设投资，发挥了工程自身的巨大经济效益，催动了中国的工程建设力量的较快发展，带动了中国的机械装备业整体水平的提升，拉动了社会经济稳步增长，服务于中国的现代化建设。

1.4.5 工程项目管理的发展趋势

1. 项目管理的全球化

市场和行业的竞争需要各种信息技术作为支撑，而这也直接促进了项目管理全球化发展。跨国企业项目管理和国际合作项目日益增多，规模日益扩大。国际合作和交流均是通过具体项目得以实现，利用项目开展管理方法、理念、文化、制度等方面的交流及沟通。另外，国际型项目管理协会的重要性日益显现，此类组织定期开展行业性和学术性的科研活动、发行专业期刊及协助相关人员的招聘等，同时建立项目管理学科的国际化标准。

2. 项目管理的信息化

在如今的信息化时代，项目管理越来越多地依赖于计算机网络管理，依赖于强大的计算机技术，将复杂的项目管理予以量化和规范化。如今，西方发达国家在大部分项目管理中均采取计算机网络方式，进而实现项目管理的网络化和虚拟化。除此之外，随着 ERP、SAP 等在企业的广泛应用，企业逐步选择借助信息工具对项目实施管理；同时，大多数项目管理企业逐步广泛应用项目管理软件来落实具体管理工作，并从事项目管理软件的研发。现阶段，项目管理的信息化已然成为现代企业强化竞争力和经营效率的重要工具，把工程技术和信息技术科学融合，通过计算机实现辅助式管理，有效进行项目管理成本控制、风险防控，监管人财物等资源的流向，使项目效益最大化。

目前西方发达国家的一些项目管理公司已经在项目管理中运用了计算机网络技术，开始实现了项目管理网络化、虚拟化。

3. 多元化

现代的项目管理已在各行业中得到广泛应用，通过不同形式、类型及规模展现出来。如今，项目管理在机械、金融、服务等行业中呈多元化发展，其方法体系充分结合具体行业的特性不断完善。通过实践，不同行业项目管理因类型、规模等差异而体现出项目类型的不同，具体可以细化为工程项目管理、IT 项目管理、产品研制项目管理等。由于项目管理的类型存在较大差异，其范围、实施周期也存在差异，在项目人员配备上存在很大差异，因此在项目管理方法上也不同，投资渠道和主体以及投资方式等都趋向多元化发展。

4. 专业化

项目管理被逐渐普及到各个企业及组织中，项目管理的专业化趋势成为必然。项目管理知识体系（PMBOK）不断发展和完善，美国 PMI 提出的项目管理的知识体系（PMBOK）已出至第六版，中国项目管理知识体系（C-PMBOK）已出至第二版，知识体系内容不断得到扩充和完善。未来，项目管理相关工作人员均是通过专业培训和教育培养的人才，职业化人员及职业项目经理将越来越多。对项目与项目管理学科的探索也在积极进行，有越来越多的高校设置了项目管理专业，国际项目管理组织也在对专业化、标准化问题进行深入的探索与研究。

思考题

1. 什么是项目？试联系生活中的事例分析项目的特征、生命周期及其影响因素。

2. 什么是风景园林工程项目、风景园林施工项目？两者有何差别？试结合生活中的事例比较项目、工程项目、风景园林工程项目与风景园林施工项目的异同点。

3. 试分析风景园林工程项目的生命周期，并结合其建设程序谈谈风景园林工程项目管理相关参与者应扮演的角色。

4. 试结合生活中的事例比较分析项目管理、工程项目管理、风景园林工程项目管理和风景园林施工项目管理的特点。

5. 试分析风景园林工程项目管理的知识体系。

6. 试结合生活中的事例谈谈风景园林工程项目管理存在哪些不良现象？试结合中国的国情分析应如何开展风景园林工程项目管理，需从哪些方面取得工程项目管理研究的突破？

第2章　风景园林工程项目前期决策

学习目标

通过本章的学习，了解风景园林工程项目的构思策划技术，熟悉风景园林工程项目建议书及其审查、报批方法，熟悉风景园林工程项目的可行性研究程序、内容及审查、报批程序，理解风景园林工程项目的决策类型、原则、程序、方法及决策论证、分析技术，了解风景园林工程项目的审批立项、核准、备案制度。

2.1 风景园林工程项目的构思策划

2.1.1 风景园林工程项目的构思

1. 风景园林工程项目构思的产生

任何风景园林工程项目都是从构思开始，无论是从属性的项目，还是专项性的项目。风景园林工程项目的构想，是项目策划的初始步骤。风景园林工程项目构思产生的原因很多，性质不同、类型不同，构思产生的原因也各不相同。例如，新兴农旅田园综合体项目的构思是可能发现了新的投资机会，而城市公共园林绿地建设项目构思的产生一般是为了满足城市建设、环保、游憩、休闲的需要。一般说来，项目构思的产生主要出于以下情况：

（1）企业发展的需要

对于企业而言，任何工程项目构思基本上都是出于企业自身生存和发展的需要，为了获得更好的投资收益而形成的。如企业要发展，要扩大市场占有份额；企业要扩大经营范围，增强抗风险能力，必须搞多种经营，向其他地域、领域投资；通过市场调查发现某种新风景园林形式有庞大的市场容量或潜在市场，出现新的投资机会；市场出现了新的需求从而产生新的投资机会等。

（2）城市、区域和国家发展的需要

任何城市、区域和国家在发展过程中都离不开建设，建设是发展的前提。为了解决国家、地区的社会发展问题，必然要配套新建许多风景园林工程项目。战略目标和计划常常是通过工程项目实施的，所以一个国家和地区的发展战略或发展计划常常包容许多新的工程项目。这些项目的构思都需与国民经济发展计划、区域和流域发展规划、城市发展战略规划相一致。

（3）城市系统运行存在问题

构思的起因也可能是因为地方城市系统运行存在问题。例如，某地区园林绿地面积过少；某种城市园林绿地类型供不应求；城市生态出现严重的城市病，影响市民生产、生活；环境污染严重等。

（4）项目业务机会

风景园林企业以工程项目作为基本业务对象，如咨询公司、规划设计公司、工程承包公司、工程设备和材料供应公司、苗木公司等，在它们业务范围内的任何风景园林工程信息，都是它们承接业务的机会，都可能产生项目。

（5）行业、产业的交叉组合

现在许多风景园林项目投资者、项目策划者常常通过行业要素的优化组合、产业生产要素的优化组合来策划新的项目。最常见的是旅游产业与农业、农民、农村的组合，产生符合城市市民需求的观光农业园之类的风景园林工程项目。

项目构思的产生是十分重要的。它在初期可能仅仅是一个“点子”，但却是一个项目的萌芽。投资者、项目策划者对它要有敏锐的感觉，要有艺术性、远见和洞察力，这样才能提炼出一个个有发展前景的工程投资项目来。

2. 风景园林工程项目构思的过程

一个卓越的项目构思不是一蹴而就的，也不是项目构思者的灵光乍现，而是一个逐渐发展和完善的思维过程。一般项目构思分准备阶段、酝酿阶段和完善阶段等三个阶段。

（1）准备阶段

项目构思的准备阶段就是对项目构思进行一系列的准备工作的时期，一般包括四方面的具体内容：

1）确定项目构思的性质和目标范围。

2）调查研究，收集资料和信息。

3）资料整理，去粗取精。

4）研究资料和信息，通过分类、组合、加减、归纳、分析和综合等多种方法，从所收集的资料和信息中找出有用的信息资源。

（2）酝酿阶段

项目构思的酝酿阶段一般包括潜伏过程、创意出现和构思诞生三个过程。潜伏过程就是把所获得的资料和信息与所需要构思的项目联系起来，进行全面系统的比较分析。创意出现就是在大量思维过程中产生与项目相关的一些独特新意，它是构思的雏形阶段，是不完全、不成熟或不全面的想法和构思，是项目构思者有意识活动中逻辑思维和非逻辑思维的一种结果。构思诞生就是通过多次、多种创意的出现和反复思考形成了项目的初步轮廓，并用语言、文字、图形等可记录的方式明确表达出来，这是项目完整构思的基础，也是项目构思进一步深入的切入点。

（3）完善阶段

项目构思的完善阶段就是从项目构思诞生到项目构思完善的过程，包括发展、评估和定型三个阶段。发展是对诞生的构思通过进一步的分析，进行内涵和外延上的深入、扩充和完善的活动。评估是对诞生的构思进行分析评价或者对多个构思方案进行比较筛选的活动。

定型是在发展和评估的基础上，对项目的构思做进一步的调查、分析和研究，使之具体细化为可操作的项目方案。如在实施和细化过程中，发现有不完善或不准确之处，应立即予以改进、修正和完善。

项目构思所包括的以上三个阶段，是一个渐进的、环环相扣的发展过程，每一个阶段都要认真对待、扎实工作，才能为达到预定的目标奠定坚实的基础。

3. 项目构思的选择

通常针对一种具体环境状况而产生的项目构思往往多种多样，甚或“异想天开”和“出人意料”，因此不可能将每一种构思都付诸更深入的研究。对于那些明显不现实或没有实用价值的构思则须早早淘汰，同时，由于资源条件的限制，即使构思有一定的可现实性和实用价值，也不可能都转化为项目。一般只能选择少数几个进行更深入的优化研究。

首先，构思的选择要考虑项目的构思是否具有可实现性，如构思像是建空中楼阁，尽管设想很好，也必须剔除。其次，要考虑环境的制约，要充分利用资源和外部条件。再次，项目构思选择的结果可以是某个构思，也可以是几个不同构思的组合，要综合考虑发挥自身的长处，结合自身的能力来选择最佳的项目构思，或在项目中达到合作各方竞争优势的最佳组合。经过认真研究后，认为项目的构思可行、合理，在上层组织的认可下，项目的构思转化为目标建议，可提出作进一步的研究，进行项目的目标设计。

项目构思是整个策划系统的关键和灵魂，也是最富有创造性的一环，它关系到后续项目开发研究结果的性质、价值及成败。

2.1.2 风景园林工程项目的目标系统设计

1. 目标系统类型

风景园林工程项目的目标系统设计是项目前期策划的重要内容，也是项目实施的依据。

风景园林工程项目的目标系统由一系列工程建设目标构成，按照控制内容的不同，可分为投资目标、质量目标和进度目标等。按照层次的不同，可分为总目标、子目标和可执行目标。按照重要性的不同，可分为强制性目标和期望性目标等。强制性目标一般是指法律、法规和规范标准规定的工程项目必须满足的目标，例如，工程项目的质量目标必须符合工程相关的质量验收标准的要求等。期望性目标则是指应尽可能满足的可以进行优化的目标。按照目标的影响范围分，可分为项目系统内部目标和项目系统外部目标。项目系统内部目标是直接与项目本身相关的目标，如工程的建设规模等。项目系统外部目标则是控制项目对外部环境影响而制定的目标，如工程项目的污染物排放控制目标等。按照目标实现的时间，可分为长期目标和短期目标。

2. 目标系统设计

风景园林工程项目的目标系统设计需按照不同的性质和不同的层次来定义系统的各级控制目标，因此，风景园林工程项目的目标系统设计是一项复杂的系统工程，主要包括情况分析、问题定义、目标因素的提出和目标系统的建立等。

（1）情况分析

风景园林工程项目的情况分析是风景园林工程项目的目标系统设计的基础，其以项目构思为依据，对工程项目系统内部条件和外部环境进行调查并做出综合分析与评价。它是对风景园林工程项目构思的进一步确认，并可以为项目目标因素的提出奠定基础。风景园林工程项目的情况分析需要进行大量的调查工作，在工程背景资料充足的前提下，需要做好风景园林工程项目的内部条件分析和外部环境分析两方面工作。项目内部条件分析是对项目的使用者、项目的功能要求、运营方式和实施条件的分析。项目外部环境分析，主要是分析与项目有关的各项法律、法规和技术标准上的约束条件，分析和预测项目的社会人文环境、自然环境和项目建设条件等环境条件的现状和变化情况，分析有利因素与不利因素。社会人文环境包括地域环境、经济结构、投资环境、技术环境、社会文化、人口构成、生活方式、项目工业化、机械化与标准化水平等。自然环境包括地理、地质、地形、水源、能源、日照、气候等自然条件。项目建设条件包括城市各项基础设施、道路交通、允许容积率、建筑高度、覆盖率和绿地面积等。

情况分析既可以进一步研究和评价项目的构思，将原来的目标建议引导到实用的、理性的目标概念，使目标建议更符合上层系统的需求，也可以对上层系统的目标和问题进行定义，从而确定项目的目标因素，确定项目的边界条件状况，为目标设计、项目定义、可行性研究及详细设计和计划提供信息，还可以对项目中的一些不确定因素如风险进行分析，并对风险提出相应的防护措施。

情况分析可以采用调查法、现场观察法、专家咨询法、ABC 分类法、决策表法、价值分析法、敏感性分析法、企业比较法、趋势分析法、回归分析法、产品份额分析法和对过去同类项目的分析方法等。

（2）问题定义

经过详细而周密的情况分析可以从中认识和引导出上层系统的问题，并对问题进行定义和说明。问题定义是目标设计的依据，是目标设计的诊断阶段，其结果是提供项目拟解决问题的原因、背景和界限。问题定义的过程同时也是问题识别和分析的过程，工程项目拟解决的问题可能是由几个问题组成，而每个问题又可能是由几个子问题组成。针对不同层次的问题，可以采取因果关系分析来发现问题的原因。另外，有些问题会随着时间的推移而减弱，而有些问题则会随着时间的推移而日趋严重，问题定义的关键就是要发现问题的本质，并能正确预测出问题的动态变化趋势，从而制定有效的策略和目标来达到解决问题的目的。

（3）目标因素的提出

问题定义完成后，在建立目标系统前还需要确定目标因素。目标因素应该以风景园林工程项目的定位为指导，以问题定义为基础加以确定。风景园林工程项目的目标因素有三类；第一类是反映风景园林工程项目解决问题程度的目标因素，例如，风景园林工程项目的建成能解决多少人的休闲、游憩问题，或能解决多大的生态问题等。第二类是风景园林工程项目本身的目标因素，如风景园林工程项目的建设规模、投资收益率和项目的时间目标等。第三类是与风景园林工程项目相关的其他目标因素，如风景园林工程项目对自然和生态环境的影响，风景园林工程项目增加的就业人数等。

在目标因素的确定过程中，需注意以下问题：

1）要建立在情况分析和问题定义的基础上。

2）要反映客观实际，不能过于保守，也不能过于夸大。

3）目标因素要有一定的弹性。

4）目标因素是动态变化的，具备一定的时效性。

目标因素的确立可以根据实际情况，有针对性地采用头脑风暴法、相似情况比较法、指标计算法、费用 / 效益分析法和价值工程法等加以实现。

（4）目标系统的建立

在目标因素确定后，经过进一步的分类、归纳、排序和结构化，即可形成目标系统，使项目的目标协调一致。

1）目标系统结构

风景园林工程项目目标系统至少有以下三个层次（图 2-1）：

①系统目标。系统目标是对项目总体的概念上的确定，是项目概念性目标，也是项目总控的依据。它由项目的上层系统决定，具有普遍的适用性。

系统目标通常可以分为：

a. 功能目标，即项目建成后所达到的总体功能。

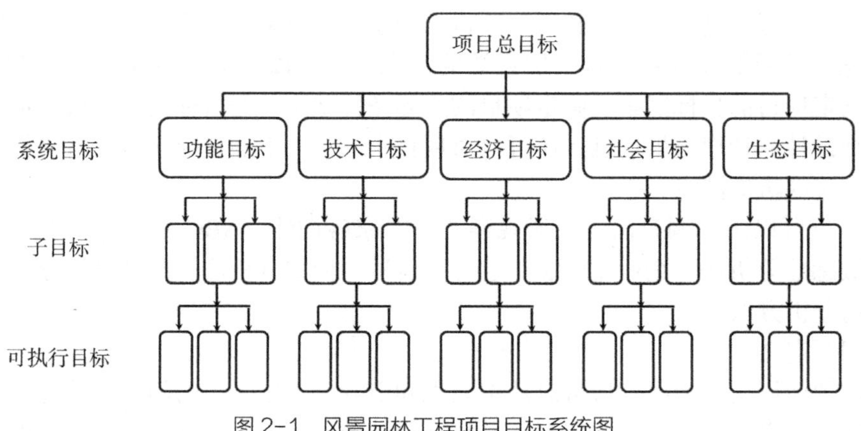

图 2-1 风景园林工程项目目标系统图

b. 技术目标，即对工程总体的技术标准的要求和限定。

c. 经济目标，如总投资、投资回报率等。

d. 社会目标，如对国家或地区发展的影响等。

e. 生态目标，如环境目标、对污染的治理程度等。

②子目标。系统目标需要由子目标来支持或补充。子目标通常由系统目标导出或分解得到，或是自我成立的目标因素，或是对系统目标的补充，或是边界条件对系统目标的约束。它仅适用于项目某一方面对某一个子系统的限制。

③可执行目标。将子目标进一步分解可以得到可执行目标，可执行目标是贯穿系统目标及其上一级子目标的意图而制定的指导具体操作的目标。它们决定子项目的详细构成。

可执行目标以及更详细的目标因素的分解，一般在可行性研究以及技术设计和计划中形成、扩展、解释、量化，逐渐转变为与设计、实施相关的任务。

风景园林工程项目目标系统的各级目标是逐层扩展并逐级细化而成。

2）目标之间的冲突

诸多目标之间存在复杂的关系，可能有相容关系、制约关系、其他关系（如模糊关系、混合关系）等。制约关系即目标因素之间存在矛盾，存在冲突，例如环境保护要求和投资收益率，自动化水平和就业人数，技术标准和总投资等。

通常在确定目标时尚不能排除目标之间的冲突，但在目标系统设计、可行性研究、技术设计和计划中必须解决目标因素之间的相容性问题，必须对各目标因素进行分析、对比、逐步修改、联系、增删、优化，这是一个反复的过程。

2.1.3 风景园林工程项目的定位和总方案策划

1. 风景园林工程项目的定义和定位

（1）风景园林工程项目定义

风景园林工程项目定义是指以风景园林工程项目的目标体系为依据，在项目的界定范围内以书面形式对项目的性质、用途和建设内容进行描述。项目定义为上层系统的评价和审查提供依据，也为下一阶段做可行性研究提供基础条件。风景园林工程项目定义应包括以下内容：

1）项目的名称、范围和构成界定。

2）拟解决的问题以及解决问题的意义。

3）项目的目标系统说明。

4）项目的边界条件分析。

5）关于项目环境和对项目有重大影响的因素的描述。

6）关于解决问题的方案和实施过程的建议。

7）关于项目的总投资、运营费用等的说明。

可以看出，项目定义是对项目构思和目标系统设计工作的总结和深化，也是项目建议书的前导，它是项目前期策划的重要环节。

（2）风景园林工程项目定位

风景园林工程项目定位是描述和分析项目的建设规模、建设水准，以及项目在社会经济发展中的地位、作用和影响力。

首先，风景园林工程项目定位要明确项目的性质。例如同是建一个公园，该公园的服务对象是老年人，还是儿童，抑或是有健康缺陷的人群，其性质的不同显然决定了今后项目的建设目标和建设内容的差别。

其次，风景园林工程项目的定位确定项目的地位。项目的地位可以是项目在企业发展中的地位，也可以是在城市和区域发展的地位，或者是在国家发展中的地位。项目地位的确定应该与企业发展规划、城市和区域发展规划以及国家发展规划紧密结合。在确定项目的地位时，应注意分别从政治、经济、生态和社会等不同角度加以分析。某些项目虽然经济地位不高，但可能有着深远的政治意义。

再次，风景园林工程项目的定位还要确定项目的影响力。项目定位的最终目的是明确项目建设的基本方针，确定项目建设的宗旨和方向。

项目的定义与定位要注意围绕策划的主题，策划主题是策划工作的中心思想。

2. 提出风景园林工程项目的总体方案

目标设计的重点是针对项目使用期的状况，即项目建成以后运行阶段的效果如旅游市场占有份额、日游客量、生态效益等。而风景园林工程项目的任务是提供达到这种状态所必需的要求和措施。在可行性研究之前必须提出实现项目总目标的总体方案或总的开发计划，以作为可行性研究的依据，包括项目服务的市场定位，工程项目总的功能定位，各部分的功能分解、总的项目方案和工程总体的建设方案、融资方案与环境保护措施等。

3. 风景园林工程项目的审查和选择

（1）风景园林工程项目审查

项目定义后必须对项目进行评价和审查。这里的审查主要是风险评价、目标决策、目标设计价值评价，以及对目标设计过程的审查。而财务评价和详细的方案论证则要在可行性研究和设计（计划）过程中进行。

在审查中应防止自我审查。一般由未直接参加目标设计，与项目没有直接利害关系，但又对上层系统（大环境）有深入了解的人进行审查。审查时必须有书面审查报告，并补充审查部门的意见和建议，审查后由有关部门批准是否进行可行性研究。

（2）风景园林工程项目选择

从上层系统（如国家、企业）的角度，对一个项目的决策不仅限于对一个有价值的项目构思的选择、目标系统的建立以及项目构成的确定，而且常常面临许多项目机会的选择。由于一个企业面临的项目机会可能很多（如许多招标工程信息、许多投资方向），但企业资源是有限的，不能四面出击抓住所有的项目机会，一般只能在其中选择自己的主攻方向。

4. 提出项目建议书，准备可行性研究

项目建议书是对建设项目的轮廓设想，在项目建议书中投资者要针对拟兴建的风景园林工程项目论证其兴建的必要性、可行性以及兴建的目的、要求和计划等。项目建议书经过上层组织审查批准后，提交进行可行性研究。

2.2 风景园林工程项目的建议书

也称初步可行性研究，或称预可行性研究。在风景园林工程项目的规划设想经过投资机会研究，认为值得进一步研究时，即进入初步可行性研究阶段。初步可行性研究是投资机会研究和详细可行性研究的一个中间阶段。

由于详细的可行性报告是一项花费大、耗时长的工作，所以在它之前常常进行初步可行性研究，其主要任务是对拟建项目设想一个总体轮廓，根据国民经济和社会发展长期规划、行业规划和地区规划，以及国家产业政策，经过调查研究、市场预测及技术分析，进一步判断投资机会是否有前途，是否有必要进一步进行详细的可行性研究，确定项目中哪些关键性问题需要进行辅助的专题研究，并初步分析项目建设的可能性。

初步可行性研究的内容与详细可行性研究大致相同，只是工作的深度和要求的精度不一样。初步可行性研究投资估算的误差一般在 ±20%，其研究的费用一般占投资的 0.25% ～ 1.0%。

2.2.1 风景园林工程项目建议书及其作用

风景园林工程项目建议书也称风景园林工程项目初步可行性研究，是拟建项目的承办单位（项目法人或其代理人）基于机会研究成果，根据国家、行业和地区规划以及国家的相关政策、企业的经营战略目标，结合地区、企业的资源状况和物质条件，经过市场调查，分析需求、供给状况，寻找投资机会，构思投资项目概念，在此基础上，用文字形式，对投资项目的轮廓进行描述，从宏观上就项目建设的必要性和可能性提出预论证，进而向政府主管部门推荐项目，供主管部门选择项目的法定文件。

编制项目建议书的目的是提出拟建项目的轮廓设想，分析项目建设的必要性，说明技术、市场、工程和经济的可能性，向政府推荐建设项目，供政府选择。

2.2.2 风景园林工程项目建议书的编制方法

项目建议书的编制大多由业主委托咨询单位、设计单位负责，通过粗略的考察和分析提出项目的设想和对投资机会的评估，主要表现为以下几方面。

1. 论证重点

论证的重点放在项目是否符合国家宏观经济政策方面，尤其是是否符合产业政策、产业结构及行业发展要求，是否符合生产力布局要求，以减少盲目建设或不必要的重复建设，避免由于项目与宏观经济政策不符而导致的产业结构不合理。

2. 宏观信息

项目建议书阶段是基本建设程序的最初阶段，此时尚无法获得有关项目本身的详细技术、工程、经济资料和数据，因此工作依据主要是国家的国民经济和社会发展规划、行业或地区规划、国家产业政策、技术政策、生产力布局状况、自然资源状况等宏观的信息。

3. 估算误差

项目建议书阶段的分析、测算，对数据精度要求较粗，内容相对简单。在没有条件取得可靠资料时，也可以参考同类项目的有关数据或其他经验数据进行推算，如建筑工程量、绿化工程量、投资估算、流动资金估算等一般是按单位生产能力或类似工程进行估价。因此，项目建议书阶段的投资估算误差一般在 ±20% 左右。

4. 最终结论

项目建议书阶段的研究目的是对投资机会进行研究，确定项目设想是否合理。通过市场预测研究项目产出物的市场前景，利用静态分析指标进行经济分析，以便做出对项目的评价。项目建议书的最终结论，可以是项目设想有前途的肯定性推荐意见，也可以是项目、投资机会不成立的否定性意见。

2.2.3 风景园林工程项目建议书的主要内容

1. 基本建设项目的项目建议书的主要内容

各部门、各地区、各行业根据国民经济和社会发展的长远规划、行业规划、地区规划等要求，经过调查、预测、分析，提出项目建议书。项目建议书应包括以下主要内容：

（1）建设项目提出的必要性和依据

1）说明项目提出的背景、拟建地点，提出与项目有关的长远规划或行业、地区规划资料，说明项目建设的必要性。

2）改扩建项目，要说明现有企业概况。

3）引进技术和进口设备的项目，还要说明国内外技术差距和概况，以及进口的理由。

（2）方案、拟建规模和建设地点的初步设想

1）项目的市场预测，包括同类项目的接待能力、客源情况分析及预测和门票价格初步分析等。

2）确定项目一次建设规模和分期建设的设想，以及对拟建规模经济合理性的评价。

3）方案设想，包括主要景区和次要景区的特点、特色、标准等。

4）建设地点论证，分析项目拟建地点的自然条件和社会条件，建设地点是否符合地区规划的要求。

（3）资源情况、建设条件、协作关系的初步分析

1）拟利用资源供应的可能性和可靠性。

2）主要协作条件情况，拟建地点水、电及其他公用设施的供应情况。

3）如果准备引进国外技术，应说明引进国别、与国内技术的差距以及技术来源、技术鉴定和转让等概况。

（4）投资估算和资金筹措设想

1）投资估算中应包括建设期利息、投资方向调节税（在这方面的农业调节税目前都是 0%）等，并适当考虑一定时期内的涨价因素影响。

2）资金筹措计划中应说明资金来源。利用外资项目要说明利用外资的可能性，以及偿还能力的大体预测。

（5）项目进度安排

1）建设前期的工作计划，包括涉外项目的询价、考察、谈判、设计等进度粗略计划。

2）项目建设所需要的时间等。

（6）经济效果、生态效益和社会效益的初步估计

1）计算项目全部投资的内部收益率、贷款偿还期等指标的初步分析。

2）项目的生态效益、社会效益和社会影响的初步分析。

2. 更新改造项目的项目建议书的主要内容

（1）企业概况及项目改造的理由、目的、必要性和依据。

（2）项目改造方案。

（3）资源情况，建设条件，协作关系等。

（4）改造后预期达到的技术经济效果。

（5）投资概算及资金来源。

（6）改造的主要内容和进度的初步安排。

（7）经济效果、生态效益和社会效益的初步估算。

2.2.4 业主对风景园林工程项目建议书的审查

接到所委托咨询单位编制的项目建议书后，业主在正式报送有关主管部门审批前，应首先对项目建议书进行审查，审查时可再聘请有关专家共同参与。对项目建议书审查的重点应放在以下几方面：

（1）项目是否符合国家的建设方针和长期规划，以及产业结构调整的方向和范围。

（2）项目的产品符合市场需要的论证理由是否充分。

（3）项目建设地点是否合适，有无不合理的布局或重复建设。

（4）对项目的财务、经济效益和还款要求的粗略估算是否合理，是否与业主的投资设想一致。

（5）对遗漏、论证不足的问题，要求咨询单位补充修改。

此外，如果项目成立，报送主管部门审批前，还应提出需补充办理哪些文件手续。

2.2.5 风景园林工程项目建议书的报批

1. 审批权限

项目建议书完成后，要向上级有关主管部门申请立项报批。按照国家颁布的有关文件规定，审批权限按报建项目的级别来划分。

（1）大中型基本建设项目的建议书，按企业隶属关系，选送省、自治区、直辖市、计划单列城市或国务院主管部门审查后，再由国家发改委审批。重大项目、总投资在限额以上的项目由国家发改委报国务院审批，需要由银行总行会签。

内容简单的、外部协作条件变化不大的、无须从国外引进技术和设备的限额以上项目，项目建议书由省、自治区、直辖市审批，国家发改委只作备案。

（2）小型基本建设项目、限下技术改造项目的建议书，按企业隶属关系，由国务院主管部门或省、直辖市、自治区发改委审批，实行分级管理。

随着国有资产管理体制的改革，国家有选择地将一批大型企业集团的集团公司授权为国有资产的投资机构。国家授权的投资机构在批准的长期发展计划之内，可自主决定投资项目立项。

2. 审批程序

（1）建设单位向政府计划部门提交申请。

（2）计划部门对申请进行产业政策和行政规定方面的审查，不符合者退回，符合者转入技术性审查。

（3）建设单位修改或补充有关资料后，计划部门正式受理，并按照投资限额和审批权限，报上级政府计划部门审批，而属自行审批的，则下达审批文件。

项目建议书的详细审批流程如图 2-2 所示。

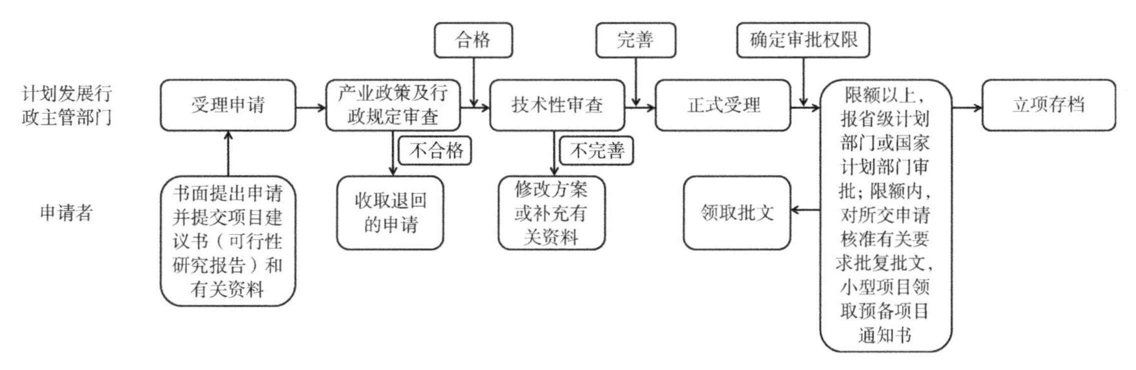

图 2-2　项目建议书的详细审批流程

项目建议书经批准，称为“立项”，项目即可纳入项目建设前期工作计划，列入前期工作计划的项目可开展可行性研究。“立项”是初步的，因为审批项目建议书可否决一个项目，但不能肯定一个项目。立项仅说明一个项目有投资的必要性，但尚需进一步开展研究工作。

2.3 风景园林工程项目的可行性研究

按照批准的项目建议书，风景园林工程项目建设单位应委托有资格的设计机构或工程咨询单位，按照国家的有关规定进行项目的可行性研究。

2.3.1 可行性研究的概念

可行性研究（feasibility study）是通过对项目的主要内容和配套条件，如市场需求、资源供应、建设规模、技术路线、设备选型、环境影响、资金筹措、盈利能力等，从技术、经济、工程等方面进行调查研究和分析比较，并对项目建成以后可能取得的财务、经济效益及社会环境影响进行预测，从而提出该项目是否值得投资和如何进行建设的咨询意见，为项目决策提供依据的一种综合性的系统分析方法。可行性研究应具有预见性、公正性、可靠性、科学性的特点。

综上所述，机会研究和初步可行性研究是为是否下决心进行工程项目建设提供科学依据，而可行性研究则是为如何进行工程项目建设提供科学依据。

2.3.2 可行性研究的作用

（1）确定建设项目的依据。政府投资或业主对于是否应该投建某项工程，或者是否采取某种新的生产工艺，主要依据是可行性研究结论。投资者通过可行性研究，预测和判断项目在技术上是否可行，以及可望获益的大小，最后做出是否投资的决策。

（2）向银行申请贷款的依据。可行性研究是向银行申请贷款的先决条件。凡建设某项目，必须向贷款银行提送建设项目的可行性研究报告。贷款银行对可行性研究报告进行审查，确认有足够的偿还能力、风险小，才同意贷款。

（3）编制设计文件的依据。可行性研究中的技术经济数据，都要在设计任务书中明确规定，是编制设计文件的主要依据。根据可行性研究报告，确定工艺流程、工程技术等。

（4）向环保部门申请执照的依据。环境保护是可行性研究报告的重要内容，必须经过环境部门的审核，即可行性研究报告是环境部门签发执照的依据。

（5）与有关协作单位签订合同和协议的依据。建设过程中的承发包、水电供应、材料供应等合同和协议，必须以可行性研究报告和设计文件为依据。

（6）作为工程建设的基础资料。可行性研究报告中有工程地质、水文气象、勘探、地形、水质等所有的分析论证资料，是工程建设的重要基础资料，也是检验工程质量和整个工程寿命期内追查事故责任的依据。

（7）作为科研资料。

（8）作为施工组织设计、项目实施运行设计、职工培训的依据。

2.3.3 可行性研究的工作程序

根据项目的投资建设程序和原国家计委颁发的《关于建设项目进行可行性研究的试行管理办法》，我国可行性研究一般要经历如下工作程序。

（1）项目投资者提出项目建议书

项目投资者必须根据国家经济发展的长远规划、经济建设方针和技术经济政策，结合资源情况、建设布局等条件，在详细调查研究、收集资料、勘察建设地点、初步分析投资效果的基础上，提出需要进行可行性研究的项目建议书。

（2）进行可行性研究工作或委托有关单位进行可行性研究工作

当项目建议书经审定批准后，项目的投资建设者即可自行进行或委托有关具有研究资格的设计、咨询单位进行可行性研究工作。

（3）承接单位进行可行性研究工作

承接单位在承接可行性研究工作任务后，应与项目投资者紧密合作，按以下步骤开展工作：

1）组建研究小组，制订研究计划，明确研究范围，明确项目投资者的目标。

2）进行调查研究，收集有关资料。项目可行性研究的精确性和可靠性不取决于人们的主观愿望，而取决于研究人员所占有的反映客观实际状况的经济信息资料的多寡及其质量的高低。因此，首先必须进行广泛调查，搜集客观实际状况方面的经济信息资料，并加以整理、验证。

3）取得可行性研究的研究依据。项目可行性研究必须以各种有效的文件、协议为依据。就一般项目来说，必须取得下列文件、协议：

①国家有关的发展规划、计划文件，包括对该行业政策中的鼓励、特许、限制、禁止等有关规定。

②项目主管部门对项目建设要求请示的批复。

③项目建议书及其审批文件。

④双方签订的可行性研究合同协议。

⑤拟建地区的环境现状资料。

⑥试验、试制报告。在进行可行性研究前，对某些需要进行试验的问题，应由业主委托有关单位进行试验或测试，并将结果作为可行性研究的依据。

⑦国家或地方颁布的有关法规、标准、规范、定额等。

⑧市场调查报告，以及自然、社会、经济等方面的相关资料。

⑨主要技术资料等。

4）方案设计与优选。将项目的不同方案设计成可供选择的方案，以便于有效地讨论、比选最优方案，让项目投资者做出非计量因素方面的判定。

5）经济分析和评价。对选出的方案进行更详细的编制，确定具体的范围，估算投资费用、经营费用和收益，并做出项目的经济分析和评价。为了达到预定目标，可行性研究必须论证选择的项目在技术上可行，建设进度可靠，在经济上可以接受，在资金方面可以筹措到。估计的投资费用应包括所有的合理的不可预见费用（如实施中的涨价备用费）。敏感性分析则用来论证成本、价格或进度等发生变化时，可能给项目的经济效益带来的影响。

6）编制可行性研究报告。可行性研究报告的结构和内容常常因不同的项目有不同的要求，这些要求和涉及的步骤在项目的编制和实施中能有助于项目投资者。

项目可行性研究的工作程序如图 2-3 所示。

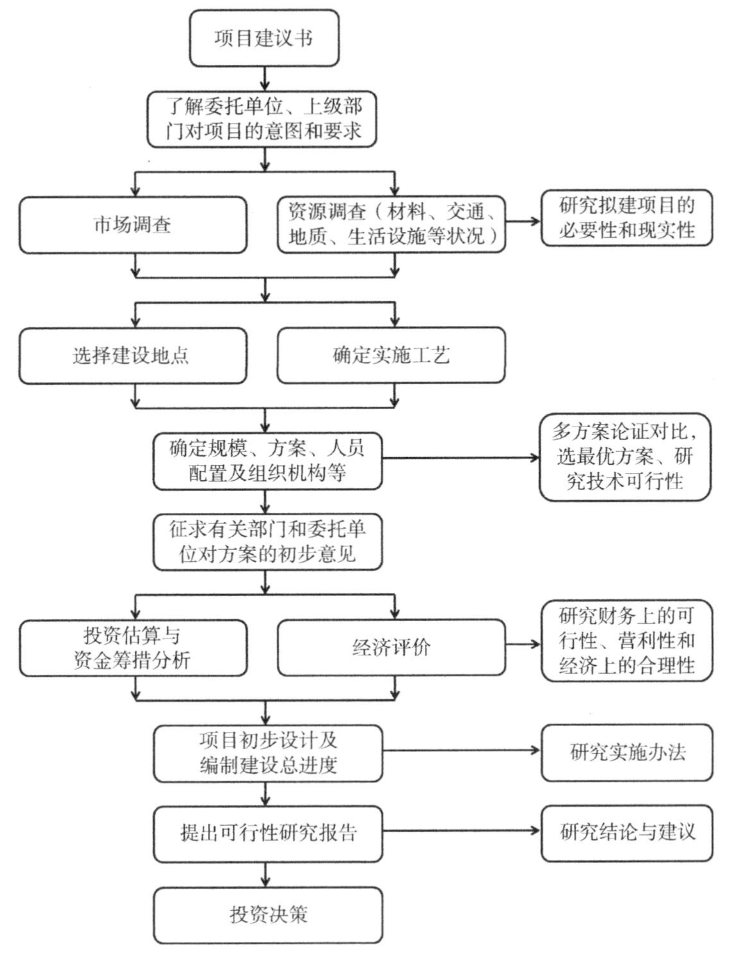

图 2-3　可行性研究的工作程序

2.3.4 可行性研究报告的主要内容

1. 建设项目的可行性研究报告

（1）总论。说明工程项目提出的背景（工程项目名称、建设主体、主管部门、研究工作的依据以及可行性研究等）、投资环境、工程项目投资建设的必要性和经济意义、工程项目投资对国民经济发展的作用和重要性；提出工程项目调查的主要依据、工作范围和要求；工程项目的历史发展概况，工程项目建议书及有关审批文件；综述可行性研究的主要结论、存在的问题与建议，列表说明工程项目的主要技术经济指标。

（2）市场需求预测和拟建规模。市场需求的调查与预测；工程项目建成后的客流预测；拟建工程项目的规模、方案的技术经济分析。

（3）资源、工程材料及公用设施情况。动植物资源、工程材料的种类、数量、来源和供应的可能性；公用设施的数量、供应方式、供应条件、外部协作条件以及所签协议、合同或意向的情况。

（4）建设条件及建设地点方案。建设地点的地理位置、气象、水文、地质、地形条件和社会经济现状；工程项目的地区选择；工程项目所在地的交通、运输现状；建设地点的比较选择意见、工程项目的占地范围、工程项目总体布置方案、建设条件及其他费用情况。

（5）设计方案。工程项目的构成范围及工作流程；主要技术工艺和方案的比较；工程项目布置的初步选择和土建工程量估算；公用辅助设施和项目交通运输方式的比较、选择。

（6）环境保护与劳动安全。调查建设地区的环境现状，预测工程项目对环境的影响，提出环境保护和劳动保护的初步方案，估算环境保护所需要的投资费用等。

（7）项目组织、劳动定员和人员培训。工程项目的管理体制、机构（组织形式）设置；工程技术人员和管理人员的数量与素质要求；劳动定员的配备方案，人员培训计划和费用估算等。

（8）项目实施计划和进度。根据预定的建设工期和勘察、设计、工程施工、安装等所需时间与进度要求，确定整个工程项目的实施方案和总进度及项目实施费用，用网络图描述最佳实施方案的选择。

（9）投资估算与资金筹措。工程项目的主体工程和协作配套工程所需的投资；工程项目营运资金的估算；资金来源、筹措方式及贷款的偿付方式。

（10）效益分析。主要通过对工程项目的营业收入、成本（包括总成本和单位成本）、税金的估算，对工程项目的财务效益、社会效益以及环境影响进行分析与评价，并进行工程项目不确定性分析。

（11）评价结论。通过对建设方案的综合分析评价与方案选择，从技术、社会及项目财务等方面论述工程项目的可行性，推荐可行性方案，提供投资决策参考，指出工程项目存在的问题、改进建议及结论性意见。

2. 改造项目的可行性研究报告

（1）从改变项目功能结构及空间结构、提高项目服务水平与质量、增加游客量、节约水资源、综合利用等方面对项目改造的目的予以说明。

（2）根据经济预测、市场预测、现有工程技术条件和资金筹措等情况，确定项目改造规模和项目方案。

（3）资源、材料及公用设施落实情况。

（4）改造条件和征地情况。

（5）技术工艺、建设标准和相应的技术经济指标。

（6）主要单项工程、公用辅助设施的构成，布置方案和工程量估算。

（7）环境保护措施方案。

（8）劳动定员和人员培训。

（9）建设工期和实施进度。

（10）投资估算、资金筹措和财务分析。

（11）经济效益、生态效益和社会效益。可行性研究作为项目的一个重要阶段，它不仅起到细化项目目标的承上启下的作用，而且其研究报告是项目决策的重要依据。只有正确的符合实际的可行性研究，才可能有正确的决策。可行性研究报告应在以下方面达到使用要求：

1）可行性研究报告应能充分反映项目可行性研究工作的成果，内容齐全，结论明确，数据准确，论据充分，满足决策者确定方案和项目决策的要求。

2）可行性研究报告中的重要技术、经济方案，应有两个以上方案的比选。

3）可行性研究报告中确定的主要工程技术数据，应能满足项目初步设计的要求。

4）可行性研究报告中的融资方案，应能满足银行等金融部门信贷决策的需要。

5）可行性研究报告中应反映可行性研究过程中出现的某些方案的重大分歧及未被采纳的理由，以供委托单位与投资者权衡利弊进行决策。

6）可行性研究报告应附有评估、决策（审批）所必需的合同、协议、意向书、政府批件等。

2.3.5 业主对可行性研究报告的审查

由于业主是投资的主体，咨询单位完成可行性研究工作后报送的可行性研究报告，需要业主据此做出投资与否的决定，因此，业主要对该报告进行详细的审查和评价，审核其内容是否客观、完整，分析和计算是否正确，最终确定投资机会的选择是否合理、可行。对可行性研究报告的评价内容包括以下几方面。

1. 建设项目的必要性

（1）从国民经济和社会发展等宏观角度审查建设项目是否符合国家的产业政策、城市规划、行业规划和地区规划，是否符合经济和社会发展需要。

（2）分析市场预测是否准确，项目规模是否经济合理，项目的定位、功能对象、空间构成是否符合市场需求。

2. 建设条件

（1）项目所需资金能否落实，资金来源是否符合国家有关政策规定。

（2）选址分析是否合理，总体布置方案是否符合国土规划、城市规划、土地管理和文物保护的要求和规定。

3. 工艺、技术、设备

（1）分析项目采用的工艺、技术、设备是否符合国家的技术发展政策和技术装备政策，是否可行、先进、适用、可靠，是否有利于资源的综合利用。

（2）项目所采用的新工艺、新技术、新设备是否安全可靠。

4. 建设工程的方案和标准

（1）建设工程有无不同方案的比选，分析推荐的方案是否经济、合理。

（2）审核工程地质、水文、气象、地震等自然条件对工程的影响和采取的治理措施。

（3）建筑工程采用的标准是否符合国家的有关规定，是否贯彻了节能、生态的方针。

5. 基础经济数据的测算

（1）分析投资估算的依据是否符合国家或地区的有关规定，工程内容和费用是否齐全，有无高估冒算、任意提高标准、扩大规模，以及有无漏项、少算、压低造价等情况。

（2）费用是否合理，资金筹措方式是否可行，投资计划安排是否合理，投资估算是否正确，投入费用、产出效益、偿还能力等计算是否正确。

（3）报告中各项成本费用计算是否正确，是否符合国家有关成本管理的标准和规定。

（4）对预测的计算期内各年获得的利润额进行审核与分析，判断盈亏平衡分析、敏感性分析是否正确。

（5）分析报告中确定的项目建设期的时间安排是否切实可行。

6. 财务效益

从项目本身出发，结合国家现行财税制度和现行价格，以及对项目的投入费用、产出效益、偿还贷款能力等财务状况，来判别项目财务上的可行性。

审查效益指标主要是复核财务内部收益率、财务净现值、投资回收率、投资利润率、投资利税率和固定资产借款偿还期等指标的计算是否准确。

7. 国民经济效益

国民经济效益评价是从国家、社会的角度，考虑项目需要国家付出的代价和给国民经济带来的效益。一般审查时用影子价格、影子工资和社会折现率等，分析项目给国民经济带来的净效益，以判别项目经济上的合理性。评价指标主要是审查计算的经济内部收益率、经济净现值、投资效益率等。

8. 社会效益

社会效益主要包括生态平衡、科技发展、就业效果、社会进步等方面情况，应根据项目的具体情况来分析和审查可能产生的主要社会效益。

9. 不确定性分析

审查不确定性分析一般应对报告中的盈亏平衡分析、敏感性分析进行鉴定，以确定项目在财务上、经济上的可靠性和抗风险能力。

业主对以上各方面进行审核后，对项目的投资机会进一步做出总的评价，进而做出投资决策。若认为推荐方案成立时，可就审查中所发现的问题，要求咨询单位对可行性研究报告进行修改、补充、完善，并提出结论性的意见和上报有关主管部门批准。

2.3.6 可行性研究报告的报批

按照国家的有关规定，可行性研究报告的审批权限划分为以下几层：

（1）所有大中型项目的可行性研究报告，按照项目隶属关系由行业主管部门或省、自治区、直辖市和计划单列城市审查同意后，报国家计委审批。国家计委委托中国国际工程咨询公司等有资格的咨询公司对可行性研究报告进行评估，提出评估报告后，再由国家计委审批。凡投资在2亿元以上的项目，由国家计委审核后报国务院审批。

（2）地方投资的地方院校、医院及其他文教卫生事业的大中型基本建设项目，可行性研究报告由省、自治区、直辖市和计划单列城市计委审批，抄报国家计委和有关部门备案。

（3）企业横向联合投资的大中型基本建设项目，凡自行解决资金、能源、原材料、设备，而且已与有关部门、地方、企业签订了合同，不需国家安排的项目，可行性研究报告由有关部门或省、自治区、直辖市和计划单列城市计委审批，抄报国家计委和有关部门备案。

（4）小型项目的可行性研究报告，按照项目隶属关系，分别由主管部门和省、自治区、直辖市、计划单列城市计委审批。

可行性研究报告经过正式批准后，应当严肃执行，任何部门、单位或个人都不能擅自变更。确有正当理由需要变更时，需将修改的建设规模、项目地址、技术方案、主要协作条件、突破原定投资控制数、经济效益的提高或降低等内容报请原审批单位同意，并正式办理变更手续。

2.3.7 项目建议书与可行性研究的区别

项目建议书和可行性研究是工程项目建设前期两个阶段的工作内容，尽管在报告书中所涉及内容大体相同，但由于工作目的不同，因而在研究重点、评价方法等方面有重大区别。

（1）研究目的和作用不同。

（2）研究论证的侧重点不同。

（3）投资估算的误差不同。

（4）基本经济数据的计算和选用方法不同。

（5）经济评价的方法、内容、深度不同。

（6）方案比较的内容和方法不同。

2.4 风景园林工程项目的决策

2.4.1 风景园林工程项目的决策概述

1. 风景园林工程项目决策的内涵

风景园林工程项目决策是一种微观决策，通常指投资主体（国家、企业、个人）根据投资方向、投资布局的战略构想及客观的可能性和科学的预测，充分考虑国家有关的方针政策，在调查、研究的基础上通过正确的分析、论证、估算，对拟建项目必要性和可行性进行技术经济分析和综合评价，决定风景园林工程项目建设是否必要，何时和何地建设，以及为了实现风景园林目标而对各种潜在建设方案进行比较选择，对拟建项目的技术经济指标做出综合判断和决定的过程。决策是整个风景园林工程项目管理过程中一个关键的组成部分，决策的正确与否直接关系到项目的成败。实际上，从项目酝酿直至项目建成都离不开决策，项目决策是项目管理过程的核心。

风景园林工程项目决策根据投资主体可分为国家投资项目决策、企业投资项目决策和个人投资项目决策。国家投资项目决策是指隶属国家的有关职能单位或政府有关投资管理部门根据经济社会环境发展的需要，以实现优美环境目标，满足国家生态安全和社会公共需求，促进社会可持续发展为目标，对国家投资的项目从社会公平、社会效益、环境效益、生态效益等方面进行分析，按照符合国家投资的范围和目标，做出是否投资风景园林工程项目的决定。企业投资项目决策是指企业根据总体发展战略、自身资源条件、市场竞争中的地位以及项目产品所处寿命周期中的作用，按照资源整合的需要，以获得经济效益、社会效益、生态效益和提升持续发展能力为目标，做出是否投资风景园林工程项目的决定。个人投资决策是指个人依据对美好生活环境的质量追求与要求、审美情趣、管理水平以及经济能力做出是否投资的决定。当然，也有国家和企业联合投资、企业和企业联合投资风景园林工程项目决策的情况，个人投资项目相对规模较少。

2. 风景园林工程项目决策的任务

风景园林工程项目投资决策的目的，是为了实现预定的投资目标。通过对潜在可行方案的分析、比较、判断，从中优选最适方案，最终决定是否投资风景园林工程项目。风景园林工程项目的投资决策阶段面临的主要任务体现在以下几个方面：

（1）明确投资目标。明确投资目标是风景园林工程项目决策的前提。风景园林工程项目投资目标必须首先服从于总体战略需要，能够提高企业的市场竞争力并获得经济效益；同时要符合国家、地区、部门或行业的中长期规划发展目标，符合生态经济、循环经济和建设节约型社会的要求，符合国家制定的产业政策和行业准入标准。要有全局观念，需要将长远利益与当前利益结合起来考虑，既要避免短视，忽视长远，又要防止过分超前，缺乏现实的支撑。

（2）明确建设方案。按照市场需求的变化趋势、项目规模、外部建设条件以及国家相关技术经济政策的要求，考虑企业的市场目标定位和资源条件，确定项目的建设规模、主要建设内容、外部配套方案等。

（3）明确融资方案。为了降低投资风险，考虑到资金筹措的制约因素，风景园林工程项目一般都需视项目规模的大小多渠道、多方式筹措建设资金。

2.4.2 风景园林工程项目的决策原则

风景园林工程项目投资决策是对一个复杂的多要素的投资系统进行逻辑分析和综合判断的过程。为避免失误，保证投资决策成功，投资目标必须合理，决策结果必须满足预定投资目标的要求，决策过程必须遵循下列原则。

1. 科学化决策原则

投资决策要客观，要按科学的决策程序办事，要运用科学的决策方法。在调查研究的基础上，对拟建工程项目的可行性和发展前景进行认真的决策分析与评价。为实现科学决策，应注意从以下几个方面进行考虑：

1）方法科学。决策须以科学的态度、科学的方法和程序，运用先进的技术手段，融合多种专业知识，定性分析和定量分析相结合，推断出科学合理的结论和意见，使分析结论准确可靠。决策方法主要包括两个方面，一是经验判断法，依靠决策者的经验、学识和逻辑推理能力进行综合判断决策；一是定量分析决策法，在系统分析、线性分析、统筹方法等数学手段的基础上进行综合推断决策。

2）依据充分。决策的主要依据通常包括：全国和项目所在省市中长期经济社会发展规划、相关产业规划、基础设施发展规划等；国家颁布的相关技术、工程、经济等方面的规范、标准、定额等；国家颁布的有关项目评价的基本参数和指标等；与项目相关的产业、土地、环保、资源利用、税收、投资政策等。

3）信息可靠。决策所依据的数据资料必须真实可靠，必须坚持实事求是的法则，尊重事实，一切从实际出发，源于调查研究的原始数据，注重客观数据的分析，保证分析结论有效可靠。包括：拟建项目场址的自然、地理、气象、水文、地址、社会、经济、动植物资源、人文等基础数据资料，交通运输和环境保护资料；项目合资、合作各方签订的协议书或意向书；与拟建项目有关的各种市场信息资料或社会公众诉求等。

4）方案合理。围绕预定目标拟定出多个实施方案，在多个方案中进行比较选择，并对预计方案实施过程中可能出现的变化及应采取的应急措施能预案，对预定目标实现后的实际效果做到心中有数。

2. 效益化决策原则

无论是企业投资项目还是国家投资项目都必须从市场需要出发，遵循市场规律，在确定科学和安全的前提下，要讲求项目总体效益最优、微观效益与宏观效益统一、近期效益与远期效益相统一，注重投资整体效益，这是项目决策的基本原则。

3. 民主化决策原则

投资决策应善于广泛征求各方画的意见，避免单凭个人主观经验决策，应在反复论证的基础上，分析各种风险，由集体做出决策。民主决策是科学决策的前提和基础。

1）独立咨询机构参与。决策者委托咨询机构对项目进行独立的调查、分析、研究和评价，提出咨询意见和建议，以帮助决策者正确决策。对于国家投资项目，按照投资风景园林工程项目“先评估，后决策”的制度，即建设单位在决策前先委托符合资质要求、人选的咨询机构对项目进行论证，为项目决策提供咨询意见和建议。

2）专家论证。为了提高决策的质量，无论是企业还是国家的投资决策，都应该聘请项目相关领域的专家进行分析论证，以优化和完善建设方案。

3）公众参与。对于国家投资项目和企业投资的重大项目，特别是关系社会公共利益的风景园林工程项目，项目建设单位应采取多种公众参与形式，广泛征求各个方面的意见和建议，以使决策符合社会公众的利益。

4. 系统性决策原则

深入细致调查研究与投资项目有关的各项信息，包括产业发展信息、市场需求信息、生产供给信息、工程技术信息、政策信息、自然资源与经济社会基础条件等信息，然后按照系统论的观点，全面考核这些信息。同时，还要考虑项目相关建设情况和同步建设情况，项目建设对原有产业结构的影响，项目产品在市场上的竞争能力与发展潜力。

5. 可持续发展原则

实施可持续发展战略，将可持续经济、可持续生态和可持续社会三方面协调统一发展，关注生态和谐，加快建设资源节约型、环境友好型社会，最终实现人的全面发展。这是我国经济社会发展的基本国策。

2.4.3 风景园林工程项目的决策程序

对项目要做出正确的决策，就必须充分认识和遵循科学的决策程序，也就是首先提出问题，确定目标，再收集、加工、整理信息，拟订目标的多种备选方案，然后分析、比较各种方案，由决策机构选优抉择，组织决策方案的实施，最后检验决策实施效果。大中型风景园林工程项目决策的一般程序如图 2-4 所示，国家投资的风景园林工程项目因具有特殊性，决策程序与一般企业决策的程序略有不同，如图 2-5 所示。

1. 投资机会研究

也称投资机会分析。投资机会研究主要针对一般经营性风景园林工程项目，是投资人对拟投资建设项目的准备性调查研究，把项目的设想变为概略的投资建议，对设想的项目和投资机会做出鉴定，并确定是否有必要做进一步的研究。投资机会研究主要是性质比较粗

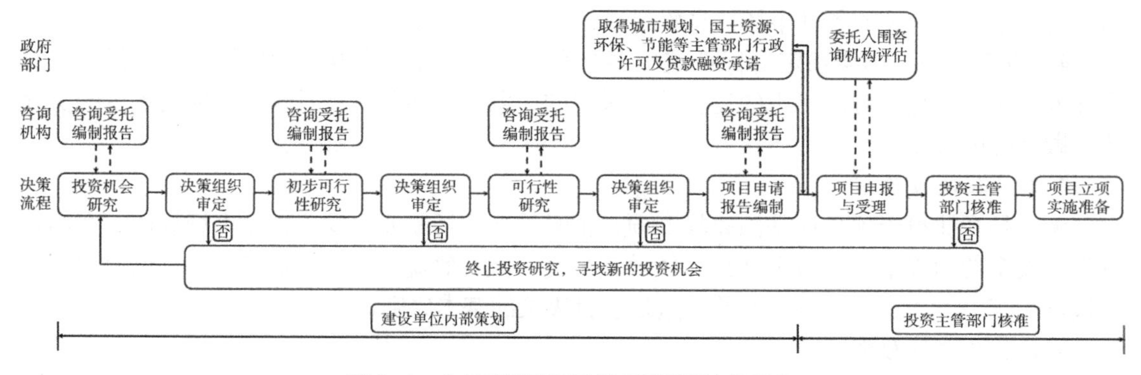

图 2-4 企业投资风景园林工程项目决策程序

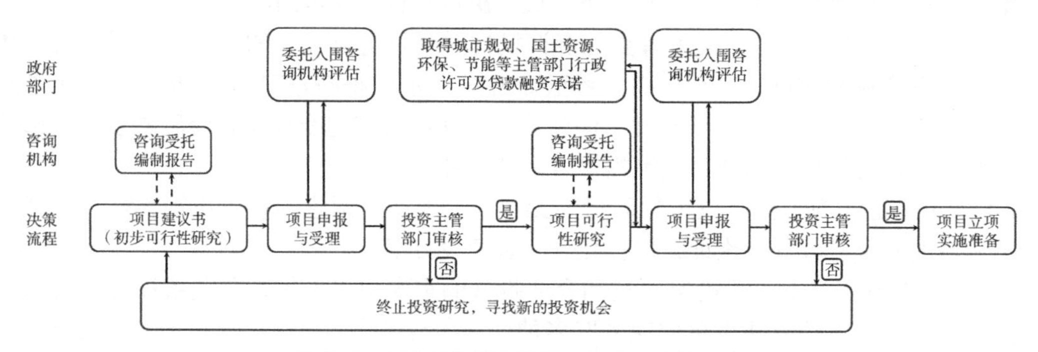

图 2-5 国家投资风景园林工程项目决策程序

略，主要依靠估计，而非详细的分析。其投资估算误差程度在 ±30%，研究费用一般占投资的 0.2% ～ 1.0%。投资机会研究的重点是分析投资环境，鉴别投资方向，选择建设项目。投资机会研究的主要目的是对政治经济环境进行分析，寻找投资机会，鉴别投资方向，选定项目，确定初步可行性研究范围，确定辅助研究的关键方面。投资机会的识别一般可从以下三个方面入手。

第一，对投资环境进行客观分析，预测客观环境可能发生的变化，寻求投资机会，特别是要对市场供需态势进行分析，在市场经济条件下，市场反映投资机会状况。

第二，对企业经营目标和战略进行分析。不同的企业其发展战略、投资机会的选择也有所不同。

第三，对企业内外部资源条件进行分析。主要是企业财力、物力和人力资源力量的分析，企业技术能力和管理能力的分析，以及外部建设条件的分析。

通过上述机会研究，初步选定拟建项目，描述选定项目的背景和依据，做出市场与政策分析及预测，做出企业发展战略和内外部条件的分析，并提出投资总体结构以及其他具体建议。以此作为编制项目建议书的依据。

2. 确定目标

目标是决策者所追求的对象，它决定了选择最优方案的依据，而方案的提出以目标要求为依据。决策目标与决策方案关系紧密，相互依存、相互统一。缺乏明确的目标，就无法拟订行动方案，方案的比较选择更无从谈起。确定下来的目标，按时间可分为近期、中期、远期等不同阶段的目标，按数量可分为低限、中限、高限等不同层次的目标。

3. 梳理信息

正确的决策必须依赖大量而准确可靠的信息资料。收集好较丰富而完备的资料，再经过加工、整理，就能使之成为符合使用要求的项目信息。工程项目信息来源很广泛，按内容来分，包括经济、技术、社会情报资料；按时间状态来分，包括历史资料、现状资料和预测资料；按空间范围来分，包括企业内部信息和企业外部信息；按表现形式来分，包括书面信息和口头信息；按加工程度来分，包括资源信息（原始记录及统计资料）和管理信息（经加工整理后的数据、情报资料）。

4. 拟订备选方案

有了明确的目标及丰富的信息资料，就可以据此拟订备选方案。所拟订的方案至少要多于两个。每个方案应明确提出被采用后会呈现出什么效果，需要投资多大的资金，尚存在什么问题等。要尽可能深入地分析各方案的一切细节，包括措施、资源、人力、经费、时间等，通过周密的思考、精确的计算而做出细致的决定，以确定技术上可行的方案作为进行比较选择的方案。

5. 分析可行方案

对拟订出的各个可行方案，根据目标的要求和决策者的标准进行定性分析、定量分析及综合分析，预估每一方案在自然状态下可能出现的各种结果，权衡利弊，汰劣留良优。

6. 方案择优

在各可行方案分析比较的基础上，决策者可以对评价结果，凭经验、知识和胆识，从中选出一个最适方案。

7. 方案实施

方案抉择后，并不是决策过程完全终结。目标是否正确，方案到底如何，都要在贯彻执行中予以验证，因此需要组织力量，实施决策方案。

8. 决策检验

要及时搜集、整理决策方案实施过程中的有关资料，如发现与预计效果有差异，要立即查明原因，采取措施加以修正或调整，以保证全部实现决策目标。

改革开放以来，我国借鉴世界银行和西方国家项目投资决策的成功经验，结合我国的实际情况，国家发改委及有关部门制定了一套适合我国国情的投资决策程序和审批制度，目的是为了减少和避免投资决策的失误，提高投资效果。

2.4.4 风景园林工程项目的决策分析

1. 风景园林工程项目的决策分析内涵

风景园林工程项目的决策分析，也称风景园林工程项目详细可行性研究，是对拟建项目的社会需求状况、建设条件、协作条件、工艺技术、设备、投资、经济效益、环境和社会影响以及风险等问题，进行深入调查研究，进行充分的技术经济论证，为项目投资决策提供技术、经济、社会和环境方面的评价依据。它是工程项目投资决策的基础，它的重点是对项目进行财务效益和经济效益评价，它的目的是通过深入细致的技术经济分析，进行多方案选优，并提出结论性意见，做出项目是否可行的结论，选择并推荐优化的建设方案，为项目决策单位或业主提供决策依据。由此可见，项目建议书是围绕项目的必要性进行分析研究；详细可行性研究是围绕项目的可行性进行分析研究，必要时还需进一步论证项目的必要性。

工程项目决策分析是一项复杂而细致的工作，一般需经过几次反复。一些工程项目在建成之后才发现问题，其原因是工程项目决策阶段的工作没有做细，或没有按科学规律办事。有的工程在建设过程中就停工，原因也是决策分析太粗糙或不科学。

详细可行性研究要求有较高精度，它的投资估算误差要求为 ±10%，研究的费用小型项目约占投资的 1.0% ～ 3.0%，大型项目为 0.2% ～ 1.0%。

2. 风景园林工程项目决策分析内容

风景园林工程项目决策分析一般采取由粗到细，由浅到深分阶段进行。一般来说，风景园林工程项目决策需要分析论证的内容包括：

（1）拟建项目是否符合国家经济和社会发展的需要。

（2）园林规划设计方案、风景园林工程质量、规模是否符合市场需要，在生态环境修复中能否满足人们对更高美好生活品质的需求。

（3）生产工艺技术是否先进适用。

（4）项目建成后，风景园林环境的供应和有关配套条件能否满足旅游、休闲、体验、游赏等方面的可持续需要。

（5）项目建成后，生态效益、环境效益、社会效益、国民经济效益、财务效益能否满足各方的需要。

（6）资金投入和各项建设条件是否满足项目实施的要求。

（7）与项目相关的各项潜在风险是否识别并采取了相关措施。

（8）建设方案是否进行了多方案比较，是否达到方案的最优。

工程项目决策分析是一项复杂的、原则性很强的工作，对大型风景园林工程项目决策分析需要投入许多人力、物力。

3. 风景园林工程项目决策分析的基本要求

（1）数据信息准确可靠。数据信息是项目决策分析的基础和必要条件，全面准确地了解和掌握决策分析有关的资料数据是决策分析的最基本要求。数据信息主要包括：

1）国民经济长期规划、行业规划和地区规划。

2）国家颁布的有关项目评价的基本参数和指标。

3）有关技术、经济、工程方面的规范、标准、定额等指标，以及国家颁布的技术法规和技术标准。

4）可靠的自然、地理、气象、水文、地质、社会、经济、动植物资源等基础数据资料、交通运输和环境保护资料。

5）有关项目本身的潜在使用对象、原材料、资金来源等各项数据资料。

由于决策分析与评价是个动态过程，在实施中需注意新情况的出现，要及时、全面、准确地获取新的信息，必要时做出追踪决策分析。

（2）方法科学、合理，并多法验证。决策分析要根据不同情况选择合适而正确的方法，注意方法的科学性、合理性，并通过多种方法进行验证，以保证决策的准确性。方案评价与选择的方法很多，可归纳为经验判断法、数学分析法、试验法等三大类方法，根据决策分析的问题性质和特点，灵活选用或结合使用。

（3）分析逻辑要强。进行科学的决策分析首先必须选择合适的目标，选择的目标既要有价值，明确实现目标的顺序，又要具体，明确目标的数量和质量指标，也要明确方向和范围，还要明确实现目标的时限。其次，要客观分析并掌握实现确定目标所面临的限制条件或不利因素。

分析时定性与定量相结合，以定量为主。定性分析，是一种在占有一定资料的基础上，根据咨询工程师的经验、直觉、学识、洞察力和逻辑推理能力进行的决策分析。随着应用数学和计算机的发展，经济决策更多地依赖于定量分析的结果，使得决策不再以感觉为基础，使决策更科学。建设项目决策分析的本质是对项目建设和生产过程中各种经济因素给出明确、综合的数量概念，通过效益和费用的分析、比较，确定取舍。但是一个复杂的项目，总会有一些因素不能量化，不能直接进行定量分析，只能平行罗列，分别进行对比和作定性描述。因此，在作项目决策分析时，应遵循定量分析与定性分析相结合的原则，并以定量分析为主，力求能够正确反映项目实施中的投资、投入与效益，对不能直接进行数量分析比较的，则应实事求是地进行定性分析。

分析时还要静态分析与动态分析相结合。静态分析，是指在项目决策分析时，对资金的时间因素不作价值形态的量化。这种分析方法是很难反映未来时期的发展变化情况的，但指标比较简单、直观，使用起来比较方便。动态分析则是指在项目决策分析时考虑资金的时间价值，用复利计算方法计算资金的时间价值，进行价值判断。动态分析方法将不同时间内资金的流入和流出换算成同一时点的价值，为不同方案和不同项目的比较提供了同等的基础，决策分析可以根据工作阶段和深度要求的不同，采用静态分析与动态分析相结合，以动态分析为主、静态分析为辅的决策分析方法。

（4）多方案比较与优化。多个方案的比较与优化是项目决策分析的关键，尤其是在多目标决策时，往往形成各个方案各有千秋的局面，这时可按以下方法进行选择。

1）综合评分法。此法的特点是先为每个目标的各个实现方案评定一定的优劣分数，然后按一定的算法规则，给各方案算出一个综合总分，最后按此综合总分的高低选择方案。

2）目标排序法。此法是在决策的全部目标按重要性大小排序的基础上，先根据最重要的目标从全部备选方案中选择出部分方案，然后按第二位的目标从备选出的这部分方案中再作选择，从中选出更小的一部分方案，这样按目标的重要性一步一步地选择下去。

3）逐步淘汰法。此法是对多方案采取逐步淘汰的办法直至最后不能再淘汰为止。

4）两两对比法。此法是把方案进行两两对比，在对比定出高低或优劣的基础上再做出综合评价。

2.4.5 风景园林工程项目的决策方法

1. 确定型决策法

确定型决策法是指决策者对未来可能发生的情况有十分确定的比较，可以直接根据完全确定的情况选择最满意的行动方案。确定型决策中决策者有期望实现的明确目标，且决策面临的自然状态只有一种，并存在两个或两个以上可供选择的方案，每种方案在确定的自然状态下损益值可以计算。

确定型决策法可分为单纯选优决策法和模型选优决策法两类。单纯选优决策法是指根据已掌握数据不需要加工计算，根据对比就可以直接选择最优方案。模型选优决策法是指在决策对象的自然状态完全确定的条件下，建立一个经济数学模型来进行运算后，选择最优方案。

常见的模型选优决策法主要有线性盈亏决策法、非线性盈亏决策法、微分机制决策法、线性规划决策法。

（1）线性盈亏决策法

线性盈亏决策法是对企业总成本和总收益的变化进行线性分析，目的在于掌握企业经营的盈亏界限，确定企业的最优生产规模，使企业获得最大的经济效益，以便做出合理的决策。

设 TR 表示总收入，TC 表示总成本，Q 表示总客流量，P 表示门票单价，F 表示固定成本总额，C_v 表示项目单位可变成本，则

$$TR = PQ，TC = F + C_vQ \tag{2-1}$$

$$利润 = TR - TC = PQ - F - C_vQ = (P - C_v)Q - F \tag{2-2}$$

由上式我们可知，若利润＝0，则盈亏平衡，相应的点称为盈亏平衡点。设盈亏平衡点的产销量为 Q^*，由 $(P-C_v)Q-F = 0$，可得

$$Q^* = F/(P - C_v) \tag{2-3}$$

若 $Q > Q^*$，则盈利；若 Q 小于 Q^*，则亏本，如图 2-6 所示。

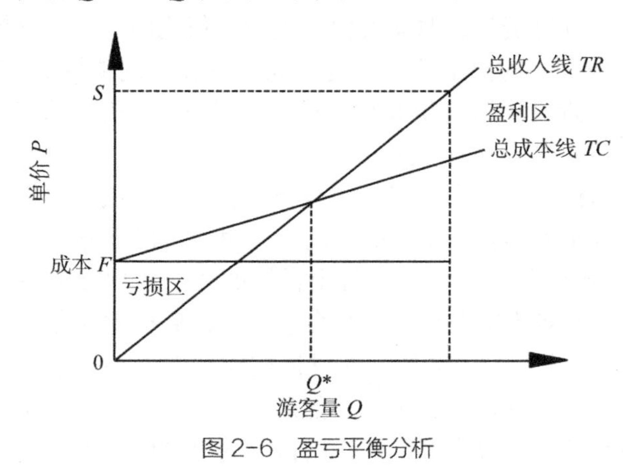

图 2-6　盈亏平衡分析

企业投资风景园林工程项目都是为了获益，并应达到一定的收益水平。设目标利润为 Z，则：

$$Z = TR - TC = (P - C_v)Q - F \tag{2-4}$$

达到一定利润的客流量：

$$Q = (F + Z)/(P - C_v) \tag{2-5}$$

（2）非线性盈亏决策法

非线性盈亏决策法是通过非线性模型、盈亏平衡图、盈亏平衡表来分析总成本和总收益的变化情况，目的在于确定企业经营的盈亏界限，以便做出合理的决策使企业获取最大的经济效益。

（3）微分机制决策法

微分机制决策法是根据决策变量的经济关系建立数学模型，再通过求极大值、极小值的方法来做出决策。

（4）线性规划决策法

线性规划决策法是寻找能使一个目标达到最大（或最小）并能满足一组约束条件的一组决策变量值。其基本形式为：

目标函数：$Z=C_1X_1+C_2X_2+\cdots+C_nX_n$

约束条件：$a_{11}X_1+a_{12}X_2+\cdots+a_{1n}X_n \leqslant b_1$

$$a_{21}X_1+a_{22}X_2+\cdots+a_{2n}X_n \leqslant b_2 \tag{2-6}$$

$$a_{n1}X_1+a_{n2}X_2+\cdots+a_{nn}X_n \leqslant b_n \tag{2-7}$$

$$X_j \geqslant 0 \tag{2-8}$$

2. 风险型决策法

风险型决策是指决策者对风景园林工程项目的自然状态和客观条件比较清楚，也有比较明确的决策目标，但由于未来决定因素不确定，对可能出现的结果不能做出充分肯定的情况下，根据各种可能结果的客观概率做出的决策，决策者对此要承担一定的风险。风险型决策问题具有决策和期望达到的明确标准，存在两个以上的可供选择方案和决策者无法控制的两种以上的自然状态，并且在不同自然状态下不同方案的损益值可以计算出来，对于未来发生何种自然状态，决策者虽然不能做出确定回答，但能大致估计出其发生的概率值。

常用的风险型决策方法如下：

（1）以期望值为标准的决策方法。这种方法以收益和损失矩阵为依据，分别计算各可行方案的期望值，选择其中期望收益值最大（或期望损失值最小）的方案作为最优方案。这种方法一般适用于以下情况：概率的出现具有明显的客观性质而且比较稳定；决策不是解决一次性问题，而是解决多次重复的问题，决策的结果不会对决策者带来严重的后果。

（2）以等概率（合理性）为标准的决策方法。由于各种自然状态出现的概率无法预测，因此，假定几种自然状态的概率相等，然后求出各方案的期望损益值，最后选择收益值最大（或损失值最小）的方案作为最优决策方案。这种决策方法适用于各种自然状态出现的概率无法得到的情况。

（3）以最大可能性为标准的决策方法。此方法是以一次试验中事件出现的可能性大小作为选择方案的标准，而不是考虑其经济的结果。适用于各种自然状态中其中某一状态的概率显著高于其他方案所出现的概率，而期望值又相差不大的情况。

下面介绍一些进行风险型决策的手段：

（1）决策树是决策的一种工具，是对决策局面的一种图解，是把各种备选方案、可能出现的自然状态及各种损益值简明地绘制在一张图表上。用决策树可以使决策问题形象化。决策树的绘制主要按照三个步骤完成。首先，绘出决策点和方案枝，在方案枝上标出对应的备选方案；然后，绘出机会点和概率枝，在概率枝上标出对应的自然状态出现的概率，最后，在概率枝的末端标出对应的损益值，这样就得出一个完整的决策局面图，如图 2-7 所示。决策树绘好后，应从损益值开始由右向左推导，进行分析。

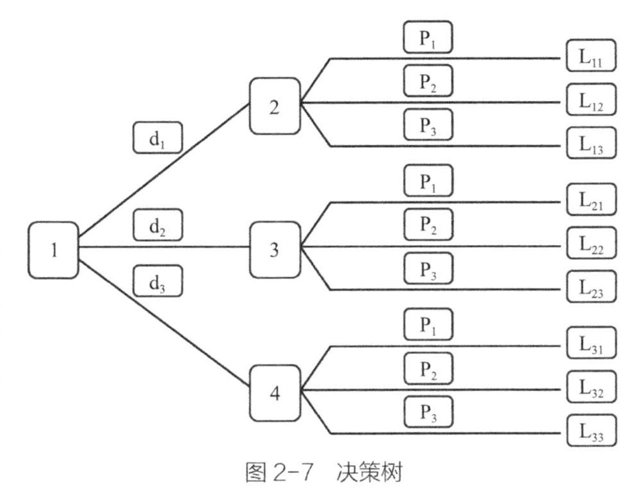

图 2-7　决策树

（2）在决策过程中自然状态出现的

概率值变化会对最优方案的选择存在影响。概率值变化到什么程度才引起方案的变化，这一临界点的概率成为转折概率。对决策问题做出这种分析，就叫作敏感性分析。进行敏感性分析的步骤为：首先，求出在保持最优方案稳定的前提下，自然状态出现概率所变动的容许范围；然后，衡量用以预测和估算这些自然状态概率的方法，其精度是否能保证所得概率值在此允许的误差范围内变动；最后，判断所做决策的可靠度。

（3）效用概率决策方法是以期望效用值作为决策标准的一种决策方法。效用是决策人对于期望收益和损失的独特兴趣、感受和取舍反应。效用代表着决策人对于风险的态度，也是决策人胆略的一种反映。效用可以通过计算效用值和绘制效用曲线的方法来衡量。用横坐标代表损益值，纵坐标代表效用值，把决策者对风险态度的变化关系绘成一条曲线，就称为决策人的效用曲线。效用曲线有四种类型：

1）直线型效用曲线：它表示效用值是随着货币值等量增长，肯定得的损益值等于带有风险的相等的期望损益值。这种决策者循规蹈矩，完全根据期望损益大小选择行动方案。

2）保守型效用曲线：肯定得的损益值大于带有风险的相等的期望损益值。这是一种不求大利，避免风险，谨慎小心的保守型决策者。

3）冒险型效用曲线：肯定得的损益值小于带有风险的相等的期望损益值。这是一种谋求大利，甘冒风险，胆大进攻型的决策者。

4）渴望型效用曲线：在损益值不太大时，具有一定的冒险胆略，但一旦损益值增加时就采取稳妥的策略。

（4）连续性变量的风险型决策方法是解决连续型变量，或者虽然是离散型变量，但可能出现的状态数量很大的决策问题的方法。连续变量的风险型决策方法可以应用边界分析法和标准正态概率方法等进行决策。其根本思想就是设法寻找期望值作为一个变量随备选方案依一定次序的变化而变化的规律性，只要这个期望值变量在该决策问题定义的区间内是单峰的，则峰值处对应的备选方案就是决策问题的最优方案。

（5）马尔科夫决策方法就是根据某些变量的现在状态及其变化趋向，来预测它在未来某一特定期间可能出现的状态，从而提供某种决策的依据。马尔科夫决策基本方法是用转移概率进行预测和决策。

3. 不确定型决策法

不确定型决策是指决策者对将发生的决策结果的概率一无所知，只能凭决策者的主观倾向进行决策。不确定型决策所处的条件和状态都与风险型决策相似，不同的只是各种方案在未来将出现哪一种结果的概率不能预测，因而结果不确定。

不确定型决策的主要方法如下：

（1）冒险法，又称赫威斯决策准则，也称大中取大法，是一种乐观准则，指决策者不知道各种自然状态中任一种可能发生的概率，决策的目标是选最好的自然状态以确保获得最大可能的利润。即找出每个方案在各种状态下的最大损益值，取其中最大者所对应的方案即为合理方案。由于根据这种准则决策也可能出现最大亏损的结果，因而称之为冒险投机的准则。

（2）保守法，又称瓦尔德决策准则，也称小中取大法，是一种悲观准则，指决策者不知道各种自然状态中任一种发生的概率，决策目标是避免最坏的结果，力求风险最小。即找出每个方案在各种状态下的最小损益值，再取其中最大者所对应的方案即为合理方案。

（3）最小最大后悔值法，又称萨凡奇决策准则，也称大中取小法，指决策者不知道各种自然状态中任一种事件发生的概率，决策目标是确保避免较大的机会损失。最小最大后悔值法的运用步骤为：首先，将收益矩阵中各元素变换为每一“策略—事件”对应的机会损失值，即后悔值，其含义是当某一事件发生后，由于决策者没有选用收益最大的决策而形成的损失值；然后，找出每一方案后悔值的最大值；最后，取其中最小值所对应的方案为合理方案。

（4）折中法，又称赫维兹准则，也称乐观系数法，指决策者确定一个乐观系数 ε，运用乐观系数计算出各方案的乐观期望值，并选择期望值最大的方案，即对每个方案的最好结果和最坏结果进行加权平均计算，再选取加权平均收益最大的方案，用于计算的权数 ε，被称为最大值系数，$0 < \varepsilon < 1$。当 ε 取值在 0.5 与 1 之间时，决策偏向乐观；当 ε 取值在 0 与 0.5 之间时，决策比较悲观；通常 ε 的取值分布在 0.5 ± 0.2 的范围内。

（5）等可能性法，又称拉普拉斯决策准则。采用这种方法，是假定自然状态中任何一种事件发生的可能性是相同的，通过比较每个方案的损益平均值来进行方案的选择，在利润最大化目标下选取平均利润最大的方案，在成本最小化目标下选择平均成本最小的方案。该方法的运用步骤为：首先，根据分析对象的样本数，确定每种可能结果的概率，概率相加应等于 1；然后，以概率为权数，对每一方案的各种可能的状态进行加权平均，获得方案的平均期望净现值。

综上，用不同决策准则得到的结果可能不同，处理实际问题时需看具体情况和决策者对自然状态所持的态度而定。在实际决策问题中，当决策者面临不确定型决策问题时，他首先是获取有关各事件发生的信息，使不确定型决策问题转化为风险决策。

2.5 风景园林工程项目的决策论证

2.5.1 风景园林工程项目的正向决策论证

1. 项目决策阶段的技术论证

（1）方案论证的总思路

研究项目建设方案的目的，是从技术、经济、环境、社会各方面全面研究实现设定的市场目标、功能目标和效益目标的较优方案。项目建设方案研究的结论意见是判断项目可行性和项目投资决策的重要依据。建设项目目标既是建设方案研究的基础，又可以通过建设方案的研究对建设项目目标进行必要的调整，两者相辅相成。

研究项目建设方案，应以科学发展观为指导，以国家相关政策、法规、规划为依据，结合项目的性质和特点，按照循环经济和节约资源的要求，兼顾社会经济、环境效益，确保建设项目目标的实现。

研究项目建设方案，应以有关法律、法规及产业政策的要求为准绳，内容全面，符合项目功能定位，力求科学性、合理性和前瞻性；正确处理好市场需求与方案、建设规模的关系，合理确定经济规模；正确处理好近期目标与远期目标的关系，近期目标与远期目标相兼顾，以近期目标为主；正确处理好高技术起点与适用、可靠性的关系，总体规划与分步实施的关系，总体规划一次完成，建设可分步实施；正确处理好投资与效益的关系，保护好生态环境，力争用最小的投资取得最大的效益。广泛收集国内外以及拟建项目地区与建设项目有关的技术、经济等各类资料和信息，为项目建设方案的研究提供可靠的依据。

（2）方案技术论证

1）研究项目方案的重点

①符合产业政策。方案应符合国家制定的产业发展政策和行业准入标准，优先选择国家鼓励发展的行业方向。

②立足于市场需求。方案应满足现实市场和潜在市场、地方市场和国内外市场的需求，满足项目上下游产业链的供需关系。

③锁定产品定位。方案应满足项目定位要求，主要指项目水平档次、技术含量和主要服务对象。

④分析项目竞争力。方案应多关注高技术、新技术的应用，以保持项目的生命力和竞争力。

⑤技术来源可靠。方案工艺技术来源可靠，先进适用。

⑥方案技术条件。主要分析项目生产的主要装备、材料、设施、技术人才团队等。

2）研究项目方案的技术来源

技术来源的渠道和可靠度是研究方案需要重点关注的内容。技术来源是制约项目建设成败的一个关键环节。这里的技术主要指工程项目的开发和制作安装技术。技术来源渠道一般有技术引进、自主创新和合作研究开发。要研究的主要内容包括自主开发的近期和远期目标任务、人才培育、开发能力以及形成能力的主要途径、主要设备仪器配置、研究人员拟占全企业技术人员总数的比例等。

3）研究项目方案的建设规模

研究确定建设规模，应重点考虑以下因素：

①市场需求和市场容量。研究项目方案应分析建设项目对目标市场可能达到的市场占有率和市场份额，根据市场需求确定建设规模。

②统筹考虑拟建规模的可行性。主要包括土地资源、材料、能源供应、资金可供应量以及环境容量等必备的建设条件。

③行业因素。在研究确定建设规模时应考虑行业因素，根据资源合理开发利用要求、地质条件、建设条件、生态影响、占用土地以及资源量等确定建设规模。

4）研究项目方案的建设工艺技术方案和建设标准

根据风景园林工程项目的特点和要求，确定工艺技术方案和建设标准。工艺技术方案研究的重点是技术方案和工艺流程。工艺技术方案和建设标准决定项目的性能、质量和档次，也是影响项目建设成本的主要因素。

风景园林工程项目工艺技术方案和工艺流程方案应根据先进性、适用性、安全可靠性、经济合理性等原则进行优化选择。

风景园林工程项目建设标准的高低直接影响投资规模，项目建设方案应在满足游赏、休闲等功能要求的前提下，以“该高则高，能低则低，因地制宜，区别对待”为原则进行。

5）研究项目方案的建设选址

建设项目的场址选择须根据建设项目的特点和要求，对场址进行深入细致的调查研究，进行多点、多方案比较后再择优选定场址。

项目选址应符合国家、地区的相关政策和规划的要求，尽可能不占或少占农田，符合保护生态环境要求，促进人和自然的和谐发展。

一般情况下，建设项目场址选择应考虑和研究的主要内容有如下几个方面：

①场址的自然资源。主要包括动植物资源、土地资源、水资源、气象资源以及矿石资源等。这些自然资源将直接或间接影响场址的选定。

②地形地貌及占地面积。即地形地貌是否适合建设项目对场址建设的要求，同时要考虑场区平整土石方工程量的大小，在尽可能不占或少占农田的情况下，可提供的土地面积能否满足建设项目近期和远期发展的需要。

③工程地质和水文地质条件。工程地质主要调查地质构造、地基承载能力，是否处在强地震带、滑坡区、易发生泥石流区以及有无断层、溶洞、软土层等不良地质地段；水文地质包括地表河流的流向、流量、水质、年降水量等以及地下水的类型及特征、土壤含水量。

④征地拆迁情况。研究移民数量、安置途径、补偿标准以及移民外迁地的情况等对场址选择的影响。

⑤环境保护。研究建设项目产生污染物的种类和数量，场址地区环境的承受容量。

⑥经济技术条件。调查拟选场址的经济技术实力、协作条件、基础设施、人口素质等。

⑦交通运输条件。要研究场址地点与铁路、公路、港口码头的运输距离、运输能力、运输成本以及桥梁、隧洞等能否满足项目建设期和营运期的运输要求。

⑧其他条件。考虑材料、水、电、气、热力、通信、网络、设施条件以及施工条件等。

2. 项目决策阶段的经济论证

（1）经济论证的基础数据

1）市场需求预测

市场需求预测是建设项目可行性研究的重要环节，如对市场需求情况不作调查和趋势分析，或调查分析不当、不准确，就会导致企业规模的错误决策。通过市场调查和预测，了解市场对项目的需求程度和发展趋势，包括项目在国内外市场的供需情况，项目的竞争和市场变化趋势，估计项目的生命力等，利于科学决策。

2）投资估算和资金筹措

投资估算包括项目主体工程及其有关的设施配套工程的投资，以及流动资金的估算、建设项目所需投资总额。资金筹措应说明资金来源、筹措方式、贷款偿付方式等。

（2）经济效果评价

工程建设项目的综合选择包括对项目经济效果评价、社会效益评价和环境评价。在满足社会效益、环境效益的前提下，经济效果评价是项目必须注重的，且当项目集满足社会与环境效益于一体后，相互间的比选亦是以经济效果评价指标为依据的。

经济效果评价是对项目方案计算期内各种有关技术经济因素和方案投入与产出的有关财务、经济资料数据进行调查、分析、预测，对方案的经济效果进行计算、评价，分析比较各方案的优劣，从而确定和推荐最佳方案。经济效果评价分析主要包括以下内容：①盈利能力分析，就是分析和测算项目计算期的盈利能力和盈利水平；②清偿能力分析，就是分析和测算项目偿还贷款的能力和投资的回收能力；③抗风险能力分析，就是分析项目在建设期可能遇到的不确定性因素和随机因素对项目经济效果的影响程度，考察项目承受各种投资风险的能力，提高项目投资的可靠性和营利性。

2.5.2 大型风景园林工程项目的逆向决策论证

1. 大型风景园林工程项目决策论证机制现状及问题分析

自1978年国家计委、建委、财政部联合颁布《关于建设程序的若干规定》以来，到

1983 年国家计委颁布《建设项目进行可行性研究的试行管理办法》，再到国家各部委对各类大型工程项目纷纷出台了详细的关于决策论证方面的规章规定。我国大型工程项目决策论证机制经历了一个从无到有、并且不断细化的过程。

以某类大型工程项目为例，国内大型工程项目论证一般程序为：首先工程项目业主考察当地市场需求以及是否有合适场址等情况，然后与地方政府达成合作意向。接下来向国家发改委提交立项申请，国家发改委会委托一个独立的咨询机构对立项申请书进行评估，得出评估结论后向国家发改委提出立项与否等建议。国家发改委讨论研究做出决策，如果同意项目申请则做出批复，并初步立项。初步立项以后，企业必须通过两轮可行性研究阶段，分别为初步可行性研究和可行性研究，完成两轮可行性研究大约要持续两年左右时间，最终形成的论证研究报告要将技术方案和投资标准确定下来。最终的可行性报告反馈到国家发改委后，国家发改委将第二次委托中介机构对论证报告进行评审。在上述的各个阶段，国家环保总局下属的安全局将介入进行安全调查，并确认产品技术方案是否符合国家的安全法规，并出示安全报告。如一切顺利，这个工程项目就拿到了“准生证”。通过对这类大型工程项目决策论证机制的研究，总结出现行大型风景园林工程项目决策论证的操作模式如图 2-8 所示。

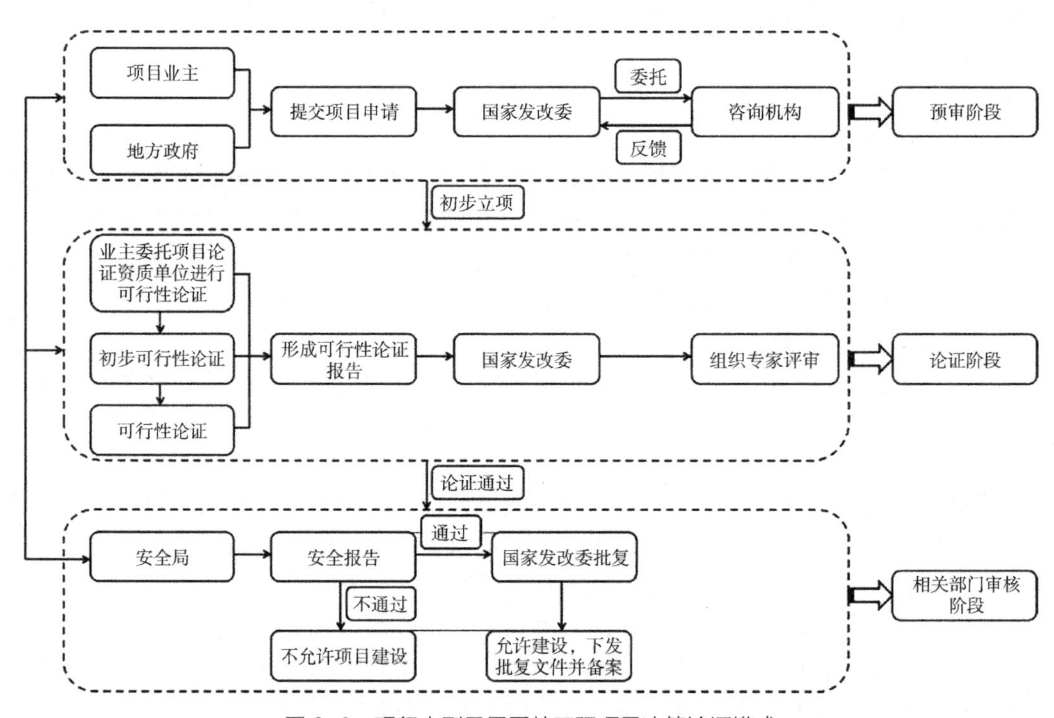

图 2-8 现行大型风景园林工程项目决策论证模式

从我国现代工业发展至今，取得了巨大的成就，然而在大型风景园林工程项目管理工作获得丰硕成果的同时，我国大型风景园林工程项目在决策论证工作中仍存在着一些隐患。如果不能正确对待这些问题，必然会危害到我国大型风景园林工程项目的科学开发。

（1）当前的大型风景园林工程项目决策论证工作过于注重分析项目的“可行性”，而忽视了对项目“不可行性”的论证。在当前论证工作的实际操作过程中主要集中在搜集、寻找能够帮助项目顺利立项的主观和客观条件，同时大量阐述立项后工程项目所能获得的经济效益。而对于项目实施后可能产生的消极影响以及项目建设存在的隐患却分析不足，有时候甚至刻意规避。例如在论证报告中报喜不报忧，对大型风景园林工程项目投产后所能产生经济利益和对当地经济的积极作用大书特书，却对由于生态环境变化、社会稳定风险升级等因素可能带来的消极影响避而不谈，单方面强调项目成功所带来的短期利益，而忽略可能存在的长期不利影响。

（2）论证方式的单一性导致论证工作难度加大。某些大型风景园林工程项目的提出是由于当地领导干部政绩观的偏差而导致的，某些领导出于个人政绩的诉求，盲目提出建设大型工程项目，片面追求当地GDP发展。由于现在的论证工作很多是由政府指定的咨询机构来进行，这些咨询机构对于领导的意见必然有所考虑，自然也很难客观公正地论证，这就导致某些大型风景园林工程项目可能存在风险隐患。这使得论证机构往往不能对大型风景园林工程项目做出准确的分析，还可能为了项目“可行”的目的出发，为项目寻找诸多“可行”的证据，这样反而是对“风险工程”的推波助澜。

（3）论证报告质量不高。可行性论证报告的撰写是大型风景园林工程项目决策论证工作的重点，但某些可行性论证报告虽然展示了很多内容，论证重点却不明确。某些论证报告只是将环评报告中的内容进行摘抄，缺乏对于大型风景园林工程项目论证报告亟待论证问题的深入探讨，对于这种可行性论证报告，论证的意义就不存在了。更有个人为了私欲，在编写论证报告时避实就虚，妨碍论证通过的情况就淡化处理或者直接避而不谈，这种做法更妨碍了可行性报告的科学性和有效性的提升。

（4）专家监督力度不强，导致论证结果公信力和专业性不高。一方面，由于行政监督部门工作人员对相关领域专业了解不够深入，监督工作很大程度上只能着重于论证的程序和形式，只能对承担可行性论证单位的论证资质等级、负责评审的专家的专业领域是否与论证工作相契合等方面进行监督，至于论证报告的内容是否真实可靠、评审专家能否尽责等方面的监督就往往不能到位了。另一方面，作为可行性论证的评审专家，其职责应该对可行性报告的内容做出客观公正的评价并起到把关的作用，但一部分评审专家在提出评审意见时，往往不能以批判性的眼光指出发现的问题，对一些比较敏感的问题避而不谈或以一个较低的标准讨论论证报告，存在着一些“讲面子”、“留人情”的现象，这样就使得大型工程项目论证通常鲜有论证不通过的情况，甚至会出现“边论证，边施工”的现象。这等于让可行性论证环节流于形式，形同虚设。

2. 大型风景园林工程项目决策中引入逆向论证方法的必要性

“逆向论证方法”即决策的逆向思维论证方法，或称之为“不可行性决策方法”，是指当地方政府即将出台一项新政策和新规定或重大工程项目立项前，除了对项目进行可行性论证，还安排一个独立的机构，从反方向对项目展开不可行性论证，即逆向论证。逆向论证重点关注决策实施后可能带来的社会稳定风险和其他不利因素，有利于决策者对可能的消极影响提前判断并做出预防措施。根据西蒙的“有限理性决策”原理，由于决策者的能力以及所掌握的知识是有限的，任何一项决策方案都有可能出现未发现的不利因素。由于以往有些地方政府往往只对大型工程项目进行可行性论证，而没有进行逆向论证，这就导致一些大型工程项目尤其是地方政府希望上马的项目的“非可行性”因素很难被发现。逆向论证的缺位很容易导致决策者盲目乐观，为大型项目决策失误埋下了隐患。鉴于当前大型工程项目论证工作中所发现的各种问题，在大型风景园林工程项目决策论证过程中，应该让可行性论证方和逆向论证方分别准备论证方案，这样能够有效提高大型工程项目论证的合理性和可行性。具体而言，在大型风景园林工程项目决策中引入逆向论证方法的必要性主要体现为：

（1）可持续发展是大型风景园林工程项目科学决策的根本原则，而大型风景园林工程项目决策逆向论证则是贯彻落实可持续发展的直接要求。无论规划的大型风景园林工程项目潜在的经济收益有多大，都应该在项目立项前对其可能造成的社会稳定风险、生态资源损失、环境污染等展开综合的论证，必须让行政主管部门了解工程所产生的负面影响，必须把项目可能产生的不稳定因素向老百姓公开，这就是“大型工程项目逆向论证”的主要特征。正如可行性论证工作突出了项目的可取之处，逆向论证也从最根本和最细微的地方对大型风景园林工程项目进行审视，从该项目运行的一切制约因素进行分析和预测。逆向论证以批判的思路分析决策，可以第一时间找到大型风景园林工程项目决策中存在的隐患，为项目决策者敲响警钟，避免项目投产后造成资源浪费。

（2）决策的科学性要求大型风景园林工程项目逆向论证从辩证的角度评估项目方案。可行性论证主要是论证项目存在的合理性，很容易忽视项目可能带来的风险。“逆向研究”从本质上把项目决策者分析方案的思路和注意力从单纯的发现机会、利益，调整为综合考虑大型风景园林工程项目潜在的非可行性因素上，使决策论证的精髓和优点能够落到实处，也让决策者从正反两个方面辩证地考虑项目的可行与否，不拘泥于单一的思维模式，有利于拓宽思路，集思广益。也可以针对方案可能出现的不利影响做出充分的估测和科学的判断，并分别针对这些预测，积极地采取应对措施或制定预案，从而实现决策论证机制的根本意图：对项目实施运营后可能存在的风险以及可能产生的影响进行预测和评估，并提出相应的应对策略和补救措施。这样做可以使决策工作的根本——决策信息相互平衡，给行政审批部门提供更广阔的思路和更丰富的信息，从而可以更全面、准确地权衡利弊得失，降低失误，提高决策的准确性。

（3）引入决策逆向论证方法有助于改善行政权力干预论证的现象。近年来，我国大型风景园林工程项目可行性论证对项目的科学管理起到了很大的作用，但由于政绩需求等各方面原因，行政权力有时对可行性论证造成了一定的干预，导致一些可行性论证或多或少带有形式主义的色彩。引入决策逆向论证方法，并在此基础上建立大型风景园林工程项目决策的辩论机制和责任追究机制，可以从制度上确保大型风景园林工程项目决策的客观性，是实现大型风景园林工程项目决策科学化、民主化的一条重要途径。

（4）大型风景园林工程项目决策逆向论证工作是对大型风景园林工程项目决策机制的完善。大型风景园林工程项目决策监督工作由于各方面原因始终无法实现很好的效果，逆向论证工作对大型风景园林工程项目决策机制起到完善和激励的作用，在一定范围内可以避免发生过去可行性论证工作中存在的论证效率较低、论证内容泛泛而谈、论证方法不丰富、论证质量很难提升等问题。可行性论证与逆向论证两种方法相辅相成，可以有效提升论证质量，能够更好地履行大型风景园林工程项目管理制度和技术规程，使大型风景园林工程项目决策机制更加全面和规范。

3. 大型风景园林工程项目决策逆向论证机制的主要方略

为了提高大型风景园林工程项目决策论证的质量，避免重大决策失误，我们应采取有效措施，完善大型风景园林工程项目决策逆向论证机制（图 2-9），主要从以下五方面着手：

（1）政府部门在做大型风景园林工程项目决策论证方案时，不仅要委托咨询机构进行可行性论证，而且要委托独立于此机构之外的咨询机构进行逆向论证，这种独立的双向性研究论证方法，可以有效避免以往单方面论证出现的论证不全面、不系统、不科学的弊病，大大提升项目论证的合理性空间。可行性论证和逆向论证是大型风景园林工程项目科学决策必不

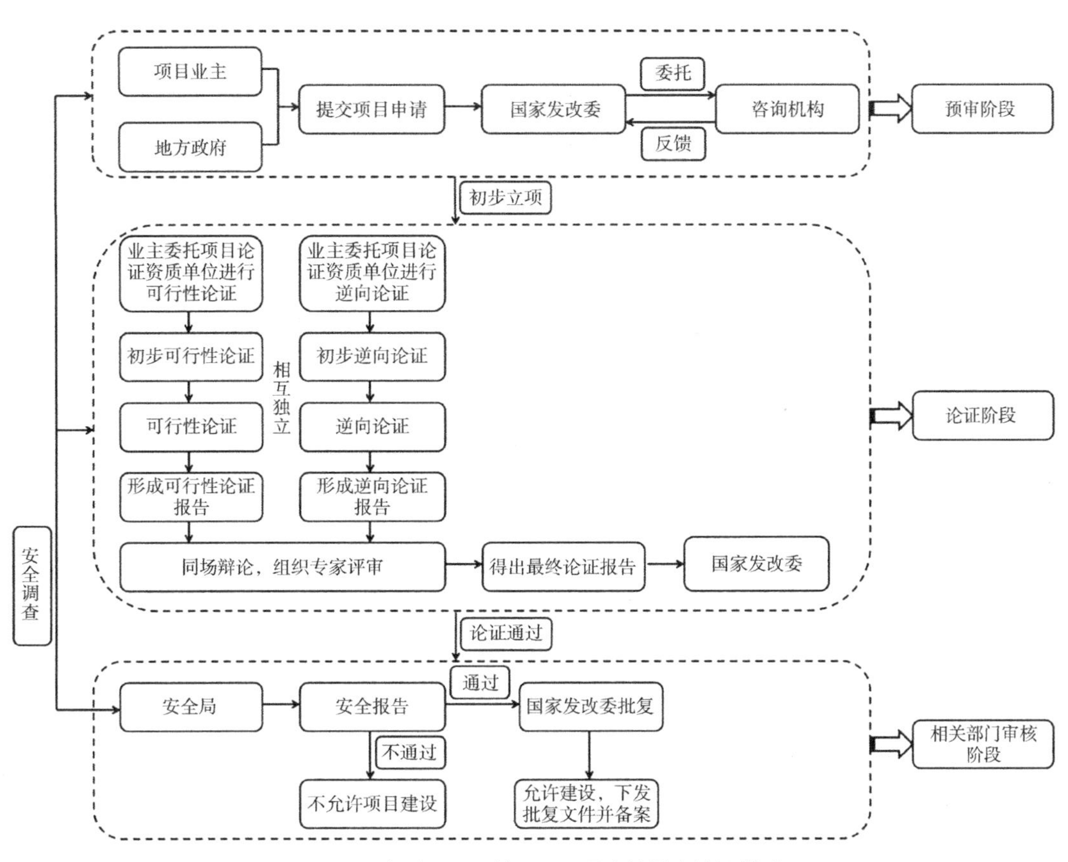

图2-9　大型风景园林工程项目决策逆向论证模式

可少的两个方面。逆向论证以辩证的科学思维方式对大型风景园林工程项目进行研究，从反向的视角发现问题，找出可能的负面性因素。从不可行的角度进行探讨，并不是为了否定项目，而是从自我完善的思路出发改进项目。要实现科学决策需要可行性分析和逆向分析齐头并进，这不仅是论证工作所需要的科学严谨态度所要求的，也应该成为决策论证制度建设的一部分，只有这样才可以从根本上减少决策失误，提升我国大型风景园林工程项目决策论证的科学性。

（2）建立论证辩论制度。此制度旨在为可行性论证方和逆向论证方提供讨论辩论的平台。大型风景园林工程项目的论证工作是一个科学研究的过程，不能简单地按照少数服从多数的原则来进行判断。若要大型风景园林工程项目决策逆向论证落实到项目中，就需要在论证机制中建立“决策辩论”制度，这样可从根本上解决单方面论证可能带来的问题。有关部门在项目论证评审会召开之前，首先需召集专家召开专家组预备会，一方面使专家全面了解大型风景园林工程项目的基本情况，预测大型风景园林工程项目潜在的不利因素，同时要对可行性论证报告和逆向论证报告的内容进行全面预审。因为两份报告中数据所使用的标准和测量方法有可能不一致，首先统一论证双方的评价方法，这样得出的结论才具有可比性。在此基础上专家对结果进行分析总结后给出意见，如果有分歧出现，两家论证单位应根据专家意见对数据精准度和评价方法进行统一。专家预审会后再召开评审会，让可行性论证方和逆向论证方首先分别展示自己研究报告的观点，提出项目可行的理由和可能存在的不稳定因素。陈述过后，论证双方就有冲突的内容互相提问，对重点内容如经济效益、社会稳定风险、环境污染、生态破坏等需要双方互相辩论。辩论材料都需要确实可靠的材料来作为依据。答辩结束后，评审专家将对双方论证报告的可靠性做出最终结论，如果仍无法达成共识，专家可以向政府主管部门申请增加下一轮辩论。

（3）落实责任追究制度。无论是可行性论证方还是逆向论证方，论证机构都应以尽职尽责的态度对待论证工作，论证责任人除了相关行政主管部门以外，还应包括项目申请方、论证机构、评审专家等责任主体单位。落实责任追究制度将有效地监督决策者所需担负的责任，这样不仅能让可行性论证和逆向论证双方都人尽其责，同时也能规避某些行政部门干涉论证机构独立论证的行为，这可以使论证机构将更多的精力放在科学决策及其执行上。落实责任追究制度应该利用规范的审计制度和科学的评估方法，对项目论证者的论证行为进行严格的监督和管理，要从本质上改变以往“集体决策，集体负责”所导致的“无人负责”的情况，才能确保大型风景园林工程项目决策失误的责任追究落实到位。强化大型项目决策责任追究制度的关键是对决策责任主体进行确定，在这方面要切实建立和健全“谁决策，谁负责”的原则和相关制度体系。

（4）将社会稳定风险问题作为大型风景园林工程项目逆向论证的前提。2010年以来，在重大工程项目上马前和重大决策出台前，社会稳定与经济效益“双评估”的机制已全面推广，旨在将维稳关口前移，从源头预防和化解突出矛盾和重大群体性事件。《国家“十二五”规划纲要》中正式提出：“建立重大工程项目建设和重大政策制定的社会稳定风险评估机制。”因此，我们应将大型风景园林工程项目可能对社会稳定产生的风险列为逆向论证的重要因素，在充分考虑大型风景园林工程项目对社会稳定风险影响的基础上开展对项目技术、资金、市场等方面的逆向论证。

（5）将政府大型风景园林工程项目决策逆向论证规范化、制度化和程序化。要通过政府文件规定或立法的形式把逆向论证程序制度化，把逆向论证作为大型风景园林工程项目决策机制的常设环节。同时完善大型风景园林工程项目决策逆向论证的配套制度，例如社会稳定风险评估机制、应急管理机制、决策公示制度、项目听证制度等。

大型风景园林工程项目的建设是一个周期长、投资巨大、内部结构复杂、外部联系广泛的生产过程。在该过程中存在着大量不确定因素，由此产生的风险常常影响工程项目的顺利实施，甚至造成巨大的财产损失和人员伤亡。对于这种涉及人民群众切身利益的特殊工程项目，必须要以科学的决策方法来保障项目开发的合理性。逆向论证作为一种实践活动，是在决策阶段针对不利因素所进行的综合性分析论证工作，是科学决策的前提和基础。“逆向论证”与“可行性论证”两者相辅相成，不可偏废，将共同在完善我国大型风景园林工程项目决策论证机制方面发挥不可替代的作用。

2.6 风景园林工程项目的审批立项

2.6.1 政府投资项目的审批和立项

1. 政府投资项目的审批

2004年7月26日国务院颁发的《国务院关于投资体制改革的决定》(国发[2004]20号)文件，针对计划经济体制下，建设项目不分投资主体、不分资金来源、不分项目性质，只按投资规模大小一律由各级政府主管部门立项审批的管理制度进行了彻底改革。

2007年11月17日国务院办公厅颁发的《国务院办公厅关于加强和规范新开工项目管理的通知》(国办发[2007]64号)文件，对于建设项目的立项审批、核准或备案制度的程序又作了进一步完善和规范。

由政府投资的项目审批程序如图2-10所示。项目建设单位应首先向发展改革部门报送项目建议书，依据项目建议书批复文件分别向城乡规划管理部门申请办理规划选址，向国土资源管理部门申请用地预审，向环境保护部门申请环境评价审批手续。完成相关手续后，项目建设单位根据项目论证情况向发展改革部门报送可行性研究报告，并附规划选址、用地预审和环评审批文件。项目建设单位依据可行性研究报告批复文件向城乡规划部门申请办理规划手续，向国土资源部门申请办理正式用地手续。项目建设单位完成初步设计、概算后还要到发展改革部门进行审批。

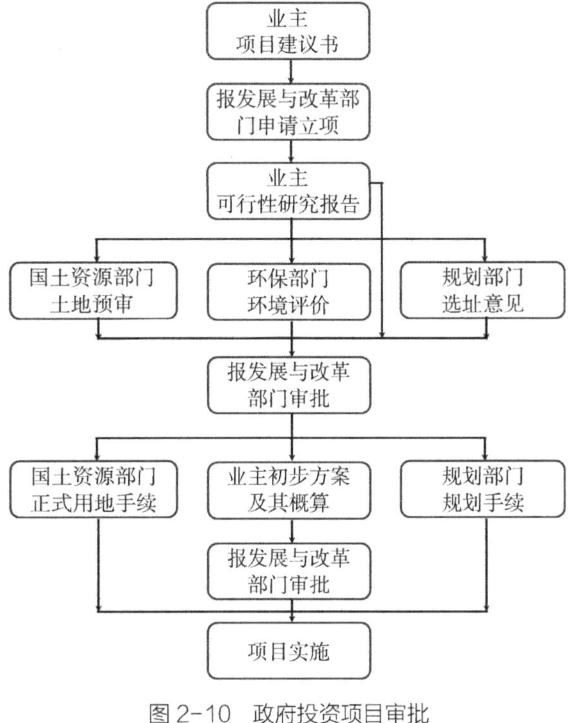

图2-10 政府投资项目审批

2. 政府投资项目的初立项

项目建议书经政府主管部门批准称为初立项。初立项只表明没有否决这个项，初立项的项目说明有投资的必要，可以纳入项目前期工作计划，可以开展项目可行性研究工作，但并没有完全肯定这个项目。必须经过可行性研究报告批准后，项目才得到正式批准立项。

对于政府投资的重大项目，项目建议书经政府主管部门批准后，还要进行初步可行性研究，初步可行性研究经政府主管部门批准后，才可以进行可行性研究。

2.6.2 风景园林工程项目的核准

1. 企业投资项目的核准制度

《国务院关于投资体制改革的决定》规定：对企业不使用政府性资金投资建设的项目，政府不再实行立项和审批制度，而采取核准或备案制度。对企业投资的重大项目，根据投资项目的行业、类别、项目规模、投资量大小等，国务院颁布了《政府核准的投资项目目录》。核准目录内的项目实行核准制度，并且规定了不同级别政府的核准权限。核准目录外的项目实行备案制度。企业投资建设实行核准制的项目，仅需要向政府提交项目申请报告，不再经过批准项目建议书、可行性研究报告和开工报告的程序。政府对企业提交的项目申请报告，主要以维护经济安全、合理开发利用资源、保护生态环境、优化重大布局、保障公共利益、防止出现垄断等方面进行核准。对外商投资项目，政府还要从市场准入、资金项目管理等方面进行核准。

2. 企业投资项目的核准程序

对于企业投资需要核准的项目，核准程序如图2-11所示。项目建设单位分别向城乡规划、国土资源和环境保护部门申请办理规划选址、用地预审和环评审批手续。完成相关手续

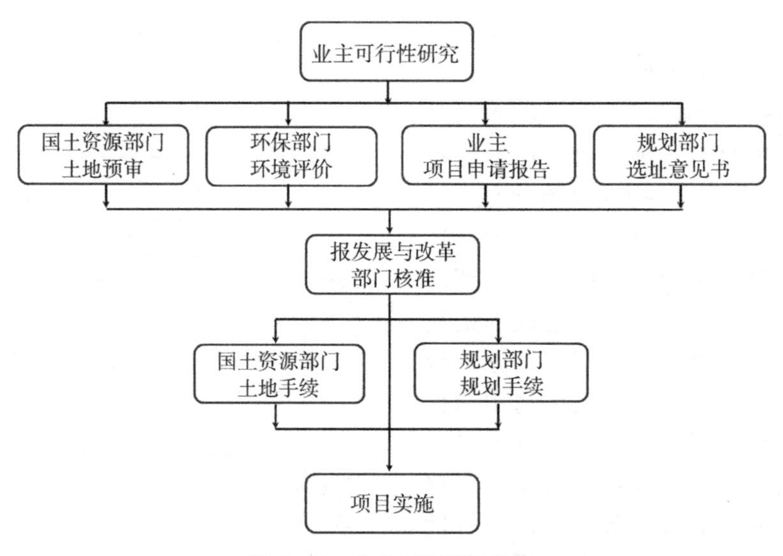

图 2-11 企业投资项目核准

后，项目建设单位向发展改革部门报送项目申请报告进行核准，并附规划选址、用地预审和环评审批文件。项目建设单位依据项目核准文件向城乡规划部门申请办理规划许可手续，向国土资源部门申请办理正式用地手续。

3. 企业投资项目申请报告的功能

（1）项目申请报告核准是政府行政许可的要求：对于企业不使用政府投资的投资项目，国务院确定的“核准目录”范围内的项目，必须按核准权限进行核准。获得核准后的项目才可以继续投资。

（2）项目申请报告核准是政府宏观控制投资的体现：核准的目的是维护经济安全，合理开发利用资源，保护生态环境，优化重大布局，保障公共利益，防止出现垄断的需要。

（3）项目申请报告核准是企业决策阶段的最终环节：项目申请报告没有被核准，就要终止项目，重新寻找投资机会；项目申请报告被核准，则初步方案和概算不需要再审批。

“地方政府投资主管部门核准”是指由省级政府根据当地的情况和项目性质，具体划分各级地方政府投资主管部门的核准权限，但明确规定“省级政府投资主管部门核准的项目”，权限不得下放。

4. 项目申请报告的内容

（1）内容

1）投资项目的企业情况。

2）拟投资项目的情况。

3）建设用地与规划情况。

4）资源利用和能源耗用分析。

5）生态环境影响分析。

6）经济和社会效果分析。

（2）附件

1）城市规划行政主管部门出具的规划意见。

2）国土资源行政主管部门出具的用地预审意见。

3）环境保护行政主管部门出具的环境影响评价文件的审批意见。

4）应提交的其他文件。

企业投资的核准项目，一般是在项目可行性研究后，根据可行性研究的基本意见和结论，编制项目申请报告供政府核准。项目申请报告与可行性研究报告比较，项目申请报告不包括市场前景、资金来源、企业财务效益等由企业自主决策的内容，政府仅以维护社会公共利益角度进行核准。各级政府投资主管部门根据核准的权限对项目申请报告进行核准。

项目申请报告的编制由具有相应工程咨询资质的机构完成，对工程咨询机构的资质等级也有要求，由国务院投资主管部门核准的项目，其项目申请报告应由具备甲级工程咨询资质的机构编制。

2.6.3 企业投资风景园林工程项目的备案

对于企业不使用政府性资金投资且在国务院制定的《政府核准的投资项目目录》以外的项目，实行政府备案制度，备案制度的实施办法由省级人民政府自行制定。国务院投资主管部门对备案工作加强指导和监督，防止以备案的名义变相审批。

实行备案制的企业投资项目，备案程序如图2-12所示。项目建设单位必须首先向发展与改革部门办理备案手续。备案后，分别向城乡规划、国土资源和环境保护部门申请办理规划选址、用地和环评审批手续。

对于特大型企业集团投资的项目，如果在《政府核准的投资项目目录》以内的项目，可以按项目单独申请核准，也可以编制中长期发展建设规划，规划经国务院或国务院投资主管部门批准后，规划中的项目不再另行申报核准，只需办理备案手续。

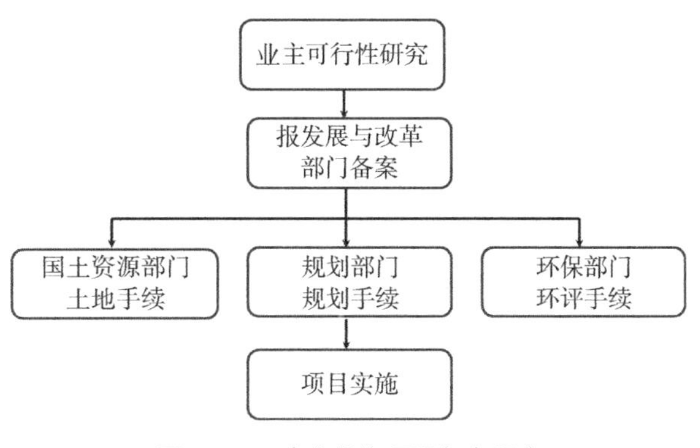

图2-12　企业投资项目备案程序

思考题

1. 什么是风景园林工程项目定义、风景园林工程项目定位？试联系生活中的事例分析风景园林工程项目定义应包括哪些内容，比较风景园林工程项目定义与风景园林工程项目定位的联系与区别。

2. 如何理解风景园林工程项目建议书及其作用？结合案例分析应如何科学合理编制风景园林工程项目建议书？

3. 试简述风景园林工程项目建议书的报批程序。

4. 风景园林工程项目建议书与风景园林工程项目的可行性研究有何区别和联系？

5. 试简述风景园林工程项目可行性研究报告的主要内容。

6. 试简述风景园林工程项目的决策原则与程序。

7. 风景园林工程项目的决策论证有哪些方式，分别如何开展相应的决策论证？

第3章　风景园林工程项目组织管理

学习目标

通过本章的学习，理解组织、项目组织、工程项目管理组织、风景园林工程项目管理组织等内涵，了解风景园林工程项目管理组织形式及其选择技巧，熟悉工程项目管理任务分工、管理职能分工及项目组织工作流程，熟悉风景园林工程项目组织结构及机构设计技术，熟悉风景园林工程项目经理的角色定位、责权利、能力素质要求以及团队建设要求。

系统的目标决定系统的组织，而组织是系统能否实现目标的决定性因素。控制项目的主要措施包括组织措施、管理措施、经济措施和技术措施，其中组织措施是最重要的措施。

3.1 概述

3.1.1 相关术语的内涵

1. 组织

组织是指为了完成特定使命的人们因为共同的目标而按照一定的宗旨和系统建立起来的有机整体。一般，在管理学中组织包含两种含义，一种含义是动词，指有目的、有系统地组织行为或活动，即通过一定权利体系或影响力，为达到某种工作的目标，对所需要的一切资源进行合理的配置，处理人和人、人和事、人和物关系的行为或活动，这种组织是管理的一种职能。另一种含义是名词，指按照一定的宗旨和目标建立起来的集体，是具有共同目标的人们集合体，是人们通过某种形式的结构关系而共同工作的集合体，指的是组织机构，如学校、医院、各级政府部门、各个层次的经济实体、各个党派和政治团体等。这些都是按一定的领导体制、部门设置、层次划分、职责分工、规章制度和信息系统等构成的有机整体，都是组织，是社会人的结合体，可以完成一定的任务，并为此而处理人和人、人和事、人和物关系。

本章所讨论的组织是第二种含义，即根据风景园林工程项目的要求如何建立合理的风景园林工程项目管理组织结构及工作规则等内容，它具有以下特征：

（1）明确的目标

没有一定的目标就不是组织，而仅是人群。目标是组织的愿望和外部环境结合的产物，所以组织的目的性不是无限的，而是受环境影响和制约的。这个环境包括政治、经济、法律、技术及社会文化环境，有了目标后组织才能确定方向。

（2）拥有资源

组织拥有的资源主要包括五大类，即人、财、物、信息和时间。

1）人力资源是组织最核心的资源，也是组织创造力的源泉，是五种资源中唯一的“活”

的要素，具有能动性。

2）财力资源主要是指资金，是流动中的货币。组织在其存在和发展中需要大量的资金，这些资金有一部分是归组织或股东所有的，还有相当一部分是通过各种渠道聚集起来的，有了一定量的资金，组织各项工作才能运转起来。

3）物的资源。做任何事情物资管理都非常重要，仅有资金是不够的。货币是一种抽象的资源，只有转化成物资，才完成了从抽象到具体、从一般到特殊的过程，从而满足组织发展的特定需要。

4）信息资源。信息实际上是一种可以认知其意义的符号，现代社会信息传输、交换、存储的手段已经非常发达，信息量激增，给管理带来了许多好处，同时也提出了挑战。如何在信息海洋中找到最有价值的信息，如何在信息不完全的情况下进行经营决策，是对每一个管理者的考验。运用好信息资源对一个企业来说是非常关键的。所以在谈到企业组织的运营特色时，管理学大师彼得·德鲁克说，一个管理者最不同于其他岗位和领域的人员的三大特征：一是他要交换和处理信息；二是基于前者做出决策；三是要为组织进行战略规划。可见信息对管理是非常重要的。

5）时间。时间具有不可重复性、不可再生性，而且是不可替代的。科学管理起源于工业革命后期企业家对效率的追求，而效率就是对时间的节约，同样的时间做更多的事、产生更多的成果。

（3）保持一定的权责结构

这种权责结构表现为层次清晰，任务有明确的承担者，并且权力和责任对等。

2. 项目组织

项目组织是指为完成特定的项目任务而以一定的形式组建起来的，从事项目具体工作的组织。该组织是在项目寿命期内临时组建的，暂时的，只是为完成特定的目标任务而成立的。工程项目是由目标产生工作任务，由工作任务决定承担者，由承担者形成组织。

项目的特点决定了项目组织具有许多不同于其他组织的特点，这些特点对项目的组织设计和运行有很大的影响。

（1）项目组织的一次性。项目组织的一次性是由工程项目的一次性决定的，当确定项目目标后，为了完成项目目标而建立起来的项目组织，而项目结束或相应项目任务完成后，项目组织就解散或重新组成其他项目组织。

（2）项目组织的类型多、结构复杂。由于项目的参与者比较多，他们在项目中承担的角色各不相同，在项目中的地位和作用也不一样，而且有着各自不同的经营目标和管理理念，从而形成了不同类型的项目管理。不同类型的项目管理，由于组织目标不同，它们的组织形式也不同。这就给项目的组织实施带来一定的难度。但是为了完成项目的共同目标，这些组织应该相互适应。

项目的系统性和复杂性决定了项目组织结构的复杂性。在同一项目管理中可能用不同的组织结构形式组成一个复杂的组织结构体系。同时，项目组织还要和项目参与者的单位组织形式相互适应，这也会增加项目组织的复杂性。

（3）项目组织的变化较大。项目在不同的实施阶段，其工作内容不一样，项目的参与者也不一样，即使同一参与者，在项目的不同阶段的任务也不一样。因此，项目的组织随着项目的不同实施阶段而变化。

（4）项目组织与企业组织之间关系复杂。项目组织是企业组织的组成部分，企业组织对项目组织影响很大。从企业的经营目标、企业的文化到企业资源、利益的分配都影响到项目组织效率。从管理方面看，企业是项目组织的外部环境，项目管理人员来自企业；项目组织解体后，其人员返回企业。对于多企业合作进行的项目，虽然项目组织不是由一个企业组建的，但是它依附于企业，受到企业的影响。

3. 工程项目组织

组织的构成要素一般包括管理层次、管理跨度、管理部门和管理职责四个方面。四个要素相互联系、相互制约，在组织结构设计时必须考虑各要素间的平衡与衔接。

（1）管理层次合理。管理层次是指从最高管理者到实际工作人员之间的等级层次的数量。管理层次通常分为决策层、协调层、执行层和操作层。决策层的任务是确定管理组织的目标和大政方针，它必须精干、高效；协调层的主要任务是参谋、咨询，业务工作能力较强；执行层的任务是直接调动和组织人力、财力、物力等具体活动内容，其人员应实干，并能坚决贯彻管理指令；操作层的任务是操作并完成具体任务，其人员应有熟练的作业技能。这四个层次的职能和要求不同，标志着不同的职责和权限，同时也反映出组织系统中的人数变化规律。它犹如一个三角形，从上至下权责递减、人数递增。管理层次不宜过多，否则是一种浪费，也会使信息传递慢、指令失真、协调困难。

（2）管理跨度合理。管理跨度是指一名上级管理人员所直接领导的下级人数。由于每一个人的能力和精力有限，所以其能够直接、有效地指挥下级的数量也有一定限度。

管理跨度的大小，取决于需要协调的工作量。如果下级数目按算术级数增长，其直接领导者需要协调的关系数则按几何级数增长。

管理跨度的弹性很大，影响因素也很多。它与管理人员的性格、才能、个人精力、授权程度以及被管理者的素质有很大关系。此外，还与职能的难易程度、工作地点远近、工作的相似程度、工作制度和程序等客观因素有关。确定适当的管理跨度需积累经验，并在实践中进行必要的调整。

（3）划分部门合理。组织系统中各部门的合理划分对发挥组织效应十分重要。部门划分不合理，会造成控制、协调困难，也会造成人浮于事，浪费人力、物力、财力。部门的划分要根据组织目标与工作内容确定，形成既有相互分工又有相互配合的组织系统。

（4）确定职责合理。确定组织系统中各部门的职责，应使纵向的领导、检查、指挥灵活，确保指令传递快、信息反馈及时。同时，要使组织系统中的各部门在横向之间相互联系、协调一致，能有职有责、尽职尽责。

4. 工程项目管理组织

工程项目管理组织是人们为了实现特定的项目目标，通过明确分工协作关系，建立不同层次的责任、权利、利益制度而构成的从事项目具体工作的运行系统。工程项目管理组织的建立是项目顺利完成的保证，它与企业组织既有区别又有联系，其特点表现如下：

（1）工程项目管理组织具系统性

工程项目管理组织的设置应能完成工程项目所有工作（工作包）和任务，即通过项目结构分解得到的所有工程（工作），都应无一遗漏地落实到责任完成者。所以工程项目系统结构对工程项目的组织结构有很大的影响，它决定了工程项目组织工作的基本分工，决定工程项目组织结构的基本形态。

（2）工程项目管理组织管理具主动性

由于工程项目各参加者来自不同单位，各自有独立的经济利益和权力，他们各自承担一定的项目责任，工程项目管理组织必须给各管理人员以主动性、决定权和一定范围内的管理自由，即充分发挥工程项目管理人员及各参加者一定范围内的主观能动性和决策权，才能最有效地工作。

（3）工程项目管理组织具一次性

每一个具体的工程项目都是一次性的、暂时的，因此工程项目管理组织也是一次性的、临时的，具有临时组合性特点。工程项目管理组织的寿命与其在项目中所承担任务（由合同规定）的时间长短有关。工程项目结束或相应工程项目任务完成后，项目组织就会解散或重新构成其他项目组织。

工程项目管理组织的一次性和暂时性，是区别于企业组织的一大特点，它对工程项目组织的运行、参加者的组织行为和组织控制都有很大的影响。

（4）工程项目管理组织与企业组织的关系

无论是企业内的工程项目，还是由多企业合作进行的工程项目，项目组织常常依附于企业组织，工程项目管理的人员和部门常常由企业提供，有些项目任务也由企业部门完成。

（5）工程项目管理组织具有高度的弹性和可变性

工程项目管理组织的弹性和可变性不仅表现在许多组织成员随工程项目任务的承接和完成而进入或退出工程项目管理组织，并且随工程项目的目标和计划变化而变化。

（6）项目管理组织内的组织关系有以下多种形式：

1）专业和行政方面的关系，这与企业内的组织关系相同，上下之间为专业和行政的领导和被领导的关系。

2）项目责任关系，通常以合同作为这种关系的纽带。合同的签订和解除表示项目组织关系的建立和脱离，项目参加者的任务、责任、权力、经济利益、行为准则均由合同规定。

除了合同关系外，项目参加者在项目实施过程中，通常还可以订立该项目的业务工作条例，使各项目参加者在项目实施过程中能更好地协调、沟通，使项目管理者能更有效地控制项目。

工程项目管理组织的上述特点，不同于一般的企业组织和社团组织，它在很大程度上决定了工程项目管理组织的特点。

5. 风景园林工程项目管理组织

风景园林工程项目管理组织是指在一定的约束条件下（在规定的时间和预算费用内完成预设的风景园林工程项目质量目标），以最优的目标产出物作为实现风景园林工程项目的目的，委派风景园林工程项目负责人，同时组织各相关专业人员，采用先进的管理技术和现代化管理工具，按照其内在的规律对风景园林工程项目进行有效管理的组织系统。在项目进行过程中风景园林工程项目建设相关人员向风景园林工程项目经理负责。

风景园林工程项目管理组织，是直接管理并服务于风景园林工程项目目标的团体。成立该组织的目的就是选择组建高效的团队，构建科学的管理体系，进行规范有序的管理，以确保项目目标的实现。风景园林工程项目组织应更具有针对性、系统性、程序性和科学性。

3.1.2 风景园林工程项目管理组织的工作内容

风景园林工程项目管理组织是为实施风景园林项目管理而建立的组织机构，以及该机构为实现项目目标所进行的各项组织工作的总称。风景园林工程项目管理组织作为组织机构，是根据项目管理目标通过科学设计而建立的组织实体——项目经理部。该机构是由一定的领导体制、部门设置、层次划分、职责分工、规章制度、信息管理系统等构成的有机整体。以一个合理有效的组织机构为框架所形成的权力系统、责任系统、利益系统、信息系统是实施风景园林工程项目管理并实现最终目标的组织保证。作为组织工作，则是以法定形式形成的权力系统，通过所具有的组织力、影响力，在风景园林工程项目管理中，集中统一指挥，合理配置生产要素，协调内外部及人员间的关系，发挥各项业务职能的能动作用，确保信息畅通，推进风景园林工程项目目标的优化实现等全部管理活动。风景园林工程项目管理组织机构及其所进行的管理活动的有机结合才能充分发挥风景园林工程项目管理的职能。

风景园林工程项目管理组织的工作内容包括组织设计、组织运行、组织调整三个环节。具体内容有以下几个方面：

（1）风景园林工程项目管理组织的组织设计

1）根据施工项目管理目标及任务，建立合理的项目管理组织结构，包括管理层次的划分、部门的设置。

2）根据管理业务性质和责权对等的原则，规定各部门、各岗位的职责范围和相应的权限，并建立必要的规章制度。

3）根据分工协作的要求，规定各部门或各岗位的相互关系，建立各种信息的沟通渠道，以及它们之间的协调原则和方法。

（2）风景园林工程项目管理组织的组织运行

1）根据权责对等的原则，配备符合工作要求的管理人员，使他们在各自的岗位上履行职责、行使权力、交流信息，正确开展管理活动。

2）对管理人员进行培训、激励、考核和奖惩，以提高其素质和士气，通过共同努力实现项目管理目标。

（3）风景园林工程项目管理组织的组织调整

根据工作的需要、环境的变化，分析原有项目管理组织的不足、适应性和效率，对原有项目管理组织系统进行调整和重新组合，包括组织形式的变化、人员的变动、规章制度的修订、责任系统和信息系统的调整等。

3.1.3 风景园林工程项目的任务和项目参加者

风景园林工程项目的任务对项目的组织形式和机构设置起决定作用，在项目过程中，项目的任务主要有以下 3 个层次：

（1）为完成项目对象所必需的专业性工作，是项目过程中最基础的实施性工作。

（2）专业性工作进行过程中，所需的计划、协调、监督、控制等一系列项目管理工作，是项目过程中的中间层次的管理工作。

（3）项目实施过程中的决策和宏观领导工作，是项目过程中最上层的决策性工作。

相对应的项目参加者也可分为以下 3 类：

（1）项目所有者，通常又被称为业主。他居于风景园林工程项目组织的最高层，对整个项目负责。他最关心的是项目整体经济效益，其在项目实施全过程的主要责任和任务是项目宏观控制。

（2）项目管理者。项目管理者一般由业主选定，业主要求项目管理者提供有效的独立的管理服务，负责项目实施中的具体的事务性管理工作。项目管理者一般是一个项目小组或项目经理部，主要责任是实现业主的投资意图，保护业主利益，达到项目的整体目标。

（3）项目的专业承包商，通常包括专业设计单位、施工单位和供应商等，他们构成项目的实施层。

最后，项目组织中还有可能包括上层系统组织（如企业部门）和环境部门（如对项目有合作或与项目相关的政府、公共服务部门）等。

3.1.4 风景园林工程项目管理组织的组织工具

1. 项目结构图

项目结构图如图3-1所示。

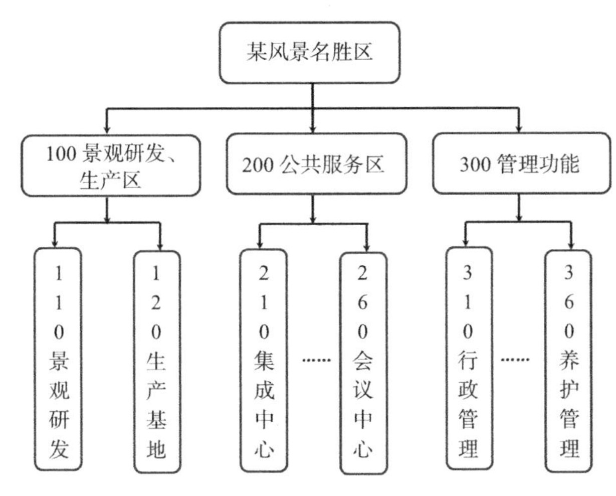

图3-1　某风景名胜区项目结构图

2. 组织结构图

组织结构图反映一个组织系统中各组成部门之间的组织关系（指令关系），如图3-2所示。

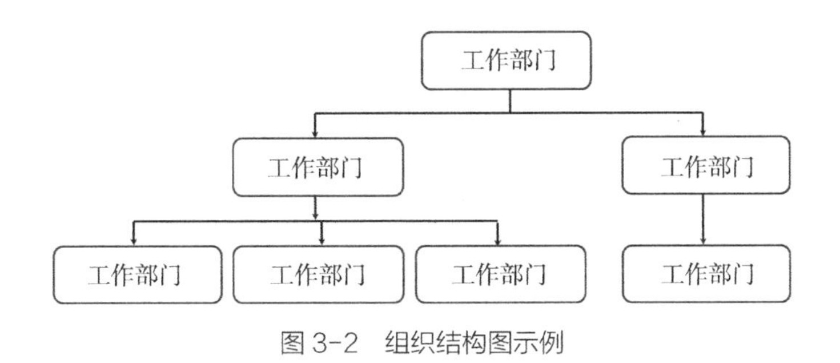

图3-2　组织结构图示例

3. 工作任务分工表

业主方和项目参与方各方都应编制各自的项目管理任务分工表。为编制项目管理任务分工表，首先应对项目实施各阶段的管理任务（如进度控制、质量控制等）进行详细分解，在任务分解的基础上确定各主管工作部门或主管人员的工作任务。在项目进展中，视情况可对工作任务分工表进行必要的调整，见表3-1。

工作任务分工表　　表 3-1

工作任务	工作部门					
	项目经理部	投资控制部	进度控制部	质量控制部	合同管理部	信息管理部

4. 管理职能分工表

业主方和项目参与方都应编制各自的项目管理职能分工表，以反映项目管理班子内部项目经理、各工作部门各工作岗位的项目管理职能分工。此表也可用于企业管理，见表 3-2。

管理职能分工表　　表 3-2

职能	工作部门					
	项目经理部	投资控制部	进度控制部	质量控制部	合同管理部	信息管理部

5. 工作流程图

（1）管理工作流程，如投资控制流程、进度控制流程、合同管理流程、设计变更流程等。

（2）信息管理工作流程，如月进度报告的数据处理流程。

（3）物资流程组织，如工程物资采购流程、内装饰施工工作流程，见图 3-3。

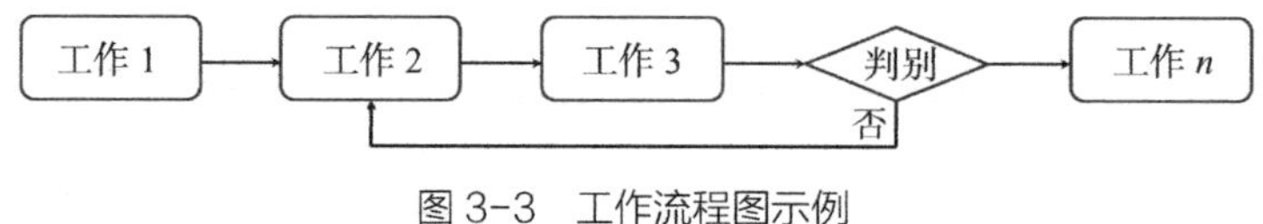

图 3-3　工作流程图示例

工程项目管理的一切工作都要依托组织来进行，建立科学合理的组织机构和组织制度是实现工程项目目标的组织保证。如设计变更流程，见图 3-4。

3.2 风景园林工程项目管理组织模式及选择

管理组织结构模式反映了一个组织系统中各部门或各组成元素之间的指令关系，是一种相对静止的组织关系。合理的组织结构是组织高效运行的先决条件，建立合理的组织结构，可以确保各个部门能够高效率工作，促使各种资源得到充分利用，以便有效实现管理系统的目标。组织结构图是组织结构设计的成果，也是一个重要的组织工具。

3.2.1 直线型组织结构

1. 特征

直线型组织也称项目型组织，是出现最早、最简单的一种组织结构模式，是从最高管理

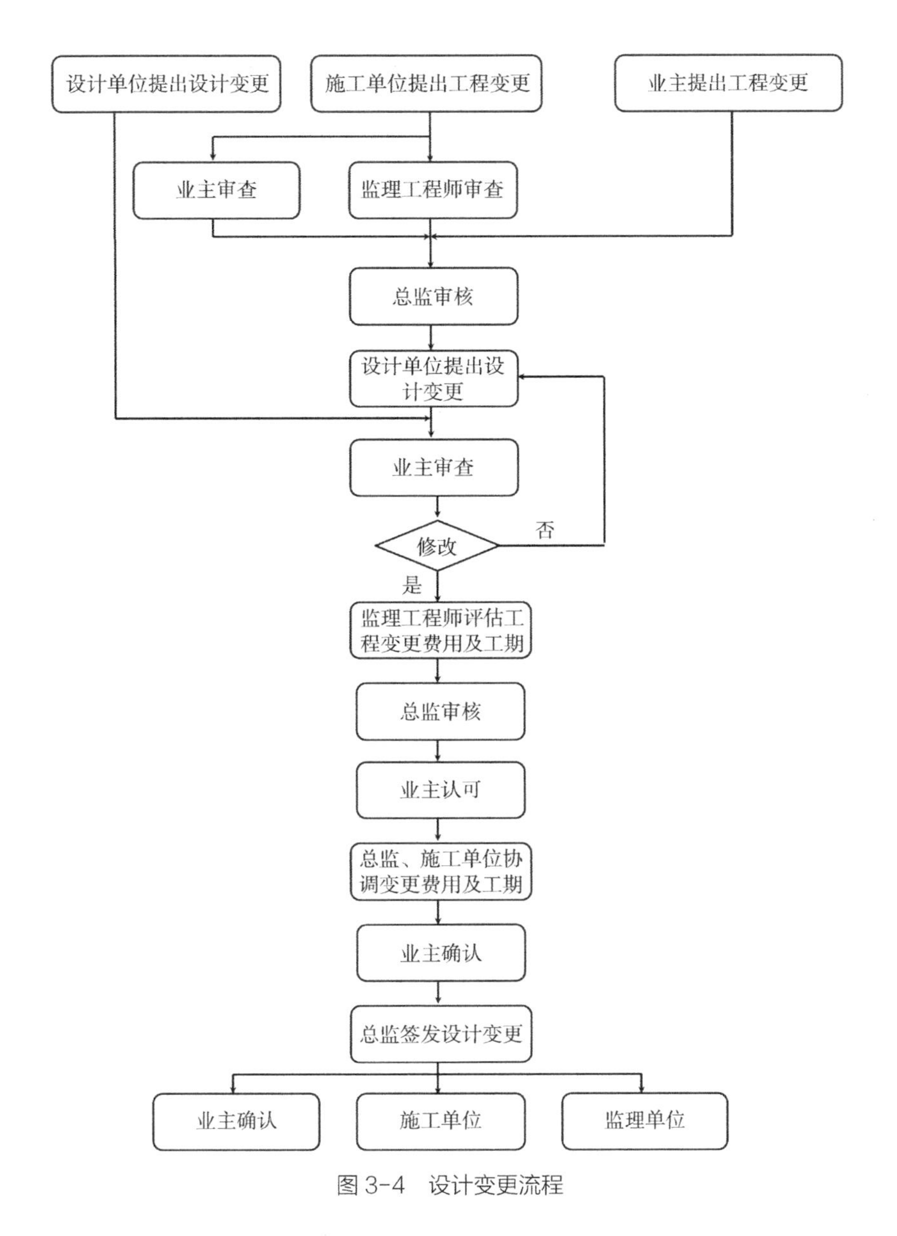

图3-4 设计变更流程

层到最基层实行直线垂直领导，命令单一且直线传递，权力高度集中。直线型组织是指从企业现有人员中选拔项目所需要的各种人员组成的项目组织。项目组织其自身拥有管理项目所必需的所有资源，每个项目之间具有相对的独立性。项目的具体工作由项目团队负责。项目经理对上接受企业主管负责人的领导，对下负责本项目管理资源的运用，直至项目完成。如图3-5所示，虚线内表示项目组织。

该组织结构类型有以下特征：

（1）项目经理在单位内部聘用职能人员组成管理机构，由项目经理指挥，独立性大。

（2）在工程建设期间，项目组织成员受原单位负责人业务指导及考察，但不能被随意干预或调回。

（3）项目管理组织与项目同寿命，项目结束后组织机构被撤销，所有人员仍回原所在部门和岗位。

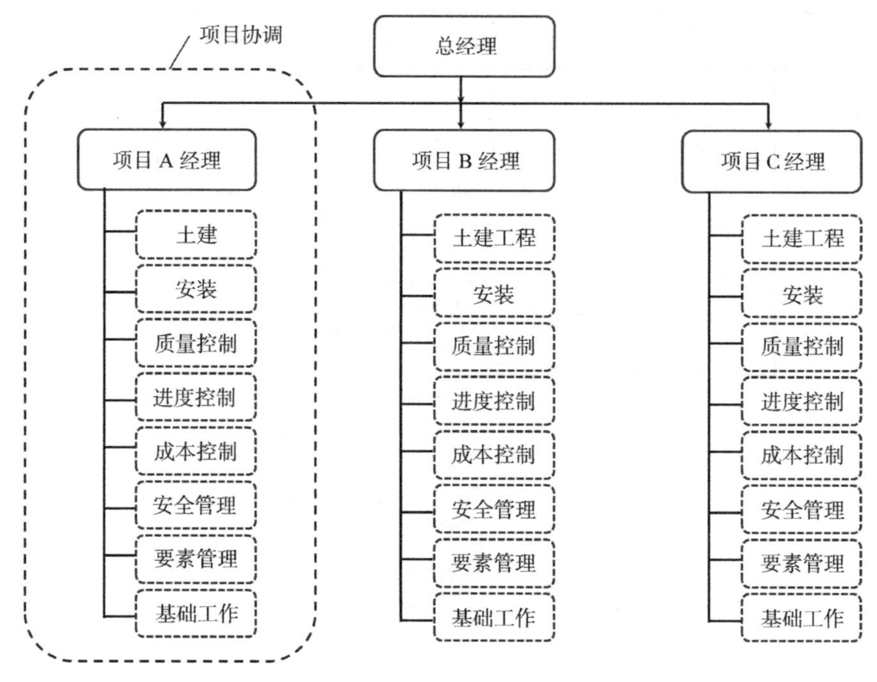

图3-5 直线型组织结构图

（4）组织中任何一个下级只接受唯一上级的命令，上级对下级的管理是直接管理，上下级呈直线权责关系，各级部门主管人员对其所属部门负责，从而避免了由于指令矛盾而影响项目组织系统的运行。

2. 适用范围

这是按照对象原则组织的项目管理机构，可独立地完成任务，相当于一个“实体”。企业职能部门只提供一些服务。这种项目组织类型适用于大型项目、工期要求紧迫的项目、要求多工种多部门密切配合的项目。因此，它要求项目经理素质高，指挥能力强，有快速组织队伍及善于指挥来自各方人员的能力。

3. 优点

（1）项目经理是真正意义上的项目负责人，项目经理对项目及企业负责，团队对项目经理负责。

（2）项目经理是从职能部门聘用的专家型技术人才，和其他专业技术人才在项目管理中配合、协同工作，可以取长补短，有利于培养一专多能的人才。

（3）项目管理组织结构层次相对简单，目标单一，权力集中，职责分明，指令一致，决策迅速，隶属关系明确。

（4）各专业人才集中在现场办公，减少了推诿和等待时间，办事效率高，能快速地解决问题。

（5）由于减少了项目与职能部门的结合部，项目与企业的职能部门关系弱化，易于协调关系，减少了行政干预，使项目经理的工作易于开展。

（6）不打乱企业的原建制，传统的直线职能制组织仍可保留。

4. 缺点

（1）对项目经理的知识面及能力要求较高，工程项目管理组织的管理水平取决于个人水平。

（2）由于项目组织的独立性，容易使项目组织产生小团体观念。

（3）在一个较大的组织系统中，由于指令路径较长，可能会给组织系统的正常运行造成一定困难。

（4）各类人员来自不同部门，具有不同的专业背景，相互不熟悉，难免配合不力。

（5）各类人员在同一时期内所担负的管理工作任务可能有很大差别，有时易造成人浮于事，横向联系差，易造成资源浪费。

（6）职工长期离开原单位，容易影响其积极性的发挥，而且由于环境变化容易产生临时观点和不满情绪。

由于同一部门人员分散，交流困难，也难以进行有效的培养、指导，削弱了职能部门的工作，职能部门的优势无法发挥出来。当人才紧缺而同时又有多个项目需要按这一形式组织时，或者对管理效率有很高要求时，不宜采用这种项目组织形式。

3.2.2 职能型组织结构

1. 特征

职能型组织结构是一种传统而基本的项目组织结构模式，也是目前使用比较广泛的项目组织结构模式，它不打乱企业现行的建制，把项目委托给企业某一专业部门或委托给某一施工队，由被委托的部门（施工队）领导，在本单位组织人员负责实施项目组织，项目终止后恢复原职。该组织结构模式职能专一，专业化程度高。在组织内设置若干专业化的职能部门，这些职能部门都有权在各自业务范围内向下级下达命令，各基层组织均可能接受多个职能部门的领导。在职能型组织中，往往不专门设项目经理，项目经理可能是企业副总或职能部门负责人兼任。协调工作主要在各职能部门负责人之间进行。由职能部门负责人具体安排落实本部门人员完成项目的相关工作。参与项目管理的成员承担的工作往往多属兼职。如图 3-6 所示是这种组织形式的示意图。

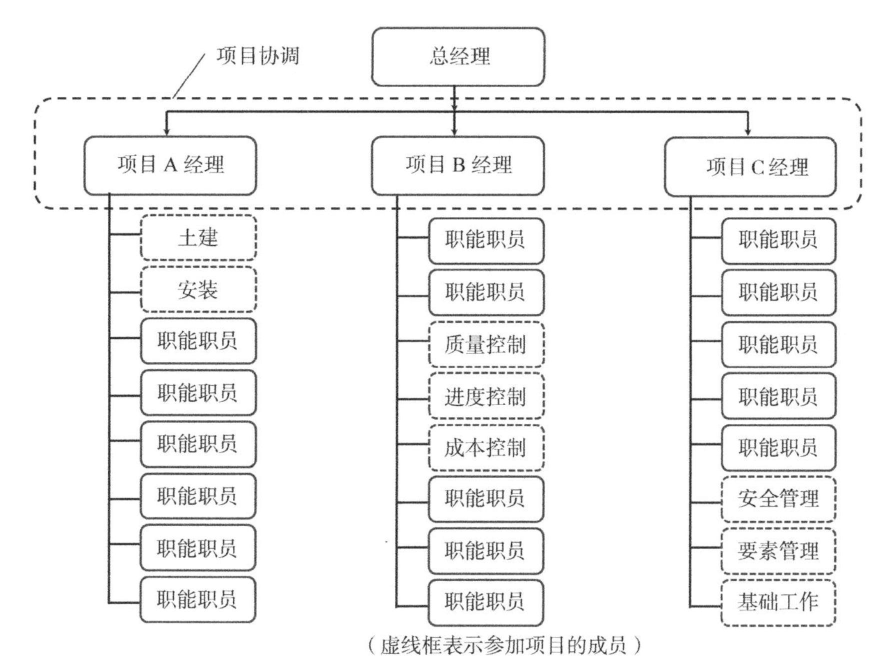

（虚线框表示参加项目的成员）

图 3-6　职能型组织结构图

2. 适应范围

这种形式项目组织一般适用于小型的、专业性较强、不需涉及众多部门配合的施工项目。

3. 优点

（1）由于将项目委托给企业其一部门组织，人才作用发挥较充分。这是因为相互熟悉的人组合办熟悉的事，人事关系容易协调。

（2）从接受任务到组织运转启动，时间短。

（3）职责明确，职能专一，专业化程度高。

（4）项目经理无须专业训练，容易进入状态。

4. 缺点

（1）由于每一个工作部门有多个指令源，多头领导，指令源可能会彼此矛盾，导致管理混乱，基层无所适从。

（2）不能适应大型项目管理需要。

3.2.3 矩阵型组织结构

1. 特征

矩阵型组织结构通常是直线型组织和职能型组织结合的产物，即将按职能划分的横向部门和按项目划分的纵向部门结合起来，构成类似矩阵的管理架构，实现横向职能部门和纵向部门的协同管理。在矩阵型组织中，项目经理对项目组织内的活动内容和时间安排行使权力，并直接对项目的主管领导负责，而职能部门负责人则决定如何以专业资源支持各个项目，并对自己的主管领导负责，如图 3-7 所示。

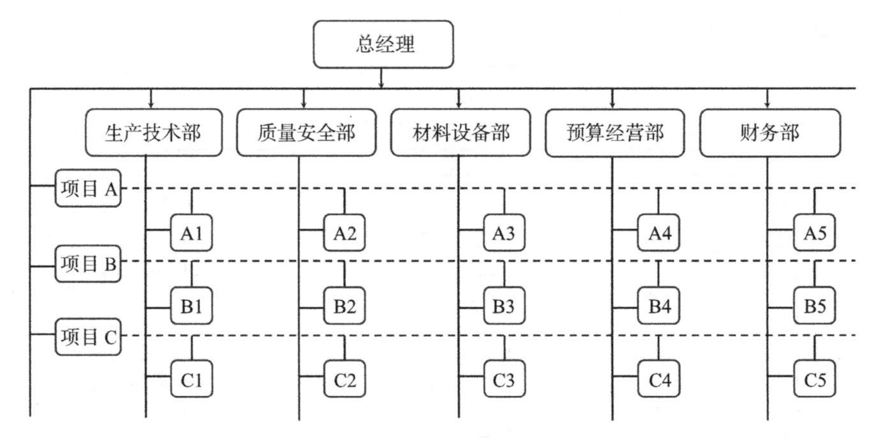

图 3-7　某施工单位的矩阵型组织结构图

矩阵型组织又可分为强矩阵和弱矩阵两种方式。

强矩阵组织是一种虽需接受上级组织职能部门的指导，但本身仍处于项目管理主导地位的项目组织方式。在强矩阵组织方式下，项目经理对上级职能部门发出的是指令性计划任务，职能部门向项目组织提供的是咨询性意见，项目经理有权决定是否采纳及如何采纳，如图 3-8 所示。

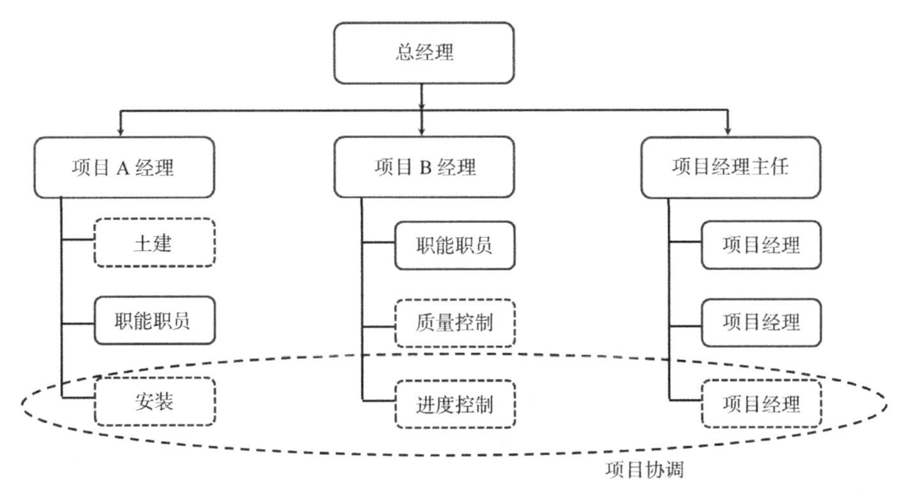

（虚线框表示参加项目的成员）

图3-8　强矩阵组织结构图

弱矩阵组织是项目组织参与协调但不处于主导，而由上级组织的职能部门进行主导的组织方式。在弱短阵方式下，项目经理实际上只是一个协调员，负责协调工作，对职能部门发出的是支持工作的请求，职能部门向项目组织提供的是指导性意见，项目经理无权对这些意见不予采纳或不经协调就做出重大调整，如图3-9所示。

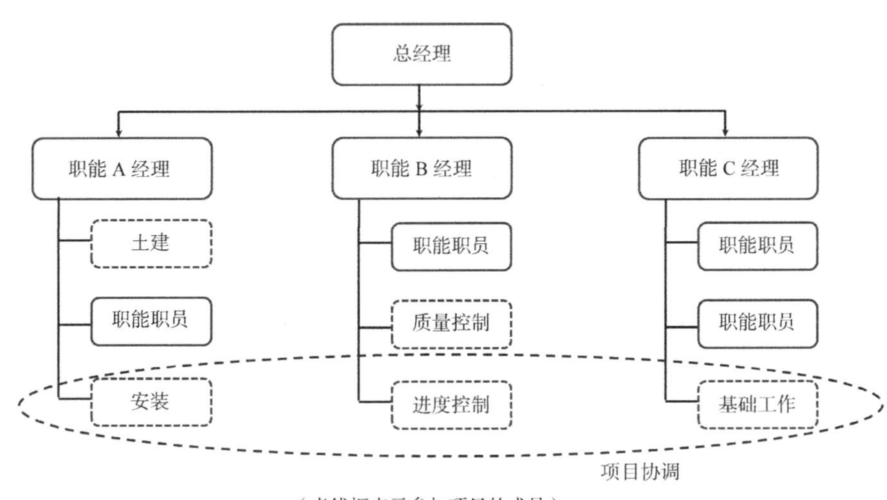

（虚线框表示参加项目的成员）

图3-9　弱矩阵组织结构图

矩阵式项目组织呈现以下几个方面的特征：

（1）项目组织机构与职能部门的结合部同职能部门数量相同，多个项目与职能部门的结合部呈矩阵状。

（2）职能原则和对象原则有机结合，既发挥职能部门的纵向优势，又发挥项目组织的横向优势。

（3）专业职能部门是永久性的，而工程项目组织是临时性的。职能部门负责人对参与项目组织的人员有组织调配、业务指导和管理考察的责任，项目经理则将参与项目组织的职能人员有效地组织起来，为实现项目目标协同工作。

（4）矩阵中的每个成员或部门，都接受原部门负责人和项目经理的双重领导，其中部门控制力大于项目控制力，部门负责人有权根据不同项目的需要和忙闲程度，在项目之间调配本部门人员。一个专业人员可能同时为几个项目服务，使得各类人才尤其特殊人才人尽其才，大大提高人才利用率。

（5）项目经理对调配到本项目经理部的成员有权控制和使用，在人力不足或某些成员不得力时，他可以向职能部门要求给予解决。

（6）项目经理部的工作有多个职能部门支持，项目经理没有人员包袱，但要求在水平方向和垂直方向有良好的信息沟通及良好的协调配合，对整个企业组织和项目组织的管理水平和组织渠道畅通提出了较高的要求。

2. 适用范围

矩阵型组织适合大型复杂的项目，或企业同时承担多个项目，或项目实施周期较长，内部协调较困难且协调工作量大的项目。其中强矩阵方式更适合项目规模较大、外部协调困难较多、选派的项目经理与其管理团队能力又较强的特殊情况；反之则可采用弱矩阵方式。

3. 优点

（1）加强了各职能部门的横向业务联系，使资源实现最合理利用，使企业的长期例行性管理和项目的一次性管理有机融合，协同一致。

（2）具有较大的机动性和适应性，实现上下左右集权与分权的最优结合，有利于解决复杂问题。

（3）项目组织具有弹性和应变力，以尽可能少的人力，实现多个项目的高效率管理。

（4）项目组织使不同知识背景的人在合作中相互取长补短，有利于发挥纵向的专业优势，有利于培养综合型人才。

4. 缺点

（1）人员受双重领导，纵横向协调工作量大，项目组织凝聚力弱，易产生推诿现象和矛盾，也易使管理当事人无所适从。

（2）管理人员身兼多职管理多个项目，常常容易顾此失彼。

（3）矩阵式组织对企业管理水平、项目管理水平、领导者的素质、组织机构的办事效率、信息沟通渠道的畅通等均有较高要求，需要分层授权，疏通渠道，理顺关系。

（4）矩阵式组织的复杂性和多结合部易造成组织信息沟通量膨胀和沟通渠道复杂化，并可能导致信息阻塞和失真。

3.2.4 事业部型组织结构

1. 特征

如图 3-10 事业部型组织结构示意图，其特征是企业成立事业部，事业部对企业是职能部门，对外拥有相对独立的经营权，可以是一个独立单位。事业部既可以按地区设置，也可以按工程类型或经营内容设置。事业部能迅速适应环境变化，提高企业的应变能力，调动部门积极性。当企业向大型化、智能化发展时，事业部是一种很受欢迎的选择，既可以加强经营战略管理，又可以加强项目管理。

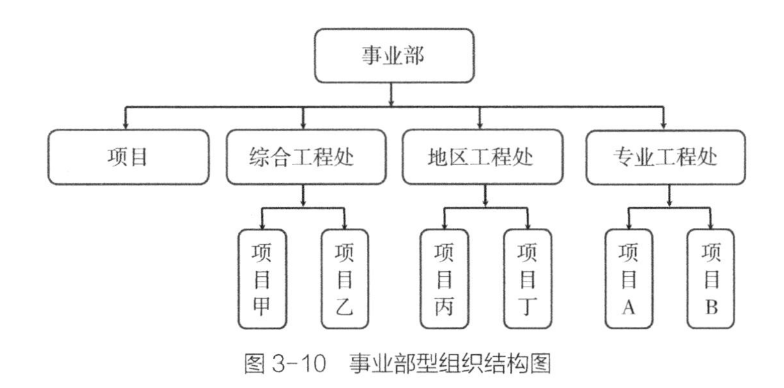

图3-10 事业部型组织结构图

事业部下设项目经理部，项目经理由事业部选派，一般对事业部负责，有的可以直接对业主负责，是根据其授权程序决定的。

2. 适用范围

事业部型组织适于大型经营性企业的工程承包，特别适于远离公司本部的工程承包。不过，一个地区只有一个项目、没有后续工程时，不宜设立地区事业部。地区事业部适于在一个地区内有长期市场或一个企业有多种专业化施工力量。事业部与地区市场同寿命。

3. 优点

事业部型组织利于延伸企业的经营职能，扩大企业的经营业务，利于开拓企业的业务领域，还利于迅速适应环境变化。

4. 缺点

按事业部型建立项目组织，企业对项目经理部的控制力减弱，协调指导的机会减少，有时会造成企业结构松散。

这些组织结构模式既可以在企业管理中运用，也可以在项目管理中运用。当然，每一种组织结构模式实际上都有利有弊，需要根据情况因地因情选用合适的模式或组合应用。

3.2.5 项目组织结构模式选择

一个项目有许多种项目组织模式可供选择。不同的组织结构模式决定了企业和项目的不同责任关系，决定了项目的责任制形式，也决定了不同的项目运作方式。

这些项目组织模式，各有其使用范围、使用条件和特点。在选用项目组织结构时，必须考虑下列因素：

（1）项目自身的情况，如规模、难度、复杂程度、项目结构状况、子项目数量和特征。

（2）上层系统（企业）组织状况，同时进行的项目的数量，及其在项目中承担的任务范围。当同时进行的项目很多，可采用矩阵式的组织模式。

（3）项目组织结构应利于提高效率、降低成本，利于各方有效沟通，利于明确各方责权关系，利于有效控制项目。

（4）组织结构利于决策简便、快速。由于项目与企业部门之间存在复杂的关系，在组织设置、管理系统设计时应决策分工明确，合理分配指令权，保证决策的畅通和快捷。

（5）管理跨度和层次，如同时进行的项目（或子项目）很多，可以采用矩阵式组织结构模式。

3.2.6 项目组织结构效果评价

项目组织确定后，应对其进行评价。基本评价因素如下：

（1）管理层次及管理跨度的确定是否合适。是否能产生高效率的组织。

（2）职责分明程度。是否将任务落实到各基本组织单元。

（3）授权程度。项目授权是否充分，授权保证的程度，授权的范围。

（4）精干程度。在保证工作顺利完成的前提下，项目工作组成员的多少。

（5）效能程度。是否能充分调动人员积极性，高效完成任务。

根据所列各评价因素在组织中的重要程度及对组织的影响程度，分别对各因素打分，得出总分，以作评价。

3.3 风景园林工程项目管理组织机构设计

3.3.1 相关概念

工程项目的组织机构是按照一定的活动宗旨（管理目标、活动原则、功效要求等），把项目的有关人员根据工作任务阶段性质划分为若干层次，明确各层次的管理职能，并使其具有系统性和整体性的组织系统。高效率的组织机构的建立是项目管理取得成功的组织保证。

组织机构设计就是要在管理分工的基础上，设计出组织所需的管理职能和各个管理职能之间的关系。一个合理的组织机构应该能够随外部环境的变化而适时调整，才能为项目管理者创造良好的管理环境，才有利于更有效地实现管理目标。

3.3.2 风景园林工程项目管理组织机构的设计原则

风景园林工程项目管理组织是开展项目管理工作的重要组织保障，它可以是一个公司，也可以是一个专业项目部，还可能是为完成某一项目而成立起来的项目团队。通过组织工作，避免组织内个体力量的相互抵消，寻求取得汇聚和放大项目组织内成员力量的效应，保证项目目标的实现。

组织机构设计的目的就是要通过创构柔性灵活的组织，动态地反映外在环境变化的要求，并且能够在组织演化成长的过程中，有效积聚新的组织资源要素，同时协调好组织中部门与部门之间、人员与任务之间的关系，使员工明确自己在组织中应有的权力和应担负的责任，有效地保证组织活动的开展，最终保证组织目标的实现。因此，风景园林工程项目管理组织机构的设计非常重要，必须遵守一定的原则。

（1）目标性原则。任何一个组织的设立都有其特定的任务和目标，没有任务和目标的组织是不存在的。风景园林工程项目管理组织设置的根本目的，是为了产生组织功能，实现风景园林工程项目管理的总目标。项目管理者应对管理组织认真分析，围绕任务和目标设事，因事设机构、定编制，按编制设岗位、定人员，确立需要设置的人员、职位、部门、职能等要素，并以职责定制度、授权力。同时组织在随外部环境变化对内部要素进行调整、合并、取消时也必须遵守目标性原则，以是否有利于实现其任务目标作为衡量组织结构的标准。

（2）精简高效原则。精简高效是任何一个组织建立时都力求实现的组织目标。组织成员越多，管理费用就越高，而且越不利于组织运转。但是精简却不是指人少，而应做到人员少而精。因此，精简的原则是在保证完成组织任务的前提下，尽量简化机构，选用精干的队伍，选用“一专多能”的人员，同时要着眼于使用与学习锻炼相结合，这样才利于提高组织工作效率，利于提高项目管理组织成员的素质，更好地实现组织管理目标。

（3）管理跨度和管理层次适中的原则。

管理跨度亦称管理幅度，是指一个领导者所直接管理的下属人员数量。如一名经理配备 2 名副经理、1 名总工程师、1 名总经济师、1 名总会计师，那么经理的管理跨度就是 5。现代管理学家已经证明，管理跨度增加一个，则领导与下级之间的工作接触将成倍增加。英国管理学家丘格纳斯就认定：如果下级人数以算术级数增加，其领导者同下属人员之间的人际关系数，将以几何级数增加，其公式为：

$$C = N\left(2^{N-1} + N - 1\right) \tag{3-1}$$

式中，C——可能存在的人际关系数；

N——管理跨度。

这是有名的邱格纳斯公式，是个几何级数，当 N=10 时，C=5210。

例如，一个领导者直接领导两个人，其可能存在的人际关系数是 6，如果直接领导下级人数由 2 人增加为 3 人，则其人际关系数就由 6 增加为 18。当然，按式（3-1）计算，管理跨度增为十几人时，人际关系数非常大，实际情况可能并不那样严重，但跨度太大，的确常常会出现应接不暇、顾此失彼的现象。一般认为，跨度应是个弹性限度。上层领导为 3 ～ 9 人，以 6 ～ 7 人为宜，基层领导为 10 ～ 20 人，以 12 人为宜；中层领导则居中。

为使领导者控制适当的管理跨度，可将管理系统划分为若干层次，使每一层次的领导者可集中精力在其职责范围内实施有效的管理。管理层次划分的多少，应根据部门事务的繁简程度和各层次管理跨度加以确定。如果层次划分过多，信息传递容易发生失真及遗漏现象，可能导致管理失误。但是，若层次划分过少，各层次管理跨度过大，会加大领导者的管理难度，也可能导致管理失误。管理组织机构中一般分为三个层次：一是决策层，二是中间控制层（协调层和执行层），三是作业层（操作层）。决策层是指管理目标与计划的制定者，由项目经理及其助理组成，对项目进行重大决策，对项目负责；协调层是决策层的重要参谋、咨询层，由专业工程师组成，是协调项目内外事务和矛盾的技术与管理核心，是项目质量、进度、成本的主要控制监督者。执行层是指直接调动和安排项目活动、组织落实项目计划的阶层，是项目具体工作任务的分配监督和执行者；操作层是指从事和完成具体任务的阶层，由熟练的作业技能人员组成。

当跨度太大时，领导者及下属经常会出现应接不暇之烦。在组织机构的设计上应根据不同管理者的具体情况，结合工作的性质以及被管理者的素质特征来确定适用于本组织和特定管理者的管理跨度。既要做到保证统一指挥，又要便于组织内部信息的沟通。跨度大小又与分层多少有关。层次多，跨度会小；层次少，跨度会大。这就要根据领导者的能力和工程项目大小进行权衡。美国管理学家戴尔曾调查 41 家大企业，管理跨度的普遍范围是 6 ～ 7 人。对工程项目管理层来说，管理跨度更应尽量少些，以集中精力于工程项目管理。在鲁布革工程中，项目经理下属 33 人，分成了所长、课长、系长、工长 4 个层次，项目经理的跨度是 5。项目经理在组建组织机构时，必须认真设计切实可行的跨度和层次，画出机构系统图，以便对组织机构进行讨论、修正与组建。

科学的管理跨度，加上适当的管理层次划分和适当的授权，是建立高效率组织机构的基本条件。

（4）系统化管理原则。

由于工程项目是一个开放的系统，由众多子系统组成一个大系统，各子系统之间，子系统内部各专业之间，不同组织、工种、工序之间，存在着大量结合部。这就要求项目组织也必须是一个完整的组织结构系统，恰当分层和设置部门，以便在结合部上能形成一个相互制约、相互联系的有机整体，防止产生职能分工、权限划分和信息沟通上相互矛盾或重叠。这要求在设计组织机构时，以业务工作系统化原则为指导，周密考虑层间关系、分层与跨度关系、部门划分、授权范围、人员配备及信息沟通等因素，使组织机构自身成为一个严密的、封闭的组织系统，能够为完成项目管理总目标而实行合理分工及协作。在管理过程中，要想做好分工协作并提高效率，就必须统一命令，建立起严格的管理责任制、逐层负责制，保证政令畅通。

（5）专业分工与协作统一的原则。分工是把为实现项目目标所必须做的工作，按照专业化的要求分派给各个部门以及部门中的每个人，明确他们的工作目标、任务及工作方法。分工同时要求协作，只有分工没有协作，组织就不能有效地运行。在组织中应该明确各部门和部门内部的协作关系，以实现分工与协作的统一。

（6）项目组织与企业组织一体化原则。项目组织是企业组织的有机组成部分，项目组织是由企业组建的，企业是它的母体。项目管理的人员全部来自企业，项目管理组织解体后，其人员仍归属于企业，即使进行组织机构调整，人员也是进出于企业的人才市场，工程项目的组织形式与企业的组织形式有关，不能离开企业的组织形式去谈项目的组织形式。

（7）责、权、利相平衡的原则。组织内部有了明确的分工就意味着每一个人或职位要承担一定的责任，而组织成员要完成责任就必须拥有相应的权力，同时必须享受相应的利益。在组织设计时，一要考虑一个人所负的责任应和他所拥有的权利和所享受的待遇相一致，二要考虑同一层次人员之间的责、权、利相平衡。同工不同酬、同岗不同酬都不利于调动人员积极性，更不利于管理，难以保证管理目标的实现。

（8）稳定性和适应性相结合的原则。组织建立的任务和目标是进行有效的组织活动，这就要求组织必须处于一种相对稳定的状态。但是工程建设项目的单件性、阶段性、流动性及露天作业是工程项目产品的主要特点，必然带来生产对象数量、质量和地点的变化，带来资源配置上品种和数量的变化。随着项目实施的进展，管理目标有所改变，组织的任务目标也应发生相应的变化，这要求管理工作和组织机构随之进行调整，以适应工程任务变动对管理机构流动性的要求。一成不变的组织不可能创造出业绩，也不可能完成管理目标。因此，组织结构形式的设立必须在稳定的基础上灵活改变，以提高组织的适应性。

3.3.3 风景园林工程项目管理组织机构的设计程序

工程项目管理组织结构设计的程序如图 3-11 所示。

具体步骤如下：

（1）确定项目合理目标。确定项目合理、科学的目标是项目管理工作开展的基础，是项目组织设立的前提。项目目标取决于合同约定，主要是工期、质量、投资三大目标，这些目标应分阶段根据项目特点进行分解。

（2）确定项目工作内容。在确定项目合理目标的同时，项目工作内容也要得到相应的确定。根据项目目标确定需要完成的工作，并对这些工作进行分类和组合。在进行分类和组合

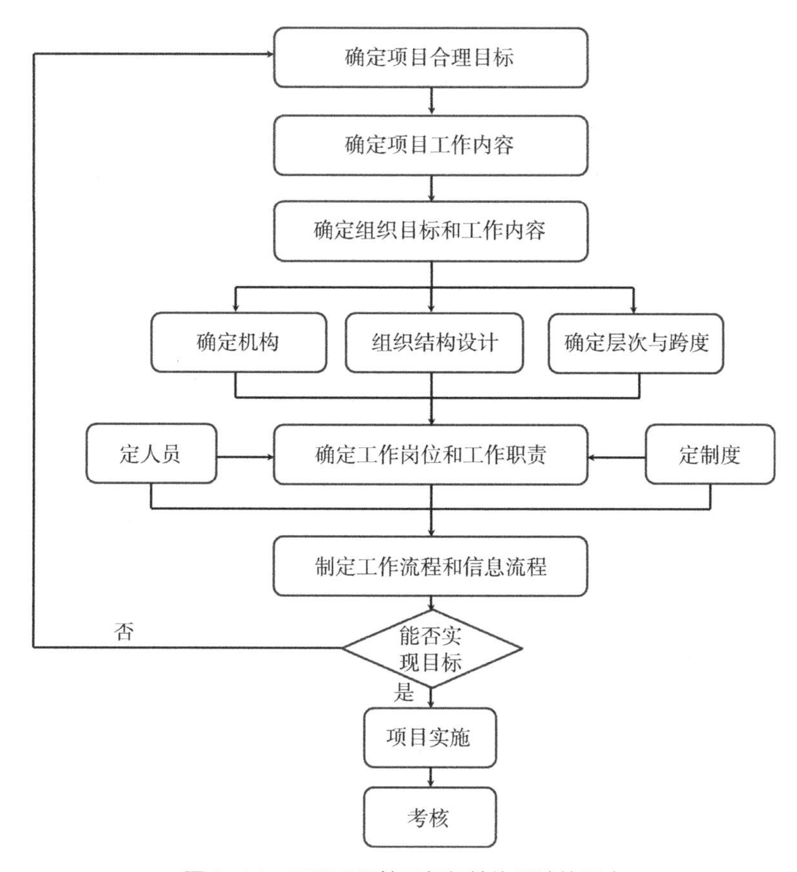

图 3-11　工程项目管理组织结构设计的程序

时，应考虑项目的建设规模、结构特点、项目性质、工期要求、技术复杂程度以及人员的业务技术水平及管理水平等因素，以便于实现目标。

（3）确定组织目标和工作内容。首先要明确的是，在项目管理工作内容中，哪些是项目组织目标和工作内容。因为不是所有项目目标或工作内容都是项目组织所必须达到或完成的，有的可能是组织以外的部门负责进行的，而项目组织只需掌握或了解。

（4）组织结构设计。根据项目的性质、规模、建设阶段的不同，可以选择不同的组织结构模式以适应项目管理的需要。组织结构模式的选择应充分考虑有利于项目目标的实现、有利于决策的执行、有利于信息的沟通。

（5）确定工作岗位与工作职责。工作岗位的确定原则是以事定岗，岗位的确定要能满足项目组织目标的需要。岗位的划分要有相对的独立性，同时还要考虑其合理性。确定了岗位后，就要确定各岗位的工作职责。工作职责要能满足项目组织工作内容的需要，并根据责权一致的原则确定其职权。

（6）人员配备。按工作岗位的需要和组织原则，选配合适的人员，做到人员精干、以事选人。根据不同层次的任务安排不同的人，人员配备是否合理直接关系到组织能否有效运行，组织目标能否实现。

（7）制定工作流程和信息沟通的方式。组织结构形式确定后，大的工作流程基本明确。但具体的工作流程与相互间的信息流程要在工作岗位与工作职责明确后才能确定下来。以规范化程序的要求确定各部门的工作流程，规定他们之间的协作关系和信息沟通方式。

（8）制定考核标准。为保证项目目标的最终实现和工作内容的全部完成，必须对组织内各岗位制定考核标准，包括考核内容、考核时间、考核形式等。

在实际工作中，上述步骤之间衔接性较强，经常是互为前提，如人员配备是以人员的需求为前提的，而人员的需求可能受人员获取结果和人员考核结果的影响。

3.3.4 风景园林工程项目管理组织的影响因素

1. 社会因素

（1）国际通行的项目管理方法与惯例。在项目管理方面，随着经济社会交流合作的开展，逐渐形成了被大家共同认可的管理方法和惯例，例如，BOT及其衍变的各种方式（如PPP），PMC方式以及国际上关于工程分包、费用调整、招标管理等方面的惯例。这些根深蒂固的方法惯例势必会对我们工程项目管理组织产生相当的影响。

（2）国家经济管理环境和项目相关管理制度。国家的经济管理环境和相关的管理制度、条例条规，都会对项目组织结构形式的确定产生影响。

（3）工程项目的规模及其技术复杂性。项目规模的大小决定了项目管理组织规模的大小。项目规模大，客观上可能就会要求项目管理组织规模加大；多学科跨专业的项目建设需要，其本身就决定了需要能协调多机构与多领域的项目管理组织。同时项目管理本身的技术复杂性也往往会决定有关专业机构的设置。

（4）项目的经济合同关系与形式。项目管理的组织结构形式和进行具体组织工作都与项目的经济合同关系相关联，项目的合同形式是总包合同还是分包合同，是合作关系还是委托关系，以及具体到哪类性质的委托关系等；在付款方式上是总价合同、单价合同还是成本加酬金合同等；在工作内容上是劳务合同、代理合同还是委托合同等。这些合同的形式与关系在确定项目管理的组织结构时都是必须考虑的。

（5）项目管理的范围以及项目工作的种类、规模、性质和影响力。项目的种类是设计还是施工，是建议书、可行性研究还是监理等；规模是小型的、大型的或是中型的；项目的性质是基建还是技改，是新建还是改扩建；项目影响力是指项目建设及建成对包括国内及国际、地区及部分区域可能产生的社会政治和经济影响等等，所有这一切都是我们在项目的管理组织工作中不可忽视的重要因素。

2. 组织内部因素

（1）上级组织的管理模式与制度。透彻分析和了解项目运行所在组织的项目管理模式与管理制度是确定项目管理组织结构形式和有效进行组织工作的重要前提。项目的管理组织结构形式实际上是上级组织的管理模式与制度在某一项目管理中的具体体现。

（2）公司与项目管理目标。项目管理者实现其管理目标的手段之一就是建立项目管理组织结构，而其又会被该项目所在公司未来的发展、公司的战略意图和项目管理欲达到的目的所影响。上级组织要求项目管理组织采用哪种方法，是确定某一项目的管理组织结构和具体工作方式的最直接因素。

（3）上级组织领导层及各部门之间的运作方式。管理组织结构形式的确定涉及权力与职责的划分，上级组织领导层及各部门之间运作方式实际上是其权力与职责划分的表现。因此项目的管理组织形式的确定，一方面在相当程度上受现有组织内领导层及各部门之间的运作方式的影响；另一方面有时为了避开上级组织现有领导层及各部门之间运作方式对项目管理组织的影响，项目管理组织不得不采取一种新的特殊的组织结构形式与组织工作方式。

（4）组织领导及成员的素质。组织领导及成员的素质是内在的表现，是指其所具有的内在潜力和品质，虽然无形，但其对组织的稳定性、组织作用的发挥和组织目标的完成却有着有非常巨大的影响。

3.4 风景园林工程项目管理任务分工和管理职能分工

3.4.1 风景园林工程项目各阶段项目管理的主要工作任务

工程项目管理服务覆盖工程项目决策阶段和项目实施阶段，其中项目实施阶段又包括设计准备阶段、设计阶段、建设准备阶段、施工阶段和收尾阶段，如图 3-12 所示。

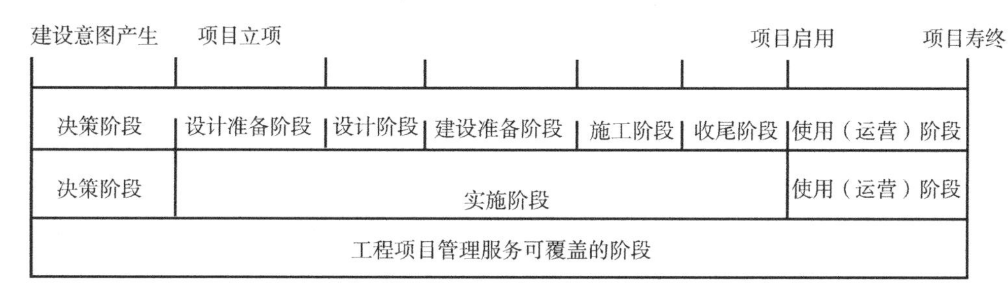

图 3-12　工程项目管理服务可覆盖的阶段

1. 决策阶段的主要工作内容

（1）编制“工程项目管理总体规划”。

（2）调查、分析项目的环境及特点，编制项目决策策划报告。

（3）协助建设单位选择编制项目建议书、可行性研究报告、环境评估报告、节能专篇以及项目风险评估等专业工程咨询单位，协助建设单位与其签订咨询合同并督促合同执行。

（4）协助建设单位进行立项审批。

2. 实施阶段的主要工作任务

（1）设计准备阶段的主要工作任务。

1）编制“工程项目管理规划”。

2）调查、分析项目建设环境及要求，编制项目实施策划报告。

3）分析和论证项目总进度目标，编制项目实施总进度计划。

4）分析和论证项目的功能，协助建设单位确定项目功能要求和标准。

5）分析和论证项目总投资目标，编制项目总投资规划和项目资金使用计划。

6）编制设计方案任务书，协助建设单位组织评选和确定设计方案，督促方案设计单位依据方案评审意见优化方案，并依据相关程序确定勘察、设计单位，签订勘察、设计合同。

7）协助建设单位办理用地、规划等报建手续。

8）编制项目合同管理的规划方案。

9）建立项目的信息编码体系及信息管理制度。

（2）设计阶段的主要工作内容

1）督促勘察单位履行勘察合同，按合同约定的要求提交勘察成果报告。

2）督促设计单位履行设计合同，进行设计跟踪检查，控制各阶段设计图纸质量、投资和进度；并按合同约定的要求提交各阶段设计图纸。

3）协助建设单位组织初步设计审查会议，确保初步设计文件满足规划、环保、交通、人防、消防、抗震、节能等规范要求。

4）组织审查初步设计概算及相关技术经济指标的经济性和合理性，对主要的技术经济指标进行评价，确保经审定的初步设计概算不超过批准的可行性研究报告的投资估算，如有超出则对初步设计及概算做出评价并提出处置建议。

5）协助建设单位选择施工图审查单位，督促设计单位按审查意见及时进行修改，确保施工图设计符合功能和强制性标准条文的要求，并满足施工的合理性和经济性。

6）协助建设单位选择工程造价咨询单位编制工程量清单及施工图预算，协助建设单位与其签订咨询合同并督促合同执行，组织审查工程咨询单位编制的工程量清单及施工图预算。确保施工图预算不超过初步设计概算，如有超出则对施工图设计及预算做出评价并提出处置建议。

7）对设计所采用的特殊材料应充分了解其用途，并做出市场调查分析，提出咨询报告。

8）做好勘察、设计文件和图纸的收集、流转、整理、保管与归档工作。

（3）建设准备阶段的主要工作内容

1）调查、分析项目实施的特点及环境，编制项目组织管理的实施方案。

2）编制工程项目总体和阶段性施工进度控制计划。

3）对施工阶段投资目标进行详细的分析和论证，编制施工阶段各年、季、月度资金使用计划。

4）协助建设单位落实施工条件，包括施工场地“三通一平”等条件。

5）协助建设单位选择招标代理单位，并对招标代理单位的工作进行监督和管理；协助建设单位、招标代理单位进行工程监理、施工、材料设备供应等单位的招标工作，协助建设单位进行合同谈判并签订相关合同。

6）向项目监理机构移交施工合同、勘察设计文件等有关技术资料，督促项目监理机构按规定向施工承包单位移交勘察设计文件等有关技术资料；协助建设单位向项目监理机构、施工承包单位移交施工现场及毗邻区域的地上、地下管线、建筑物（构筑物）的有关资料。

7）协助建设单位组织施工图纸会审和设计交底，组织召开第一次工地会议。

8）核查项目监理机构及人员的组织情况，审批项目监理机构报送的监理规划。

9）督促项目监理机构、施工承包单位提交报建的相关资料，协助建设单位办理施工许可证。

10）督促项目监理机构审查施工承包单位报送的施工组织设计、专项施工方案，并报送建设单位备案；督促项目监理机构核查施工开工条件。

11）做好各类文件资料的收集、流转、整理、保管与归档工作。

（4）施工阶段主要工作内容

1）督促项目监理机构履行国家法律法规，履行监理合同所约定的职责。

2）参加工程监理例会、专题会议，对需要建设单位处理的问题提出意见和建议。

3）督促项目监理机构严格控制进场原材料、构配件和设备等的质量，督促项目监理机构检查和监督工程施工质量，并参加阶段性成果（分部工程、隐蔽工程）的检查验收。

4）跟踪和检查各阶段施工进度的执行情况，将实际进度与计划进度进行比较，发现偏差，及时提出处置意见。

5）按合同约定及时审核项目监理机构或工程造价单位上报的已完成并通过验收、资料齐全的工程计量文件和支付申请，及时建立工程计量和支付台账。

6）协助建设单位进行采购管理，参与有关工程材料、设备等供货单位的考察，并做出评价。

7）协助建设单位进行各类合同的谈判和签订，跟踪检查各类合同的履行，处理有关工程变更及索赔事宜。

8）协助建设单位参与工程质量、安全事故的调查和处理。

9）协调施工过程中各参建方之间的关系，协助建设单位协调与政府各有关部门、社会各方的关系。

10）督促项目监理机构检查和监督施工资料的收集整理。

11）进行各种工程信息的收集、整理、存档，定期提供各类项目管理报表和工作报告。

（5）收尾阶段主要工作内容

1）参加工程项目竣工预验收。

2）协助建设单位组织工程竣工验收，签订保修期协议。

3）协助建设单位办理工程移交。

4）协助建设单位办理竣工结算。

5）协助建设单位办理工程竣工备案。

6）协助建设单位办理档案移交。

7）配合建设单位进行审计工作。

8）协助建设单位处理保修期事宜。

9）向建设单位提交项目管理总结报告。

3.4.2 风景园林工程项目各阶段管理任务分工

项目管理任务分工一般采取任务分工表的形式，每个工程项目都应编制项目管理任务分工表，这是项目组织设计文件的重要组成部分。在编制项目管理任务分工表前，应结合项目的特点，对工程项目实施的各阶段项目管理任务按投资控制、进度控制、质量控制、合同管理、信息管理、组织与协调等管理任务进行详细的分解。在项目管理任务分解的基础上，明确项目经理和投资控制、进度控制、质量控制、合同管理、信息管理和组织与协调主管工作部门或主管人员的工作任务，在此基础上编制管理任务分工表，明确各管理任务由哪些工作部门或个人负责，有哪些工作由部门或个人协办或配合或参与。在项目实施过程中，应视不同的情形对管理任务分工表进行调整。

例：某工程项目设计准备阶段项目管理任务分解表如表 3-3 所示。

项目管理任务分解表　　表 3-3

2. 设计准备阶段项目管理的任务
2.1 设计准备阶段的投资控制
2101 在可行性研究的基础上，分析和论证项目总投资目标
2102 编制项目总投资切块、分解的初步规划
2103 分析项目总投资目标实现的风险，编制投资风险管理的初步方案
2104 编制设计方案任务书中有关投资控制的内容

续表

2105 对设计方案提出投资评价建议
2106 根据选定的方案审核项目总投资估算
2107 编制设计阶段资金使用计划并控制其执行
2108 编制各种投资控制报表和报告
2.2 设计准备阶段的进度控制
2201 分析、论证项目总进度目标
2202 编制项目实施总进度规划，包括设计、招标、采购、施工等全过程和项目实施各个方面的工作
2203 分析项目总进度目标实现的风险，编制进度风险管理的初步方案
2204 审核设计进度计划并控制其执行
2205 编制设计方案任务书中有关进度控制的内容
2206 编制各种进度控制报表和报告
2.3 设计准备阶段的质量控制
2301 进一步理解建设单位的要求，分析、论证项目的功能
2302 协助建设单位确定项目的质量要求和标准
2303 分析质量目标实现的风险，编制质量风险管理的初步方案
2304 编制项目的功能描述书及主要空间手册
2305 编制设计方案任务书中有关质量控制的内容
2306 审核设计方案是否符合设计竞选文件和建设单位的要求
2307 编制设计竞赛总结报告
2.4 设计准备阶段的合同管理
2401 分析、论证项目实施的特点及环境，编制项目合同管理的初步规划
2402 进一步分析项目实施的风险，编制合同风险管理的初步方案
2403 从合同管理的角度为设计文件的编制提出建议
2404 协助建设单位编制工程勘察要求、选择工程勘察单位、核查工程勘察方案，起草工程勘察合同，参与工程勘察合同的谈判、签订工作
2405 协助建设单位进行设计方案竞选或设计方案招标，根据设计竞选或设计招标的结果，提出委托设计的合同结构
2406 协助建设单位起草设计合同，参与设计合同的谈判、签订工作
2407 从目标控制的角度分析设计合同的风险，制定设计合同管理方案
2408 分析、编制索赔管理初步方案，以防范索赔事件的发生
2.5 设计准备阶段的信息管理
2501 进行信息分类，建立项目信息编码体系
2502 编制项目信息管理制度
2503 收集、整理、分类归档各种项目管理信息
2504 协助建设单位建立会议制度，管理各种会议记录
2505 建立各种报表和报告制度，确保信息流畅通、及时和准确
2506 向设计单位提供所需的各种资料及外部条件的文件资料
2507 填写项目管理工作日志
2508 每月向建设单位递交项目管理工作月报
2509 运用计算机进行项目信息管理，随时向建设单位提供有关项目管理的各类信息、各种报表和报告
2.6 设计准备阶段的组织与协调
2601 分析项目实施的特点及环境，提出项目实施的组织方案
2602 协助建设单位分析其组织结构模式，并对其组织结构进行必要的调整
2603 编制项目管理总体规划，包括项目管理团队内部的工作任务分工、职能分工，工作流程的制定，标准文件格式的制定和建立管理制度等
2604 编制设计工作的组织方案并控制其实施
2605 协助建设单位办理方案设计审批
2606 协调设计准备过程中的各种工作关系，协助建设单位解决有关纠纷事宜

在进行管理任务分解时，应注意：

（1）管理任务的划分要明确，相近似的管理任务最好合并以减少不必要的管理工作量，同时管理任务不能分解得太粗太广泛，避免对于某些管理任务分工不明确。

（2）由于项目管理是一个多过程、多参与方的管理活动，随着工程项目的进展，管理任务必须随之进行深化，各项管理分工也随之进行调整和变化，以满足项目管理的需要。

（3）对于一个工程项目来说，因其自身的特点，即项目管理任务的分解是没有任何历史经验的，需要项目管理机构根据每个实际工程情况来编制。

例：某工程项目，在设计阶段、材料苗木采购阶段、建设准备阶段和施工阶段，项目管理机构在管理任务分解表的基础上，编制如表 3-4 所示的项目管理任务分工表。

项目管理任务分工表　　表 3-4

项目阶段	工作任务（☆——主办；▲——协办；○——配合）	项目经理	工程技术部	造价管理部	材料设备部	质量管理部	财务部	审计部	档案资料室	综合行政部
设计阶段	设计方案招标或组织设计方案竞赛	▲	☆							○
	签订设计委托合同	☆	○						▲	
	协调设计单位有关项目的事宜	☆	▲	○	○	○				○
	施工主要材料和设备的选型、清单审核	▲	○	○	☆	○				
	审核工程估算、概算、施工图预算	▲	☆	○	○					
	设计图纸会审	▲	☆	○	○					
	监督控制设计进度情况	☆	▲							
	设计文件的报批工作	☆	▲							
材料苗木采购阶段	编制材料苗木供应计划及资金使用计划	○	☆	▲	○		○			
	材料和苗木相关条件的分析比选	▲	○	○	☆	○				
	确定供货单位，签订供货合同	▲			☆				▲	
建设准备阶段	拟定工程项目施工招标方案及条件	▲	☆	○	○	○				
	办理施工招标的申报工作	☆	▲							○
	编制施工招标文件	▲	☆	○	○	○			▲	
	组织工程项目施工招标	☆	▲				○			○
	签订施工合同	☆	▲				○		▲	
	检查施工质量保证体系和安全技术措施	☆	▲		○	○				
	进行设计交底	☆	▲							
施工阶段	项目投资控制	☆	○							
	项目进度控制	☆	○							
	项目质量控制	☆	○							
	项目信息处理、管理	▲	○	○	○	○			○	☆
	有关单位的组织协调	☆	○	○	○	○				○
	施工突发情况或重大事故应急处置措施	▲	☆							
	审核设计变更	▲	☆							

管理任务分工体现组织结构中各部门或个人的职责任务范围，从而为各部门或个人指出工作方向，将各参与力量整合到同一个有利于项目开展的合力方向。

3.4.3 风景园林工程项目管理职能分工

1. 工程项目管理职能的内涵

管理是由多个工作环节组成的有限循环过程，这些组成管理的环节就是管理的职能，如图 3-13 所示。

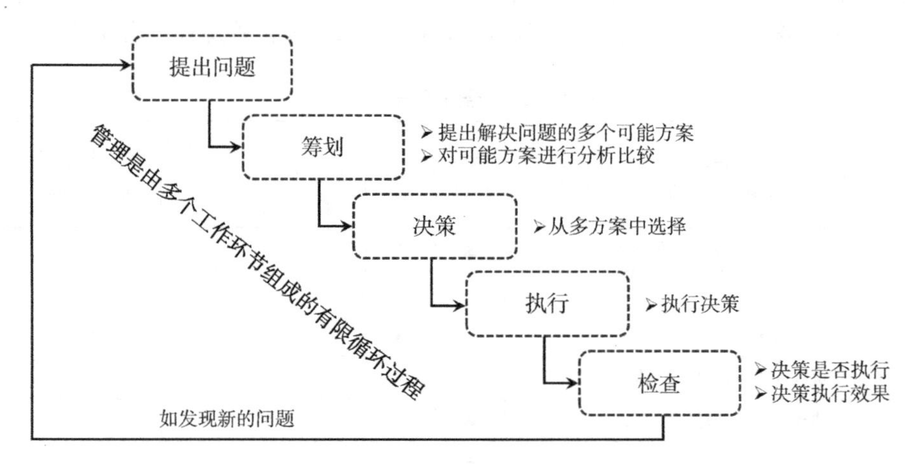

图 3-13 管理职能

同样，工程项目管理也是由多个环节组成的有限循环过程，虽然项目管理具有其独特的方面，但在管理职能方面一般包括以下 4 个过程：

（1）筹划：提出解决问题的多个可能方案，并对可能方案进行分析比较。

（2）决策：从多方案中进行选择。

（3）执行：实施决策选择的方案。

（4）检查：检查决策是否执行以及执行的效果。

整个过程是一个不断发现问题、提出问题和不断解决问题的过程，通过运用动态控制原理，通过检查实际值与计划值的偏差值，发现并提出问题，采取纠偏措施，解决问题，并进入新的循环。

管理职能分工与管理任务分工一样也是组织结构的补充和说明，体现在对于一项工作任务，项目组织中各任务承担者管理职能上的分工。每个项目均应编制管理职能分工表，它是项目组织设计文件的重要组成部分。

2. 工程项目管理职能分工表的编制

项目管理职能分工就是将各项管理工作任务的四种管理职能分工给项目管理过程中各个参与方，它以管理工作任务为中心，规定相关部门对于此任务承担何种管理职能。对于项目管理机构内部，管理职能分工表反映了项目管理机构内部项目经理、各工作部门和各工作岗位各项工作任务的管理职能分工，用英文字母表示管理职能，其中各字母的含义为：P——筹划职能；D——决策职能；I——执行职能，C——检查职能，如表 3-5 所示。

项目管理职能分工表 表3-5

工作任务	工作部门					
	项目经理部	投资控制部	进度控制部	质量控制部	合同管理部	信息管理部
任务1						
任务2						
任务3						
任务4						
…						

注：表中每一个方块用英文字母表示管理的职能。

如管理职能分工表不足以明确每个工作部门的管理职能，可辅以管理职能分工描述书。

表3-6所示的是某工程项目管理机构为项目各参与单位编制的招标阶段职能分工表的一部分。

某大型工程项目招标阶段管理职能分工表 表3-6

项目阶段	工作任务	建设单位	监理单位	设计单位	施工单位	设备供应单位	项目管理单位
项目招标	项目详细招标计划实施策划	D、C					P、I、C
	勘察、设计、监理、施工总承包、设备采购项目招标方案编制	D、C					P、I、C
	招标备案	D、C					P、I
	工程量清单编制	D、C					P、I、C
	工程量清单审核	D、I、C					P、I、C
	招标公告发布	D、I、C					I
	招标文件编制	D、C					P、I、C
	招标文件发售	D、C					I
	踏勘现场及答疑会	D、I、C	I	I	I	I	P、I
	组织开标	D、C	I	I	I	I	P、I
	评标	D、I、C					P、I
	合同签署及备案	D、I、C	I	I	I	I	P、I、C

从表中可以看出，管理职能主要集中在建设单位与项目管理单位，且建设单位与项目管理单位有很多职能是相互重复的，这会造成管理资源的浪费。因此，在实际过程中建设单位可能会将一些职能直接委托给项目管理单位来执行。

管理职能分工表编制的主要依据是项目管理任务分解表、组织结构以及各工作部门和人员的管理职能分工。不同项目在实施的不同阶段，项目管理机构的组织结构是不同的，管理职能分工也需随之深化，项目管理机构内部项目经理、各工作部门和各工作岗位管理职能也将随之调整。

整个项目是一个多单位的参与活动，每一个参与单位（如设计单位、监理单位、施工承包单位等）都有自己的管理职能分工。如何将每个参与单位之间的职能分工有效地组织起来，将会对项目管理的效率产生很大的影响。

3.4.4 风景园林工程项目组织工作流程

1. 组织工作流程的类型

组织工作流程可反映一个组织系统中各项工作之间的逻辑关系，是一种动态关系。在工程项目实施过程中，其管理工作的流程、信息处理的流程，以及设计工作、物资采购和施工作业流程都属于组织工作流程的范畴。为了方便理解组织工作流程的逻辑关系，一般用工作流程图来表示项目的组织工作流程。组织工作流程一般包括：

（1）管理工作流程，如投资控制、进度控制、合同管理、设计变更等流程。

（2）信息处理工作流程，如月度报告的数据处理流程。

（3）物质流程，如结构深化设计工作流程等。

对于每一个工程项目应根据其特点，从多个可能的工作流程方案中，确定以下几个主要的组织工作流程：

（1）设计准备工作的流程。

（2）设计工作的流程。

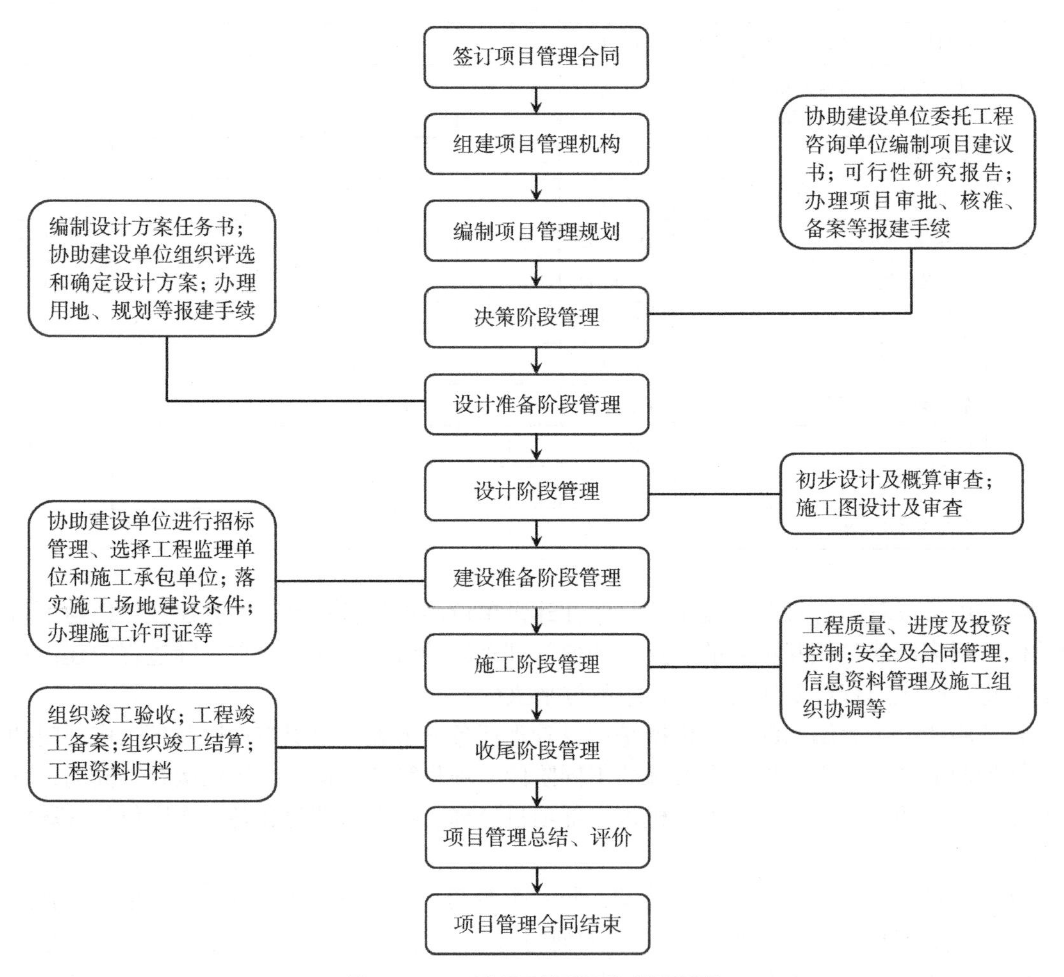

图 3-14　工程项目管理工作总流程图

（3）物资采购工作的流程。

（4）施工作业的流程。

（5）各项管理工作的流程（投资控制、进度控制、质量控制、合同管理和信息管理等）。

（6）与工程管理有关的信息处理工作流程等。

2. 组织工作流程图

工作流程图可直观地反映一个组织系统中各项工作之间的逻辑关系，可用来描述组织工作流程。工程项目管理工作总流程如图 3-14 所示，工程结算工作流程如图 3-15 所示，信息管理工作流程如图 3-16 所示。

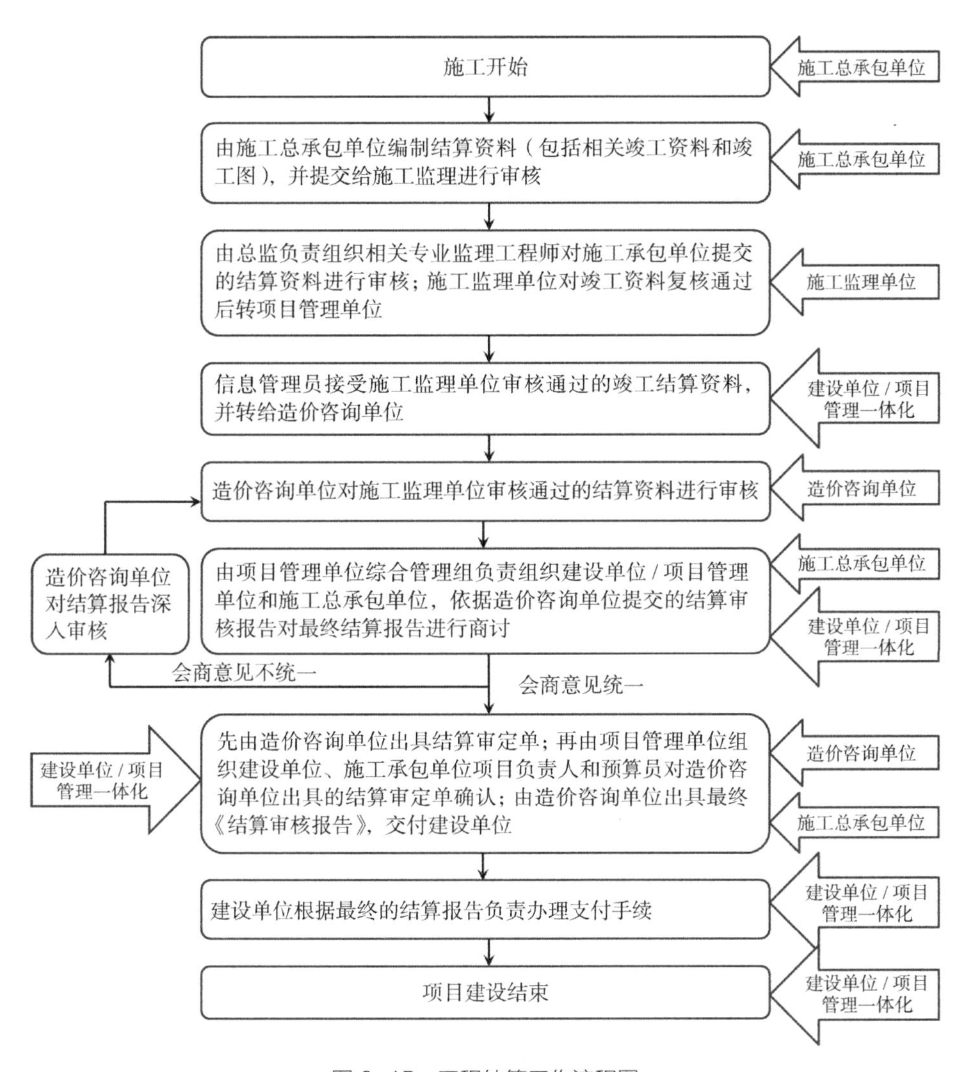

图 3-15　工程结算工作流程图

工作流程图应视需要逐层细化，如投资控制工作流程可细化为初步设计阶段投资控制工作流程图、施工图阶段投资控制工作流程图和施工阶段投资控制工作流程图等。

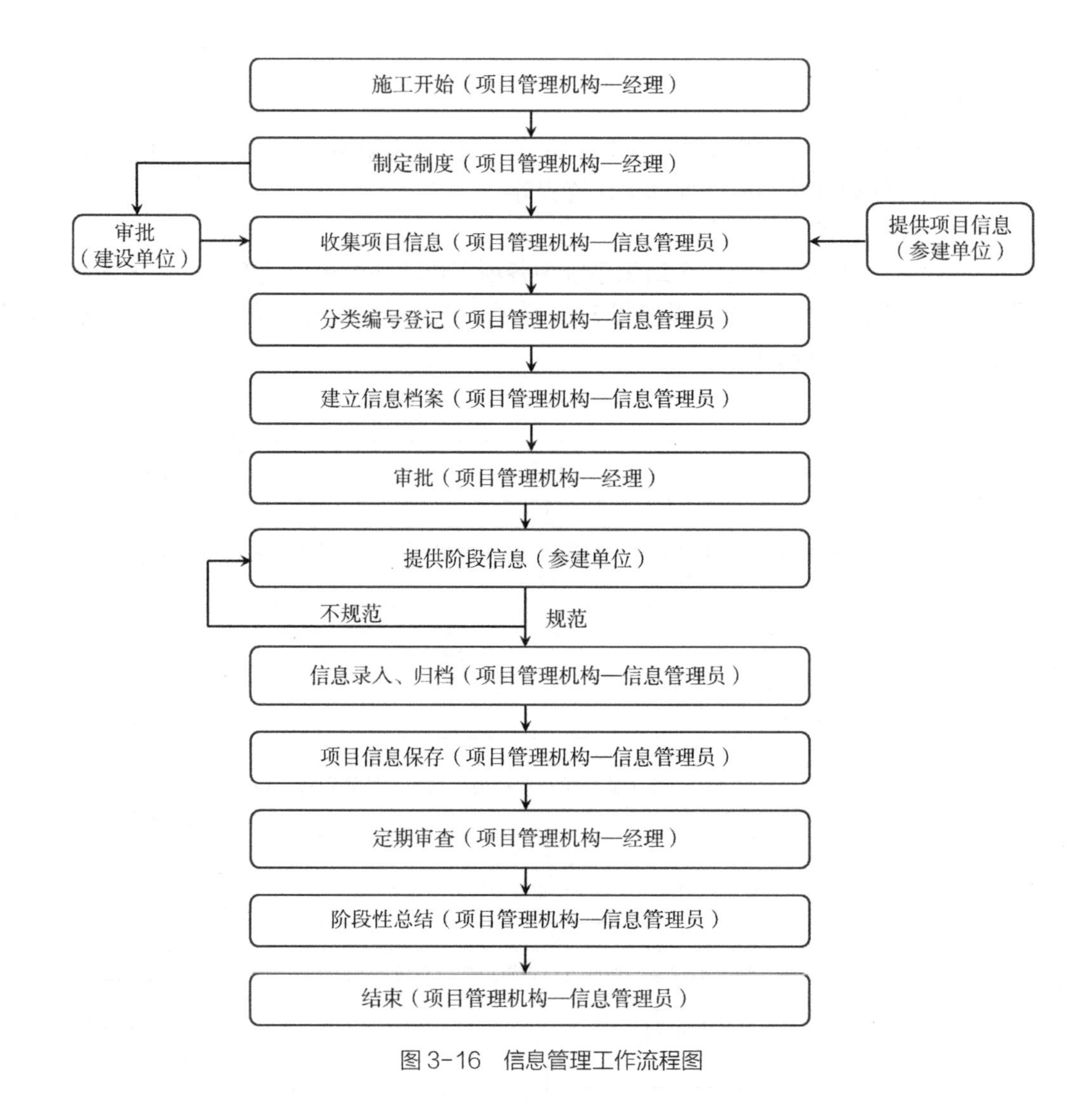

图 3-16　信息管理工作流程图

3.5 风景园林工程项目项目经理与项目管理团队建设

3.5.1 项目经理应具备的素质与能力

1. 项目经理的角色

风景园林工程项目经理是指受风景园林工程项目管理单位的法定代表人委托，根据法定代表人授权的范围、期限和内容履行工程项目的管理职责，对工程项目实施全过程全面负责的项目管理者，是企业法定代表人在工程项目上的代表人，也是项目管理工作的组织者。

从严格意义上说，只负责沟通、传递指令，而不能或无权对工程项目制订计划，组织实施的负责人不能称为项目经理，只能称为协调人。

项目经理部是项目组织的核心，项目经理是整个项目的核心。项目经理负责制定项目目标及活动计划，确定适于项目的组织机构，招募项目组成员，建设项目团队，获取项目所需资源，领导项目团队执行项目计划，跟踪项目实施，及时对项目进行控制，处理与项目相关者的各种关系，对项目进行考评，提出项目报告等。国外许多文献将项目经理称作“项目的唯一责任点”(the single point of responsibility)。工程实践证明，一个强的项目经理领导一个弱的项目经理部，比一个弱的项目经理领导一个强的项目经理部成就会更大。

2. 项目经理的素质要求

风景园林工程项目经理是项目管理的核心人物，其个人素质的高低，往往直接影响甚至决定了项目管理的成效。因此，要求项目经理在提高自身的管理理论知识和操作经验的同时，更加重视自身综合素质能力的提高，主要包括以下几个方面：

（1）政治素质。政治素质是人的综合素质的核心，是人们从事社会政治活动所必需的基本条件和基本品质，是个人的政治方向、政治立场、政治观念、政治态度、政治信仰、政治技能的综合表现，是社会政治文明发展水平的重要标志。项目经理是风景园林企业重要的管理者，必须具备较高的政治素质和职业道德。

（2）品格素质。项目经理必须正直、诚实，敢于负责，心胸坦荡，言而有信，言行一致，有较强的敬业精神，遵纪守法、爱岗敬业、高尚的职业道德、团队的协作精神、诚信尽责等。

（3）身体素质。项目经理应当身体健康，以便在实际工作中保持充沛的精力和坚强的意志，高效地完成项目管理工作。

（4）知识素质。项目经理应具有项目管理所需要的专业技术、管理、经济、法律法规知识，并在实践中不断深化和完善自己的知识结构。同时，项目经理还应具有一定的实践经验，即具有项目管理经验和业绩，这样才能得心应手地处理各种可能遇到的实际问题。

（5）性格素质。项目经理的工作中，做人的工作占相当大的部分。所以要求项目经理在性格上要豁达、开朗，易于与各种各样的人相处；既要自信有主见，又不能刚愎自用；要坚强，能经得住失败和挫折。

（6）学习的素质。项目经理不可能对于工程项目所涉及的所有知识都有比较好的储备，相当一部分知识需要在工程项目管理工作中学习掌握。因此，项目经理必须善于学习，包括从书本中学习，更要向团队成员学习。

3. 项目经理的能力要求

（1）决策能力。决策能力主要体现在项目经理的战略战术决策能力上，即能够当机立断，在授权内做出决策。决策能力可分为收集与筛选信息的能力、确定多种可行方案的能力、选优抉择的能力。

（2）组织能力。组织能力是指设计组织结构、配备组织成员以及确定组织规范的能力。能够运用现代组织理论，建立科学的、分工合理又高效精干的组织机构，确定一整套保证组织有效运转的程序和制度，并能够合理配备组织成员，做到知人善任。

（3）业务技术能力。业务技术能力是对项目经理的基本要求。项目经理是项目目标完成的领导者，一个对业务技术一无所知的人是无法在日常工作中做出正确决策的，更无法在出现紧急突发事件时采取适宜的应变对策。项目经理要有一定的业务技术能力，但并不一定是技术权威；在项目团队内往往会有一些技术专家负责有关技术方面的问题。因此，对于项目经理往往不一定要求其业务技术能力特别强，但必须有一定的技术基础，对其业务技术能力的要求视项目的具体情况而定。

（4）协调与控制能力。项目经理必须具有良好的协调与控制能力，并善于进行组织协调与沟通。项目经理的协调与控制能力是指正确处理项目内外各方面关系、解决各方面矛盾的能力。从项目内部看，项目经理要有较强的能力来协调项目中的各部门、各成员的关系，控制项目资源配置，全面实施项目的总体目标。从项目与外部环境的关系来说，项目经理的协调能力还包括协调项目与政府、社会及各方协作者之间的关系，尽可能地为项目创造有利的外部条件，减少或避免各种不利因素的影响。

（5）综合分析能力与表达能力。将各种问题与意见通过语言与文字清楚、准确地表达出来，并传递给相关人员，这是对项目经理的基本要求，因此，作为一个合格的项目经理应具备相应的综合分析能力与表达能力。

（6）应变能力。工程项目在实施过程中，虽然事先制订了比较细致、周密的计划，但可能由于外部环境、内部情况等因素发生变化，而要求对计划与方案进行调整。此外，有些突发事件的出现，也可能在没有备选方案的情况下要求项目经理立即做出应对，所有这些都要求项目经理必须具备较强的应变能力。

（7）社交能力。项目经理的社交能力即和单位内外、上下、左右有关人员打交道的能力。待人技巧高的项目经理会赢得下属的欢迎，有助于协调与下属的关系；反之，则常常引起下属反感，造成与下属关系紧张甚至隔离状态。

（8）激励能力。项目经理的激励能力可以理解为调动下属积极性的能力。从行为科学角度看，项目经理的激励能力表现为项目经理所采用的激励手段与下属士气之间的关系状态。如果采取某种激励手段导致下属士气提高，则认为该项目经理激励能力较强；反之，如果采取某种手段导致下属士气降低，则认为该项目经理激励能力较低。

（9）创新能力。项目经理的创新能力可归纳为想象力丰富、思路开阔、方法新颖等特征。项目经理必须具备创新能力，这是由项目活动的竞争性所决定的。

4. 项目经理的选择要求

（1）要有一定类似项目的经验。项目经理的职责是要将计划中的项目变成现实。所以，对项目经理的选择，有无类似项目的工作经验是第一位的。选择项目经理时，判断其是否具有相应的能力可以通过了解其以往的工作经历和结合一些测试来进行。

（2）有较扎实的基础知识。在项目实施过程中，由于各种原因，有些项目经理的基础知识比较弱，难以应付遇到的各种问题。这样的项目经理所负责的项目工作质量与工作效率不可能很好，所以选择项目经理时要注意其是否有较扎实的基础知识。对基础知识掌握程度的分析可以通过对其所受教育程度和相关知识的测试来进行。

（3）要把握重点，不可求全责备。对项目经理的要求的确比较宽泛，但并不意味着非全才不可。事实上对不同项目的项目经理有不同的要求，且侧重点不同。我们不应该也不可能要求所有项目经理都有一模一样的能力与水平。同时也正是由于不同的项目经理能力的差异，才可能使其适应不同项目的要求，保证不同的项目在不同的环境中顺利开展。因此，对项目经理的要求要把握重点，不可求全责备。

5. 项目经理的责权利

（1）项目经理的职责

1）贯彻执行国家和工程所在地政府的有关法律、法规和政策，执行企业的各项管理制度，维护企业整体利益和经济权益。

2）严格财务制度，加强成本核算，积极组织工程款回收，正确处理国家、企业与项目及其他单位、个人的利益关系。

3）签订和组织履行《项目管理目标责任书》，执行企业与业主签订的《项目承包合同》

中由项目经理负责履行的各项条款。

4）对工程项目进行有效控制，执行有关技术规范和标准，积极推广应用新技术、新工艺、新材料和项目管理软件集成系统，确保工程质量和工期，实现安全、文明生产，努力提高经济效益。

5）组织编制工程项目组织设计，包括工程进度计划和技术方案，制定安全生产和保证质量措施，并组织实施。

6）根据公司年（季）度施工生产计划，组织编制季（月）度工程计划，包括劳动力、材料、构件和机械设备的使用计划，据此与有关部门签订供需包保和租赁合同，并严格履行。

7）科学组织和管理进入项目工地的人、财、物资源，做好人力、物力和机械设备等资源的优化配置，沟通、协调和处理与分包单位、建设单位、监理工程师之间的关系，及时解决工程进行中出现的问题。

8）组织制定项目经理部各类管理人员的职责权限和各项规章制度，做好与公司各职能部门的业务联系和经济往来，定期向公司经理报告工作。

9）做好工程竣工结算、资料整理归档，接受企业审计并做好项目经理部的解体与善后工作。

（2）项目经理的权限

项目经理的权限由企业法人代表授予，并用制度和目标责任书的形式具体确定下来，主要包括：用人权；财务支付权；进度计划控制权；技术质量决策权；物资采购管理权；现场管理协调权。建设部有关文件中对施工项目经理的管理权力作了以下规定：

1）组织项目管理班子。

2）以企业法人代表人的代表身份处理与所承担的工程项目有关的外部关系，受委托签署有关合同。

3）指挥工程项目建设的生产经营活动，调配并管理进入工程项目的人力、资金、物资、机械设备等生产要素。

4）选择工程作业队伍。

5）进行合理的经济分配。

6）企业法定代表人授予的其他管理权力。

（3）项目经理的利益

项目经理最终的利益是项目经理行使权力和承担责任的结果，也是市场经济条件下责、权、利、效相互统一的具体体现。项目经理实行的是承包责任制，这是以项目经理负责为前提，以工程图纸预算为依据，以承包合同为纽带而实行的一次性、全过程的承包经营管理。项目经理按规定的标准享受岗位效益工资和奖金，年终各项指标和整个工程都达到承包合同指标要求的，按合同奖罚一次兑现，其年度奖励可为风险抵押金的3～5倍。

对于项目经理控制的施工成本、现场经费管理成本的节约部分，项目终审时可根据实际成本节约的金额按比例奖励给项目经理（包括对项目经理部人员的奖励）。

对于项目经理因控制不严导致承包指标未按合同要求完成的，可根据承包合同奖罚条款扣除风险抵押金，直至所有奖金全部扣除。如属个人原因导致工程质量粗糙、工期拖延、成本亏损或造成重大安全事故的，除全部没收抵押金、扣发奖金外，可以一次性罚款并下浮工资，性质严重的要按有关规定追究行政甚至刑事责任。

3.5.2 项目管理团队建设

1. 项目团队内涵

项目团队是指一组成员为了实现一个共同的项目目标，按照一定的分工和协作程序共同工作而组成的有机整体。项目团队的构建条件：成员之间必须有一个共同的项目目标，而不是有各自的目标；团队内有一定的分工和工作程序。这两项基本条件缺一不可，否则只能称为群体，不能称为团队。项目管理团队建设的主要任务是加强组织成员的团队意识，树立团队精神，统一思想，统一步调，畅通沟通渠道，运转高效。项目团队应有明确的目标、合理的运行程序和完善的工作制度。

2. 项目团队的发展

项目团队的形成发展需要经历一个过程，有一定的生命周期，这个周期对有的项目来说可能时间很长，有的项目可能时间很短。但总体来说都要经过形成、磨合、规范、表现与休整几个阶段，如图 3-17 所示。

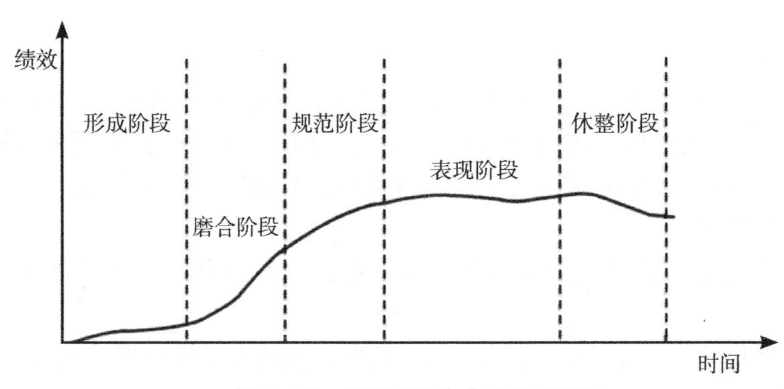

图 3-17 项目团队生命周期示意图

（1）形成阶段。项目团队的形成阶段主要是指组建项目团队阶段。在这一阶段中，主要是依靠项目经理来指导和构建团队。项目团队组建是指获取完成项目工作所需的人力资源。项目团队成员可能来自于组织外部，也可能来自组织内部。人力资源部门可进行项目团队成员的招聘或入职培训。对项目团队成员的聘用应考虑以下因素：

1）可用性。哪些人员有时间？何时有时间？

2）能力。他们具有什么能力？

3）经验。他们是否从事过类似或相关的工作？表现如何？

4）兴趣。他们是否愿意在这个项目中工作？

5）费用。项目团队成员的报酬是多少？特别是来自于组织外部的成员。

（2）磨合阶段。磨合阶段是项目团队从组建到规范的过渡阶段。在这一阶段中，项目团队成员之间、成员与内外环境之间、项目团队与所在组织之间都要进行一段时间的磨合。

1）成员与成员之间的磨合。由于成员之间文化、教育、家庭、专业等各方面的背景和特点不同，观念、立场、方法和行为等都会有各种差异。在工作初期成员相互之间可能会出现不同程度和不同形式的冲突。

2）成员与内外环境之间的磨合。成员与内外环境之间的磨合包括成员对具体任务的熟悉和专业技术的掌握与运用，成员对团队管理与工作制度的适应与接受，成员与整个团队的融合及与其他部门关系的重新调整。

3）项目团队与其所在组织之间的磨合。一个新的项目团队对于其所在组织来说有一个观察、评价与调整的过程。两者之间的关系有一个衔接、建立、调整、接受、确认的过程。

在以上的磨合阶段中，可能有的团队成员因不适应而退出团队，为此，项目团队要进行重新调整与补充。在实际工作中应尽可能缩短磨合时间，以使项目团队早日形成合力。

（3）规范阶段。经过磨合阶段，项目团队的工作开始进入有序化状态，项目团队的各项规则经过建立、补充与完善，成员之间经过认识、了解与相互熟悉，形成了自己的团队文化、新的工作规范，培养了初步的团队精神。这一阶段的团队建设要注意以下几点：

1）项目团队工作规则的调整与完善。工作规则要在使工作高效率完成、工作规范合情合理、成员乐于接受之间寻找最佳的平衡点。

2）项目团队价值取向的倡导，创建共同的价值观。

3）项目团队文化的培养。注意鼓励团队成员个性的发挥，为个人成长创造条件。

4）项目团队精神的奠定。团队成员互相信任、互相帮助、尽职尽责。

（4）表现阶段。经过上述三个阶段，项目团队进入了表现阶段，这是项目团队状态最好的时期。项目团队成员彼此高度信任、合作默契，工作效率有很大的提高，工作效果明显，这时项目团队已比较成熟。

需要注意的问题有：

1）牢记项目团队的目标与工作任务。不能单纯关注项目团队建设而忘记了项目团队的组建目的。要时刻记住，项目团队是为工程项目服务的。

2）警惕出现一种情况，即有的项目团队在经过前三个阶段后，在第四个阶段很可能并没有形成高效的团队状态，项目团队成员之间迫于工作规范的要求与管理者权威而出现一些成熟的假象，使项目团队没有达到最佳状态，无法完成预期的目标。

（5）休整阶段。休整阶段包括休止与整顿两个方面的内容。项目团队休止是指经过一段时期的工作，项目任务即将完成，这时项目团队将面临总结、表彰等工作。所有这些暗示着项目团队前一时期的工作已经基本结束，项目团队可能面临马上解散，团队成员要为自己的下一步工作进行考虑。项目团队整顿是指在项目团队的原工作任务结束后，项目团队也可能准备接受新的任务。为此，项目团队要进行调整和整顿，包括工作作风、工作程序、人员结构等各方面。如果这种调整比较大，实际上就是组建一个新的团队。

3. 项目团队建设要求

项目团队建设应符合下列要求：

（1）项目团队应有明确的目标、合理的运行程序和完善的工作制度。

（2）项目经理应对项目团队建设负责，培育团队精神，定期评估团队运作绩效，有效发挥和调动各成员的工作积极性和责任感。

（3）项目经理应起到示范和表率作用，通过自身的言行、素质来调动广大团队成员的工作积极性和向心力，要善于用人。

（4）项目经理应通过表彰奖励、学习交流等多种方式，创造和谐的团队氛围，统一团队思想，营造集体观念，通过沟通、协调处理管理冲突，提高项目运作效率。

（5）项目经理应加强团队成员的培训，提高团队成员的工作技能、技术水平、管理水平和道德品质等，激励团队成员的潜能，做到责任明确、授权充分、科学考评、适当奖惩。

（6）项目团队建设应注重管理绩效，有效发挥成员的积极性，并充分利用成员集体的协作成果，形成积极向上、凝聚力强的项目团队。

思考题

1. 简述工程项目管理组织结构。
2. 组织机构设计包括哪些内容？设计原则有哪些？
3. 项目组织机构有哪几种形式？各有什么优缺点？其适用范围是什么？
4. 选用项目组织机构应考虑哪些因素？
5. 项目经理在项目中扮演什么样的角色？
6. 项目经理有什么样约素质要求？应具备什么样的能力？
7. 项目团队发展经历那几个阶段？各有什么特点？

第 4 章　风景园林工程项目招投标管理

学习目标

通过本章的学习，了解工程招投标的概念及其在国民经济建设中的作用，熟悉工程招标的范围、招标方式、方法、条件、基本内容和要求，熟悉施工招标文件的组成、编制原则、注意事项与标底的编制要领，以及开标、评标、定标的原则、内容、程序与方法。

4.1 风景园林工程项目招投标概述

4.1.1 风景园林工程项目招投标的概念

风景园林工程项目招标是指招标单位（又称发标单位或业主）根据工程项目的规定、内容、条件和要求拟定招标文件，通过不同的招标方式和程序发出公告，邀请符合投标条件的风景园林相关公司前来参加该项目的投标竞争，根据投标单位的工程质量、工期及报价，择优选择项目承包商的过程。

风景园林工程项目投标是指风景园林相关公司根据招标文件的要求，结合本身条件及风景园林市场供求信息，对拟投标项目进行估价计算、开列清单、写明工期和质量保证措施，然后按规定的时间和程序报送投标文件，在竞争中获求承包工程项目资格的过程。

4.1.2 风景园林工程项目招投标的意义

（1）有利于建设市场的法制化、规范化。从法律意义上讲，风景园林工程项目招投标是双方按照法定程序进行交易的法律行为，双方的行为都受法律的约束。

（2）形成市场定价的机制，使工程项目造价更趋合理。招投标活动最明显的特点是投标人之间的竞争，而其中最集中、最激烈的竞争则表现为价格的竞争。价格的竞争最终促使工程项目造价趋于合理的水平。

（3）促使降低建设活动中的劳动消耗水平，使工程项目的造价得到有效控制。为了在市场中竞取招标项目，降低劳动消耗水平就成了市场取胜的重要途径，从而促使整个工程建设领域劳动生产率的提高。

（4）有效遏制建设领域的腐败，使工程造价趋向科学。

（5）促进技术进步和管理水平的提高，有利于保证工程质量、缩短工期。

4.1.3 风景园林工程项目招投标法

1. 招投标法的概念

招投标法是指为了规范招投标活动，保护国家利益、社会公共利益和招标投标当事人的合法权益，提高经济效益，保证项目质量而制定的法律。在中华人民共和国境内进行招标投标活动，适用本法。

2. 招投标的范围

在中华人民共和国境内进行下列工程建设项目，包括项目的勘察、设计、施工、监理以及与工程项目有关的重要设备、材料等的采购，必须进行招标：

（1）大型基础设备、公用事业等关系社会公共利益、公众安全的项目。

（2）全部或者部分使用国有资产投资或者国家融资项目。

（3）使用国际组织或者国外政府贷款、援助资金的项目。

前款所列项目的具体范围和规模标准，由国务院发展计划部门会同国务院有关部门制定，报国务院批准。

4.1.4 风景园林工程项目招投标的管理机构

风景园林工程招投标管理机构，是指经政府或政府主管部门批准设立的隶属于同级建设行政主管部门的省、市、县（市）建设工程招投标办公室。在设区的市、区一般不设招标投标管理机构，省、市、县（市）各类开发区一般也不设招标投标管理机构。建设工程招标投标管理机构的法律地位，一般是通过它的性质和职权来体现的。

1. 风景园林工程招投标管理机构的性质

建设行政主管部门与风景园林工程招投标办公室之间是领导与被领导关系。省、市、县（市）建设工程招投标管理机构之间上级对下级有业务上的指导和监督关系。招标人和投标人在建设工程招投标活动中，接受招投标管理机构的管理和监督。

2. 建设工程招投标管理机构的职权

（1）办理建设工程项目报建登记。

（2）审查发放招标组织资质证书、招标代理人及标底编制单位的资质证书。

（3）接受招标人申报的招标申请书，对招标工程应当具备的招标条件、招标人的招标资质或招标代理人的招标代理资质、采用的招标方式进行审查认定。

（4）接受招标人申报的招标文件，对招标文件进行审查认定，对招标人要求变更发出后的招标文件进行审批。

（5）对投标人的投标资质进行复查。

（6）对标底进行审定，可以直接审定，也可以将标底委托建设银行以及其他有能力的单位审核后再审定。

（7）对评标定标办法进行审查认定，对招标投标活动进行全过程监督，对开标、评标、定标活动进行现场监督。

（8）核发或与招标人联合发出中标通知书。

（9）审查合同草案，监督承发包合同的签订和履行。

（10）调解招标人和投标人在招投标活动中或履行合同过程中发生的纠纷。

（11）查处建设工程招投标方面的违法行为，依法受委托实施相应的行政处罚。

4.2 风景园林工程项目招标管理

4.2.1 风景园林工程项目招标的条件

风景园林工程项目招标必须符合主管部门规定的条件。这些条件分为招标人即建设单位应具备的条件和招标的工程项目应具备的条件两个方面。

1. 建设单位招标应当具备的条件

（1）招标单位是法人或依法成立的其他组织。

（2）有与招标工程相适应的经济、技术、管理人员。

（3）有组织招标文件的能力。

（4）有审查投标单位资质的能力。

（5）有组织开标、评标、定标的能力。

上述五条中，第（1）、（2）两条是对招标单位资格的规定，第（3）～（5）条则是对招标人能力的要求。不具备上述（2）～（5）项条件的，须委托具有相应资质的咨询、监理等单位代理招标。

2. 招标的工程项目应当具备的条件

（1）概算已获批准。

（2）建设项目已经正式列入国家、部门或地方的年度固定资产投资计划。

（3）建设用地的征用工作已经完成。

（4）有能够满足施工需要的施工图纸及技术资料。

（5）建设资金和主要建筑材料、设备的来源已经落实。

（6）已经建设项目所在地规划部门批准，施工现场“三通一平”已经完成或一并列入施工招标范围。

对于不同性质的风景园林工程项目，招标的条件可有所不同或有所偏重。

（1）对于风景园林建设工程勘察设计招标的条件，一般应侧重于：

1）设计任务书或可行性研究报告已获批准。

2）具有设计所必需的可靠基础资料。

（2）对于风景风景园林工程施工招标的条件，一般应侧重于：

1）风景园林工程已列入年度投资计划。

2）建设资金（含自筹资金）已按规定存入银行。

3）风景园林工程施工前期工作已基本完成。

4）有持证设计单位设计的施工图纸和有关设计文件。

（3）对于风景园林工程监理招标的条件，一般应侧重于：

1）设计任务书或初步设计已获批准。

2）工程建设的主要技术工艺要求已确定。

（4）对于风景园林工程材料设备供应招标的条件，一般应侧重于：

1）建设项目已列入年度投资计划。

2）建设资金（含自筹资金）已按规定存入银行。

3）具有批准的初步设计或施工图设计所附的设备清单，专用、非标设备应有设计图纸、技术资料等。

（5）对于风景园林工程总承包招标的条件，一般应侧重于：

1）计划文件或设计任务书已获批准。

2）建设资金和地点已经落实。

4.2.2 风景园林工程项目招标方式及选择

风景园林工程招标方式分为公开招标、邀请招标、议标 3 种。

1. 公开招标

公开招标又称为无限竞争招标，是由招标单位通过各种通信手段（报刊、广播、电视、网络等）发布招标信息，吸引众多的投标人参加投标竞争，招标人从中择优选择中标单位的招标方式。按竞争程度又可分为国际竞争性招标和国内竞争性招标。

公开招标的招标广告一般应载明招标工程概况（包括招标人的名称和地址、招标工程的性质、实施地点和时间、内容、规模、占地面积、周围环境、交通运输条件等），对投标人的资历及资格预审要求、招标日程安排、招标文件获取的时间、地点、方法等重要事项。

这种招标方式的优点：投标的承包商多、范围广、竞争激烈，业主有较大的选择余地，有利于降低工程造价，提高工程质量和缩短工期。其缺点：由于投标的承包商多，招标工作量大，组织工作复杂，需投入较多人力、物力，招标过程所需时间较长，也有可能出现故意压低投标报价的投机承包商以低价挤掉对报价严肃认真而报价合理的承包商。因此，采用此种招标方式时，业主要加强资格预审，认真评价。

2. 邀请招标

邀请招标也称选择性招标或有限竞争招标，是指招标人以投标邀请书的方式邀请特定的法人或者其他组织投标，选择一定数目的法人或其他组织（不少于 3 家）。

在邀请书中应当载明招标人的名称，招标项目的性质、数量、实施地点和时间以及获取招标文件的办法等事宜。

这种招标方式的优点：由于被邀请的参加竞争的投标人数有限，不仅可以节省招标费用，而且能提高每个投标者的中标率，对招标投标双方都有利。其缺点：这种招标方式限制了竞争范围，把许多可能的竞争者排除在外，被认为不完全符合自由竞争机会均等的原则。

经过选择的投标单位在施工经验、技术力量、经济和信誉上都比较可靠，因而一般能保证进度和质量的要求。此外，参加投标的承包商数量少，因而招标时间相对缩短，招标费用也较少。由于邀请招标在价格、竞争的公平性方面仍存在一些不足之处，因此《招标投标法》规定，国家重点项目和省、自治区、直辖市的地方重点项目不宜进行公开招标的，经过批准后可以进行邀请招标。

公开招标与邀请招标在招标程序上的主要区别：

（1）招标信息的发布方式不同。公开招标是利用招标广告发布招标信息，而邀请招标则是采用向三家以上具备实施能力的投标人发出投标邀请书，请他们参与投标竞争。

（2）对投标人资格预审的时间不同。进行公开招标时，由于投标响应者较多，为了保证投标人具备相应的实施能力以及缩短评价时间，突出投标的竞争性，通常设置资格预审程序。而邀请招标由于竞争范围小，且招标人对邀请对象的能力有所了解，不需要再进行资格预审，但评标阶段还要对个投标人的资格和能力进行审查和比较，通常称为“资格后审”。

（3）邀请的对象不同。邀请招标邀请的是特定的法人或者其他组织，而公开招标则是向不特定的法人或者其他组织邀请投标。

3. 议标

议标又称非竞争性招标或谈判招标，是指由招标人选择两家以上的承包商，以议标文件或拟议合同草案为基础，分别与其直接协商谈判，选择自己满意的一家，达成协议后将工程任务委托给这家承包商承担。

议标是一种特殊的招标方式，是公开招标、邀请招标的例外情况。一个规范、完整的议标概念，在其适用范围和条件上，应当同时具备以下 4 个基本要点：

（1）有保密性要求或者专业性、技术性较高等特殊情况。

（2）不适宜采用公开招标和邀请招标的工程项目。

（3）必须由招标投标管理机构审查同意。

（4）参加投标者为一家，一家不中标再寻找下一家。

4. 风景园林工程招标方式的选择

采用何种招标方式应在招标准备阶段进行认真研究，主要分析项目对哪些投标人有吸引力，可以在市场中展开竞争。对于明显可以展开竞争的项目，应首先考虑采用打破地域和行业界限的公开招标。

为了符合市场经济要求和规范招标人的行为，《中华人民共和国建筑法》规定："依法必须进行施工招标的工程，全部使用国有资金投资或者国有资金投资占控股或主导地位的，应当公开招标"。《中华人民共和国招标投标法》进一步明确规定："国务院发展计划部门确定的国家重点项目和省、自治区、直辖市人民政府确定的地方重点项目不适宜公开招标的，经国务院发展计划部门或者省、自治区、直辖市人民政府批准，可以进行邀请招标"。采用邀请招标方式时，招标人应当向 3 个以上具有承担该工程施工能力、资信良好的施工企业发出投标邀请书。

采用邀请招标的项目一般属于以下几种情况之一：

（1）涉及保密的工程项目。

（2）专业性要求较强的工程，一般施工企业缺少技术、设备和经验，采用公开招标响应者较少。

（3）工程量较小、合同金额不高的施工项目，对实力较强的施工企业缺少吸引力。

（4）地点分散且属于劳动密集型的施工项目，对外地域的施工企业缺少吸引力。

（5）工期要求紧迫的施工项目，没有时间进行公开招标。

4.2.3 风景园林工程项目的招标程序

招标程序是指招标活动的逻辑关系，不同的招标方式具有不同的活动内容。

1. 公开招标程序

公开招标分为 6 个步骤：建设项目报建→编制招标文件→投标者的资质预审→发放招标文件→开标、评标与定标→签订合同（图 4-1）。

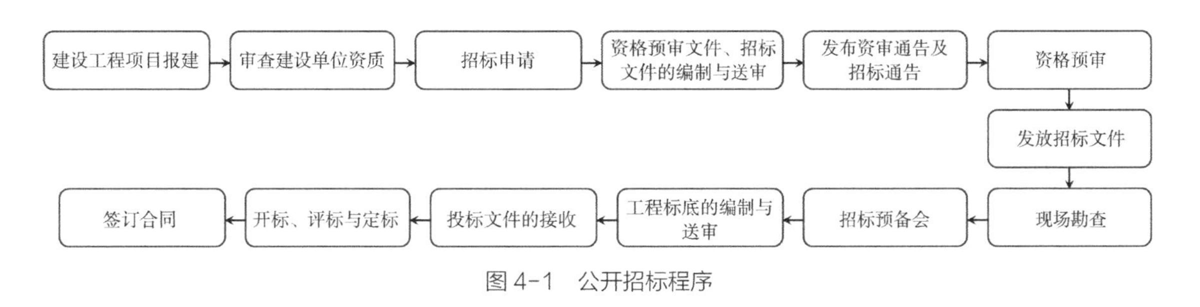

图 4-1　公开招标程序

（1）建设工程项目报建。根据《工程建设项目报建管理办法》的规定，凡在我国境内投资兴建的工程建设项目，都必须实行报建制度，接受当地建设行政主管部门的监督管理。它是建设单位招标活动的前提。

（2）审查建设单位的资质。审查建设单位是否具备招标条件，不具备有关条件的建设单位需委托具有相应资质的中介机构代理招标，且建设单位要与中介机构签订委托代理招标的协议，并报招标管理机构备案。

（3）招标申请。招标单位填写建设工程招标申请表，经上级主管部门批准后，与“工程建设项目报建审查登记表”一起报招标管理机构审批。

（4）资格预审文件、招标文件编制与送审。公开招标时，要求进行资格预审的，只有通过资格预审的施工单位才可以参加投标。

（5）刊登资格预审通告、招标通告。公开招标可通过报刊、广播、电视、网络等发布“资格预审通告”或“招标通告”。

（6）资格预审。对申请资格预审的投标人送交填报的资格预审文件和资料进行评比分析，确定合格的投标人名单，并报招标管理机构核准。

（7）发放招标文件。将招标文件、图纸和有关技术资料发放给通过资格预审且获得投标资格的投标单位。投标单位收到招标文件、图纸和有关资料后，应认真核对，核对无误后，应以书面形式予以确定。

（8）勘察现场。招标单位组织投标单位进行现场勘察的目的在于了解工程场地和周围环境情况，以获取投标单位认为有必要的信息。

（9）招标预备会。招标预备会的目的在于澄清招标文件中的疑问，解答投标单位对招标文件和现场勘察中所提出的疑问和问题。

（10）工程标底的编制与送审。当招标文件的商务条款一经确定，即可进入标底编制阶段。标底编制完后将必要的资料报送招标管理机构审定。

（11）投标文件的接受。投标单位根据招标文件的要求，编制投标文件，并进行密封和标志，在投标截止时间前按规定的地点递交至招标单位。招标单位接收投标文件并将其秘密封存。

（12）开标。在投标截止日期后，按规定时间、地点，在投标单位法定代表人或授权代理人在场的情况下举行开标会议，按规定的议程进行开标。

（13）评标。由招标代理、建设单位上级主管部门协商，按有关规定成立评标委员会，在招标管理机构监督下，依据评标原则、评标方法，对投标单位的报价、工期、质量、主要材料用量、施工方案或施工组织设计、以往的业绩、社会信誉、优惠条件等方面进行综合评价，公正、合理、择优选择中标单位。

（14）定标。中标单位选定后由招标管理机构核准，获准后招标单位发出“中标通知书”。

（15）合同签订。建设单位与中标单位在规定的期限内签订工程承包合同。

2. 邀请招标程序

邀请招标程序是直接向适于本工程施工的单位发出邀请，其程序与公开招标大同小异。其不同点主要是没有资格预审的环节，而增加了发出投标邀请书的环节（图 4-2）。

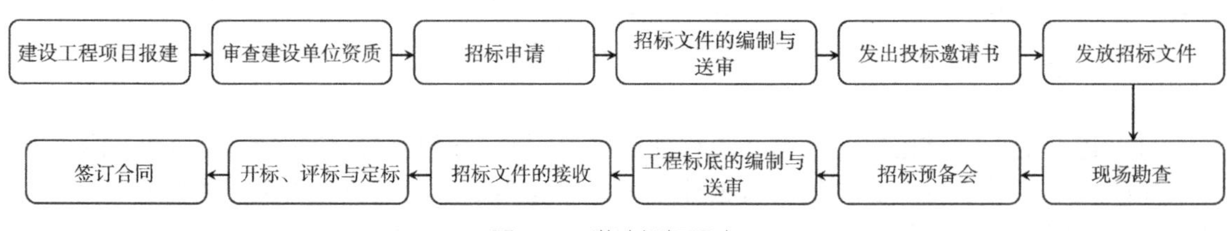

图 4-2 邀请招标程序

3. 议标程序

（1）招标人向有权的招标投标管理机构提出议标申请。申请中应当说明发包工程任务的内容、申请议标的理由、对议标投标人的要求及拟邀请的议标投标人等，并且应当同时提交能证明其要求的议标的工程符合规定的有关证明文件和材料。

（2）招标投标管理机构对议标申请进行审批。招标投标管理机构在接到议标申请之日起 15 日内，调查核实招标人的议标申请、证明文件和材料、议标投标人的条件等，对照有关规定，确认其是否符合议标条件。符合条件的，方可批准议标。

（3）议标文件的编制与审查。议标申请批准后，招标人编写议标文件或者拟以合同草案，并报招标投标管理机构审查。招标投标管理机构应在 5 日内审查完毕，并给予答复。

（4）协商谈判。招标人与议标投标人在招标投标管理机构的监督下，就议标文件的要求或者拟以合同草案进行协商谈判。招标人以议标方式发包施工任务，应编制标底，作为议标文件或者拟议合同草案的组成部分，并经招标投标管理机构审定。议标工程中的中标价格原则上不得高于审定后的标底价格。招标人不得以垫资、垫材料作为议标的条件，也不允许以一个议标投标人的条件要求或者限制另一个议标投标人。

（5）授标。议标双方达成一致意见后，招标投标管理机构在自收到正式合同草案之日起 2 日内进行审查，确定其与议标结果一致后，签发《中标通知书》。未经招标投标管理机构审查同意，擅自进行议标或者议标双方在议标过程中弄虚作假的，议标结果无效。

4.2.4 风景园林工程项目招标文件的编制

风景园林工程招标文件的编制是招标准备工作中最重要的一环。招标文件是整个招标过程的基础性文件，是投标和评标的基础，也是承发包合同的组成部分。一般情况下，招标人与投标人之间不进行或进行有限的面对面交流，投标人只能根据招标文件的要求编写投标文件，因此，招标文件是联系、沟通招标人与投标人的桥梁。能否编制出完整、严谨的招标文件，直接影响到招标的质量，也是招标成败的关键。

1. 风景园林工程项目招标文件概论

（1）招标文件的概念

招标文件（简称标书）是标明招标项目的概况、技术要求、招标程序与规则、投标要求、评标标准以及拟签订合同主要条款的书面文书。招标文件是招标投标活动得以进行的基础，法律赋予其十分重要的地位。为了实现交易的效率及公平，不但招标人受招标文件的约束，投标人也要受其约束。

风景园林工程项目招标文件是招标人向投标人提供的必需投标书面文件，在一定程度上可以说是招标人的需求说明书。其主要目的是：明示自己的需求，阐明需要采购标的的性质，通报招标将依据的规则和程序，告知订立合同的条件。

（2）招标文件的作用

风景园林工程项目招标文件的作用主要表现在以下 3 个方面：

1）招标文件是投标人准备投标文件和参加投标的依据。

2）招标文件是招标投标活动当事人的行为准则和评标的重要依据。

3）招标文件是招标人和投标人签订合同的基础。

（3）招标文件的编制原则

编制招标文件的工作是一项十分细致、复杂的工作，必须做到系统、完整、准确、明了，提出要求的目标要明确，使投标者一目了然。编制招标文件依据的原则为：

1）建设单位和建设项目必须具备招标条件。

2）必须遵守国家的法律、法规及有关贷款组织的要求。

3）应公正、合理地处理业主和承包商之间的关系，保护双方的利益。

4）正确、详尽地反映项目的客观、真实情况。

5）招标文件各部分的内容要力求统一，避免各份文件之间有矛盾。

2. 风景园林工程项目招标文件的组成

（1）招标公告（或投标邀请书）

招标公告的内容应当真实、准确和完善。招标公告一经发出即构成招标活动的邀请，招标人不得随意更改。按照《招标投标法》第16条第2款规定："招标公告应当载明招标人的名称和地址，招标项目的性质、数量、实施地点和时间以及获取招标文件的办法等事项。"的基本内容要求，有关部门规章结合项目特点对招标广告做出具体规定。招标公告样式见表4-1所示。

适用于风景园林工程邀请招标的投标邀请书一般包括项目名称、被邀请人名称、招标文件、项目概况与招标范围、投标人资格要求、招标文件的获取、投标文件的递交与确认以及联系方式等内容，其中大部分内容与招标公告基本相同，唯一区别是：投标邀请书无须说明发布公告的媒介，但对招标人增加了收到投标邀请书后的约定时间内，以传真或快递方式予以确定是否参加投标的要求。

风景园林工程招投标公告或者投标邀请书应当至少载明以下内容：

1）招标人的名称和地址。

2）招标项目的内容、规模、资金来源、实施地点和工期。

3）获取招标文件或者资格预审文件的地点和时间。

4）对风景园林工程招标文件或者资格预审文件收取的费用。

5）对风景园林工程招标人的资质等级的要求。

招标公告（未进行资格预审）格式范例　　表4-1

招标公告（未进行资格预审） （项目名称）_____标段施工招标公告 1. 招标条件 本招标项目_____（项目名称）已由_______（项目审批、核准或备案机关名称）以_____（批文名称及编号）批准建设，招标人（项目业主）为_____，建设资金来自_____（资金来源），项目出资比例为_____。项目已具备招标条件，现对该项目的施工进行公开招标。 2. 项目概况与招标范围 _______[说明本次招标项目的建设范围地点、规模、合同估算价、计划工期、招标范围、标段划分（如果有）等]。 3. 投标人资格要求 3.1 本次招标要求投标人须具备_____资质，____（类似项目描述）业绩，并在人员、设备、资金等方面具有相应的施工能力，其中，招标人拟派项目经理须具备___专业___级_______注册建造师执业资格，具备有效的安全生产考核合格证书，且未担任其他在建建设工程项目的项目经理。 3.2 本次招标___（接受或不接受）联合体投标。联合体投标时应满足下列要求：____。 3.3 各投标人均可就本招标项目上述标段中的____（具体数量）个标段投标，但最多允许中标_____（具体数量）个标段（适用于分标段的招标项目）。 4. 招标报名 凡有意参加投标者，请于__年__月__日至__年__月__日（法定公休日、法定节假日除外），每日上午__时至__时，下午__时至__时（北京时间，下同），在_____（有形建筑市场/交易中心名称及地址）报名。

续表

5. 招标文件的获取

5.1 凡通过上述报名者，请于__年__月__日至__年__月__日（法定公休日、法定节假日除外），每日上午__时至__时，下午时至__时（北京时间，下同），在______（详细地址）持单位介绍信购买招标文件。

5.2 招标文件每套售价___元，售后不退。图纸押金_元，在退还图纸时退还（不计利息）。

5.3 邮购招标文件时，需另加手续费（含邮费）_元。招标人在收到单位介绍信和邮购款（含手续费）后___日内寄送。

6. 投标文件的递交

6.1 投标文件递交的截止时间（投标截止时间，下同）为__年__月__日__时__分，地点为______（有形建筑市场 / 交易中心名称及地址）。

6.2 逾期送达的或者未送达指定地点的投标文件，招标人不予受理。

7. 发布公布的媒介

本次招投标公告同时在________（发布公告的媒介名称）上发布。

8. 联系方式

招标人：____________________	招标代理机构：______________
地址：____________________	地址：____________________
邮编：____________________	邮编：____________________
联系人：____________________	联系人：____________________
电话：____________________	电话：____________________
传真：____________________	传真：____________________
电子邮件：__________________	电子邮件：__________________
网址：____________________	网址：____________________
开户银行：__________________	开户银行：__________________
账号：____________________	账号：____________________
邮编：____________________	
联系人：____________________	
电话：____________________	
传真：____________________	
电子邮件：__________________	
网址：____________________	
开户银行：__________________	
账号：____________________	

（2）投标须知

投标须知是风景园林工程招标文件中重要组成部分，主要是告知投标者投标时有关注意事项，包括前附表、总则、招标文件、投标报价、投标文件的编制、投标文件的递交、开标、评标、定标、合同的授予。

1）前附表

前附表是将投标须知中的关键内容和数据摘要列表，起到强调和提醒的作用，为投标人迅速掌握投标须知内容提供方便，但必须与招标文件相关章节内容衔接一致。投标须知前附表的格式范例见表 4-2。

2）总则

总则主要内容包括项目概况、资金来源、招标范围、计划工期和质量要求、投标人资格要求、投标费用、踏勘现场等内容。

投标须知前附表格式 表 4-2

序号	对应条款	条款名称	说明与要求
1		招标人	名称： 地址： 联系人： 电话： 电子邮件：
2		招标代理机构	名称： 地址： 联系人： 电话： 电子邮件：
3		工程项目名称	
4		建设地点	
5		建设规模	
6		承包方式	
7		质量标准	（工程质量标准）
8		招标范围	
9		计划工期	计划工期：__日历天 计划开工：__年__月__日 计划竣工：__年__月__日
10		资金来源	
11		出资比例	
12		投标人资质条件等级要求	（行业类别）（资质类别）（资质等级）
13		资质审查方式	
14		工程计价方式	
15		投标有效期	为：__日（从投标截止之日算起）
16		投标保证金	投标保证金的形式： 投标保证金的金额： 递交方式：
17		踏勘现场	集合时间：__年__月__日__时__分
18		投标人的替代方案	□不允许 □允许，备选投标方案的编制要求见“备选投标方案编制要求”，评审和比较见“评标办法”
19		标前会议	□不召开 □召开，召开时间： 召开地点：
20		投标人提出问题的截止日期	
21		招标人书面澄清的时间	
22		投标文件份数	一份正本，__份副本，__份电子文档
23		投标文件提交地点及截止时间	收件人：______ 地点：______（提交投标文件地址） 时间：__年__月__日__时__分（投标文件提交截止具体时间）

续表

序号	对应条款	条款名称	说明与要求
24		开标	开始时间：__年__月__日__时__分 地点：______________________
25		评标方法及标准	
26		履约担保	招标人提供的履约担保的形式： 招标人提供的支付担保的金额：
27		装订要求	□不分册装订 □分册装订 共分__册，分别为： ______标，包括_____至______的内容 ______标，包括_____至______的内容
28		是否退还投标文件	□否 □是，退还安排：

①项目概况。根据《中华人民共和国招标投标法》等有关法律、法规和规章的规定，本招标项目已具备招标条件（应说明项目招标人、项目招标代理机构、项目名称、项目建设地点等），现对本标段施工进行招标。

②资金来源和落实情况。应说明项目的资金来源及出资比例、项目的资金落实情况。

③招标范围、计划工期和质量要求。应说明招标范围、项目的计划工期、项目的质量要求等。对于招标范围，应采用工程专业术语填写；对于计划工期，由招标人根据项目建设计划来判断填写；对于质量要求，根据国家、行业颁布的建设工程施工质量验收标准填写，注意不要与各种质量奖项混淆。

④投标人资格要求（适用于已进行资格预审的）。投标人应是收到招标人发出投标邀请书的单位，应具备承担本标段施工的工程技术条件、能力和信誉。投标人不得存在下列情形之一：

a. 为招标人不具有独立法人资格的附属机构（单位）。

b. 为本标段前期准备提供设计或咨询服务的，但设计施工总承包的除外。

c. 为本标段的监理人或代建人或招标代理机构。

d. 与本标段的监理人或代建人或招标代理机构为同一个法定代表人的。

e. 与本标段的监理人或代建人或招标代理机构相互控股或参股的。

f. 与本标段的监理人或代建人或招标代理机构相互任职或工作的。

g. 被责令停业的。

h. 被暂停或取消投标资格的。

i. 财产被接管或冻结的。

j. 在最近三年内有骗取中标或严重违约或重大工程质量问题的。

⑤投标费用。应说明投标人准备和参加投标活动发生的费用自理。

⑥保密。要求参加招标投标活动的各方应对招标文件和投标文件中的商业和技术等秘密保密，违者应对由此造成的后果承担法律责任。

⑦语言文字。要求除专用术语外（应附有中文解释），招标投标文件使用的语言文字为中文。

⑧计量单位。所有计量单位均采用中华人民共和国法定的计量单位。

⑨踏勘现场。招标人在投标须知规定的时间、地点组织投标人自费进行现场勘查，不得组织单个或部分投标人踏勘现场。因招标人的原因外，投标人自行负责在踏勘现场中所发生的人员伤亡和财产损失。招标人在踏勘现场中介绍工程场地和相关的周边环境情况，供投标人在编制投标文件时参考，招标人不对投标人据此做出的判断和决策负责。

⑩标前会议。标前会议是指在投标截止日期以前，按招标文件中规定的时间和地点，召开的解答投标人质疑的会议，又称交底会。投标人应在投标人须知前附表规定的时间前，以书面形式将提出的问题送达招标人，以便招标人在会议期间澄清。标前会议后，招标人在投标人须知前附表规定的时间内，将对投标人所提问的澄清，以书面方式通知所有购买招标文件的投标人。该澄清内容为招标文件的组成部分。

⑪分包。投标人拟在中标后将中标项目的部分非主体、非关键性工作进行分包的，应符合投标人须知前附表规定的分包内容、分包金额和接受分包的第三人资质要求等限制性条件。

⑫偏离。偏离即《评标委员会和评标方法暂行规定》中的偏差。投标人须知前附表允许投标文件偏离招标文件某些要求的，偏离应当符合招标文件规定的偏离范围和幅度。

3）招标文件

①风景园林工程项目招标文件包括以下内容：

第一章　投标须知及投标须知前附表

第二章　合同通用条款（GF–2017–0201）

第三章　合同专用条款及合同协议书（GF–2017–0201）

第四章　技术条件及技术规范

第五章　投标文件内容

第六章　投标报价说明

第七章　工程建设标准

第八章　图纸

第九章　工程量清单

第十章　资格审查申请书格式（用于资格后审）

第十一章　其他

投标人获取招标文件后，应仔细检查招标文件的所有内容，如有残缺等问题应在获得招标文件 3 日内向招标人提出，否则，由此引起的投标损失自负。同时，投标人应认真审阅招标文件中所有的事项、格式、条款和规范要求等，若投标人的投标文件未按招标文件要求提交全部资料，或投标文件未对招标文件做出实质性响应，其风险应由投标人自负，并根据有关条款规定，该投标有可能被拒绝。

②招标文件的澄清。投标人应仔细阅读和检查招标文件的全部内容。如发现缺页或附件不全，应及时向招标人提出，以便补齐。如有疑问，应在投标人须知前附表规定的时间以前以书面形式（包括信函、传真等可以有形地表现所载内容的形式，下同），要求招标人对招标文件予以澄清。

招标文件的澄清将在投标人须知前附表规定的投标截止时间 15 日前以书面形式发给所有购买招标文件的投标人，但不指明澄清问题的来源。如果澄清发出的时间距投标截止时间不足 15 日，相应延长投标截止时间。

投标人在收到澄清后，应在投标人须知前附表规定的时间内以书面形式通知招标人，确定已收到该澄清。

③招标文件的修改。在投标截止时间 15 日前，招标人可以书面形式修改招标文件，并通知所有已购买招标文件的投标人。如果修改招标文件的时间距投标截止时间不足 15 日，相应延长投标截止时间。投标人收到修改内容后，应在投标人须知前附表规定时间内以书面形式通知招标人，确定已收到该修改。

4）投标报价

投标报价是投标人在工程量清单中提出的各项支付金额的总和。

投标报价书应包括以下内容：

①投标报价汇总表，见表 4-3。

投标报价汇总表　　表 4-3

序号	表号	工程项目名称	合计 / 万元	备注
		土建工程分部工程量清单项目		
		安装工程分部工程量清单项目		
		措施项目		
		其他项目		
		人工费用		
		设备费用		
		总计		

投标总报价（大写）：______元

投标人：________（盖章）

法定代表人或委托代理人：______（签字或盖章）

日期：____年__月__日

②工程量清单报价表

投标人的投标报价，应是完成该项目须知的条款和合同条款上所列招标工程范围及工期的全部，不得以任何理由予以重复，作为投标人计算单价或总价的依据。工程量清单报价表见表 4-4。

工程量清单报价表　　表 4-4

______（分部）工程　　共 页 第 页

序号	编号	项目名称	计量单位	工程量	综合单价 / 元	合价 / 元	备注

合计：_____元（结转至投标报价汇总表）

投标人：________（盖章）

法定代表人或委托代理人：______（签字或盖章）

日期：____年__月__日

③人工、材料、机械、设备清单报价表

采用综合单价报价的，除非招标人对招标文件予以修改，投标人应该按招标人提供的工程量清单中列出的项目和工程量填报单价和合价。每一项目只允许有一个报价。任何有选择的报价将不予接受。投标人未填单价或合价的工程项目，在实施后，招标人将不予以支付，并视为该项费用已包括在其他有价款的单价或合价内。投标人应对清单附表所列项目报出综合单价，另外需报出每个项目清单单价分析表以供评审。

采用工料单价报价的，应按招标文件的要求，依据相应的工程量计算规则和定额等计价依据计算报价。

投标人可先到工地踏勘以充分了解工地位置、情况、道路、储蓄空间、装卸限制及任何其他足以影响承包价的情况，任何因忽视或误解工地情况而导致的索赔或工期延长申请将不被批准。材料清单报价表、设备清单报价表分别见表4-5、表4-6

材料清单报价表　　表4-5

______工程　　共 页 第 页

序号	材料名称及规格	计量单位	数量	工程量	报价/元		备注
					单价	合价	

投标人：______（盖章）

法定代理人或委托代理人：______（签字或盖章）

日期：___年__月__日

设备清单报价表　　表4-6

______工程　　共 页 第 页

序号	设备名称	规格型号	单位	数量	单价/元				合价				备注
					出厂价	运杂费	税金	单价	出厂价	运杂费	税金	合价	

小计：_____元（其中设备出厂价_____元；运杂费_____元；税金_____元）

设备报价（含运杂费、税金）合计_______元（结转至投标报价汇总表）

投标人：______（盖章）

法定代理人或委托代理人：______（签字或盖章）

日期：___年__月__日

5）投标文件的编制

投标文件是投标人根据招标文件的要求所编制的书面文件，向招标人发出的要约文件，旨在让招标人了解自己的实力，进而选择自己。

投标文件应按招标文件中的“投标文件格式”要求进行编写，如有必要，可以增加附页，作为投标文件的组成部分。投标文件应当对招标文件有关工期、投标有效期、质量要求、技术标准和要求、招标范围等实质性内容和条件做出响应。

投标文件的内容一般由以下几个部分组成：

①投标函，主要内容为投标报价、质量、工期目标、履行保证金数额等。

②投标函附录，内容为投标人对开工日期、履约保证金、违约金以及招标文件规定其他要求的具体承诺。

投标函及投标函附录是投标人按照招标文件的条件和要求，向招标人提交的有关投标报价、质量目标等承诺和说明的函件，是投标人为响应招标文件相关要求所做的概括性函件，一般位于投标文件的首要部分，其内容、格式必须符合招标文件的规定。

③法定代表人资格证明书或附有法定代表人身份证明的授权委托书。

④投标保证金或其他形式的担保。投标保证金的数额根据工程的需要而定，投标保证金一般不得超过投标总价的 2%，最高不得超过 80 万元人民币，可采用银行汇票、支票、现金，但具体采用何种形式应根据招标文件规定。投标保证金有效期应当超出投标有效期 30 天（工程建设项目勘察设计投标保证金数额一般不超过勘察设计费投标报价的 2%，最多不超过 10 万元人民币）。

⑤已标价的工程量清单，按照招标文件的要求以工程量清单报价形式或工程预算书形式详细描述组成该项目的各项费用总和。

⑥拟分包项目情况表。

⑦项目部人员配备及施工力量。

⑧联合体协议书（如有）。

⑨资格审查资料（资格后审）或资格预审更新资料。

⑩施工组织设计，编制时应采用文字并结合图表形式说明施工方案、管理组织机构、拟投入本标段的主要施工设备情况、拟配备本标段的实验和检验仪器设备情况、劳动力计划等方面，同时结合工程特点提出切实可行的工程质量、安全生产、文明施工、防雨措施、施工工艺等方面的技术措施，同时应着重对关键工序、复杂环节提出相应的技术应对措施。

6）投标文件的递交

投标人应在招标文件规定的投标截止日之前，将准备好的所有投标文件密封送达招标文件规定的地点。招标人收到投标文件后，应当签收保存，不得开启。

①投标文件的密封和标记

投标人应在投标文件的正本和所有副本封面上分别标明“正本”或“副本”字样，加盖投标人印章，然后将正本和副本分别密封后共同密封于一个密封袋内，在密封袋内外层封面和密封骑缝处加盖投标人印章。在投标文件内外层密封袋上写明投标人的名称、地址、邮政编码，以便投标宣布迟到时，投标文件可原封退回。如果投标人没有按要求加写标记和密封，招标人将拒收或告知投标人将不承担投标文件提前开封的责任。由此造成的提前开封的投标文件将予以拒绝，并退还给投标人。

②投标截止日期

投标人应在前附表所规定的时间前按规定的地点将投标文件送达招标人。

招标人可按规定以修改补充通知的方式，酌情延长提交投标文件的截止日期，在此情况下，投标人的所有权利和义务以及投标人受制约的截止日期，均以延长后新的投标截止日期为准。

投标截止期满时，提交投标文件的投标人少于中标单位数额 3 倍的，招标人应依法重新组织招标。

③迟交的投标文件

招标人在规定的投标截止日期以后收到的投标文件，将被拒绝并退还给投标人。

④投标文件的补充、修改与撤回

投标人在递交投标文件后，在规定的投标截止时间之前，可以以书面形式补充修改或撤回已提交的投标文件，并以书面形式通知招标人。补充、修改的内容为投标文件的组成部分。

投标人对投标文件的补充、修改或撤回通知，应按有关规定密封、标记和递交，并在内外层投标文件密封袋上清楚标明“补充、修改”或“撤回”字样。在投标截止日期以后，不得补充修改投标文件。

7）开标

所谓开标，是在招标投标活动中，由招标人主持，在招标文件规定的地点和提交投标文件截止时间的同一时间，邀请所有投标人参加，公开宣布全部投标人的名称、投标价格及投标文件中其他主要内容，使招标投标当事人了解各个投标人的关键信息，在监督单位的监督和公证人员的公证下进行，并且将相关情况记录在案的活动。开标是招标投标活动中公开原则的重要体现。

开标程序：

①宣布开标纪律。

②确认投标人代表身份，公布在投标截止时间前递交投标文件的投标人名称，并点名确认投标人是否派人到场。

③宣布开标人、唱标人、记录人、监标人等有关人员姓名。

④按照投标人须知前附表规定检查投标文件的密封情况。

⑤按照投标人须知前附表的规定确定并宣布投标文件开标顺序。

⑥设有标底的，公布标底。

⑦按照宣布的开标顺序当众开标，公布投标人名称、标段名称、投标保证金的递交情况、投标报价、质量目标、工期及其他内容，并记录在案。

⑧开标人代表、招标人代表、监标人、记录人等有关人员在开标记录上签字确认。

⑨开标结束。

8）评标

评标工作由招标人依法组建的评标委员会（或从政府主管部门招标评标专家库中随机抽取评标专家）按照招标文件约定的评标方法、标准，在招标管理机构监督下，依据评标原则对投标单位的报价、工期、质量、主要材料用量、施工方案或施工组织设计、以往业绩、社会信誉、优惠条件等方面进行综合评价，公正、合理、择优选择中标单位。评标是招标投标活动中十分重要的阶段，评标决定着整个招标投标活动的公平和公正与否。评标的质量决定着能否从众多投标竞争者中选出最能满足招标项目各项要求的中标者。

评标程序：

①招标人宣布评标委员会成员名单并确定主任委员。

②招标人宣布有关评标纪律。

③在主任委员主持下，根据需要，讨论通过成立有关专业组和工作组。

④听取招标人介绍招标文件。

⑤组织评标人员学习评标标准和方法。

⑥提出需澄清的问题：经评委会讨论，并经 1/2 以上委员同意，提出需投标人澄清的问题，以书面形式送达投标人。

⑦澄清问题。对需要文字澄清的问题，投标人应当以书面形式送达评标委员会。

⑧评审、确定中标候选人。评标委员会按招标文件确定的评标标准和方法，对投标文件进行评审，确定中标候选人推荐顺序。

⑨提出评价工作报告。在评标委员会 2/3 以上委员同意并签字的情况下，通过评标委员会工作报告，并报招标人。

9）定标

评标委员会按评标办法对投标文件进行评审后，提出评标报告，推荐中标单位，经招标单位法定代表人或其指定代理人认定后报上级主管部门同意、当地招标投标管理部门批准后，由招标单位发出中标和未中标通知书，要求中标单位在规定期限内签订合同，未中标单位退还招标文件，领回投标保证金，即招标结束。

10）签订合同

中标人应当自中标通知书发出之日起 30 日内，由法定代表人或代理人前往并与招标人代表按照招标文件和中标人的投标文件签订书面合同。中标人无正当理由拒绝合同的，招标人取消其中标资格，其投标保证金不予退还，给招标人造成的损失超过投标保证金额数的，中标人还应当对超出部分予以赔偿。

发出中标通知书后，招标人无正当理由拒签合同的，招标人向投标人退还投标保证金，给中标人造成损失的，还应当赔偿损失。

4.2.5 风景园林工程项目招标管理

风景园林工程项目招标由招标人进行统一指挥和安排。

招标人招标应具备的条件：是法人或依法成立的组织；有与招标工程相适应的资金（或资金已落实）以及技术管理人员；有组织编制招标文件的能力；有审查投标人资质的能力；有组织开标、评标、定标的能力。招标人具有编制招标文件和组织评标能力的，可以自行办理招标事宜。依法必须进行招标的项目，招标人自行办理招标事宜的，应当向有关行政监督部门备案。

风景园林工程招标一般均是选择具有相应资质的招标代理机构代理招标，委托其办理招标事宜。招标代理机构是依法设立、从事招标代理业务并提供相应服务的社会中介组织。招标代理机构应当具备下列条件：有从事招标代理业务的营业场所和相应资金，有能够编制招标文件和组织评标的相应专业力量；有国家认可的可以作为评标委员人选的技术、经济等方面的专家库。

风景园林绿化工程项目应具备的条件：按照国家有关规定需要履行项目审批手续的，应当先履行审批手续，取得批准；绿化用地的征用工作已经完成；有能够满足施工需要的施工图纸及技术资料；绿化资金和主材料、设备的来源已经落实；绿化工程设计已经得到所在地有关部门批准，施工现场已经具备施工条件。

政府重点风景园林工程项目必须由招标办、监察部门、审计、公证等单位监督，招标人（建设单位）委托招标代理人负责招标的有关工作。

4.3 风景园林工程项目投标管理

4.3.1 风景园林工程项目投标的类型

1. 按效益分类

投标按效益的不同风景园林工程投标项目可分为盈利标、保本标和亏损标三种。

（1）盈利标。是指如果招标工程即是本企业的强项，又是竞争对手的弱项；或建设单位意向明确；或本企业任务饱满，利润丰厚，才考虑让企业超负荷运转，此种情况下的投标称投盈利标。

（2）保本标。当企业无后继工程，或已出现部分窝工，必须争取投标中标。但招标的工程项目对于本企业又无优势可言，竞争对手又是实力较强的企业，此时，宜投保本标，至多投薄利标。

（3）亏损标。亏损标是一种非常手段，一般是在下列情况下采用，即本企业已大量窝工，严重亏损，若中标后至少可以使部分工人、机械运转，减少亏损；或者为在对手林立的竞争中夺得头标，不惜血本压低标价；或是为了在本企业一统天下的地盘里，为挤垮企图插足的竞争对手；或为打入新市场，取得拓宽市场的立足点而压低标价。

2. 按性质分类

投标按性质的不同风景园林工程投标项目可分为风险标和保险标两种。

（1）风险标。是指明知工程承包难度大、风险大，且技术、设备、资金上都有未解决的问题，但由于队伍窝工，或因为工程盈利丰厚，或为了开拓新技术领域而决定参加投标，同时设法解决存在的问题，即为风险标。投标后，如果问题解决得好，可取得较好的经济效益，可锻炼出一支好的施工队伍，使企业更上一层楼。否则，企业的信誉、准备金就会因此受到损害，严重者将导致企业严重亏损或破产。因此，投风险标必须审慎从事。

（2）保险标。是指对可以预见的情况，包括技术、设备、资金等重大问题都有了解决的对策之后再投标。企业经济实力较弱，经不起失误的打击，则往往投保险标。当前，我国施工企业多数都愿意投保险标，特别是在国际工程承包市场上。

4.3.2 风景园林工程项目投标的程序

风景园林工程项目投标的工作程序应与招标程序相配合、相适应。为了取得投标的成功，已经具备投标资格并愿意进行投标的投标人，应首先了解如图 4-3 所示的投标基本工作程序流程及各个阶段的工作步骤。投标的具体工作程序如下：

（1）获取投标信息。

（2）在招标投标交易中心网上投标报名。

（3）投标前期决算。

（4）向招标人申报资格预审，提供有关文件资料，主要内容见表 4-7。

（5）参加招标会议，获取招标文件与施工图纸。

（6）组建投标班子。

（7）进行投标前的市场调查，进行现场勘察。

（8）分析与研究招标文件，会审施工图纸。

（9）投标中期决算。

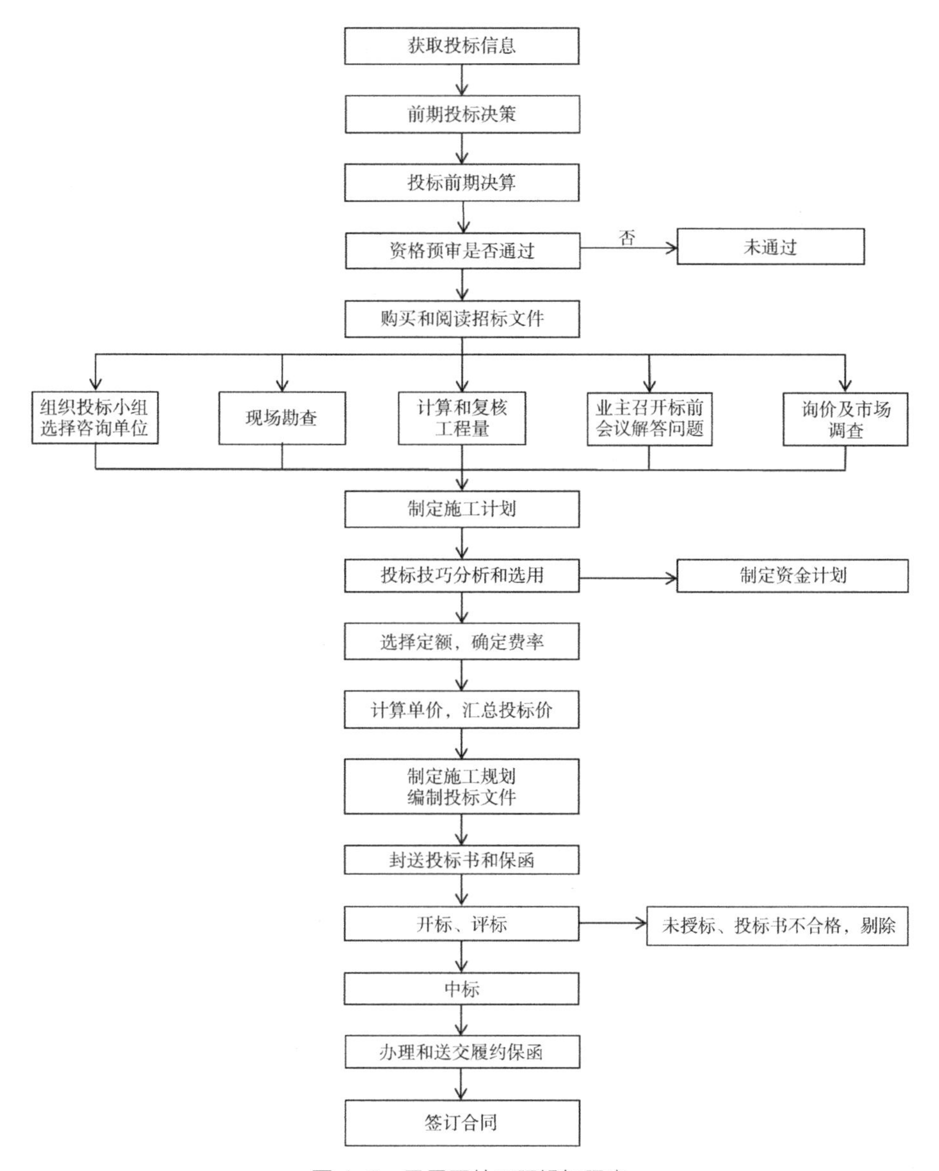

图 4-3　风景园林工程投标程序

资格预审文件包括的内容　表 4-7

序号	主要内容
1	投标人组织与机构
2	近 3 年完成工程的情况
3	目前正在履行的合同情况
4	过去 2 年经审计过的财务报表
5	过去 2 年的资金平衡表和负债表
6	下一年度财务预算报告
7	施工机械设备情况
8	各种奖励或处罚资料
9	与本合同资格预审有关的其他资料。如果联合体投标应填报联合体每一成员的以上资料

（10）计算分部分项工程量，选取定额与主材价格，确定费率，汇总报价。

（11）编制施工规划。

（12）编制投标文件。

（13）办理投标担保手续。

（14）报送投标文件。

（15）参加开标会议。

（16）如果中标，接受中标通知书，与招标人签订合同。

4.3.3 风景园林工程项目投标的策略与技巧

投标人在资格预审合格、取得招标文件，并进行现场踏勘、调查投标现场环境之后，应慎重考虑是否投标，做出是否投标的决策。投标项目选择得当，同时从本承包企业具有的工程施工及管理经验、企业现有的工程技术力量、成本估算等方面考查本企业，是否能适应招标的要求，经过综合分析后，必要时可以按上述条件进行加权评分，以确定是否参加投标。目的在于得到对自己最有利的施工合同，从而获得尽可能多的盈利，确定投标后，必须研究投标策略与技巧，以指导其投标全过程的活动。投标策略与技巧，是指在投标过程中，针对招标书将采取何种方式与方法进行投标，如何采取以长制短、以优胜劣的策略和技巧，在保证工程质量与工期的条件下，寻求一个好的报价的技巧问题。常见投标策略与技巧有以下几种：

（1）认真分析和判断招标文件并做全面响应。投标文件应当对招标文件提出的实质性要求和条件做出响应。这意味着投标人只要对招标文件中若干实质性要求和条件中的某一条未做出响应都会导致废标。这条直接影响到投标人的中标率，投标人应该对此慎之又慎。这就要求投标人认真研究招标文件，对招标文件的要求和条件，逐条进行分析和判断，找出所有实质性的要求和条件，在招标文件中一一做出回应。

（2）投标报价是投标策略的关键。应认真研究招标人在其他风景园林工程中的合同价格，同时结合市场价格，分析竞争对手的优劣势及其报价特点，在保证投标人相应利润的前提下，来编制合理的综合单价，实事求是地以合理报价取胜。

（3）定额标准的选择与处理。在编制工程项目综合单价时，必然要涉及定额标准的选择与处理问题。定额标准正确与否，套用时处理得是否妥当，将直接影响到总投标价格，套得太高或太低都可能在开标时被淘汰。应认真研究好招标文件中规定的适用定额，如无明显规定，投标人要在招标答疑中告知招标人，确定适用定额。

（4）高效的经营管理水平和科学的施工方案。应具有高素质的项目管理人员，特别是懂技术、会经营、善管理的项目经理人选。能够根据合同的要求，高效率地完成项目管理的各项目标。此外，应做好施工组织设计，采取先进的工艺技术和施工机械设备；优选各种植物及其他造景材料；选择可靠的分包单位，合理安排施工进度，力求以最快的速度，最大限度地降低工程成本，节省管理费用等，以技术与管理优势取胜。

（5）不平衡报价。是在总报价基本确定的前提下，调整内部各个子项目的报价，以达到既不影响总报价，又在中标后可以获得好的经济效益，主要通过以下几个方面来调整：对能早期收回工程款的项目单价可提高，以利于资金周转，对后期项目单价可适当降低；估计后期工程量可能增加的项目其单价可适当报高些，而工程量减少的项目其单价可适当报低些；图纸内容不明确或有错误的，估计修改后工程量要增加的，其单价可适当报高些；而对工程内容不明确的，其单价可降低些；没有工程量只填报单价的项目其单价宜报高些；对于暂定项目其实施的可能性大的项目，其单价要报高些，而对预计不一定实施的项目，单价可适当报低些。

（6）向招标人提供优惠条件。为吸引招标人，争取在众多的竞争对手中中标，向招标人提供优惠条件往往是一个很好的策略与技巧。向招标人提供优惠条件的方式一般有两种：一种是在投标书中说明，若中标后可向招标人提供技术服务，工程结束后可延长养护管理服务期等；另一种方式是在竞争谈判过程中，可以考虑其他许多重要因素，如在招标文件要求的工期基础上缩短工期，并保证工程的高质量；降低支出条件要求；或提出新技术，仔细研究原设计图纸，发现有不够合理之处，提出能降低造价的措施，以提高对招标人的吸引力。

4.3.4 风景园林工程项目投标管理

风景园林工程项目的投标由投标人进行统一指挥和安排。

投标人应具备的条件：必须有与招标文件要求相适应的人力、物力、财力；必须有符合招标文件要求的资质证书和相应的工作经验与业绩证明；符合法律、法规、规章和政策规定的其他条件。

投标人在确定对某一项目投标后，为确保在项目的投标竞争中获胜，对于投标人来说，投标竞争不仅比报价的高低，而且比技术、经验、实力和信誉。特别是当前国际承包市场上，工程越来越多的是技术密集型项目，将会给投标人带来两方面的挑战：一方面是技术上的挑战，要求投标人具有先进的科学技术，能够完成“高”“新”“尖”“难”工程；另一方面是管理上的挑战，要求投标人具有现代先进的组织管理水平，能够以较低价中标，靠管理获利。

为迎接技术和管理方面的挑战，在竞争中获胜，应立即精心组建投标工作机构，投标工作机构的人员必须诚信、精干且经验丰富，总体上应具有工程、技术、商务、贸易、市场、价格、法律、合同和国际通用语言等方面的专业知识和技能，有娴熟的投标技巧和较强的应变能力。通常投标工作机构的主要任务分为 3 个部分：①决策，制定和贯彻经营方针与规划，负责工作的全面筹划和安排，通常由经理、副经理和总工程师、总经济师等具有决策权的人负责。②工程技术，制定项目投标用的施工方案和各种技术措施，一般由建筑师、结构工程师、设备工程师等具有熟练的专业技能与丰富的专业知识的人负责。③投标报价，根据投标工作机构确定的项目报价策略、项目施工方案和各种技术措施，按照招标文件的要求，合理地制定项目的投标报价。

风景园林工程投标工作机构不但要做到个体素质良好，更重要的是做到共同参与，协同合作，发挥群体力量。在参加投标的活动中，各类人员相互补充，形成人才优势，这样有利于提高工作中各成员及整体的素质和水平，提高投标的竞争力。

思考题

1. 招标投标活动应当遵循哪些基本原则？在什么条件下才可以实行招标人自行招标？
2. 施工项目进行招标应具备的最基本条件是什么？
3. 招标文件包括哪些内容？
4. 招标投标的基本程序由哪几部分构成的？

第5章　风景园林工程项目合同管理

学习目标

通过本章的学习，理解风景园林工程项目合同的特点，了解风景园林工程项目合同的类型、内容及范式要求，熟悉风景园林工程项目合同的订立与履行程序以及工程索赔技巧等。

5.1 风景园林工程合同管理概述

5.1.1 合同管理的法律基础

1. 合同法律关系的构成

（1）合同法律关系的概念

法律关系是一定的社会关系在相应的法律规范的调整下形成的权利义务关系。法律关系的实质是法律关系主体之间存在的特定权利义务关系。

合同法律关系是指由合同法律规范所调整的、在民事流转过程中所产生的权利义务关系。合同法律关系包括合同法律关系主体、合同法律关系客体、合同法律关系内容三个要素。这三要素构成了合同法律关系，缺少其中任何一个要素都不能构成合同法律关系，改变其中的任何一个要素就改变了原来设定的法律关系。

（2）合同法律关系主体

合同法律关系主体是参加合同法律关系，享有相应权利，承担相应义务的自然人、法人和其他组织，为合同当事人。

1）自然人

自然人是指基于出生而成为民事法律关系主体的有生命的人。作为合同法律关系主体的自然人必须具备相应的民事权利能力和民事行为能力。民事权利能力是民事主体依法享有民事权利和承担民事义务的资格。自然人的民事权利能力始于出生，终于死亡。民事行为能力是民事主体通过自己的行为取得民事权利和履行民事义务的资格。根据自然人的年龄和精神健康状况，可以将自然人分为完全民事行为能力人、限制民事行为能力人和无民事行为能力人。自然人在我国《民法通则》的民事主体中使用的是“公民”一词。自然人既包括公民，也包括外国人和无国籍人，他们都可以作为合同法律关系的主体。

2）法人

法人是具有民事权利能力和民事行为能力，依法独立享有民事权利和承担民事义务的组织。法人是与自然人相对应的概念，是法律赋予社会组织具有人格的一项制度。这一制度为确立社会组织的权利、义务，便于社会组织独立承担责任提供了基础。

法人应当具备以下条件：

①依法成立。法人不能自然产生，它的产生必须经过法定的程序。法人的设立目的和方

式必须符合法律的规定，设立法人必须经过政府主管机关的批准或者核准登记。

②有必要的财产或者经费。有必要的财产或者经费是法人进行民事活动的物质基础，它要求法人的财产或者经费必须与法人的经营范围或者设立目的相适应，否则不能被批准设立或者核准登记。

③有自己的名称、组织机构和场所。法人的名称是法人相互区别的标志和法人进行活动时使用的代号。法人的组织机构是指对内管理法人事务、对外代表法人进行民事活动的机构。法人的场所则是法人进行业务活动的所在地，也是确定法律管辖的依据。

④能够独立承担民事责任。法人必须能够以自己的财产或者经费承担在民事活动中的债务，在民事活动中给其他主体造成损失时能够承担赔偿责任。

法人的法定代表人是自然人，他依照法律或者法人组织章程的规定，代表法人行使职权。法人以它的主要办事机构所在地为住所。

法人可以分为企业法人和非企业法人两大类，非企业法人包括行政法人、事业法人、社团法人。企业法人依法经工商行政管理机关核准登记后取得法人资格。企业法人分立、合并或者有其他重要事项变更，应当向登记机关办理登记并公告。企业法人分立、合并，它的权利和义务由变更后的法人享有和承担。有独立经费的机关从成立之日起，具有法人资格。具有法人条件的事业单位、社会团体，依法不需要办理法人登记的，从成立之日起，具有法人资格；依法需要办理法人登记的，经核准登记，取得法人资格。

3）其他组织

法人以外的其他组织也可以成为合同法律关系主体，主要包括：法人的分支机构，不具备法人资格的联营体、合伙企业、个人独资企业等。这些组织应当是合法成立、有一定的组织机构和财产，但又不具备法人资格的组织。其他组织与法人相比，其复杂性在于民事责任的承担较为复杂。

（3）合同法律关系的客体

合同法律关系客体，是指参加合同法律关系的主体享有的权利和承担的义务所共同指向的对象。合同法律关系的客体主要包括物、行为、智力成果。

1）物

法律意义上的物是指可为人们控制并具有经济价值的生产资料和消费资料，可以分为动产和不动产、流通物与限制流通物、特定物与种类物等。如景园材料、设备、苗木等都可能成为合同法律关系的客体。货币作为一般等价物也是法律意义上的物，可以作为合同法律关系的客体，如借款合同等。

2）行为

法律意义上的行为是指人的有意识的活动。在合同法律关系中，行为多表现为完成一定的工作，如勘察设计、施工安装等，这些行为都可以成为合同法律关系的客体。行为也可以表现为提供一定的劳务，如绑扎钢筋、土方开挖、抹灰等。

3）智力成果

智力成果是通过人的智力活动所创造出的精神成果，包括知识产权、技术秘密及在特定情况下的公知技术。如专利权、工程设计等，都有可能成为合同法律关系的客体。

（4）合同法律关系的内容

合同法律关系的内容是指合同约定和法律规定的权利和义务。合同法律关系的内容是合同的具体要求，决定了合同法律关系的性质，它是连接主体的纽带。

1）权利

权利是指合同法律关系主体在法定范围内，按照合同的约定有权按照自己的意志做出某种行为。权利主体也可以要求义务主体做出一定的行为或不做出一定的行为，以实现自己的有关权利。当权利受到侵害时，有权得到法律保护。

2）义务

义务是指合同法律关系主体必须按法律规定或约定承担应负的责任。义务和权利是相互对应的，相应主体应自觉履行相对应的义务。否则，义务人应承担相应的法律责任。

2. 合同法律关系的产生、变更与消灭

合同法律关系并不是由建设法律规范本身产生的，只有在具有一定的情况和条件下才能产生、变更和消灭。能够引起合同法律关系产生、变更和消灭的客观现象和事实，就是法律事实。法律事实包括行为和事件。

（1）行为

行为是指法律关系主体有意识的活动，能够引起法律关系发生变更和消灭的行为，包括作为和不作为两种表现形式。

行为还可分为合法行为和违法行为。凡符合国家法律规定或为国家法律所认可的行为是合法行为，如：在建设活动中，当事人订立合法有效的合同，会产生建设工程合同关系；建设行政管理部门依法对建设活动进行的管理活动，会产生建设行政管理关系。凡违反国家法律规定的行为是违法行为，如：建设工程合同当事人违约，会导致建设工程合同关系的变更或者消灭。

此外，行政行为和发生法律效力的法院判决、裁定以及仲裁机构发生法律效力的裁决等，也是一种法律事实，也能引起法律关系的发生、变更、消灭。

（2）事件

事件是指不以合同法律关系主体的主观意志为转移而发生的，能够引起合同法律关系产生、变更、消灭的客观现象。这些客观事件的出现与否，是当事人无法预见和控制的。

事件可分为自然事件和社会事件两种。自然事件是指由于自然现象所引起的客观事实，如地震、台风等。社会事件是指由于社会上发生了不以个人意志为转移的、难以预料的重大事件所形成的客观事实，如战争、罢工、禁运等。无论自然事件还是社会事件，它们的发生都能引起一定的法律后果，即导致合同法律关系的产生或者迫使已经存在的合同法律关系发生变化。

5.1.2 风景园林工程合同特点

风景园林工程项目合同是指承包商进行风景园林工程建设，业主支付相应价款的合同。风景园林工程建设一般要经过勘察、设计、施工等过程，因此，风景园林工程项目合同通常包括工程勘察合同、设计合同、施工合同等。承包商是指在风景园林工程项目合同中负责工程项目的勘察、设计、施工任务的一方当事人，业主是指在风景园林工程项目合同中委托承包商进行工程项目的勘察、设计、施工任务的建设单位（业主或项目法人）。

《中华人民共和国合同法》（以下简称《合同法》）中规定了 15 种典型的合同，风景园林工程项目合同就是其中的一种。风景园林工程项目合同作为一种特殊的合同形式，既具有合同的一般特征，又具有它独有的特征。

1. 风景园林工程项目合同的主体只能是法人

风景园林工程项目合同的主体一般只能是法人。相对于“自然人”，“法人”是指具有独立民事权利能力和民事行为能力，能依法独立承担民事义务的组织。风景园林工程项目合同的标的是风景园林工程项目，自然人（公民个人）无法独立完成。而作为法人，并非每个法人都可以成为风景园林工程项目合同的主体，而是由相关行政主管部门根据限制条件批准之后具备相应资格的组织。因此，风景园林工程项目合同的主体不仅是法人，而且必须是具有某种资格的法人。业主应是经过批准能够进行工程建设的法人，必须有国家批准的项目建设文件，并具有相应的组织协调能力。承包商必须具备法人资格，同时具有从事相应工程勘察、设计、施工的资质条件。

2. 风景园林工程项目合同的标的仅限于建设工程

风景园林工程项目合同的标的只能是工程项目而不能是其他物。风景园林工程项目对于国家、社会具有特殊的意义，其工程建设对合同双方当事人都有特殊要求。这使得风景园林工程项目合同区别于一般的合同。

3. 风景园林工程项目合同主体之间经济法律关系错综复杂

在一个风景园林工程项目中，涉及业主、勘察设计单位、施工单位、监理单位、材料设备供应商等多个单位，各单位之间的经济法律关系非常复杂。一旦出现工程法律责任，往往出现连带责任。风景园林工程项目合同因此应当采用书面形式，并且为法定式合同，这是由建设合同履行的特点所决定的。

4. 风景园林工程项目合同履行周期长且具有连续性

由于建设项目实施的长期性，合同履行必须连续而循序渐进地进行，履约方式也表现出连续性和渐进性。这就要求合同管理人员要随时按照合同的要求结合实际情况对工程质量、进度、成本等予以检查，以确保合同的顺利实施。履约期长是由于风景园林工程项目规模大、内容复杂所致。在长时间内，如何按照合同约定、认真履行合同规定的义务，对项目合同实施全过程的管理，应是风景园林工程项目合同管理需注意的问题。

5. 风景园林工程项目合同具多变性与风险性

风景园林工程项目投资大、周期长，建设中受地区、环境、气候、地质、政治、经济及市场等各种因素变化的影响比较大，在项目实施过程中经常出现设计变更及进度计划的修改，以及对合同某些条款的变更。因此，在项目管理中，要有专人及时作好设计或施工变更洽谈记录，明确因变更而产生的经济责任，并妥善保存好相关资料，作为索赔、变更或终止合同的依据。基于上述原因，风景园林工程项目合同的风险比一般合同要大得多，在合同的签订、变更以及履行的过程中，要慎重分析研究各种风险因素，做好风险管理工作。

5.1.3 风景园林工程合同类型及其选择

1. 风景园林工程合同类型

（1）按风景园林工程承发包方式分类

按承发包方式分类，风景园林工程项目承发包合同可以分为总承包合同、切块分包合同、零星分包合同。

1）风景园林工程项目总承包合同。传统的风景园林工程项目总承包一般是指风景园林工程项目的勘察设计总承包、施工总承包和施工总承包管理（MC）。风景园林工程项目总承包是由一个具有法人资格的总承包单位承担风景园林工程项目建设的全部相关工作，并对项目建设单位承担风景园林工程项目建设相关工作的全部责任。常用的总承包方式分为风景园林工程项目的总承包和风景园林工程项目管理的总承包两种：

①风景园林工程项目总承包。风景园林工程项目总承包是指从风景园林工程勘察设计、材料苗木采购、施工到项目竣工验收，项目建设的全部工作都由一个承包单位总承包，并在风景园林工程项目达到设计的正常目标及水平后移交给建设单位的总承包，其基本形式是“勘察设计、采购、建造”（EPC）总承包合同。这种总承包合同包含的工作量大，工作范围广，合同内容复杂。

②风景园林工程项目管理总承包。风景园林工程项目管理总承包是指受建设单位的委托由具有法人资格、有资质、有能力的专业项目管理单位负责承包工程项目建设的组织管理工作，并向风景园林工程建设单位负责的总承包，其主要形式是项目管理总承包（PMC）。

2）工程项目切块分包合同

是指建设单位将风景园林工程项目中相对独立、性质不同的工程项目分别委托给具有不同专业资质的承包单位，并分别签订工程项目承包合同。各承包单位之间没有合同关系。

切块分包合同按其发包方式，可分为平行发包和阶段发包两种：

①平行发包。是指建设单位在条件成熟时，将切块分包合同以同时发包方式进行招标。

②阶段发包。是指建设单位根据风景园林工程项目特点、工程项目准备情况和建设单位对项目目标的要求，以分阶段发包方式进行招标。

3）工程项目零星分包合同

一般适用于小型风景园林工程项目和大中型风景园林工程项目中的零星附属项目及辅助工程项目。

（2）按承包合同计价方式分类

按承包合同计价方式分类，风景园林工程项目承包合同有：总价合同、单价合同、成本加酬金合同。

1）总价合同

总价合同是指合同当事人约定以施工图、已标价工程量清单或预算书及有关条件进行合同价格计算、调整和确认的建设工程施工合同，在约定的范围内合同总价不作调整。总价合同也称总价包干合同，意味着根据工程项目招标时的要求和条件，当工程项目内容和有关条件不发生变化时，建设单位付给承包单位的价款总额就不发生变化。

总价合同的特点表现在：第一，建设单位可以在报价竞争状态下确定目标总造价，可以较早确定或预测工程成本。第二，建设单位的风险较小，承包单位将承担较多的风险。第三，评标时易于迅速确定最低报价的投标人。第四，在施工进度上能极大地调动承包单位的积极性。第五，建设单位能更容易、更有把握地对项目进行控制。第六，必须完整而明确地规定承包单位的工作。第七，必须将设计和施工方面的变化控制在最小限度内。

总价合同又分固定总价合同和可调总价合同两种：

①固定总价合同。固定总价合同的价格计算是以图纸及规定、规范为基础，工程项目任务和内容明确，建设单位的要求和条件清楚，合同总价一次包死，固定不变，即不再因为环境的变化和工程量的增减而变化。在这类合同中，承包单位承担了全部的工作量和价格的风险。因此，承包单位在报价时对一切费用的价格变动因素以及不可预见因素都应做充分的估计，并将其包含在合同价格之中。

固定总价合同适用于以下情况：规模小、工期较短，估计在工程项目实施过程中环境因素变化小，工程条件稳定、合理；工程设计详细，图纸完整、齐全、清楚，工程项目任务和范围明确，报价工程量准确；工程结构和技术不太复杂，风险较小；投标期相对宽裕，承包单位可以有充足的时间详细考察现场、复核工程量、分析招标文件、拟订施工计划；合同条件完备，双方的权利和义务十分清楚。

②可调总价合同。可调总价合同，合同价格是以图纸及规定、规范为基础，按照时价进行计算，完成风景园林工程项目全部任务和内容的暂定合同价格。它是一种相对固定的价格，在合同执行过程中，由于通货膨胀等原因而使所使用的工料成本增加时，可以按照合同约定对合同总价进行相应的调整。当然，一般由于设计变更、工程量变化和其他工程条件变化所引起的费用变化也可以进行调整。因此，通货膨胀等不可预见因素由建设单位承担，对承包单位而言，其风险相对较小，但对建设单位而言，不利于其进行投资控制，突破投资的风险就增大了。

根据《建设工程施工合同（示范文本）》GF–2017–0201，合同价格双方可约定，在以下条件下可对合同价款进行调整：

a. 除专用合同条款另有约定外，市场价格波动超过合同当事人约定的范围，合同价格应当调整。

b. 基准日期后，法律变化导致承包人在合同履行过程中所需要的费用发生除市场价格波动引起的调整约定以外的增加时，由发包人承担由此增加的费用；减少时，应从合同价格中予以扣减。基准日期后，因法律变化造成工期延误时，工期应予以顺延。

在工程施工承包招标时，施工期限一年左右的项目一般实行固定总价合同，通常不考虑价格调整问题，以签订合同时的单价和总价为准，物价上涨的风险全部由承包单位承担。但是对建设周期一年半以上的工程项目，则应考虑下列因素引起的价格变化问题：

a. 劳务工资及材料费用的上涨。

b. 其他影响工程造价的因素，如运输费、燃料费、电力等价格的变化。

c. 外汇汇率的不稳定。

d. 国家或者省、市立法的改变引起的工程费用的上涨。

2）单价合同

单价合同是指合同当事人约定以工程量清单及其综合单价进行合同价格计算、调整和确认的建设工程施工合同，在约定的范围内合同单价不作调整。当发包的工程项目内容和工程量一时尚不能十分明确、具体地予以规定时，则可采用单价合同形式，即根据计划工程项目内容和估算工程量，在合同中明确工程每项内容的单位价格（如每米、每平方米或者每立方米的价格），实际支付时则根据每一个子项的实际完成工程量乘以该项的合同单价计算该项工作的应付工程款。

单价合同的特点是单价优先，建设单位给出的工程量清单表中的数字是参考数字，而实际工程款则按实际完成的工程量和合同中确定的单价计算。虽然在投标报价、评标以及签订合同中，人们常常注重总价格，但在工程款结算中单价优先，对于投标书中明显的数字计算错误，建设单位有权先作修改再评标，当总价和单价的计算结果不一致时，以单价为准调整总价。

单价合同又分为固定单价合同和可调单价合同：

①固定单价合同。当采用固定单价合同时，无论产生哪些影响价格的因素都不对单价进行调整，因而对承包单位而言就存在一定的风险。固定单价合同适用于工期较短、工程量变

化幅度不会太大的项目。

②可调单价合同。当采用可调单价合同时，合同双方可以约定一个估计的工程量，当实际工程量发生较大变化时可以对单价进行调整，同时还应该约定如何对单价进行调整；还可以约定，当通货膨胀达到一定水平或者国家政策发生变化时，可以对哪些工程内容的单价进行调整以及如何调整等。因此，承包单位的风险就相对较小。

在工程实践中，采用单价合同有时也会根据估算的工程量计算一个初步的合同总价，作为投标报价和签订合同之用。但是，当初步的合同总价与各项单价乘以实际完成的工程量之和发生矛盾时，则肯定以后者为准，即单价优先。实际工程款的支付也将以实际完成工程量乘以合同单价进行计算。单价合同适用于招标时尚无详细图纸或设计内容尚不十分明确，只是结构形式已经确定，工程量还不够准确的情况。当采用总承包合同时，可以一部分项目采用总价合同，另一部分项目采用单价合同。

3）成本加酬金合同

成本加酬金合同也称成本补偿合同，这是与固定总价合同正好相反的合同，工程项目的最终合同价格将按照工程的实际成本再加上一定的酬金进行计算。在签订合同时，工程实际成本通常不能确定，只能确定酬金的取值比例或者计算原则。

采用这种合同，承包单位不承担任何价格变化或工程量变化的风险，这些风险主要由建设单位承担，不利于建设单位的投资控制。而承包单位则往往缺乏控制成本的积极性，常常不仅不愿意控制成本，甚至还会期望提高成本以提高自己的经济效益，因此这种合同容易被那些不道德或不称职的承包单位滥用，从而损害工程的整体效益。所以，应该尽量避免采用这种合同。

成本加酬金合同通常适用于以下情况：

①工程特别复杂，工程技术、结构方案不能预先确定，或者尽管可以确定工程技术和结构方案，但是不可能进行竞争性的招标活动并以总价合同或单价合同形式确定承包单位。

②时间特别紧迫，来不及进行详细的计划和商谈。

对建设单位而言，这种合同形式也有一定的优点，表现在：可以通过分段施工缩短工期，而不必等所有施工图完成才开始招标和施工；可以减少承包单位的对立情绪，承包单位对工程变更和不可预见条件的反应会比较积极；可以利用承包单位施工技术专家，帮助改进或弥补设计中的不足；建设单位可以根据自身力量和需要，较深入地介入和控制工程施工和管理；也可以通过确定最大保证价格约束工程成本不超过某一限值，从而转移一部分风险。

对承包单位来说，这种合同比固定总价的风险低，利润比较有保证，因而积极性比较高。其缺点是合同的不确定性，由于设计未完成，无法准确确定合同的工程内容、工程量以及合同的终止时间，有时难以对工程计划进行合理安排。

成本加酬金合同主要有以下几种形式：

①成本加固定费用合同。由双方确定一笔固定数目的报酬金额作为管理费及利润，对人工、材料、机械台班等直接成本实报实销。

②成本加固定比例费用合同。工程成本中直接费加一定比例的报酬费，报酬部分的比例在签订合同时由双方确定。

③成本加奖金合同。奖金是根据报价书中的成本估算指标制定的，在合同中对这个估算指标规定一个顶点，承包单位在估算指标的顶点以下完成工程则可得到奖金。超过顶点则要对超出部分支付罚款。

④最大成本加费用合同。在工程成本总价合同基础上加固定酬金的方式，即当设计深度达到可以报总价的深度，投标人报一个工程成本总价和一个固定的酬金（包括各项管理费、风险费和利润）。如果实际成本超过合同中规定的工程成本总价，由承包单位承担所有的额外费用；若实施过程中节约了成本，节约的部分归建设单位，或者由建设单位与承包单位分享，在合同中要确定节约分成比例。在风险型CM模式合同中就采用这种方式。

2. 风景园林工程合同类型的选择

对于合同在不同计价方式下的各种形式，在使用时应考虑各类合同的适用范围、责权利分配、风险分担等特点，结合实际情况加以选择，有时在一个项目的不同分项中可以选择两种以上的合同类型。选择时应考虑的因素有：

（1）风景园林工程项目设计的深度。一般来说，如果一个风景园林工程项目仅达到可行性研究概念设计阶段，只要求满足项目总造价控制、主要材料苗木订货，多采用成本加酬金合同；如果工程项目达到初步设计深度，已能满足设计单位方案中的重大技术问题、试验和设备制造要求的，可采用单价合同；如果工程项目达到施工图设计阶段，能满足施工图预算编制、施工组织设计、设备材料安排的，则可采用总价合同。

（2）风景园林工程项目规模和复杂程度。规模大、复杂程度高的风景园林工程项目往往意味着项目风险也较大，对承包单位的技术水平要求也较高。在这种情况下，选用总价合同会造成承包单位报价较高，可部分采用固定总价合同，而估算不准的部分则采用单价合同或成本加酬金合同。

（3）项目管理模式和管理水平。若建设单位自身的管理水平和管理力量不够，而项目规模又比较大，可选用管理费总价合同，聘请项目管理单位，代表建设单位进行项目管理。若建设单位项目管理水平较高的，合同类型的选择范围就比较大。

（4）工程项目的准备时间和工程进度的紧迫程度。工程项目准备时间包括建设单位的准备工作和承包单位的准备工作，不同的合同类型需要不同的准备时间和准备费用，对设计的要求也不同。其中以成本加酬金合同更适宜于时间要求紧急的项目，但由于承包单位不承担合同风险，虽能保证获利，但获利较小，同时承包单位不关心成本的降低，建设单位须加强对工程的控制，在应用上也受到较大限制。

（5）工程项目外部因素。工程项目外部因素包括项目竞争情况和项目所在地的风险，如政治局势、通货膨胀、恶劣气候等。项目环境不可预测的因素很多、风险又大时，承包单位很难接受总价合同，若愿意承包工程的潜在投标人多，则建设单位拥有较多的主动权，可按总价合同、单价合同、成本加酬金合同的顺序进行选择。

（6）承包单位的意愿和能力。在选择合同类型时，建设单位一般占有主动权，在考虑自己的利益和工程项目综合因素的同时，也应考虑承包单位的承受能力，确定双方都能认可的合同类型。

工程项目合同类型的选择，直接影响到工程项目合同管理方式，还将直接影响管理成本，因此建设单位必须给予足够的重视。需要指出的是，不管采用哪一种合同类型，建设单位都要对项目建设承担最终责任。

5.1.4 风景园林工程合同的通用内容

（1）合同的序文。主要包括合同当事人的名称、法定地址以及定义和解释。

（2）合同宗旨。主要是说明工程项目实施的依据，工程项目性质、规模和质量要求，执行的技术标准和规范，设备材料和苗木供应条件等。

（3）合同各方的权利和职责。主要是明确规定发包单位和承包单位各自的权利及相应承担的义务和责任范围，并规定在未履行合同义务、给对方造成损失的情况下的处理和补偿办法。

（4）合同价格条款和支付条款。一般应包括合同总价及单项价格、计价货币、支付期限和支付地点、延期付款的利息、预付款和结算等。

（5）开工与工期。

（6）保险条款。

（7）维修和验收条款。工程竣工后，按验收条款组织验收。经验收认为不合格的工程缺陷，必须在维修期内返工、维修，直至复验合格。

（8）保证条款。保证条款是指合同双方当事人为确保合同的履行，共同协商而采取的具有法律效力的书面保证条款。

（9）税务条款。

（10）变更、索赔及违约条款。包括变更的提出、认定、估价，变更的临时支付，以及索赔通知、索赔证据提供和索赔的评估处理等。

（11）不可抗力条款。在发生战争、地震、自然灾害等非人力所能控制的危险或意外事件时合同处理方式。

（12）争议解决及仲裁条款。一般包括调解机构和调解程序，仲裁地点、仲裁机构和仲裁效力等。这是工程项目合同中都应该包括的、非常重要的条款。

（13）终止条款。条款规定合同可以在某些事件发生时终止。

（14）其他条款。主要包括合同文本，合同语言，合同适用法律和法规，合同签字的时间、地点和合同生效等条款。

对于风景园林工程项目施工合同，除了通用条件外，为适应工程项目具体情况和特殊要求，一般还要编制所谓的“合同专用条件”。合同专用条件应根据具体项目的具体要求拟订。凡合同通用条件不符合风景园林工程项目要求或未能包括风景园林工程项目要求的，必须在合同专用条件中进行删除、更改或增补。在合同执行中，如果通用条件与专用条件不一致而产生矛盾时，应以专用条件为准。

5.1.5 风景园林工程合同文件的组成

1. 合同文件的组成

以我国现行施工合同示范文本为例，风景园林工程项目施工合同文件的组成包含：

（1）施工合同协议书。

（2）中标通知书。

（3）投标书及其附件。

（4）施工合同专用条款。

（5）施工合同通用条款。

（6）标准、规范及有关技术文件。

（7）图纸。

（8）工程量清单。

（9）工程报价单或预算书。

合同履行过程中，双方有关工程的洽商、变更等书面协议或文件，视为协议书的组成部分，构成对双方有约束力的合同文件。

2. 处理合同文件矛盾或歧义的程序

按照通用条款规定，当合同文件内容含糊不清或不一致时，在不影响风景园林工程项目正常进行的情况下，建设单位和承包单位应协商解决。在九部委（中华人民共和国国家发展和改革委员会、中华人民共和国财政部、中华人民共和国住房和城乡建设部、中华人民共和国铁道部、中华人民共和国交通运输部、中华人民共和国工业与信息化部、中华人民共和国水利部、中华人民共和国民用航空总局、中华人民共和国广播电影电视总局）联合发布的《中华人民共和国标准施工招标文件》(2012年版）中，合同的组成及优先顺序为：

（1）合同协议书。

（2）中标通知书。

（3）投标函及投标函附录。

（4）专用合同条款。

（5）通用合同条款。

（6）发包人要求。

（7）承包人建议书。

（8）价格清单。

（9）其他合同文件。

5.1.6 风景园林工程合同范本

1. 合同示范文本

风景园林工程项目国内合同示范文本主要包括国家住房城乡建设部、国家工商管理总局联合颁布的《建设工程施工合同（示范文本)》GF–0201,《建设工程委托监理合同（示范文本)》GF–0202,《建设工程勘察合同（示范文本)》GF–0203,《建设工程设计合同（示范文本)》GF–0209,《建设工程造价咨询合同（示范文本)》GF–0212,《建设工程施工专业分包合同（示范文本)》GF–0213,《建设工程施工劳务合同（示范文本)》GF–0214,《建设工程招标代理合同（示范文本)》GF–0215，以及九部委联合制定的《中华人民共和国标准施工招标资格预审文件》(2007年版）和《中华人民共和国标准施工招标文件》(2007年版）及相关附件。

风景园林工程项目国际重要的示范合同文本包括ICE合同文本（英国土木工程师学会与土木工程承包单位协会联合颁布)、ECC合同文本（英国工程师学会颁布)、JCT合同文本（英国联合合同仲裁庭颁布)、RIBA合同文本（英国皇家建筑师学会颁布)、NEC合同文本（英国土木工程师协会颁布)、AIA合同文本（美国建筑师学会颁布）以及国际咨询工程师联合会(FIDIC）颁布的系列合同文本等。

2. 选择合同条件的注意事项

（1）通常选择已经得到广泛认可，并与双方管理水平相适应、双方熟悉的合同条件。

（2）合同条款应严格、准确、细致、周密，并具有完善的程序和可操作性，尽可能避免合同争议和纠纷。

（3）采用国际常用合同条件时，一是要注意适用法律和税务条件，并应符合我国有关法律、法规和有关规定；二是在选用国际常用合同条件时，除采用其通用条款外，要有适合工程项目特点、符合建设单位要求的专用条款或特殊条件，保护建设单位的利益。

（4）选用国内有关部门或行业部门推荐的合同样本或示范文本时，对其通用条款不应随意修改或删减，要保持合同的完整性，但可以补充符合工程项目特点和建设单位要求的专用条款。

5.2 风景园林工程项目勘察设计合同管理

5.2.1 风景园林工程项目勘察设计合同管理概念

建设工程勘察合同是指根据建设工程的要求，查明、分析、评价建设场地的地质地理环境特征和岩土工程条件，编制建设工程勘察文件订立的协议。建设工程设计合同是指根据建设工程的要求，对建设工程所需的技术、经济、资源、环境等条件进行综合分析、论证，编制建设工程设计文件的协议。

发包人通过招标方式与选择的中标人就委托的勘察、设计任务签订合同。订立合同委托勘察、设计任务是发包人和承包人的自主市场行为，但必须遵守《中华人民共和国合同法》、《中华人民共和国建筑法》、《建设工程勘察设计管理条例》、《建设工程勘察设计市场管理规定》等法律和法规的要求。为了保证勘察、设计合同的内容完备、责任明确、风险责任分担合理，建设部和国家工商行政管理局联合颁布了《建设工程勘察合同示范文本》和《建设工程设计合同示范文本》。

5.2.2 风景园林工程项目勘察合同的订立

1. 风景园林工程勘察合同委托的内容

风景园林工程勘察合同是指发包人与勘察人就完成风景园林工程项目地理、地质、资源状况的调查研究工作而达成的明确双方权利、义务的协议。风景园林工程勘察，是指根据风景园林工程的要求，查明、分析、评价建设场地的地质地理环境特征、资源状况和岩土工程条件，编制风景园林工程勘察文件的活动。勘察的内容一般包括动植物资源勘察、工程测量、水文地质勘察和工程地质勘察，目的在于查明风景园林工程项目建设地点的地形地貌、地层土壤岩型、地质构造、水文条件、资源等自然地质条件资料，做出鉴定和综合评价，为建设项目的工程设计和施工提供科学的依据。就具体工程项目的需求而言，可以委托勘察人承担一项或多项工作，订立合同时应具体明确约定勘察工作范围和成果要求。

1）工程测量

主要包括平面控制测量、高程控制测量、地形测量、摄影测量、线路测量和绘制测量图等项工作，其目的是为建设项目的选址（选线）设计和施工提供有关地形地貌的依据。

2）水文地质勘察

一般包括水文地质测绘、地下水动态观测、水文地质参数计算、地下水资源评价和地下水资源保护方案等工作，为建设提供有关供水地下水源的详细资料。

3）工程地质勘察

主要包括选址勘察、初步勘察、详细勘察以及施工勘察。选址勘察主要解决工程地址的确定问题；初步勘察是为了初步设计做好基础性工作，详细勘察和施工勘察则主要针对建设工程地基做出评价，并为地基处理和加固基础而进行深层次勘察。

4）动植物资源勘察

主要包括动物种类勘查、植物种类勘查、植物群落类型勘查、植物群落外貌勘查、植物群落结构勘查等内容，为项目规划设计提供有关动植物资源的详细资料。

2. 风景园林工程勘察合同当事人

风景园林工程勘察合同当事人包括发包人和勘察人。发包人通常可能是风景园林工程建设项目的建设单位或者风景园林工程总承包单位。勘察工作是一项专业性很强的工作，是工程质量保障的基础。因此，国家对勘察合同的勘察人有严格的管理制度。勘察人必须具备以下条件：

（1）依据我国法律规定，作为承包人的勘察单位必须具备法人资格，任何其他组织和个人均不能成为承包人。这不仅是因为风景园林工程项目具有投资大、周期长、质量要求高、技术要求强、事关国计民生等特点，还因为勘察设计是风景园林工程建设的重中之重，影响整个风景园林工程建设的成败，因此一般的非法人组织和自然人是无法承担的。

（2）风景园林工程勘察合同的承包方须持有工商行政管理部门核发的企业法人营业执照，并且必须在其核准的经营范围内从事建设活动。超越其经营范围订立的风景园林工程勘察合同为无效合同。因为风景园林工程勘察业务需要专门的技术和设备，只有取得相应资质的企业才能经营。

（3）风景园林工程勘察合同的承包方必须持有建设行政主管部门颁发的工程勘察资质证书、工程勘察收费资格证书，而且应当在其资质等级许可的范围内承揽风景园林工程勘察、设计业务。

关于风景园林工程勘察设计企业资质管理制度，我国法律、行政法规以及大量的规章均作了十分具体的规定。建设工程勘察、设计企业应当按照其拥有的注册资本，专业技术、人员、技术装备和勘察设计业绩等条件申请资质，经审查合格，取得建设工程勘察、设计资质证书后，方可在资质等级许可的范围内从事建设工程勘察、设计活动。取得资质证书的建设工程勘察、设计企业可以从事相应的建设工程勘察、设计咨询和技术服务。

工程勘察资质分为工程勘察综合资质、工程勘察专业资质、工程勘察劳务资质。工程勘察综合资质只设甲级；工程勘察专业资质设甲级、乙级，根据工程性质和技术特点，部分专业可以设丙级；工程勘察劳务资质不分等级。取得工程勘察综合资质的企业，可以承接各专业（海洋工程勘察除外）、各等级工程勘察业务；取得工程勘察专业资质的企业，可以承接相应等级相应专业的工程勘察业务；取得工程勘察劳务资质的企业，可以承接岩土工程治理、工程钻探、凿井等工程勘察业务。

3. 订立风景园林工程勘察合同时应约定的内容

（1）发包人应向勘察人提供的文件资料

发包人应及时向勘察人提供下列文件资料，并对其准确性、可靠性负责，通常包括：

1）本工程的批准文件（复印件），以及用地（附红线范围）、施工、勘察许可等批件（复印件）。

2）工程勘察任务委托书、技术要求和工作范围的地形图、建筑总平面布置图。

3）勘察工作范围已有的技术资料及工程所需的坐标与标高资料。

4）勘察工作范围地下已有埋藏物的资料（如电力、电信电缆、各种管道、人防设施、洞室等）及具体位置分布图。

5）其他必要相关资料。

如果发包人不能提供上述资料，一项或多项由勘察人收集时，订立合同时应予以明确，发包人需向勘察人支付相应费用。

（2）发包人应为勘察人提供现场的工作条件

根据项目的具体情况，双方可以在合同内约定由发包人负责保证勘察工作顺利开展应提供的条件，包括：

1）落实土地征用、清苗树木赔偿。

2）拆除地上地下障碍物。

3）处理施工扰民及影响施工正常进行的有关问题。

4）平整施工现场。

5）修好通行道路、接通电源水源、挖好排水沟渠以及提供水上作业用船等。

（3）勘察工作的成果

在明确委托勘察工作的基础上，约定勘察成果的内容、形式以及成果的要求等。具体写明勘察人应向发包人交付的报告、成果、文件的名称，交付数量、交付时间和内容要求。

（4）勘察费用的阶段支付

订立合同时约定工程费用阶段支付的时间、占合同总金额的百分比和相应的款额。勘察合同的阶段支付时间通常按勘察工作完成的进度，或委托勘察范围内的各项工作中提交了某部分的成果报告进行分阶段支付，而不是按月支付。

（5）合同约定的勘察工作开始和终止时间

当事人双方应在订立的合同内，明确约定勘察工作开始的日期，以及交付勘察成果的时间。

（6）合同争议的最终解决方式

明确约定解决合同争议的最终方式是采用仲裁或诉讼。采用仲裁时，需注明仲裁委员会的名称。

5.2.3 风景园林工程项目设计合同的订立

1. 风景园林工程设计的内容

建设工程设计合同，是指设计人依据约定向发包人提供建设工程设计文件，发包人受领该成果并按约定支付酬金的合同。建设工程设计，是指根据建设工程的要求，对建设工程所需的技术、经济、资源、环境等条件进行综合分析、论证，编制建设工程设计文件。

设计是基本建设的重要环节。在建设项目的选址和设计任务书已确定的情况下，建设项目能否保证技术上先进和经济上合理，设计将起着决定作用。

按我国现行规定，一般建设项目按初步设计和施工图设计两个阶段进行，对于技术复杂而又缺乏经验的项目，可以增加技术设计阶段。

2. 风景园林工程设计合同当事人

风景园林工程设计合同当事人包括发包人和设计人。发包人通常也是风景园林工程建设项目的业主（建设单位）或者项目管理部门（如工程总承包单位）。承包人则是设计人，设计人须为具有相应设计资质的企业法人。工程设计资质分为工程设计综合资质、工程设计行业资质、工程设计专业资质和工程设计专项资质。工程设计综合资质只设甲级；工程设计行业资质、工程设计专业资质、工程设计专项资质设甲级、乙级。根据工程性质和技术特点，个别行业、专业、专项资质可以设丙级，建筑工程专业资质可以设丁级。

取得工程设计综合资质的企业，可以承接各行业、各等级的建设工程设计业务；取得工程设计行业资质的企业，可以承接相应行业相应等级的工程设计业务及本行业范围内同级别的相应专业、专项（设计施工一体化资质除外，2017年4月14日住房和城乡建设部官网正式发布通知，取消城市园林绿化企业资质）工程设计业务；取得工程设计专业资质的企业，可以承接本专业相应等级的专业工程设计业务及同级别的相应专项工程设计业务（设计施工一体化资质除外）；取得工程设计专项资质的企业，可以承接本专项相应等级的专项工程设计业务。

3. 订立风景园林工程设计合同时应约定的内容

（1）委托设计项目的内容

订立设计合同时应明确委托设计项目的具体要求，包括分项工程、单位工程的名称、设计阶段和各部分的设计费，需明确各分项名称对应的建设规模、设计人承担的设计任务是全过程设计（方案设计、初步设计、施工图设计），还是部分阶段的设计任务，还需明确分项名称的总投资以及相应的设计费用。

（2）发包人应向设计人提供的有关资料和文件

1）设计依据文件和资料

①经批准的项目可行性研究报告或项目建议书。

②城市规划许可文件。

③工程勘察资料等。

发包人应向设计人提交的有关资料和文件在合同内需约定资料和文件的名称、份数、提交的时间和有关事宜。

2）项目设计要求

①限额设计的要求。

②设计依据的标准。

③建筑物的设计合理使用年限要求。

④设计深度要求。设计标准可以高于国家规范的强制性规定，发包人不得要求设计人违反国家有关标准进行设计。方案设计文件应当满足编制初步设计文件和控制概算的需要；初步设计文件，应当满足编制施工招标文件、主要材料苗木订货和编制施工图设计文件的需要；施工图设计文件，应当满足材料苗木采购、非标准设备制作和施工的需要，并注明建设工程合理使用年限。具体内容要根据项目的特点在合同内约定。

⑤设计人配合施工工作的要求，包括向发包人和施工承包人进行设计交底；处理有关设计问题；参加重要隐蔽工程部位验收和竣工验收等事项。

⑥法律、法规规定应满足的其他条件。

3）工作开始和终止时间

合同内约定设计工作开始和终止的时间，作为设计期限。

4）设计费用的支付

合同双方不得违反国家有关最低收费标准的规定，任意压低勘察、设计费用。合同内除了写明双方约定的总设计费外，还需列明分阶段支付进度款的条件、占总设计费的百分比及金额。

5）发包人应为设计人提供现场的服务

可能包括施工现场的工作条件、生活条件及交通等方面的具体内容。

6）设计人应交付的设计资料和文件

明确分项列明设计人应向发包人交付的设计资料和文件，包括资料和文件的名称、份数、提交日期和其他有关事项的要求。

7）违约责任

需要约定的内容包括承担违约责任的条件和违约金的计算方法等。

8）合同争议的最终解决方式

约定仲裁或诉讼为解决合同争议的最终方式。

5.2.4 风景园林工程勘察设计合同的发包方式

建设工程勘察、设计发包依法实行招标发包或者直接发包。建设工程勘察设计应当依照《招标投标法》的规定，实行招标发包。直接发包是指建设单位不通过招标方式，将建设工程勘察设计业务直接发包给选定的建设工程勘察设计单位。直接发包仅适合特殊工程项目和特定情况下建设工程勘察、设计业务的发包。下列建设工程的勘察、设计，经有关部门批准，可以直接发包：①采用特定的专利或者专有技术的；②建筑艺术造型有特殊要求的；③国务院规定的其他建设工程的勘察、设计。

发包方可以将整个建设工程的勘察、设计发包给一个勘察、设计单位，也可以分别发包给几个勘察、设计单位。除建设工程主体部分的勘察、设计外，经发包方书面同意，承包方可以将建设工程其他部分的勘察、设计再分包给其他具有相应资质等级的建设工程勘察、设计单位。建设工程勘察设计单位不得将所承揽的建设工程勘察业务转包。

5.2.5 风景园林工程勘察合同履行管理

1. 勘察合同双方的职责

（1）发包人的责任

1）在勘察现场范围内，不属于委托勘察任务而又没有资料、图纸的地区（段），发包人应负责查清地下埋藏物。若因未提供上述资料、图纸，或提供的资料图纸不可靠、地下埋藏物不清，致使勘察人在勘察工作过程中发生人身伤害或造成经济损失时，由发包人承担民事责任。

2）若勘察现场需要看守，特别是在有毒、有害等危险现场作业时，发包人应派人负责安全保卫工作。按国家有关规定，对从事危险作业的现场人员进行保健防护，并承担费用。

3）工程勘察前，属于发包人负责提供的材料，应根据勘察人提出的工程用料计划，按时提供各种材料及其产品合格证明，并承担费用和运到现场，派人与勘察人的工作人员一起验收。

4）勘察过程中的任何变更，经办理正式变更手续后，发包人应按实际发生的工作量支付勘察费。

5）为勘察人的工作人员提供必要的生产、生活条件，并承担费用；如不能提供时，应一次性付给勘察人临时设施费。

6）发包人若要求在合同规定时间内提前完工（或提交勘察成果资料）时，发包人应按每提前一天向勘察人支付计算的加班费。

7）发包人应保护勘察人的投标书、勘察方案、报告书、文件、资料图纸、数据、特殊工艺（方法）、专利技术和合理化建议。未经勘察人同意，发包人不得复制、不得泄露、不得擅自修改、传送或向第三人转让或用于本合同外的项目。

（2）勘察人的责任

1）勘察人应按国家技术规范、标准、规程和发包人的任务委托书及技术要求进行工程勘察，按合同规定的时间提交质量合格的勘察成果资料，并对其负责。

2）由于勘察人提供的勘察成果资料质量不合格，勘察人应负责无偿给予补充完善使其达到质量合格。若勘察人无力补充完善，需另行委托其他单位时，勘察人应承担全部勘察费用。因勘察质量造成重大经济损失或工程事故时，勘察人除应负法律责任和免收直接受损失部分的勘察费外，并根据损失程度向发包人支付赔偿金。赔偿金由发包人、勘察人在合同内约定实际损失的某一百分比。

3）勘察过程中，根据工程的岩土工程条件（或工作现场地形地貌、地质和水文地质条件）及技术规范要求，向发包人提出增减工作量或修改勘察工作的意见，并办理正式变更手续。

（3）勘察合同的工期

勘察人应在合同约定的时间内提交勘察成果资料，勘察工作有效期限以发包人下达的开工通知书或合同规定的时间为准。出现下列情况时，可以相应延长合同工期：

1）变更。

2）工作量变化。

3）不可抗力影响。

4）非勘察人原因造成的停、窝工等。

（4）勘察费用的支付

合同中约定的勘察费用计价方式，可以采用以下方式中的一种：按国家规定的现行收费标准取费；预算包干；中标价加签证；实际完成工作量结算等。在合同履行中，应当按照下列要求支付勘察费用：

1）合同生效后3天内，发包人应向勘察人支付预算勘察费的20%作为定金。

2）勘察工作外业结束后，发包人向勘察人支付约定勘察费的某一百分比。对于勘察规模大、工期长的大型勘察工程，还可将这笔费用按实际完成的勘察进度分解，向勘察人分阶段支付工程进度款。

3）提交勘察成果资料后10天内，发包人应一次付清全部工程费用。

2. 违约责任

（1）发包人的违约责任

1）由于发包人未给勘察人提供必要的工作生活条件而造成停、窝工或来回进出场地，发包人应承担的责任包括：

①付给勘察人停、窝工费，金额按预算的平均工日产值计算。

②工期按实际延误的工日顺延。

③补偿勘察人来回的进出场费和调遣费。

2）合同履行期间，由于工程停建而终止合同或发包人要求解除合同时，勘察人未进行勘察工作的，不退还发包人已付定金；已进行勘察工作的，完成的工作量在50%以内时，发包人应向勘察人支付预算额50%的勘察费；完成的工作量超过50%时，则应向勘察人支付预算额100%的勘察费。

3）发包人未按合同规定时间（日期）拨付勘察费，每超过一日，应偿付未支付勘察费的千分之一逾期违约金。

4）发包人不履行合同时，无权要求返还定金。

（2）勘察人的违约责任

1）由于勘察人原因造成勘察成果资料质量不合格，不能满足技术要求时，其返工勘察费用由勘察人承担。对交付的报告、成果、文件达不到合同约定条件的部分，发包人可要求承包人返工，承包人按发包人要求的时间返工，直到符合约定条件。返工后仍不能达到约定条件，承包人承担违约责任，并根据由此造成的损失程度向发包人支付赔偿金，赔偿金额最高不超过返工项目的收费额。

2）由于勘察人原因未按合同规定时间（日期）提交勘察成果资料，每超过一日，应减收勘察费千分之一。

3）勘察人不履行合同时，应双倍返还定金。

5.2.6 风景园林工程设计合同履行管理

1. 发包人应向设计人提供的文件资料

（1）按时提供设计依据文件和基础资料

发包人应当按照合同内约定时间，一次性或陆续向设计人提交设计的依据文件和相关资料以保证设计工作的顺利进行。如果发包人提交上述资料及文件超过规定期限15天以内，设计人规定的交付设计文件时间相应顺延；交付上述资料及文件超过规定期限15天以上时，设计人有权重新确定提交设计文件的时间。进行专业工程设计时，如果设计文件中需选用国家标准图、部标准图及地方标准图，应由发包人负责解决。

一般来说，各个设计阶段需发包人提供的资料和文件有以下几种：

1）方案设计阶段：①规划部门的规划要点、规划设计条件、选址意见书（有的地区，如北京，将其合并为规划意见书），确认建设项目的性质、规模、布局是否符合批准的修建性详细规划的要求，确定建设用地及代征城市公共用地范围和面积等；②场地规划红线图，确定规划批准的建筑物占地范围；③场地地形坐标图，确定建筑场地的地形坐标；④设计任务书，提出设计条件、设计依据和设计总体要求。

2）初步设计阶段：除方案设计阶段应提供的资料和文件外，尚需发包人提供以下资料：①已批准的方案设计资料；②场地工程勘察报告（初勘或详勘）。由勘察部门对场地地质、水文条件进行分析，提出试验报告，并对地基处理和基础选型提出建议；③有关水、电、气、燃料等能源供应情况的资料；④有关公用设施和交通运输条件的资料；⑤有关使用要求或生产工艺等资料；⑥如工程设计项目属于技术改造或者扩建项目时，发包人还应提供企业生产现状的资料、原设计资料和对现状的检测资料。

3）施工图设计阶段：除初步设计阶段应提供的资料和文件外，尚需发包人提供以下资料：①已批准的初步设计资料；②场地工程勘察报告（详勘）。

同时，设计人应当根据发包人的设计进度要求，要求发包人明确其提供相关资料的时间，以避免因发包人提供资料不及时而造成设计延误。实践中，设计人对发包人提交资料和文件的时间一般容易忽视，往往不填写提交日期，一旦发生纠纷，违约方可能会以此为借口逃避责任的承担。因此，双方当事人应对该条款引起足够重视。

（2）对资料的正确性负责

尽管提供的某些资料不是发包人自己完成的，如作为设计依据的勘察资料和数据等，但就设计合同的当事人而言，发包人仍需对所提交基础资料及文件的完整性、正确性及时限负责。

2. 设计合同双方的职责

（1）发包人的责任

1）提供必要的现场开展工作条件

由于设计人完成设计工作的主要地点不是施工现场，因此发包人有义务为设计人在现场工作期间提供必要的工作、生活等方便条件。发包人为设计人派驻现场的工作人员提供的方便条件可能涉及工作、生活、交通等方面的便利条件，以及必要的劳动保护装备。

2）外部协调工作

设计的阶段成果（初步设计、技术设计、施工图设计）完成后，应由发包人组织鉴定和验收，并负责向发包人的上级或有管理资质的设计审批部门完成报批手续。

施工图设计完成后，发包人应将施工图报送建设行政主管部门，由建设行政主管部门委托的审查机构进行结构安全和强制性标准、规范执行情况等内容的审查。发包人和设计人必须共同保证施工图设计满足以下条件：

①建筑物（包括地基基础、主体结构体系）的设计稳定、安全、可靠。

②设计符合消防、节能、环保、抗震、卫生、人防等有关强制性标准、规范。

③设计的施工图达到规定的设计深度。

④不存在有可能损害公共利益的其他影响。

3）其他相关工作

发包人委托设计配合引进项目的设计任务，从询价、对外谈判、国内外技术考察直至建成投产的各个阶段，应吸收承担有关设计任务的设计人参加。出国费用，除制装费外，其他费用由发包人支付。

发包人委托设计人承担合同约定委托范围之外的服务工作，需另行支付费用。

4）保护设计人的知识产权

发包人应保护设计人的投标书、设计方案、文件、资料图纸、数据、计算软件和专利技术。未经设计人同意，发包人对设计人交付的设计资料及文件不得擅自修改、复制或向第三人转让或用于本合同外的项目。如发生以上情况，发包人应负法律责任，设计人有权向发包人提出索赔。

5）遵循合理设计周期的规律

如果发包人从施工进度的需要或其他方面的考虑，要求设计人比合同规定的时间提前交付设计文件时，须征得设计人同意。设计的质量是工程发挥预期效益的基本保障，发包人不应严重背离合理设计周期的规律，强迫设计人不合理地缩短设计周期的时间。若双方经过协商达成一致并签订提前交付设计文件的协议后，发包人应支付相应的赶工费。

（2）设计人的责任

1）保证设计质量

保证工程设计质量是设计人的基本责任。设计人应依据批准的可行性研究报告、勘察资料，在满足国家规定的设计规范、规程、技术标准的基础上，按合同规定的标准完成各阶段的设计任务，并对提交的设计文件质量负责。在投资限额内，鼓励设计人采用先进的设计思想和方案。但若设计文件中采用的新技术、新材料可能影响工程的质量或安全，而又没有国家标准时，应当由国家认可的检测机构进行试验、论证，并经国务院有关部门或省、自治区、直辖市有关部门组织的建设工程技术专家委员会审定后方可使用。

负责设计的建（构）筑物需注明设计的合理使用年限。设计文件中选用的苗木、材料、构配件等，应注明规格、型号、性能等技术指标，其质量要求必须符合国家规定的标准。

各设计阶段设计文件审查会提出的修改意见，设计人应负责修正和完善。设计人交付设计资料及文件后，需按规定参加有关的设计审查，并根据审查结论负责对不超出原定范围的内容做必要调整补充。

《建设工程质量管理条例》规定：设计单位未根据勘察成果文件进行工程设计；设计单位指定建筑材料、建筑构配件的生产厂、供应商；设计单位未按照工程建设强制性标准进行设计的，均属于违反法律和法规的行为，要追究设计人的责任。

2）各设计阶段的工作任务

①初步设计：总体设计，方案设计（主要包括空间规划布局、景点意向设计、工艺设计、方案比选等），编制初步设计文件（主要包括完善选定的方案、分专业设计并汇总、编制说明与概算、参加初步设计审查会议、修正初步设计等）。

②技术设计：技术设计（可能包括工艺流程试验研究、特殊设备的研制、大型构筑物关键部位的试验、研究等），编制技术设计文件，参加初步审查并做必要修正。

③施工图设计：种植设计，建筑设计，结构设计，设施设计，专业设计的协调，编制施工图设计文件。

3）配合施工的义务

①设计交底。设计人在建设工程施工前，需向施工承包人和施工监理人说明建设工程勘察、设计意图，解释建设工程勘察、设计文件，以保证施工工艺达到设计预期的水平要求。

设计人按合同规定时限交付设计资料及文件后，本年内项目开始施工，负责向发包人及施工单位进行设计交底、处理有关设计问题和参加竣工验收。如果在一年内项目未开始施工，设计人仍应负责上述工作，但按所需工作量向发包人适当收取咨询服务费，收费额由双方以补充协议商定。

②解决施工中出现的设计问题。设计人有义务解决施工中出现的设计问题，如属于设计变更的范围，按照变更原因的责任确定费用负担责任。

发包人要求设计人派专人留驻施工现场进行配合与解决有关问题时，双方应另行签订补充协议或技术咨询服务合同。

③工程验收。为了保证建设工程的质量，设计人应按合同约定参加工程验收工作。

这些约定的工作可能涉及重要部位的隐蔽工程验收、试水验收和竣工验收。

4）保护发包人的知识产权

设计人应保护发包人的知识产权，不得向第三人泄露、转让发包人提交的产品图纸等技术经济资料。如发生以上情况并给发包人造成经济损失，发包人有权向设计人索赔。

（3）设计费的支付

1）定金的支付

设计合同由于采用定金担保，因此合同内没有预付款。发包人应在合同生效后3天内，支付设计费总额的20%作为定金。在合同履行的中期支付过程中，定金不参与结算，双方的合同义务全部完成进行合同结算时，定金可以抵作设计费或收回。

2）合同价格

在现行体制下，建设工程勘察、设计发包方与承包方应当执行国家有关建设工程勘察费、设计费的管理规定。签订合同时，双方商定合同的设计费，收费依据和计算方法按国家和地方有关规定执行。国家和地方没有规定的，由双方商定。

如果合同内约定的费用为估算设计费，则双方在初步设计审批后，需按批准的初步设计概算核算设计费。工程建设期间如遇概算调整，则设计费也应做相应调整。

3）支付管理原则

①设计人按合同约定提交相应报告、成果或阶段的设计文件后，发包人及时支付约定的各阶段设计费。

②设计人提交最后一部分施工图的同时，发包人应结清全部设计费，不留尾款。

③实际设计费按初步设计概算核定，多退少补。实际设计费与估算设计费出现差额时，双方需另行签订补充协议。

④发包人委托设计人承担本合同内容之外的工作服务，另行支付费用。

4）按设计阶段支付费用的百分比

①合同生效3天内，发包人支付设计费总额的20%作为定金。此笔费用支付后，设计人可以自主使用。

②设计人提交初步设计文件后3天内，发包人应支付设计费总额的30%。

③施工图阶段，当设计人按合同约定提交阶段性设计成果后，发包人应依据约定的支付条件、所完成的施工图工作量比例和时间，分期分批向设计人支付剩余总设计费的50%。施工图完成后，发包人结清设计费，不留尾款。

（4）设计工作内容的变更

设计合同的变更，通常指设计人承接工作范围和内容的改变。按照发生原因的不同，一般可能涉及以下几个方面的原因：

1）设计人的工作

设计人交付设计资料及文件后，按规定参加有关的设计审查，并根据审查结论负责对不超出原定范围的内容做必要调整补充。

2）委托任务范围内的设计变更

为了维护设计文件的严肃性，经过批准的设计文件不应随意变更。发包人、施工承包人、监理人均不得修改工程勘察、设计文件。如果发包人根据工程的实际需要确需修改勘察、设计文件时，应首先报经原审批机关批准，然后由原建设工程勘察、设计单位修改。经过修改的设计文件仍需按设计管理程序经有关部门审批后使用。

3）委托其他设计单位完成的变更

在某些特殊情况下发包人需要委托其他设计单位完成设计变更工作，如变更增加的设计内容专业性特点较强；超过了设计人资质条件允许承接的工作范围；或施工期间发生的设计变更，设计人由于资源能力所限，不能在要求的时间内完成等原因。在此情况下，发包人经原建设工程设计人书面同意后，也可以委托其他具有相应资质的风景园林工程勘察、设计单位修改。修改单位对修改的勘察、设计文件承担相应责任，设计人不再对修改的部分负责。

4）发包人原因的重大设计变更

发包人变更委托设计项目、规模、条件或因提交的资料错误，或所提交资料作较大修改，以致造成设计人设计需返工时，双方除需另行协商签订补充协议（或另订合同）、重新明确有关条款外，发包人应按设计人所耗工作量向设计人增付设计费。

在未签合同前发包人已同意，设计人为发包人所做的各项设计工作，应按收费标准，相应支付设计费。

3. 违约责任

（1）发包人的违约责任

1）发包人延误支付

发包人应按合同规定的金额和时间向设计人支付设计费，每逾期支付1天，应承担支付金额2‰的逾期违约金，且设计人提交设计文件的时间顺延。逾期超过30天以上时，设计人有权暂停履行下一阶段工作，并书面通知发包人。

2）审批工作的延误

发包人的上级或设计审批部门对设计文件不审批或合同项目停缓建，均视为发包人应承担的风险。设计人提交合同约定的设计文件和相关资料后，按照设计人已完成全部设计任务对待，发包人应按合同规定结清全部设计费。

3）发包人原因要求解除合同

在合同履行期间，发包人要求终止或解除合同，设计人未开始设计工作的，不退还发包人已付的定金；已开始设计工作的，发包人应根据设计人已进行的实际工作量，不足一半时，按该阶段设计费的一半支付；超过一半时，按该阶段设计费的全部支付。

（2）设计人的违约责任

1）设计错误

作为设计人的基本义务，应对设计资料及文件中出现的遗漏或错误负责修改或补充。由于设计人员错误造成工程质量事故损失，设计人除负责采取补救措施外，应免收直接受损失部分的设计费。损失严重的还应根据损失的程度和设计人责任大小向发包人支付赔偿金。范本中要求设计人的赔偿责任按工程实际损失的百分比计算，当事人双方订立合同时需在相关条款内具体约定百分比的数额。

2）设计人延误完成设计任务

由于设计人自身原因，延误了按合同规定交付的设计资料及设计文件的时间，每延误1天，应减收该项目应收设计费的2‰。

3）设计人原因要求解除合同

合同生效后，设计人要求终止或解除合同，设计人应双倍返还定金。

（3）不可抗力事件的影响

由于不可抗力因素致使合同无法履行时，双方应及时协商解决。

5.3 风景园林工程施工合同管理

5.3.1 施工合同管理相关术语

1. 中标通知书

中标通知书是招标人接受中标人的书面承诺文件，具体写明承包的施工标段、中标价、工期、工程质量标准和中标人的项目经理名称。中标价应是在评标过程中对报价的计算或书写错误进行修正后，作为该投标人评标的基准价格。项目经理的名称是中标人的投标文件中说明并已在评标时作为量化评审要素的人选，要求履行合同时必须到位。

2. 投标函及投标函附录

标准施工合同文件组成中的投标函，不同于《建设工程施工合同（示范文本）》GF-

2017–0201 规定的投标书及其附件，仅是投标人置于投标文件首页的保证中标后与发包人签订合同、按照要求提供履约担保、按期完成施工任务的承诺文件。

投标函附录是投标函内承诺部分主要内容的细化，包括项目经理的人选、工期、缺陷责任期、分包的工程部位、公式法调价的基数和系数等的具体说明。因此承包人的承诺文件作为合同组成部分，并非指整个投标文件。也就是说投标文件中的部分内容在订立合同后允许进行修改或调整，如施工前应编制更为详尽的施工组织设计、进度计划等。

3. 其他合同文件

其他合同文件包括的范围较宽，主要针对具体施工项目的行业特点、工程的实际情况、合同管理需要而明确的文件。签订合同协议书时，需要在专用条款中对其他合同文件的具体组成予以明确。

5.3.2 风景园林工程施工合同订立需明确的内容

1. 施工现场范围和施工临时占地

发包人应明确说明施工现场永久工程的占地范围并提供征地图纸，以及属于发包人施工前期配合义务的有关事项，如从现场外部接至现场的施工用水、用电、用气的位置等，以便承包人进行合理的施工组织。

项目施工如果需要临时用地（招标文件中已说明或承包人投标书内提出）要求也需明确占地范围和临时用地移交承包人的时间。

2. 发包人提供图纸的期限和数量

标准施工合同适用于发包人提供设计图纸，承包人负责施工的建设项目。由于初步设计完成后即可进行招标，因此订立合同时必须明确约定发包人陆续提供施工图纸的期限和数量。如果承包人有专利技术且有相应的设计资质，可以约定由承包人完成部分施工图设计。此时也应明确承包人的设计范围，提交设计文件的期限、数量，以及监理人签发图纸修改的期限等。

3. 发包人提供的材料和工程设备

对于包工部分包料的施工承包方式，往往设备和主要建筑材料由发包人负责提供，需明确约定发包人提供的材料和设备分批交货的种类、规格、数量、交货期限和地点等，以便明确合同责任。

4. 异常恶劣的气候条件范围

施工过程中遇到不利于施工的气候条件会直接影响施工效率，甚至被迫停工。气候条件对施工的影响是合同管理中一个比较复杂的问题，“异常恶劣的气候条件”属于发包人的责任，“不利气候条件”对施工的影响则属于承包人应承担的风险，因此应当根据项目所在地的气候特点，在专用条款中明确界定不利于施工的气候和异常恶劣的气候条件之间的界限。如多少毫米以上的降水；多少级以上的大风；多少摄氏度以上的超高温或超低温天气等，以明确合同双方对气候变化影响施工的风险责任。

5. 物价浮动的合同价格调整

（1）基准日期

通用条款规定的基准日期指投标截止日前第 28 天。规定基准日期的作用是划分该日后由于政策法规的变化或市场物价浮动对合同价格影响的责任。承包人投标阶段在基准日后不再进行此方面的调研，进入编制投标文件阶段，因此通用条款在两个方面做出了规定：

1）承包人以基准日期前的市场价格编制工程报价，长期合同中调价公式中的可调因素价格指数来源于基准日的价格；

2）基准日期后，因法律法规、规范标准等的变化，导致承包人在合同履行中所需要的工程成本发生约定以外的增减时，相应调整合同价款。

（2）调价条款

合同履行期间市场价格浮动对施工成本造成的影响是否允许调整合同价格，要视合同工期的长短来决定。

1）简明施工合同的规定

适于工期在 12 个月以内的简明施工合同的通用条款没有调价条款，承包人在投标报价中合理考虑市场价格变化对施工成本的影响，合同履行期间不考虑市场价格变化调整合同价款。

2）标准施工合同的规定

工期 12 个月以上的施工合同，由于承包人在投标阶段不可能合理预测一年以后的市场价格变化，因此应设有调价条款，由发包人和承包人共同分担市场价格变化的风险。标准施工合同通用条款规定用公式法调价，但调整价格的方法仅适用于工程量清单中按单价支付部分的工程款，总价支付部分不考虑物价浮动对合同价格的调整。

（3）公式法调价

1）调价公式

施工过程中每次支付工程进度款时，用该公式综合计算本期内因市场价格浮动应增加或减少的价格调整值。

$$\Delta P = P_0[A+(B_1 \times \frac{F_{t1}}{F_{01}} + B_2 \times \frac{F_{t2}}{F_{02}} + B_3 \times \frac{F_{t3}}{F_{03}} + \cdots + B_n \times \frac{F_{tn}}{F_{0n}})-1] \quad (5\text{-}1)$$

式中 ΔP——需调整的价格差额；

P_0——付款证书中承包人应得到的已完成工程量的金额，不包括价格调整、质量保证金的扣留、预付款的支付和扣回，变更及其他金额已按现行价格计价的也不计在内；

A——定值权重（即不调部分的权重）；

B_1，B_2，B_3，…，B_n——各可调因子的变值权重（即可调部分的权重）为各可调因子在投标函投标总报价中所占的比例；

F_{t1}，F_{t2}，F_{t3}，…，F_{tn}——各可调因子的现行价格指数，指约定的付款证书相关周期最后一天的前 42 天的各可调因子的价格指数；

F_{01}，F_{02}，F_{03}，…，F_{0n}——各可调因子的基本价格指数，指基准日期的各可调因子的价格指数。

2）调价公式的基数

价格调整公式中的各可调因子、定值和变值权重，以及基本价格指数及其来源在投标函附录价格指数和权重表中约定，以基准日的价格为准，因此应在合同调价条款中予以明确。

价格指数应首先采用工程项目所在地有关行政管理部门提供的价格指数，缺乏上述价格指数时，也可采用有关部门提供的价格代替。用公式法计算价格的调整，既可以用支付工程进度款时的市场平均价格指数或价格计算调整值，而不必考虑承包人具体购买材料的价格高低，又可以避免采用票据法调整价格时，每次中期支付工程进度款前去核实承包人购买材料的发票或单证后，再计算调整价格的烦琐程序。通用条款给出的基准价格指数约定如表 5-1 所示。

价格指数（或价格）与权重 表 5-1

名称		基本价格指数（或基本价格）		权重			价格指数来源（或价格来源）
		代号	指数值	代号	允许范围	投标单位建议值	
定值部分				A	___		
变值部分	人工费	F_{01}		B1	__至__		
	水泥	F_{02}		B2	__至__		
	钢筋	F_{03}		B3	__至__		
	…	…		…			
合计						1.0	

5.3.3 风景园林工程施工合同的保险责任

1. 工程保险和第三者责任保险

（1）办理保险的责任

1）承包人办理保险

标准施工合同和简明施工合同的通用条款中考虑到承包人是工程施工的最直接责任人，因此均规定由承包人负责投保“建筑工程一切险”、“安装工程一切险”和“第三者责任保险”，并承担办理保险的费用。具体的投保内容、保险金额、保险费率、保险期限等有关内容在专用条款中约定。

承包人应在专用合同条款约定的期限内向发包人提交各项保险生效的证据和保险单副本，保险单必须与专用合同条款约定的条件一致。承包人需要变动保险合同条款时，应事先征得发包人同意，并通知监理人。保险人做出保险责任变动的，承包人应在收到保险人通知后立即通知发包人和监理人。承包人应与保险人保持联系，使保险人能随时了解工程实施中的变动，并确保按保险合同条款要求持续保险。

2）发包人办理保险

如果一个建设工程项目的施工采用平行发包的方式分别交由多个承包人施工，由几家承包人分别投保的话，有可能产生重复投保或漏保，此时由发包人投保为宜。双方可在专用条款中约定，由发包人办理工程保险和第三者责任保险。

无论是由承包人还是发包人办理工程险和第三者责任保险，均必须以发包人和承包人的共同名义投保，以保障双方均有出现保险范围内的损失时，可从保险公司获得赔偿。

（2）保险金不足的补偿

如果投保工程一切险的保险金额少于工程实际价值，工程受到保险事件的损害时，不能从保险公司获得实际损失的全额赔偿，则损失赔偿的不足部分按合同相应条款的约定，由该事件的风险责任方负责补偿。某些大型工程项目经常因工程投资额巨大，为了减少保险费的支出，采用不足额投保方式，即以建安工程费的 60% ～ 70% 作为投保的保险金额，因此受到保险范围内的损害后，保险公司按实际损失的相应百分比予以赔偿。

标准施工合同要求在专用条款具体约定保险金不足以赔偿损失时，承包人和发包人应承担的责任。如永久工程损失的差额由发包人补偿，临时工程、施工设备等损失由承包人负责。

（3）未按约定投保的补偿

如果负有投保义务的一方当事人未按合同约定办理保险，或未能使保险持续有效，另一方当事人可代为办理，所需费用由对方当事人承担。

当负有投保义务的一方当事人未按合同约定办理某项保险，导致受益人未能得到保险人的赔偿，原应从该项保险得到的保险赔偿应由负有投保义务的一方当事人支付。

2. 人员工伤事故保险和人身意外伤害保险

发包人和承包人应按照相关法律规定为履行合同的本方人员缴纳工伤保险费，并分别为自己现场项目管理机构的所有人员投保人身意外伤害保险。

3. 其他保险

（1）承包人的施工设备保险

承包人应以自己的名义投保施工设备保险，作为工程一切险的附加保险，因为此项保险内容发包人没有投保。

（2）进场材料和工程设备保险

由当事人双方具体约定，在专用条款内写明。通常情况下，应是谁采购的材料和工程设备，由谁办理相应的保险。

5.3.4 风景园林工程施工准备阶段的合同管理

1. 发包人的义务

（1）提供施工场地

1）施工现场

发包人应及时完成施工场地的征用、移民、拆迁工作，按专用合同条款约定的时间和范围向承包人提供施工场地。施工场地包括永久工程用地和施工的临时占地，施工场地的移交可以一次完成，也可以分次移交，以不影响单位工程的开工为原则。

2）地下管线和地下设施的相关资料

发包人应按专用条款约定及时向承包人提供施工场地范围内地下管线和地下设施等有关资料。地下管线包括供水、排水、供电、供气、供热、通信、广播电视等的埋设位置，以及地下水文、地质等资料。发包人应保证资料的真实、准确、完整，但不对承包人据此判断、推论错误导致编制施工方案的后果承担责任。

3）现场外的道路通行权

发包人应根据合同工程的施工需要，负责办理取得出入施工场地的专用和临时道路的通行权，以及取得为工程建设所需修建场外设施的权利，并承担有关费用。

（2）组织设计交底

发包人应根据合同进度计划，组织设计单位向承包人和监理人对提供的施工图纸和设计文件进行交底，以便承包人制定施工方案和编制施工组织设计。

（3）约定开工时间

考虑到不同行业和项目的差异，标准施工合同的通用条款中没有将开工时间作为合同条款，具体工程项目可根据实际情况在合同协议书或专用条款中约定。

2. 承包人的义务

（1）现场查勘

承包人在投标阶段仅依据招标文件中提供的资料和较概略的图纸编制了供评标的施工组织设计或施工方案。签订合同协议书后，承包人应对施工场地和周围环境进行查勘，核对发包人提供的有关资料，并进一步收集相关的地质、水文、气象条件、交通条件、风俗习惯以及其他为完成合同工作有关的当地资料，以便编制施工组织设计和专项施工方案。在全部合同施工过程中，应视为承包人已充分估计了应承担的责任和风险，不得再以不了解现场情况为理由而推脱合同责任。

对现场查勘中发现的实际情况与发包人所提供资料有重大差异之处，应及时通知监理人，由其做出相应的指示或说明，以便明确合同责任。

（2）编制施工实施计划

1）施工组织设计

承包人应按合同约定的工作内容和施工进度要求，编制施工组织设计和施工进度计划，并对所有施工作业和施工方法的完备性、安全性、可靠性负责。按照《建设工程安全生产管理条例》规定，在施工组织设计中应针对深基坑工程、地下暗挖工程、高大模板工程、高空作业工程、深水作业工程、大爆破工程的施工编制专项施工方案。对于前3项危险性较大的分部分项工程的专项施工，还需经5人以上专家论证方案的安全性和可靠性。

施工组织设计完成后，按专用条款的约定，将施工进度计划和施工方案说明报送监理人审批。

2）质量管理体系

承包人应在施工场地设置专门的质量检查机构，配备专职质量检查人员，建立完善的质量检查制度。在合同约定的期限内，提交工程质量保证措施文件，包括质量检查机构的组织和岗位责任、质检人员的组成、质量检查程序和实施细则等，报送监理人审批。

3）环境保护措施计划

承包人在施工过程中，应遵守有关环境保护的法律和法规，履行合同约定的环境保护义务，按合同约定的环保工作内容，编制施工环保措施计划，报送监理人审批。

（3）施工现场内的交通道路和临时工程

承包人应负责修建、维修、养护和管理施工所需的临时道路以及开始施工所需的临时工程和必要的设施，满足开工的要求。

（4）施工控制网

承包人依据监理人提供的测量基准点、基准线和水准点及其书面资料，根据国家测绘基准、测绘系统和工程测量技术规范以及合同中对工程精度的要求，测设施工控制网，并将施工控制网点的资料报送监理人审批。

承包人在施工过程中负责管理施工控制网点，对丢失或损坏的施工控制网点应及时修复，并在工程竣工后将施工控制网点移交发包人。

（5）提出开工申请

承包人的施工前期准备工作满足开工条件后，向监理人提交工程开工报审表。开工报审表应详细说明按合同进度计划正常施工所需的施工道路、临时设施、材料设备、施工人员等施工组织措施的落实情况以及工程的进度安排。

3. 监理人的职责

（1）审查承包人的实施方案

1）审查的内容

监理人对承包人报送的施工组织设计、质量管理体系、环境保护措施进行认真的审查，批准或要求承包人对不满足合同要求的部分进行修改。

2）审查进度计划

监理人对承包人的施工组织设计中的进度计划审查，不仅要看施工阶段的时间安排是否满足合同要求，更应评审拟采用的施工组织、技术措施能否保证计划的实现。监理人审查后，应在专用条款约定的期限内，批复或提出修改意见，否则该进度计划视为已得到批准。经监理人批准的施工进度计划称为“合同进度计划”。

监理人为了便于工程进度管理，可以要求承包人在合同进度计划的基础上编制并提交分阶段和分项的进度计划，特别是合同进度计划关键线路上的单位工程或分部工程的详细施工计划。

3）合同进度计划

合同进度计划是控制合同工程进度的依据，对承包人、发包人和监理人均有约束力，不仅要求承包人按计划施工，还要求发包人的材料供应、图纸发放等不应造成施工延误，以及监理人应按照计划进行协调管理。合同进度计划的另一项重要作用是，施工进度受到非承包人责任原因的干扰后，判定是否应给承包人顺延合同工期的主要依据。

（2）开工通知

1）发出开工通知的条件

当发包人的开工前期工作已完成且临近约定的开工日期时，应委托监理人按专用条款约定的时间向承包人发出开工通知。如果约定的开工已届至但发包人应完成的开工配合义务尚未完成（如现场移交延误），由于监理人不能按时发出开工通知，则要顺延合同工期并赔偿承包人的相应损失。

如果发包人开工前的配合工作已完成且约定的开工日期已届至，但承包人的开工准备还不满足开工条件，监理人仍应按时发出开工的指示，合同工期不予顺延。

2）发出开工通知的时间

监理人征得发包人同意后，应在开工日期 7 天前向承包人发出开工通知，合同工期自开工通知中载明的开工日起计算。

5.3.5 风景园林工程施工实施阶段的合同管理

1. 相关术语

（1）合同工期

“合同工期”指承包人在投标函内承诺完成合同工程的时间期限，以及按照合同条款通过变更和索赔程序应给予顺延工期的时间之和。合同工期是判定承包人是否按期竣工的标准。

（2）施工期

承包人施工期从监理人发出的开工通知中写明的开工日起算，至工程接收证书中写明的实际竣工日止。以此期限与合同工期比较，判定是提前竣工还是延误竣工。延误竣工承包人承担拖期赔偿责任，提前竣工是否应获得奖励须视专用条款中是否有约定。

（3）缺陷责任期

缺陷责任期从工程接收证书中写明的竣工日开始起算，期限视具体工程的性质和使用条件的不同在专用条款内约定（一般为1年）。对于合同内约定有分部移交的单位工程，按提前验收的该单位工程接收证书中确定的竣工日为准，起算时间相应提前。

由于承包人拥有施工技术、设备和施工经验，缺陷责任期内工程运行期间出现的工程缺陷，承包人应负责修复，直到检验合格为止。修复费用以缺陷原因的责任划分，经查验属于发包人原因造成的缺陷，承包人修复后可获得查验、修复的费用及合理利润。如果承包人不能在合理时间内修复缺陷，发包人可以自行修复或委托其他人修复，修复费用由缺陷原因的责任方承担。

承包人责任原因产生的较大缺陷或损坏，致使工程不能按原定目标使用，经修复后需要再行检验或试验时，发包人有权要求延长该部分工程或设备的缺陷责任期。影响工程正常运行的有缺陷工程或部位，在修复检验合格日前已经过去的时间归于无效，重新计算缺陷责任期，但包括延长时间在内的缺陷责任期最长时间不得超过2年。

（4）保修期

保修期自实际竣工日起算，发包人和承包人按照有关法律、法规的规定，在专用条款内约定工程质量保修范围、期限和责任。对于提前验收的单位工程起算时间相应提前。承包人对保修期内出现的不属于其责任原因的工程缺陷，不承担修复义务。

2. 施工进度合同管理

（1）合同工期可顺延情况

1）发包人原因延长合同工期

通用条款中明确规定，由于发包人原因导致的延误，承包人有权获得工期顺延和（或）费用加利润补偿的情况包括：增加合同工作内容；改变合同中任何一项工作的质量要求或其他特性；发包人延迟提供材料、工程设备或变更交货地点；因发包人原因导致的暂停施工；提供图纸延误；未按合同约定及时支付预付款、进度款；发包人造成工期延误的其他原因。

2）异常恶劣的气候条件

按照通用条款的规定，出现专用合同条款约定的异常恶劣气候条件导致工期延误，承包人有权要求发包人延长工期。监理人处理气候条件对施工进度造成不利影响的事件时，应注意两条基本原则：

①正确区分气候条件对施工进度影响的责任

判明因气候条件对施工进度产生影响的持续期内，属于异常恶劣气候条件有多少天。如土方填筑工程在施工中，因连续降雨导致停工15天，其中6天的降雨强度超过专用条款约定的标准构成延长合同工期的条件，而其余9天的停工或施工效率降低的损失，属于承包人应承担的不利气候条件风险。

②异常恶劣气候条件的停工是否影响总工期

异常恶劣气候条件导致的停工是进度计划中的关键工作，则承包人有权获得合同工期的顺延。如果被迫暂停施工的工作不在关键线路上且总时差多于停工天数，仍然不必顺延合同工期，但对施工成本的增加可以获得补偿。

（2）承包人原因的延误

未能按合同进度计划完成工作时，承包人应采取措施加快进度，并承担加快进度所增加的费用。由于承包人原因造成工期延误，承包人应支付逾期竣工违约金。

订立合同时，应在专用条款内约定逾期竣工违约金的计算方法和逾期违约金的最高限额。专用条款说明中建议，违约金计算方法约定的日拖期赔偿额，可采用每天为多少钱或每天为签约合同价的千分之几；最高赔偿限额为签约合同价的3%。

（3）暂停施工

1）暂停施工的责任

施工过程中发生被迫暂停施工的原因，可能源于发包人的责任，也可能属于承包人的责任。通用条款规定，承包人责任引起的暂停施工，增加的费用和工期由承包人承担；发包人暂停施工的责任，承包人有权要求发包人延长工期和（或）增加费用，并支付合理利润。

①承包人责任的暂停施工：承包人违约引起的暂停施工；由于承包人原因为工程合理施工和安全保障所必需的暂停施工；承包人擅自暂停施工；承包人其他原因引起的暂停施工；专用合同条款约定由承包人承担的其他暂停施工。

②发包人责任的暂停施工

发包人承担合同履行的风险较大，造成暂停施工的原因可能来自于未能履行合同的行为责任，也可能源于自身无法控制但应承担风险的责任。大体可以分为以下几类原因致使施工暂停：

a. 发包人未履行合同规定的义务。此类原因较为复杂，包括自身未能尽到管理责任，如发包人采购的材料未能按时到货致使停工待料等；也可能源于第三者责任原因，如施工过程中出现设计缺陷导致停工等待变更的图纸等。

b. 不可抗力。不可抗力的停工损失属于发包人应承担的风险，如施工期间发生地震、泥石流等自然灾害导致暂停施工。

c. 协调管理原因。同时在现场的两个承包人发生施工干扰，监理人从整体协调考虑，指示某一承包人暂停施工。

d. 行政管理部门的指令。某些特殊情况下可能执行政府行政管理部门的指示，暂停一段时间的施工。如奥运会和世博会期间，为了环境保护的需要，某些在建工程按照政府文件要求暂停施工。

2）暂停施工的程序

①停工

监理人根据施工现场的实际情况，认为必要时可向承包人发出暂停施工的指示，承包人应按监理人指示暂停施工。

不论由于何种原因引起的暂停施工，监理人应与发包人和承包人协商，采取有效措施积极消除暂停施工的影响。暂停施工期间由承包人负责妥善保护工程现场并提供安全保障。

②复工

当工程具备复工条件时，监理人应立即向承包人发出复工通知，承包人收到复工通知后，应在指示的期限内复工。承包人无故拖延和拒绝复工，由此增加的费用和工期延误由承包人承担。

因发包人原因无法按时复工时，承包人有权要求延长工期和（或）增加费用以及合理的利润。

3）紧急情况下的暂停施工

由于发包人的原因发生暂停施工的紧急情况，且监理人未及时下达暂停施工指示，承包人可先暂停施工并及时向监理人提出暂停施工的书面请求。监理人应在接到书面请求后的

24 小时内予以答复，逾期未答复视为同意承包人的暂停施工请求。

（4）发包人要求提前竣工

如果发包人根据实际情况向承包人提出提前竣工要求，由于涉及合同约定的变更，应与承包人通过协商达成提前竣工协议作为合同文件的组成部分。协议的内容应包括：承包人修订进度计划及为保证工程质量和安全采取的赶工措施；发包人应提供的条件；所需追加的合同价款；提前竣工给发包人带来效益应给承包人的奖励等。专用条款使用说明中建议，奖励金额可为发包人实际效益的 20%。

3. 施工质量合同管理

（1）质量责任

1）因承包人原因造成工程质量达不到合同约定验收标准，监理人有权要求承包人返工直至符合合同要求为止，由此造成的费用增加和(或)工期延误由承包人承担。

2）因发包人原因造成工程质量达不到合同约定验收标准，发包人应承担由于承包人返工造成的费用增加和（或）工期延误，并支付承包人合理利润。

（2）质量检查

1）材料和设备的检验

承包人应对使用的苗木、材料和设备进行进场检验和使用前的检验，不允许使用不合格的苗木、材料和有缺陷的设备。

承包人应按合同约定进行材料、工程设备和工程的试验和检验，并为监理人对材料、工程设备和工程的质量检查提供必要的试验资料和原始记录。按合同约定由监理人与承包人共同进行试验和检验的，承包人负责提供必要的试验资料和原始记录。

2）施工部位的检查

承包人应对施工工艺进行全过程的质量检查和检验，认真执行自检、互检和工序交叉检验制度，尤其要做好工程隐蔽前的质量检查。

承包人自检确认的工程隐蔽部位具备覆盖条件后，通知监理人在约定的期限内检查，承包人的通知应附有自检记录和必要的检查资料。经监理人检查确认质量符合隐蔽要求，并在检查记录上签字后，承包人才能进行覆盖。监理人检查确认质量不合格的，承包人应在监理人指示的时间内修整或返工后，由监理人重新检查。

承包人未通知监理人到场检查，私自将工程隐蔽部位覆盖，监理人有权指示承包人钻孔探测或揭开检查，由此增加的费用和（或）工期延误由承包人承担。

3）现场工艺试验

承包人应按合同约定或监理人指示进行现场工艺试验。对大型的现场工艺试验，监理人认为必要时，应由承包人根据监理人提出的工艺试验要求，编制工艺试验措施计划，报送监理人审批。

（3）监理人的质量检查和试验

1）与承包人的共同检验和试验

监理人应与承包人共同进行材料、设备的试验和工程隐蔽前的检验。收到承包人共同检验的通知后，监理人既未发出变更检验时间的通知，又未按时参加，承包人为了不延误施工可以单独进行检查和试验，将记录送交监理人后可继续施工。此次检查或试验视为监理人在场情况下进行，监理人应签字确认。

2）监理人指示的检验和试验

①材料、设备和工程的重新检验和试验

监理人对承包人的试验和检验结果有疑问，或为查清承包人试验和检验成果的可靠性要求承包人重新试验和检验时，由监理人与承包人共同进行。重新试验和检验的结果证明该项材料、工程设备或工程的质量不符合合同要求，由此增加的费用和（或）工期延误由承包人承担；重新试验和检验结果证明符合合同要求，由发包人承担由此增加的费用和(或)工期延误，并支付承包人合理利润。

②隐蔽工程的重新检验

监理人对已覆盖的隐蔽工程部位质量有疑问时，可要求承包人对已覆盖的部位进行钻孔探测或揭开重新检验，承包人应遵照执行，并在检验后重新覆盖恢复原状。经检验证明工程质量符合合同要求，由发包人承担由此增加的费用和（或）工期延误，并支付承包人合理利润；经检验证明工程质量不符合合同要求，由此增加的费用和（或）工期延误由承包人承担。

4. 工程款支付管理

（1）基本术语

1）签约合同价

签约合同价指签订合同时合同协议书中写明的，包括了暂列金额、暂估价的合同总金额，即中标价。

2）合同价格

合同价格指承包人按合同约定完成了包括缺陷责任期内的全部承包工作后，发包人应付给承包人的金额。合同价格即承包人完成施工、竣工、保修全部义务后的工程结算总价，包括履行合同过程中按合同约定进行的变更、价款调整、通过索赔应予补偿的金额。

二者的区别表现为，签约合同价是写在协议书和中标通知书内的固定数额，作为结算价款的基数；而合同价格是承包人最终完成全部施工和保修义务后应得的全部合同价款，包括施工过程中按照合同相关条款的约定，在签约合同价基础上应给承包人补偿或扣减的费用之和。因此只有在最终结算时，合同价格的具体金额才可以确定。

3）暂估价

暂估价指发包人在工程量清单中给出的，用于支付必然发生但暂时不能确定价格的材料、设备以及专业工程的金额。该笔款项属于签约合同价的组成部分，合同履行阶段一定会发生，但招标阶段由于局部设计深度不够、质量标准尚未最终确定、投标时市场价格差异较大等原因，要求承包人按暂估价格报价部分，合同履行阶段再最终确定该部分的合同价格金额。

4）暂列金额

暂列金额指已标价工程量清单中所列的一笔款项，用于在签订协议书时尚未确定或不可预见变更的施工及其所需材料、工程设备、服务等的金额，包括以计日工方式支付的款项。

暂估价是在招标投标阶段暂时不能合理确定价格，但合同履行阶段必然发生，发包人一定予以支付的款项；暂列金额则指招标投标阶段已经确定价格，监理人在合同履行阶段根据工程实际情况指示承包人完成相关工作后给予支付的款项。签约合同价内约定的暂列金额可能全部使用或部分使用，因此承包人不一定能够全部获得支付。

5）费用和利润

通用条款内对费用的定义为，履行合同所发生的或将要发生的不计利润的所有合理开支，包括管理费和应分摊的其他费用。

利润可以通过工程量清单单价分析表中相关子项标明的利润或拆分报价单费用组成确定，也可以在专用条款内具体约定利润占费用的百分比。

6）质量保证金

质量保证金（保留金）是将承包人的部分应得款扣留在发包人手中，用于因施工原因修复缺陷工程的开支项目。发包人和承包人需在专用条款内约定两个值：一是每次支付工程进度款时应扣质量保证金的比例（如 10%）；二是质量保证金总额，可以采用某一金额或签约合同价的某一百分比（通常为 5%）。

（2）引起合同价调整的外部原因

1）物价浮动的变化

施工工期 12 个月以上的工程，应考虑市场价格浮动对合同价格的影响，由发包人和承包人分担市场价格变化的风险。通用条款规定用公式法调价，但仅适用于工程量清单中单价支付部分。在调价公式的应用中，有以下几个基本原则：

①在每次支付工程进度款计算调整差额时，如果得不到现行价格指数，可暂用上一次价格指数计算，并在以后的付款中再按实际价格指数进行调整。

②由于变更导致合同中调价公式约定的权重变得不合理时，由监理人与承包人和发包人协商后进行调整。

③因非承包人原因导致工期顺延，原定竣工日后的支付过程中，调价公式继续有效。

④因承包人原因未在约定的工期内竣工，后续支付时应采用原约定竣工日与实际支付日的两个价格指数中，较低的一个作为支付计算的价格指数。

⑤人工、机械使用费按照国家或省、自治区、直辖市建设行政管理部门、行业建设管理部门或其授权的工程造价管理机构发布的人工成本信息、机械台班单价或机械使用费系数进行调整；需要调整价格的材料，以监理人复核后确认的材料单价及数量，作为调整工程合同价格差额的依据。

2）法律法规的变化

基准日后，因法律、法规变化导致承包人的施工费用发生增减变化时，监理人根据法律、国家或省、自治区、直辖市有关部门的规定，监理人采用商定或确定的方式对合同价款进行调整。

（3）工程量计量

已完成合格工程量计量的数据，是工程进度款支付的依据。工程量清单或报价单内承包工作的内容，既包括单价支付的项目，也可能有总价支付部分。单价支付与总价支付的项目在计量和付款中有较大区别。单价子目已完成工程量按月计量，总价子目的计量周期按批准承包人的支付分解报告确定。

1）单价子目的计量

对已完成的工程进行计量后，承包人向监理人提交进度付款申请单、已完成工程量报表和有关计量资料。监理人应在收到承包人提交的工程量报表后的 7 天内进行复核，监理人未在约定时间内复核，承包人提交的工程量报表中的工程量视为承包人实际完成的工程量，据此计算工程价款。

监理人对数量有异议或监理人认为有必要时，可要求承包人进行共同复核和抽样复测。承包人应协助监理人进行复核，并按监理人要求提供补充计量资料。承包人未按监理人要求参加复核，监理人单方复核或修正的工程量作为承包人实际完成的工程量。

2）总价子目的计量

总价子目的计量和支付应以总价为基础，不考虑市场价格浮动的调整。承包人实际完成的工程量，是进行工程目标管理和控制进度支付的依据。

承包人在合同约定的每个计量周期内，对已完成的工程进行计量，并向监理人提交进度付款申请单、专用条款约定的合同总价支付分解表所表示的阶段性或分项计量的支持性资料，以及所达到工程形象进度或分阶段完成的工程量和有关计量资料。监理人对承包人提交的资料进行复核，有异议时可要求承包人进行共同复核和抽样复测。除变更外，总价子目表中标明的工程量是用于结算的工程量，通常不进行现场计量，只进行图纸计量。

（4）工程进度款的支付

1）进度付款申请单

承包人应在每个付款周期末，按监理人批准的格式和专用条款约定的份数，向监理人提交进度付款申请单，并附相应的支持性证明文件。通用条款要求进度付款申请单的内容包括：

①截至本次付款周期末已实施工程的价款。

②变更金额。

③索赔金额。

④本次应支付的预付款和扣减的返还预付款。

⑤本次扣减的质量保证金。

⑥根据合同应增加和扣减的其他金额。

2）进度款支付证书

监理人在收到承包人进度付款申请单以及相应的支持性证明文件后的14天内完成核查，提出发包人到期应支付给承包人的金额以及相应的支持性材料。经发包人审查同意后，由监理人向承包人出具经发包人签认的进度付款证书。

监理人有权扣发承包人未能按照合同要求履行任何工作或义务的相应金额，如扣除质量不合格部分的工程款等。

通用条款规定，监理人出具的进度付款证书，不应视为监理人已同意、批准或接受了承包人完成的该部分工作，在对以往历次已签发的进度付款证书进行汇总和复核中发现错、漏或重复的，监理人有权予以修正，承包人也有权提出修正申请。经双方复核同意的修正，应在本次进度付款中支付或扣除。

3）进度款的支付

发包人应在监理人收到进度付款申请单后的28天内，将进度应付款支付给承包人。

发包人不按期支付，按专用合同条款的约定支付逾期付款违约金。

5. 变更管理

（1）变更的范围和内容

标准施工合同通用条款规定的变更范围包括：

1）取消合同中任何一项工作，但被取消的工作不能转由发包人或其他人实施。

2）改变合同中任何一项工作的质量或其他特性。

3）改变合同工程的基线、标高、位置或尺寸。

4）改变合同中任何一项工作的施工时间或改变已批准的施工工艺或顺序。

5）为完成工程需要追加的额外工作。

（2）监理人指示变更

监理人根据工程施工的实际需要或发包人要求实施的变更，可以进一步划分为直接指示的变更和通过与承包人协商后确定的变更两种情况。

1）直接指示的变更

直接指示的变更属于必须实施的变更，如按照发包人的要求提高质量标准、设计错误需要进行的设计修改、协调施工中的交叉干扰等情况。此时不需征求承包人意见，监理人经过发包人同意后发出变更指示要求承包人完成变更工作。

2）与承包人协商后确定的变更

此类情况属于可能发生的变更，与承包人协商后再确定是否实施变更，如增加承包范围外的某项新增工作或改变合同文件中的要求等。

①监理人首先向承包人发出变更意向书，说明变更的具体内容、完成变更的时间要求等，并附必要的图纸和相关资料。

②承包人收到监理人的变更意向书后，如果同意实施变更，则向监理人提出书面变更建议。建议书的内容包括提交包括拟实施变更工作的计划、措施、竣工时间等内容的实施方案以及费用和（或）工期要求。若承包人收到监理人的变更意向书后认为难以实施此项变更，也应立即通知监理人，说明原因并附详细依据，如不具备实施变更项目的施工资质、无相应的施工机具等原因或其他理由。

③监理人审查承包人的建议书。承包人根据变更意向书要求提交的变更实施方案可行并经发包人同意后，发出变更指示。如果承包人不同意变更，监理人与承包人和发包人协商后确定撤销、改变或不改变变更意向书。

（3）承包人申请变更

承包人提出的变更可能涉及建议变更和要求变更两类。

1）承包人建议的变更

承包人对发包人提供的图纸、技术要求以及其他方面，提出了可能降低合同价格、缩短工期或者提高工程经济效益的合理化建议，均应以书面形式提交监理人。合理化建议书的内容应包括建议工作的详细说明、进度计划和效益以及与其他工作的协调等，并附必要的设计文件。

监理人与发包人协商是否采纳承包人提出的建议。建议被采纳并构成变更的，监理人向承包人发出变更指示。

承包人提出的合理化建议使发包人获得了降低工程造价、缩短工期、提高工程运行效益等实际利益，应按专用合同条款中的约定给予奖励。

2）承包人要求的变更

承包人收到监理人按合同约定发出的图纸和文件，经检查认为其中存在属于变更范围的情形，如提高了工程质量标准、增加工作内容、工程的位置或尺寸发生变化等，可向监理人提出书面变更建议。变更建议应阐明要求变更的依据，并附必要的图纸和说明。

监理人收到承包人的书面建议后，应与发包人共同研究，确认存在变更的，应在收到承包人书面建议后的14天内做出变更指示。经研究后不同意作为变更的，由监理人书面答复承包人。

（4）变更估价

1）变更估价的程序

承包人应在收到变更指示或变更意向书后的14天内，向监理人提交变更报价书，详细开列变更工作的价格组成及其依据，并附必要的施工方法说明和有关图纸。变更工作如果影响工期，承包人应提出调整工期的具体细节。

监理人收到承包人变更报价书后的 14 天内，根据合同约定的估价原则，商定或确定变更价格。

2）变更的估价原则

①已标价工程量清单中有适用于变更工作的子目，采用该子目的单价计算变更费用。

②已标价工程量清单中无适用于变更工作的子目，但有类似子目，可在合理范围内参照类似子目的单价，由监理人商定或确定变更工作的单价。

③已标价工程量清单中无适用或类似子目的单价，可按照成本加利润的原则，由监理人商定或确定变更工作的单价。

（5）不利物质条件的影响

不利物质条件属于发包人应承担的风险，指承包人在施工场地遇到的不可预见的自然物质条件、非自然的物质障碍和污染物，包括地下和水文条件，但不包括气候条件。

承包人遇到不利物质条件时，应采取适应不利物质条件的合理措施继续施工，并通知监理人。监理人应当及时发出指示，构成变更的，按变更对待。监理人没有发出指示，承包人因采取合理措施而增加的费用和工期延误，由发包人承担。

6. 索赔管理

（1）承包人的索赔

1）承包人提出索赔要求

承包人根据合同认为有权得到追加付款和（或）延长工期时，应按规定程序向发包人提出索赔。

承包人应在引起索赔事件发生后的 28 天内，向监理人递交索赔意向通知书，并说明发生索赔事件的事由。承包人未在前述 2 8 天内发出索赔意向通知书，将丧失追加付款和（或）延长工期的权利。

承包人应在发出索赔意向通知书后 2 8 天内，向监理人递交正式的索赔通知书，详细说明索赔理由以及要求追加的付款金额和（或）延长的工期，并附必要的记录和证明材料。

对于具有持续影响的索赔事件，承包人应按合理时间间隔陆续递交延续的索赔通知，说明连续影响的实际情况和记录，列出累计的追加付款金额和（或）工期延长天数。在索赔事件影响结束后的 28 天内，承包人应向监理人递交最终索赔通知书，说明最终要求索赔的追加付款金额和延长的工期，并附必要的记录和证明材料。

2）监理人处理索赔

监理人收到承包人提交的索赔通知书后，应及时审查索赔通知书的内容、查验承包人的记录和证明材料，必要时监理人可要求承包人提交全部原始记录副本。

监理人首先应争取通过与发包人和承包人协商达成索赔处理的一致意见，如果分歧较大，再单独确定追加的付款和（或）延长的工期。监理人应在收到索赔通知书或有关索赔的进一步证明材料后的 42 天内，将索赔处理结果答复承包人。

承包人接受索赔处理结果，发包人应在做出索赔处理结果答复后 28 天内完成赔付。承包人不接受索赔处理结果的，按合同争议解决。

3）承包人提出索赔的期限

竣工阶段发包人接受了承包人提交并经监理人签认的竣工付款证书后，承包人不能再对施工阶段、竣工阶段的事项提出索赔要求。

缺陷责任期满时承包人提交的最终结清申请单中，只限于提出工程接收证书颁发后发生的索赔。提出索赔的期限至发包人接受最终结清证书时止，即合同终止后承包人就失去索赔的权利。

4）标准施工合同中涉及应给承包人补偿的条款标准施工合同通用条款中，可以给承包人补偿的条款如表 5-2 所示。

标准施工合同中应给承包人补偿的条款　表 5-2

序号	款号	主要内容	可补偿内容		
			工期	费用	利润
1	1.10.1	文物、化石	√	√	
2	3.4.5	监理人的指示延误或错误指示	√	√	√
3	4.11.2	不利的物质条件	√	√	
4	5.2.4	发包人提供的材料和工程设备提前交货		√	
5	5.4.3	发包人提供的材料和工程设备不符合合同要求	√	√	√
6	8.3	基准资料的错误	√	√	√
7	11.3（1）	增加合同工作内容	√	√	√
8	（2）	改变合同中任何一项工作的质量要求或其他特性	√	√	√
9	（3）	发包人迟延提供材料、工程设备或变更交货地点	√	√	√
10	（4）	因发包人原因导致的暂停施工	√	√	√
11	（5）	提供图纸延误	√	√	√
12	（6）	未按合同约定及时支付预付款、进度款	√	√	√
13	11.4	异常恶劣的气候条件	√		
14	12.2	发包人原因的暂停施工	√	√	√
15	12.4.2	发包人原因无法按时复工	√	√	√
16	13.1.3	发包人原因导致工程质量缺陷	√	√	√
17	13.5.3	隐蔽工程重新检验质量合格	√	√	√
18	13.6.2	发包人提供的材料和设备不合格承包人采取补救	√	√	√
19	14.1.3	对材料或设备的重新试验或检验证明质量合格	√	√	√
20	16.1	附加浮动引起的价格调整		√	
21	16.2	法规变化引起的价格调整		√	
22	18.4.2	发包人提前占用工程导致承包人费用增加	√	√	√
23	18.6.2	发包人原因试运行失败，承包人修复		√	√
24	22.2.2	因发包人违约承包人暂停施工	√	√	√
25	21.3（4）	不可抗力停工期间的照管和后续清理		√	
26	（5）	不可抗力不能按期竣工	√		

（2）发包人的索赔

1）发包人提出索赔

发包人的索赔包括承包人应承担责任的赔偿扣款和缺陷责任期的延长。发生索赔事件后，监理人应及时书面通知承包人，详细说明发包人有权得到的索赔金额和（或）延长缺陷责任期的细节和依据。发包人提出索赔的期限与对承包人的要求相同，即颁发工程接收证书后，不能再对施工期间的事件索赔；最终结清证书生效后，不能再就缺陷责任期内的事件索赔，因此延长缺陷责任期的通知应在缺陷责任期届满前提出。

2）监理人处理索赔

监理人也应首先通过与当事人双方协商争取达成一致，分歧较大时在协商基础上确定索赔的金额和缺陷责任期延长的时间。承包人应付给发包人的赔偿款从应支付给承包人的合同价款或质量保证金内扣除，也可以由承包人以其他方式支付。

7. 不可抗力

（1）不可抗力事件

不可抗力是指承包人和发包人在订立合同时不可预见，在工程施工过程中不可避免发生并不能克服的自然灾害和社会性突发事件，如地震、海啸、瘟疫、水灾、骚乱、暴动、战争和专用合同条款约定的其他情形。

（2）不可抗力发生后的管理

合同一方当事人遇到不可抗力事件，使其履行合同义务受到阻碍时，应立即通知合同另一方当事人和监理人，书面说明不可抗力和受阻碍的详细情况，并提供必要的证明。不可抗力发生后，发包人和承包人均应采取措施尽量避免和减少损失的扩大，任何一方没有采取有效措施导致损失扩大的，应对扩大的损失承担责任。

如果不可抗力的影响持续时间较长，合同一方当事人应及时向合同另一方当事人和监理人提交中间报告，说明不可抗力和履行合同受阻的情况，并于不可抗力事件结束后 28 天内提交最终报告及有关资料。

（3）不可抗力造成的损失

通用条款规定，不可抗力造成的损失由发包人和承包人分别承担：

1）永久工程，包括已运至施工场地的材料和工程设备的损害，以及因工程损害造成的第三者人员伤亡和财产损失由发包人承担。

2）承包人设备的损坏由承包人承担。

3）发包人和承包人各自承担其人员伤亡和其他财产损失及其相关费用。

4）停工损失由承包人承担，但停工期间应监理人要求照管工程和清理、修复工程的金额由发包人承担。

5）不能按期竣工的，应合理延长工期，承包人不需支付逾期竣工违约金。发包人要求赶工的，承包人应采取赶工措施，赶工费用由发包人承担。

（4）因不可抗力解除合同

合同一方当事人因不可抗力导致不可能继续履行合同义务时，应当及时通知对方解除合同。合同解除后，承包人应撤离施工场地。

合同解除后，已经订货的材料、设备由订货方负责退货或解除订货合同，不能退还的货款和因退货、解除订货合同发生的费用，由发包人承担，因未及时退货造成的损失由责任方承担。合同解除后的付款，监理人与当事人双方协商后确定。

8. 违约责任

通用条款对发包人和承包人违约的情况及处理分别做了明确的规定。

（1）承包人的违约

1）违约情况

①私自将合同全部或部分权利转让给其他人，将合同全部或部分义务转移给其他人。

②未经监理人批准，私自将已按合同约定进入施工场地的施工设备、临时设施或材料撤离施工场地。

③使用不合格材料或工程设备，工程质量达不到标准要求，又拒绝清除不合格工程。

④未能按合同进度计划及时完成合同约定的工作，已造成或预期造成工期延误。

⑤缺陷责任期内未对工程接收证书所列缺陷清单的内容或缺陷责任期内发生的缺陷进行修复，又拒绝按监理人指示再进行修补。

⑥承包人无法继续履行或明确表示不履行或实质上已停止履行合同。

⑦承包人不按合同约定履行义务的其他情况。

2）承包人违约的处理

发生承包人不履行或无力履行合同义务的情况时，发包人可通知承包人立即解除合同。

对于承包人违反合同规定的情况，监理人应向承包人发出整改通知，要求其在指定的期限内改正。承包人应承担其违约所引起的费用增加和（或）工期延误。监理人发出整改通知 28 天后，承包人仍不纠正违约行为，发包人可向承包人发出解除合同通知。

3）因承包人违约解除合同

①发包人进驻施工现场

合同解除后，发包人可派员进驻施工场地，另行组织人员或委托其他承包人施工。发包人因继续完成该工程的需要，有权扣留使用承包人在现场的材料、设备和临时设施。这种扣留不是没收，只是为了后续工程能够尽快顺利开始。发包人的扣留行为不免除承包人应承担的违约责任，也不影响发包人根据合同约定享有的索赔权利。

②合同解除后的结算

监理人与当事人双方协商承包人实际完成工作的价值，以及承包人已提供的材料、施工设备和临时工程等的价值。达不成一致，由监理人单独确定。

合同解除后，发包人应暂停对承包人的一切付款，查清各项付款和已扣款金额，包括承包人应支付的违约金。

发包人应按合同的约定向承包人索赔由于解除合同给发包人造成的损失。

合同双方确认上述往来款项后，发包人出具最终结清付款证书，结清全部合同款项。

发包人和承包人未能就解除合同后的结清达成一致，按合同约定解决争议的方法处理。

③承包人已签订其他合同的转让

因承包人违约解除合同，发包人有权要求承包人将其为实施合同而签订的材料和设备的订货合同或任何服务协议转让给发包人，并在解除合同后的 14 天内，依法办理转让手续。

（2）发包人的违约

1）违约情况

①发包人未能按合同约定支付预付款或合同价款，或拖延、拒绝批准付款申请和支付凭证，导致付款延误。

②发包人原因造成停工的持续时间超过 56 天以上。

③监理人无正当理由没有在约定期限内发出复工指示，导致承包人无法复工。

④发包人无法继续履行或明确表示不履行或实质上已停止履行合同。

⑤发包人不履行合同约定的其他义务。

2）发包人违约的处理

①承包人有权暂停施工

除了发包人不履行合同义务或无力履行合同义务的情况外，承包人向发包人发出通知，要求发包人采取有效措施纠正违约行为。发包人收到承包人通知后的28天内仍不履行合同义务，承包人有权暂停施工，并通知监理人，发包人应承担由此增加的费用和（或）工期延误，并支付承包人合理利润。

承包人暂停施工28天后，发包人仍不纠正违约行为，承包人可向发包人发出解除合同通知。但承包人的这一行为不免除发包人承担的违约责任，也不影响承包人根据合同约定享有的索赔权利。

②违约解除合同

属于发包人不履行或无力履行义务的情况，承包人可书面通知发包人解除合同。

3）因发包人违约解除合同

①解除合同后的结算

发包人应在解除合同后28天内向承包人支付下列金额：

合同解除日以前所完成工作的价款。

承包人为该工程施工订购并已付款的材料、工程设备和其他物品的金额。发包人付款后，该材料、工程设备和其他物品归发包人所有。

承包人为完成工程所发生的，而发包人未支付的金额。

承包人撤离施工场地以及遣散承包人人员的赔偿金额。

由于解除合同应赔偿的承包人损失。

按合同约定在合同解除日前应支付给承包人的其他金额。

发包人应按本项约定支付上述金额并退还质量保证金和履约担保，但有权要求承包人支付应偿还给发包人的各项金额。

②承包人撤离施工现场

因发包人违约而解除合同后，承包人尽快完成施工现场的清理工作，妥善做好已竣工工程和已购材料、设备的保护和移交工作，按发包人要求将承包人设备和人员撤出施工场地。

5.3.6 风景园林工程竣工阶段的合同管理

1. 单位工程验收

（1）单位工程验收的情况

合同工程全部完工前进行单位工程验收和移交，可能涉及以下3种情况：一是专用条款内约定了某些单位工程分部移交；二是发包人在全部工程竣工前希望使用已经竣工的单位工程，提出单位工程提前移交的要求，以便获得部分工程的运行收益；三是承包人从后续施工管理的角度出发而提出单位工程提前验收的建议，并经发包人同意。

（2）单位工程验收后的管理

验收合格后，由监理人向承包人出具经发包人签认的单位工程验收证书。单位工程的验收成果和结论作为全部工程竣工验收申请报告的附件。

除了合同约定的单位工程分部移交的情况外，如果发包人在全部工程竣工前，使用已接收的单位工程运行影响了承包人的后续施工，发包人应承担由此增加的费用和（或）工期延误，并支付承包人合理利润。

2. 施工期运行

施工期运行是指合同工程尚未全部竣工，其中某项或某几项单位工程已竣工或工程设备安装完毕，需要投入施工期的运行时，须经检验合格并确保安全后，才能在施工期投入运行。

除了专用条款约定由发包人负责试运行的情况外，承包人应负责提供试运行所需的人员、器材和必要的条件，并承担全部试运行费用。施工期运行中发现工程或工程设备损坏或存在缺陷时，由承包人进行修复，并按照缺陷原因由责任方承担相应的费用。

3. 合同工程的竣工验收

（1）承包人提交竣工验收申请报告

当工程具备以下条件时，承包人可向监理人报送竣工验收申请报告：

1）除监理人同意列入缺陷责任期内完成的尾工（甩项）工程和缺陷修补工作外，承包人的施工已完成合同范围内的全部单位工程以及有关工作，包括合同要求的试验、试运行以及检验和验收均已完成，并符合合同要求。

2）已按合同约定的内容和份数备齐了符合要求的竣工资料。

3）已按监理人的要求编制了在缺陷责任期内完成的尾工（甩项）工程和缺陷修补工作清单以及相应施工计划。

4）监理人要求在竣工验收前应完成的其他工作。

5）监理人要求提交的竣工验收资料清单。

（2）监理人审查竣工验收报告

监理人审查竣工报告的各项内容，认为工程尚不具备竣工验收条件时，应在收到竣工验收申请报告后的28天内通知承包人，指出在颁发接收证书前承包人还需进行的工作内容。承包人完成监理人通知的全部工作内容后，应再次提交竣工验收申请报告，直至监理人同意为止。

监理人审查后认为已具备竣工验收条件，应在收到竣工验收申请报告后的28天内提请发包人进行工程验收。

（3）竣工验收

1）竣工验收合格，监理人应在收到竣工验收申请报告后的56天内，向承包人出具经发包人签认的工程接收证书。以承包人提交竣工验收申请报告的日期为实际竣工日期，并在工程接收证书中写明。实际竣工日用以计算施工期限，与合同工期对照判定承包人是提前竣工还是延误竣工。

2）竣工验收基本合格但提出了需要整修和完善要求时，监理人应指示承包人限期修好，并缓发工程接收证书。经监理人复查整修和完善工作达到了要求，再签发工程接收证书，竣工日仍为承包人提交竣工验收申请报告的日期。

3）竣工验收不合格，监理人应按照验收意见发出指示，要求承包人对不合格工程认真返工重作或进行补救处理，并承担由此产生的费用。承包人在完成不合格工程的返工重作或补救工作后，应重新提交竣工验收申请报告。重新验收如果合格，则工程接收证书中注明的实际竣工日，应为承包人重新提交竣工验收报告的日期。

（4）延误进行竣工验收

发包人在收到承包人竣工验收申请报告56天内未进行验收，视为验收合格。实际竣工日期以提交竣工验收申请报告的日期为准，但发包人因不可抗力不能进行验收的情况除外。

4. 竣工结算

（1）承包人提交竣工付款申请单

工程进度款的分期支付是阶段性的临时支付，因此在工程接收证书颁发后，承包人应按专用合同条款约定的份数和期限向监理人提交竣工付款申请单，并提供相关证明材料。付款申请单应说明竣工结算的合同总价、发包人已支付承包人的工程价款、应扣留的质量保证金、应支付的竣工付款金额。

（2）监理人审查

竣工结算的合同价格，应为通过单价乘以实际完成工程量的单价子目款、采用固定价格的各子项目包干价、依据合同条款进行调整（变更、索赔、物价浮动调整等）构成的最终合同结算价。

监理人对竣工付款申请单如果有异议，有权要求承包人进行修正和提供补充资料。监理人和承包人协商后，由承包人向监理人提交修正后的竣工付款申请单。

（3）签发竣工付款证书

监理人在收到承包人提交的竣工付款申请单后的14天内完成核查，将核定的合同价格和结算尾款金额提交发包人审核并抄送承包人。发包人应在收到后14天内审核完毕，由监理人向承包人出具经发包人签认的竣工付款证书。

监理人未在约定时间内核查，又未提出具体意见的，视为承包人提交的竣工付款申请单已经监理人核查同意。

发包人未在约定时间内审核又未提出具体意见，监理人提出发包人到期应支付给承包人的结算尾款视为已经发包人同意。

（4）支付

发包人应在监理人出具竣工付款证书后的1 4天内，将应支付款支付给承包人。发包人不按期支付，还应加付逾期付款的违约金。如果承包人对发包人签认的竣工付款证书有异议，发包人可出具竣工付款申请单中承包人已同意部分的临时付款证书，存在争议的部分，按合同约定的争议条款处理。

5. 竣工清场

（1）承包人的清场义务

工程接收证书颁发后，承包人应对施工场地进行清理，直至监理人检验合格为止。

1）施工场地内残留的垃圾已全部清除出场。

2）临时工程已拆除，场地已按合同要求进行清理、平整或复原。

3）按合同约定应撤离的承包人设备和剩余材料，包括废弃的施工设备和材料，已按计划撤离施工场地。

4）工程建筑物周边及道路、河道的施工堆积物，已按监理人指示全部清理。

5）监理人指示的其他场地清理工作已全部完成。

（2）承包人未按规定完成的责任

承包人未按监理人的要求恢复临时占地，或者场地清理未达到合同约定，发包人有权委托其他人恢复或清理，所发生的金额从拟支付给承包人的款项中扣除。

5.4 风景园林工程材料采购合同管理

5.4.1 风景园林工程材料采购合同的特点

1. 风景园林工程材料采购合同

风景园林工程材料采购合同，是出卖人转移风景园林工程材料的所有权于买受人，买受人支付价款的合同。

风景园林工程材料采购合同属于买卖合同，具有买卖合同的一般特点：

（1）出卖人与买受人订立买卖合同，以转移财产所有权为目的。

（2）买卖合同的买受人取得财产所有权，必须支付相应的价款；出卖人转移财产所有权，必须以买受人支付价款为对价。

（3）买卖合同是双务、有偿合同。所谓双务有偿是指合同双方互负一定义务，出卖人应当保质、保量、按期交付合同订购的物资，买受人应当按合同约定的条件接收货物并及时支付货款。

（4）买卖合同是诺成合同。除了法律有特殊规定的情况外，当事人之间意思表示一致，买卖合同即可成立，并不以实物的交付为合同成立的条件。

2. 风景园林工程材料采购合同的特点

（1）材料采购合同的当事人

风景园林工程材料采购合同的买受人即采购人，可以是发包人，也可能是承包人，依据合同的承包方式来确定。施工中使用的风景园林材料采购责任，按照施工合同专用条款的约定执行。通常分为发包人负责采购供应、承包人负责采购包工包料承包、大宗材料由发包人采购供应而当地材料和数量较少的材料由承包人负责采购三类方式。

采购合同的出卖人即供货人，可以是生产厂家，可以是苗木公司，也可以是从事物资流转业务的供应商。

（2）材料采购合同的标的

建设工程材料设备合同的标的品种繁多，供货条件差异较大。

（3）材料设备采购合同的内容

风景园林工程材料设备采购合同视标的的特点、合同涉及的条款繁简程度差异较大。风景园林材料采购合同的条款一般限于物资交货阶段，主要涉及交接程序、检验方式、质量要求和合同价款的支付等。

（4）材料供应的时间

风景园林工程材料采购合同的履行与施工进度密切相关。出卖人必须严格按照合同约定的时间交付订购的货物、苗木。延误交货将导致工程施工的停工待料，不能使建设项目及时发挥效益。提前交货通常买受人也不同意接受，一方面货物将占用施工现场有限的场地影响施工，另一方面增加了买受人的仓储保管及维护保养费用。

5.4.2 风景园林工程材料采购合同的履行管理

1. 风景园林工程材料采购合同的主要内容

按照《合同法》的分类，风景园林材料采购合同属于买卖合同，合同条款一般包括以下几方面内容：

（1）产品名称（苗木含拉丁名）、商标、规格或型号、生产厂家或苗木公司、订购单价、订购数量、合同金额、供货时间及每次供应数量。

（2）质量要求的技术标准，供货方对质量负责的条件和期限。

（3）交（提）材料地点、方式。

（4）运输方式及到站、港和费用的负担责任。

（5）合理损耗及计算方法。

（6）包装标准、包装物的供应与回收。

（7）验收标准、方法及提出异议的期限。

（8）随配品数量及供应办法。

（9）结算方式及期限。

（10）如需提供担保，另立合同担保书作为合同附件。

（11）违约责任。

（12）解决合同争议的方法。

（13）其他约定事项。

2. 风景园林工程采购材料的交付

为了明确风景园林工程采购材料的运输责任，应在相应条款内写明所采用的交（提）材料方式、交（接）材料的地点、接收材料单位（或接收人）的名称。

（1）合同交料（苗）期限的确定

风景园林工程采购材料的交（提）料（苗）期限，是指风景园林工程采购材料交接的具体时间要求。它不仅关系到合同是否按期履行，还可能会出现风景园林工程采购材料意外死亡或损坏时的责任承担问题。合同内应对交（提）期限写明月份或更具体的时间（如旬、日）。如果合同内规定分批交料（苗）时，还需注明各批次交料（苗）的时间，以便明确责任。

材料采购合同当事人可以约定明确的交料（苗）期限，也可以约定交料（苗）的一段期间。如约定明确的交料（苗）期限，出卖人应当按照约定的期限交付标的物。如约定交付期间的，出卖人可以在该交付期间内的任何时间交付。当事人没有约定标的物的交付期限或者约定不明确的，可以协议补充；不能达成补充协议的，按照合同有关条款或者交易习惯确定。按照合同有关条款或者交易习惯仍不能确定的，债务人可以随时履行，债权人也可以随时要求履行，但应当给对方必要的准备时间。

（2）合同履行中交料（苗）期限的确定

合同履行过程中，判定是否按期交料（苗）或提料（苗），依照约定的交（提）料（苗）方式不同，可能有以下几种情况：

1）供料方送料（苗）到现场的交料（苗）日期，以采购方接收料（苗）时在料（苗）单上签收的日期为准。

2）供料（苗）方负责代运材料，以发材料时承运部门签发材料单上的戳记日期为准。合同内约定采用代运方式时，供料（苗）方必须根据合同规定的交料期、数量、到站、收料人等，按期编制运输作业计划，办理托运、装车、查验等发料（苗）手续，并将料（苗）运单、合格证等交寄对方，以便采购方在指定地点接收材料。如果因单证不齐导致采购方无法接收材料，由此造成的站场存储费和运输罚款等额外支出费用，应由供料（苗）方承担。

3）采购方自提料（苗），以供货方通知提料（苗）的日期为准。但供料（苗）方的提料（苗）通知中，应给对方合理预留必要的途中时间。采购方如果不能按时提料（苗），应承担逾期提料（苗）的违约责任。当供料（苗）方早于合同约定日期发出提料（苗）通知时，采购方可根据施工的实际需要和仓储保管能力，决定是否按通知的时间提前提料（苗）。他有权拒绝提前提料（苗），也可以按通知时间提料（苗）后仍按合同规定的交料（苗）时间付款。

实际交（提）料日期早于或迟于合同规定的期限，都应视为提前或逾期交（提）料（苗），由有关方承担相应责任。

（3）交料（苗）地点的确定

出卖人应当按照约定的地点交付标的物或苗木。当事人没有约定交付地点或者约定不明确，可以协议补充；不能达成补充协议的，按照合同有关条款或者交易习惯确定。

出卖人根据合同约定将标的物运送至买受人指定地点并交付给承运人后，标的物毁损、灭失的风险由买受人负担，但当事人另有约定的除外。出卖人按照约定标的物置于交付地点，买受人违反约定没有收取，标的物毁损、灭失或死亡的风险自违反约定之日起由买受人承担。

3. 风景园林工程材料交付检验

（1）验收依据

1）双方签订的采购合同。

2）供料（苗）方提供的发货单、计量单、装箱单及其他有关凭证。

3）合同内约定的质量标准，料（苗）的标准代号、标准名称（苗木的拉丁名）等。

4）产品合格证、检验检疫证、检验单。

5）图纸、样品或其他技术证明文件。

6）双方当事人共同封存的样品。

（2）交货数量检验

1）供料（苗）方代运料（苗）的到货检验

由供料（苗）方代运的料（苗）方，采购方在站场提货地点应与运输部门共同验货，以便发现灭失、短少、损坏等情况时，能及时分清责任。采购方接收后，运输部门不再负责。属于交运前出现的问题，由供料（苗）方负责。运输过程中发生的问题，由运输部门负责。

2）现场交料（苗）的检验方法

数量验收通常采用以下几种方法：

①衡量法。根据各种材料不同的计量单位进行检尺、检斤，以衡量其长度、面积、体积、重量是否与合同约定一致。对风景园林苗木则根据苗木的规格、枝干分布、姿态、树冠、造型、土球措施、病虫害、树体生长势等进行进行检验，以衡量是否与合同约定一致。

②理论换算法。如管材等各种定尺、倍尺的材料，量测其直径和壁厚后，再按理论公式换算验收。换算的依据为国家规定标准或合同约定的换算标准。

③查点法。采购定量包装的计件材料，只要查点到货数量即可。包装内的产品数量或重量应与包装物的标明一致，否则应由厂家或封装单位负责。

（3）交货质量检验

1）质量责任

不论采用何种交接方式，采购方均应在合同规定的由供货方对质量负责的条件和期限内，对交付料（苗）进行验收和试验。在合同内规定缺陷责任期或保修期内，凡检测不合格的料（苗），均由供料（苗）方负责。如果采购方在规定时间内未提出质量异议，或因其种植、使用、保管、保养不善而造成质量下降，供货方不再负责。当事人没有约定检验期间的，采购方应当在发现或者应当发现标的物的质量不符合约定的合理期间内通知供料（苗）方。采购方在合理期间内未通知或者自标的物收到之日起两年内未通知出卖人的，视为标的物的质量符合约定，但对标的物有质量保证期的，适用质量保证期，不适用该两年的规定。

2）质量要求和技术标准

料（苗）质量应满足规定用途的特性指标要求，因此合同内必须约定料（苗）应达到的质量标准。约定料（苗）的质量标准一般遵循以下几个方面的原则：

①按颁布的国家标准执行。

②无国家标准而有部颁标准的料（苗），按部颁标准执行。

③没有国家标准和部颁标准作依据时，可按企业标准执行。

④没有上述标准，或虽有上述某一标准但采购方有特殊要求时，按双方在合同中商定的技术条件、样品或补充的技术要求执行。

3）验收方法

合同中应具体写明检验的内容和手段以及检测应达到的质量标准。对于抽样检查的产品，还应约定抽检的比例和取样的方法以及双方共同认可的检测单位。对料（苗）进行质量验收通常可以采用以下三种方法：

①经验鉴别法。即通过目测、手触或以常用的检测工具量测后，判定质量是否符合要求。

②物理试验。根据对产品性能检验的目的，可以进行拉伸试验、压缩试验、冲击试验、金相试验及硬度试验等。

③化学分析。即抽出一部分样品进行定性分析或定量分析的化学试验，以确定其内在质量。

4. 材料采购合同的变更或解除

合同履行过程中，如需变更合同内容或解除合同，都必须依据合同法的有关规定执行。一方当事人要求变更或解除合同时，在未达成新的协议以前，原合同仍然有效。要求变更或解除合同一方应及时将自己的意图通知对方，对方也应在接到书面通知后的合理期限内或合同约定的时间内予以答复，逾期不答复的视为默认。

料（苗）采购合同变更的内容可能涉及订购数量的增减、标准的改变、交货时间和地点的变更等方面。采购方对合同内约定的订购数量不得少要或不要，否则要承担中途退货的责任。只有当供料（苗）方不能按期交付料（苗）时，或交付的料（苗）存在严重质量问题而影响工程使用时，采购方认为继续履行合同已成为不必要，才可以拒收料（苗），甚至解除合同关系。

如果采购方要求变更到货地点或接货人，应在合同规定的交货期限前的合理期限内通知供料（苗）方，以便供料（苗）方修改发运计划和组织运输工具。迟于上述规定期限，双方应当立即协商处理。如果已不可能变更或变更后会发生额外费用支出，其后果均应由采购方负责。

5. 材料支付结算管理

（1）货款结算

1）支付货款的条件

合同内需明确是验单付款还是验料（苗）后付款，然后再约定结算方式和结算时间。验单付款是指委托供料（苗）方代运的料（苗），供料（苗）方把料（苗）交付承运部门并将运输单证寄给采购方，采购方在收到单证后合同约定的期限内即应支付的结算方式。尤其对分批交料（苗），每批交付后应在多少天内支付货款也应明确注明。

2）结算支付的方式

结算方式可以是现金支付、转账结算或异地托收承付。现金结算只适用于成交料（苗）

数量少，且金额小的购销合同。托收承付适用于合同双方不在同一城市的结算。

（2）拒付货款

采购方拒付货款，应当按照中国人民银行结算办法的拒付规定办理。采用托收承付结算时，如果采购方的拒付手续超过承付期，银行不予受理。采购方对拒付货款的产品必须负责接收，并妥为保管不准动用。如果发现动用，由银行代供货方扣收货款，并按逾期付款对待。采购方有权部分或全部拒付货款的情况大致包括：

1）交付货物的数量少于合同约定，拒付少交部分的货款。

2）拒付质量不符合合同要求部分货物的货款。

3）供货方交付的货物多于合同规定的数量且采购方不同意接收部分的货物，在承付期内可以拒付。

6. 材料采购违约责任

（1）违约责任的相关规定

双方可以通过协商，在合同中约定违约金或者该违约金的计算方法。合同中也可以约定定金，如果合同约定的定金不足以弥补一方违约造成的损失，对方可以请求赔偿超过定金部分的损失，但定金和损失赔偿的数额总和不应高于因违约造成的损失。

（2）供料（苗）方的违约责任

1）未能按合同约定交付料（苗）

这类违约行为可能包括不能供料（苗）和不能按期供料（苗）两种情况，由于这两种错误行为给对方造成的损失不同，因此承担违约责任的形式也不完全一样。

如果是因供货方应承担责任的原因导致不能全部或部分交料（苗），应按合同约定的违约金比例乘以不能交货部分货款计算违约金。若违约金不足以偿付采购方所受到的实际损失时，可以修改违约金的计算方法，使实际受到的损害能够得到合理的补偿。如果施工采购方为了避免停工待料，不得不以较高价格紧急采购不能供应部分的货物而受到的价差损失时，供料（苗）方应承当相应的责任。

供料（苗）方不能按期交料（苗）的行为，又可以进一步区分为逾期交料（苗）和提前交料（苗）两种情况。第一种情况是逾期交料（苗）。不论合同内规定由供货方将料（苗）送达指定地点交接，还是采购方去自提，均要按合同约定依据逾期交料（苗）部分货款总价计算违约金。对约定由采购方自提料（苗）而不能按期交付时，若发生采购方的其他额外损失，这笔实际开支的费用也应由供货方承担。如采购方已按期派车到指定地点接收料（苗），而供货方又不能交付时，则派车损失应由供货方支付费用。发生逾期交料（苗）事件后，供货方还应在发货前与采购方就发货的有关事宜进行协商。采购方仍需要时，可继续发料（苗）照数补齐，并承担逾期付料（苗）责任；如果采购方认为已不再需要，有权在接到发料（苗）协商通知后的 15 天内，通知供货方办理解除合同手续。但逾期不予答复视为同意供料（苗）方继续发料（苗）。第二种情况是提前交付料（苗）。属于约定由采购方自提料（苗）的合同，采购方接到对方发出的提前提料（苗）通知后，可以根据自己的实际情况拒绝提前提料（苗）；对于供货方提前发运或交付的料（苗），买受人仍可按合同规定的时间付款，而且对多交料（苗）部分，以及品种、型号、规格、质量等不符合合同规定的料（苗），在代为保管期内实际支出的保管、保养等费用由供货方承担。代为保管期内，不是因采购方保管不善原因而导致的损失，仍由供货方负责。

还有就是交料（苗）数量与合同不符。供料（苗）方多交标的物的，买受人可以接收或者拒绝接收多交的部分。买受人接收多交部分的，按照合同的价格支付价款；买受人拒绝接收多交部分的，应当及时通知出卖人。

2）料（苗）的质量缺陷

交付料（苗）的品种、规格、型号、质量不符合合同规定，如果采购方同意使用，应当按质论价；当采购方不同意使用时，由供料（苗）方负责包换或包修。不能修理或调换的产品，按供料（苗）方不能交料（苗）对待。

3）供料（苗）方的运输责任

主要涉及包装责任和发运责任两个方面。

合理的包装是材料或苗木质量、安全运输的保障，供料（苗）方应按合同约定的标准对料（苗）进行包装。凡因包装不符合规定而造成料（苗）运输过程中的损坏或灭失或死亡，均由供料（苗）方负责赔偿。

供料（苗）方如果将料（苗）错发到料地点或收料（苗）人时，除应负责运交合同规定的到料（苗）地点或收料（苗）人外，还应承担对方因此多支付的一切实际费用和逾期交料（苗）的违约金。供料（苗）方应按合同约定的路线和运输工具发运料（苗），如果未经对方同意私自变更运输工具或路线，要承担由此增加的费用。

（3）采购方的违约责任

1）不按合同约定接受料（苗）

合同签订以后或履行过程中，采购方要求中途退料（苗），应向供料（苗）方支付按退料（苗）部分货款总额计算的违约金。对供料（苗）方运送或代运的料（苗），采购方违反合同规定拒绝收料（苗），要承担由此造成的料（苗）损失和运输部门的罚款。约定自提，采购方不能按期收料（苗），除需支付按逾期收料（苗）部分货款总值计算延期付款的违约金之外，还应承担逾期收料（苗）时间内供料（苗）方实际发生的代为保管、保养费用。逾期提料（苗），可能是未按合同约定的日期提料（苗），也可能是已同意供料（苗）方逾期交付料（苗），而接到收料（苗）通知后未在合同规定的时限内去收料（苗）两种情况。

2）逾期付款

如果合同约定了逾期付款违约金或者该违约金的计算方法，应当按照合同约定执行。如果合同没有约定逾期付款违约金或者该违约金的计算方法，供料（苗）方以采购方违约为由主张赔偿逾期付款损失的，应当按照中国人民银行同期同类人民币贷款基准利率为基础，参照逾期罚息利率标准计算。

3）料（苗）交接地点错误的责任

料（苗）交接地点错误的责任不论是由于采购方在合同内错填到料（苗）地点或收料（苗）人，还是未在合同约定的时限内及时将变更的到料（苗）地点或收料（苗）人通知对方，导致供料（苗）方送料（苗）或代运过程中不能顺利交接料（苗），所产生的后果均由采购方承担。责任范围包括：自行运到所需地点或承担供料（苗）方及运输部门按采购方要求改变交料（苗）地点的一切额外支出。

思考题

1. 合同法律关系由哪些要素构成？
2. 法人应当具备哪些条件？

3. 订立勘察、设计合同时应约定哪些内容?

4. 设计合同发包人有哪些合同责任?

5. 设计工作内容的变更有哪些形式？

6. 设计合同履行过程中哪些属于违约责任?

7. 施工合同包括哪些文件? 订立施工合同时应明确哪些内容?

8. 施工过程中发生哪些情况可以给承包人顺延合同工期？施工合同中对计量和支付分别做了哪些规定?

9. 材料采购合同履行过程中，如果出现供货方提前交货应如何处理?

第6章　风景园林工程项目勘察设计管理

学习目标

通过本章的学习，理解风景园林工程勘察设计管理的内涵、原则、依据、质量管理责任、行政许可和监督管理，熟悉风景园林建设项目工程勘察、设计管理应遵循的法规和强制性标准，熟悉风景园林工程项目勘察设计内容、各阶段要求及其质量管理、成果审查方法，理解风景园林工程项目设计管理程序、三大控制目标技术。

6.1 风景园林工程勘察设计管理概述

6.1.1 基本内涵

1. 风景园林工程勘察

风景园林工程勘察是指根据风景园林工程项目的要求，为了查明风景园林工程项目建设地的地形、地貌、地层土质、地质构造、水文、动植物资源等自然条件以及建筑物与构筑物等人工设施条件，运用多种科学技术方法对建设场地开展调查、观察、测量、勘探、试验、分析、评价工作，进而编制风景园林工程勘察文件的活动。它为风景园林工程项目进行场址选择、工程设计和施工提供科学可靠的依据。

2. 设计

设计（design）是指为了完成某项工作所制订的计划，有时也表示这一计划的过程或最终的结果，也是解决问题的过程。设计是在当时当地的材料、工艺、经济的约束条件下，运用自然科学和社会科学的知识通过最佳的方式去实现顾客满意的解决方案。立足于解决问题，设计的过程可以分成几个基本阶段，如图6-1。

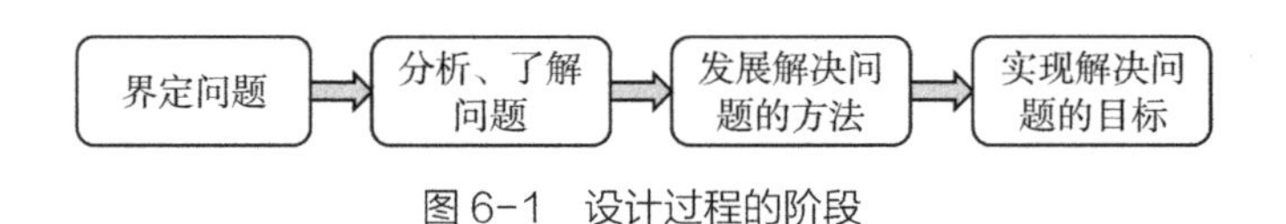

图6-1　设计过程的阶段

对于企业而言，设计存在以下基本内涵：

（1）设计的目的是为了满足一定的需求。设计的这种需求性特征具体表现在设计始于需求，在人类社会中毫无需求的设计是不存在的。设计也终于需求，能否满足需求，是对设计成功与否的重要评价标准，同时需求也是设计的主要动力和源泉。

（2）设计的活动是一个寻求满意解的实践过程。在这个过程中，通过推理模式（进行逻辑推理，逐步推导答案）、搜索模式（在迷宫里搜索，搜索发现答案）和约束模式（增加边界条件、缩减方案空间）精心工作和反复探索以找到满足顾客需求的满意方案而告终。

（3）设计的本质是创造和革新。在设计中必须强调创新的原则，通过比较与联想、分析与综合、抽象与建模、归纳与演绎以及灵感思维、直觉思维和想象思维等方法，探讨新方案和新结构，做到有所发现、有所发明、有所创造、有所前进。

（4）设计的效益是体现在将新的知识和先进的技术转化为利润。优秀的设计往往导致生产的产品具有高附加值，产品的高附加值最终来源于新的知识。当新的知识和先进的技术能够恰当地、及时地应用时，就能转化为生产力，产生具有市场竞争力和高附加值的产品，为企业创造财富，为企业带来利润。

根据设计的这些基本内涵，显然可以得到对设计的基本认识：设计是从需求出发寻求顾客满意的产品解的过程。

设计远不是画图，画图仅仅是人类在设计过程中创造性思维的一种表达形式。设计在不断发展，利用画图进行设计也只是设计发展进程中某个特殊阶段的某种特殊现象而已。

3. 设计管理

设计管理的最早定义是由英国设计师马切尔·法约尔（Michael Farry）于1966年首先提出："设计管理是在界定设计问题，寻找合适设计师，且尽可能地使设计师在既定的预算内及时解决设计问题。"在这一定义中已明确提出了界定设计问题和解决设计问题的概念。彼得·戈伦勃（Peter Grob）1976年指出："从管理的角度而言，我把设计看作是完成公司产品目标，包括为达到目标所需信息的一种计划，因此可以说，设计管理是通过组织运作的计划过程"。

设计管理是对设计资源和设计活动进行计划、组织、领导、控制等一系列活动的总称。有效地运用设计手段迅速地提高设计开发效率，积极创建竞争优势，努力达到企业战略目标，是设计管理的工作范围和研究内容，因此，在某种程度上可以说设计管理比设计本身更加重要。设计管理作为一门新兴学科，既是设计的需要，也是管理的需要。

设计管理的基本出发点是提高设计开发的效率。设计作为一门边缘性学科，有着自身的特点和科学规律，并且与科研、生产、营销等行为的关系越来越紧密，如果缺乏系统、科学、有效的管理，一方面设计师的创意思想和创新意图不可能得到充分的贯彻，另一方面必然导致盲目的、低效的设计和没有生命力的产品，从而浪费大量的时间和宝贵的资源，甚至带来致命的打击、灾难性的后果。

4. 工程设计管理

工程项目设计管理是指建设单位或项目管理单位或设计管理咨询单位运用自身的知识、技能和专业技术，通过对设计过程行为和设计成果的管理，满足建设单位对项目功能、品质的需求，并使项目建设单位获得最大效益，实现对工程项目投资、进度和质量的控制。

工程项目设计管理涵盖从工程项目设计任务委托到设计工作总结评价的全过程，应按工程项目建设的基本程序分阶段进行管理。

通常，工程设计管理工作主要包括如下内容：

（1）编制设计方案任务书，提出设计要求文件，完善功能和技术要求。

（2）进行设计招标策划，组织招标，选择有资质、有信誉、有能力、业绩好的工程设计单位承担工程设计任务。

（3）评选设计方案。

（4）选择工程设计单位，协助建设单位签订工程设计合同。

（5）按合同约定对设计过程进行监督检查，包括监督初步设计和施工图设计工作的执行，控制设计质量，控制设计进度满足建设进度要求，审核设计概（预）算和进行投资控制，并对设计成果进行审核。

5. 风景园林工程勘察设计管理

风景园林工程勘察设计管理是指做好管理和配合工作，即做好勘察设计单位内部和外部的管理，组织协调勘察设计单位之间以及与其他单位（建设单位、施工单位、监理单位等）之间的工作配合，为风景园林工程项目建设创造必要的工作条件，使风景园林工程项目建设得以顺利进行。

6.1.2 风景园林工程勘察设计的原则

风景园林工程勘察、设计应遵循技术先进、安全可靠、质量第一、经济合理的原则，具体来说，应始终贯彻以下指导原则。

（1）经济合理。风景园林工程勘察、设计应当与当代社会、科技、经济发展水平相适应，做到经济效益、环境效益和社会效益相统一。

（2）严格工作程序。从事风景园林工程勘察、设计活动，应当坚持先勘察、后设计、再施工的顺序。

（3）严守国家方针、政策。风景园林工程勘察、设计单位必须依法进行工程勘察、设计，严格执行风景园林工程建设强制性标准，并对风景园林工程勘察、设计的质量负责。

（4）选用技术先进适用。国家鼓励在风景园林工程勘察、设计活动中采用先进技术、先进工艺、先进设备、新型材料和现代管理方法，但采用的内容一定要合理，不能盲目照搬。风景园林工程设计应尽量采用先进、成熟、适用的技术，吸取科研新成果和新经验，体现先进技术和生产力水平。

（5）质量第一、安全第一。风景园林建设项目一旦在施工过程中出现安全或质量问题，将可能造成人身伤亡事故、建设停止或直接经济损失的后果，因此，风景园林工程设计必须采取安全可靠的成熟技术，方便安全施工，并保证项目建成投产后长期安全正常运行，根据国家有关规定和工程的不同性质与要求，合情合理地确定设计标准。

6.1.3 风景园林工程项目勘察设计的作用

（1）风景园林工程勘察为设计和施工提供依据

勘察成果文件提供了风景园林工程项目建设地点的地形、地貌、图纸、岩性、地质构造、水文地质等自然条件的资料，这对完成设计和施工具有重要的指导意义。

（2）风景园林工程设计为施工提供依据

项目的设计文件包括了项目的总平面布置、建筑物、构筑物及园林植物等方面的图纸，是施工单位进行施工建设的依据。

（3）风景园林工程勘察、设计时项目建设准备工作的依据

项目建设所需投资额、建筑工程材料、园林植物数量及规格型号、土地征用等，都由项目承办单位根据已批准的初步设计文件去统筹安排，根据勘察、设计资料做好建设前的准备工作。

6.1.4 风景园林工程项目勘察设计文件编制的依据

（1）项目批准文件。

（2）城市规划文件。

（3）工程建设强制性标准。

（4）国家规定的建设工程勘察、设计深度要求。

（5）专业规划要求。

6.1.5 风景园林建设单位勘察设计管理的具体工作

（1）选定勘察设计单位，招标发包勘察设计任务，签订勘察设计协议或合同，并组织管理合同的实施。

（2）收集、提供勘察设计基础资料及建设协议文件。

（3）组织协调各勘察与设计单位之间以及设计单位与科研、物资供应、设备制造和施工等单位之间的工作配合。

（4）主持研究和确认重大设计方案。

（5）配合设计单位编制设计概、预算，并做好概预算的管理工作。

（6）组织上报设计文件，提请国家主管部门批准。

（7）组织设计、施工单位进行设计交底，会审施工图纸。

（8）做好勘察、设计和图纸的验收、分发、使用、保管和归档工作。

（9）为勘察、设计人员现场服务，提供工作和生活条件。

（10）办理勘察、设计等费用的支付和结算。

6.1.6 风景园林建设项目勘察设计单位的质量责任

我国有关法令规定，风景园林工程勘察、设计单位应依法对承担的建设工程项目勘察、设计的质量负责，负有的质量责任和义务主要有：

（1）必须严格执行基本建设程序，坚持先勘察后设计。

没有勘察工作，就不能决定场址和进行相应的设计，没有设计就不能进行施工。

（2）必须按照风景园林工程建设强制性标准进行勘察、设计，并对其质量负责。

风景园林工程勘察、设计单位的法定代表人对成果质量全面负责；勘察项目负责人对勘察文件负主要责任；注册建筑师、风景园林工程师等注册执业人员应在设计文件上签字，对设计文件负责；项目审核人、审定人对其审核、审定项目的勘察或设计文件负审核、审定的质量责任。

（3）勘察单位提供的地质、测量、水文等勘察成果必须真实、准确。

勘察单位应当拒绝用户提出的违反国家有关规定的不合理要求，有权提出保证风景园林工程勘察质量需要的现场工作条件和合理工期。勘察单位勘察工作的原始记录应当在勘察过程中及时整理、核对，确保取样、记录、现场追记或补记的真实和准确。

（4）风景园林工程设计单位应根据勘察成果文件进行工程设计。

设计文件应符合国家规定的设计深度要求，注明单项工程合理使用年限。

（5）风景园林工程设计选用的材料设备必须符合国家规定的标准。

在设计文件中选用的建筑材料、建筑构配件和风景园林植物，植物需标明拉丁学名，其他材料应当注明规格、型号、性能等技术指标，其质量必须符合国家规定的标准，除有特殊要求的工程材料、专用设备等外，风景园林工程设计单位不得指定供应商。

（6）设计单位应就审查合格的施工图设计文件向施工单位做出详细说明。

（7）勘察、设计单位应当参与建设工程质量事故分析。

设计单位对因设计造成的质量事故提出相应的技术处理方案；勘察单位对因勘察原因造

成的质量事故提出相应的方案。

（8）风景园林工程勘察、设计单位应当做好施工现场服务。

风景园林工程勘察单位应参与施工验槽或开挖基岩面验收，及时解决风景园林工程设计和施工中与勘察工作有关的问题。

（9）勘察、设计单位应当健全质量管理体系和质量责任制度。

设计中采用的基础资料要齐全、可靠，设计要符合设计标准、规程规范的有关规定，计算要准确，采用的计算机软件要经过鉴定，文字说明要清楚，图纸要清晰、准确，避免“错、漏、碰、缺”。对设计各阶段的质量控制信息要做好记录，对审查发现不符合设计要求的设计要做好评价、处置、记录，对设计变更做好程序控制，协调各专业间的设计协作关系。

（10）勘察、设计单位应当加强技术档案的管理工作。

风景园林工程项目完成后，必须将全部资料分类编目，装订成册，归档保存。

6.1.7 风景园林工程勘察、设计活动的行政许可和监督管理

从事建设风景园林工程勘察、设计活动的单位，必须取得政府建设行政主管部门的资质许可证书。县级以上人民政府建设行政主管部门和交通、水利等有关部门，对勘察设计活动实行监督管理。

1. 风景园林工程勘察、设计单位资质资格的行政许可管理

（1）风景园林工程勘察、设计资质证书分为工程勘察证书、工程设计证书、专项工程设计证书。工程勘察资质分为工程地质勘察、岩石工程、水文地质勘察和工程测量四个专业。工程设计资质按行业或工程性质分类。

（2）工程勘察、设计资质按承担不同业务范围分为甲、乙、丙、丁4个等级，实行一个行业统一认证制度，由国务院建设行政主管部门审定、发布。

（3）持有甲、乙级资质证书的单位可在全国范围内承接业务；持有丙、丁级资质证书的单位只能在本省行政区域范围内承接业务。具有甲级和乙级资质的单位在异地承接勘察、设计时，须在项目所在地的建设行政主管部门备案。

2. 风景园林工程勘察、设计单位资质资格的市场管理

（1）风景园林工程勘察、设计单位应在其资质等级许可的范围内承接勘察、设计业务。禁止建设工程勘察、设计单位超越其资质等级许可的范围，或以其他建设工程勘察、设计单位的名义承接建设工程勘察、设计业务。禁止建设工程勘察、设计单位允许其他单位或个人以本单位的名义承接建设工程勘察、设计业务。

（2）政府对从事建设工程勘察、设计活动的专业技术人员，实行执业资格注册管理制度。未经注册的建设工程勘察、设计人员，不得以注册执业人员的名义从事建设工程勘察、设计活动。

（3）建设工程勘察、设计注册执业人员和其他专业技术人员只能受聘于一个建设工程勘察、设计单位；未受聘于建设工程勘察、设计单位的，不得从事建设工程的勘察、设计活动，包括不得私自挂靠设计业务。严禁勘察设计执业注册人员和专业技术人员出借、转让、出卖执业资格证书、执业印章和职称证书。

（4）建设工程勘察、设计单位不得转包或者违法分包承接的工程勘察、设计业务。承接方应当自行完成承接的勘察、设计业务，不得接收无证的组织和个人挂靠。经委托方同意，

可以将承接的勘察设计业务中的一部分委托给其他具有资质条件的分包承接方，但须签订分包委托合同，并对所承担的业务负责任。分包承接方未经委托方同意，不得将所承接的业务再次分包委托。

（5）境外（包括港、澳、台地区）的勘察设计单位及其在中国内地的办事机构，不得单独承接在境内建设项目的勘察、设计业务。如在境内承接勘察、设计业务，必须与中方勘察、设计单位进行合作或合营进行勘察、设计，相应勘察、设计的资格证书，甲级、乙级和其他建设工程资质应先在外经贸部审批、设立机构或企业后，由国务院建设行政主管部门审批；丙级和建筑工程设计乙级及以下的资质，由省、自治区、直辖市人民政府的外经贸主管部门和建设行政主管部门审批。

3. 风景园林工程勘察、设计活动的监督管理

（1）政府建设行政主管部门和有关部门按各自的分工职责，对勘察、设计市场活动进行监督，依法处理勘察、设计活动中的违法行为。

（2）由政府建设行政主管部门和有关部门对勘察、设计单位资质和执业注册人员及专业技术人员的资格实行动态管理，对勘察、设计单位实行资质年度检查并公布检查结果。

（3）政府建设行政主管部门负责勘察、设计合同履行情况的监督。对各方当事人执行国家法律、法规和工程建设强制性标准的情况进行监督和检查。

（4）政府建设行政主管部门和有关部门负责建立健全勘察、设计的质量监督制度和工程勘察、设计事故报告处理制度，并定期发布有关结果。

6.1.8 风景园林建设项目工程勘察、设计管理应遵循的法规和强制性标准

我国的法规规定，建设工程勘察、设计单位必须依法进行建设工程勘察、设计，严格执行风景园林工程有关建设强制性标准。

1. 风景园林工程勘察、设计管理应遵循的主要法律

与风景园林工程勘察、设计相关的法律主要有：《中华人民共和国建筑法》、《中华人民共和国城乡规划法》、《中华人民共和国测绘法》、《中华人民共和国消防法》、《中华人民共和国环境保护法》、《中华人民共和国水污染防治法》、《中华人民共和国环境噪声污染防治法》、《中华人民共和国招标投标法》、《中华人民共和国行政许可法》、《中华人民共和国安全生产法》。

2. 风景园林工程勘察、设计管理应遵循的主要法规

政府建设行政主管部门和有关部门颁布的主要法规有：《建设工程勘察设计市场管理规定》、《建设工程勘察设计管理条例》、《建设工程质量管理条例》、《建设工程勘察质量管理办法》、《建设项目环境保护管理办法》、《建设领域推广应用新技术管理规定》、《标准化法实施条例》、《工程建设国家标准管理办法》、《房屋建筑和市政基础工程施工图设计文件审查管理办法》、《城市绿化条例》、《实施工程建设强制性标准监督规定》、《工程勘察设计收费标准》、《科学技术档案工作条例》、《建设工程安全生产管理条例》、《安全生产许可条例》、《土地管理法实施条例》、《建设征地补偿和移民安置条例》、《企业投资项目核准暂行办法》等。

3. 工程勘察、设计管理应遵守的技术法规

工程勘察、设计和管理应遵守工程建设国家标准和行业颁布的行业技术标准，主要包括；工程地质勘察规范、测量规范，各行业的工程设计标准、安全规范、技术规范、技术规程、编制规程或办法、计算方法规定、技术管理办法、工程量计算规范、评价方法与参数、概预算定额、验收规范与规程等。

4. 工程勘察、设计必须执行的强制性标准

现行工程建设国家标准和行业标准中，直接涉及工程质量、人民生命财产安全、人身健康、环境保护和其他公众利益等方面要求的内容，为强制性标准条文，勘察、设计都必须严格执行。下列内容属于强制性标准：

（1）工程建设勘察、规划、设计、施工（包括安装）及验收等通用的综合标准和重要的通用的质量标准。

（2）工程建设通用和风景园林行业专用的有关安全、卫生和环境保护的标准。

（3）工程建设重要的通用术语、符号、代号、量与单位、建筑模数和制图方法标准。

（4）工程建设重要的通用的验收、检验和评定方法标准。

（5）工程建设重要的通用的信息技术标准。

（6）国家需要控制的其他工程建设通用的标准。

具体强制性条文由国家建设行政主管部门与有关行业部门统一颁布。

5. 应用新技术标准和境外标准的审批

工程勘察设计文件中，采用超出国家现行技术标准的，并且可能影响建设工程质量和安全的新技术、新工艺、新设备、新材料的，应由国家认可的检测机构进行试验、论证，出具检验报告，并经国务院有关部门或省、自治区、直辖市人民政府有关部门组织的建设工程技术专家委员会审定后，方可使用。如果采用国际标准或国外标准，现行强制性标准未作规定的，应向国家建设行政主管部门或有关行政主管部门备案。

6.2 风景园林工程项目勘察管理

6.2.1 风景园林工程项目勘察内容

由于风景园林工程项目的规模、性质、复杂程度以及建设地点的差异，工程项目设计所需要的技术条件千差万别，设计前所需做的勘察项目也就各不相同。为了给工程项目设计提供翔实、充分的资料，需要进行大量的调查、观测、勘察、勘探、环境分析和科学研究工作。归纳起来，具体有以下主要内容：

1. 自然条件观测

自然条件观测主要是指气候气象条件观测、陆地水文观测及与水文有关的观测，特殊地区如沙漠观测等。建设地点如有相应的测站并已有相当的累积资料，则可直接收集采用；如无测站或资料不足或从未观测过，则要建站观测。

2. 资源勘测

这是一项涉及范围非常广的调查、观测和勘察任务，主要包括风景园林工程项目场地动植物资源、岩石资源等的勘测，特别是植物资源的勘察。资源探测一般由国家设机构进行，业主只进行一些必要的补充。

3. 地震安全性评价

大型工程和地震地质复杂地区，为了准确处理地震设防，确保工程的地理安全，一般都要在国家地震区划的基础上进行建设地点的地震安全性评价，习惯称地震地质勘察。

4. 工程地质勘察

工程地质勘察亦称为岩土工程勘察，是为了查明建设场地的工程地质条件，提出建设场

地稳定性和地基承载能力的正确评价而进行的工作。其主要内容有：工程地质测绘、测试（荷载试验、应力和剪力试验等），岩石和土质的分类与鉴定及勘察资料内业整编，按规定要求绘制各种图表和勘察报告。按风景园林工程项目的工程性质，有建（构）筑物岩土工程勘察和主游路工程地质勘察等。勘察阶段应与工程设计阶段相适应，一般分为初步勘察和详细勘察，对工程地质条件复杂或具有特殊要求的大型工程项目建设，还应进行施工勘察。

（1）初步勘察。应满足场址选择和初步设计的要求，进行的基本工作有：初步查明地质、构造、岩石和土壤的物理力学性质、地下水埋藏条件和冻结深度；查明场地不良地质现象的成因、分布范围、对场地稳定性的影响程度及其发展趋势；对设计烈度为 7 度及 7 度以上的建筑物，应制定场地和地基的地震效应。

（2）详细勘察。应满足施工图设计的要求，进行的基本工作有：查明地质结构、岩石和土壤的物理力学性质，对地基的稳定及承载能力做出评价；提供不良地质问题防治工程所需的计算参数及资料；查明地下水的埋藏条件和侵蚀、渗透性，水位变化幅度及规律；预测地基岩石、土和地下水在建筑物施工和使用中可能产生的变化和影响，并提出防治办法与建议。

5. 工程水文地质勘察

水文地质勘察是查明建设地区地下水的类型、成分、分布、埋藏量，确定富水地段，评价地下水资源及其开采条件的工作。其目的是解决地下水对工程造成的危害，为合理开发利用地下水资源，解决项目生产和生活用水，得出供水设计和施工的水文地质资料。一般需进行的水文地质勘察工作有：水文地质测绘、地球物理勘探、钻探、抽水试验、地下水动态观测、水文地质参数计算、地下水资源评价和地下水资源保护区的确定等，分为初步勘察和详细勘察两个阶段，一般与工程地质勘察同期进行。

（1）初步勘察阶段。应在可能的富水地段，查明水文地质条件，初步评价地下水范围和资源丰富程度，提出有无地下水及其特征的资料，分析论证开采条件或防治方案。

（2）详细勘察阶段。应在建设场地详细查明水文地质条件，进一步评价地下水资源，确定地下水文特征参数，提出合理的开采方案或防治处理措施。

6. 工程测量

工程测量成果和图件是工程项目规划设计、总体布局、管线设计以及施工的基础资料。工程测量的内容包括平面控制测量、高程控制测量、1 ： 500 ～ 1 ： 1500 比例尺地形测量、线路测量、建筑方格网测量、变形观测、绘图等，通过测量仪器、无人机技术测量现场的地形、地貌信息数据和内业整理绘制成图件，为各个工程设计阶段的设计和施工提供准确、可靠的资料和图纸；有条件时对大型工程应制作三维数字地形图。工程测量的工作内容、测绘成果和成图的精度，应根据风景园林行业和建设项目的性质确定；工程测量工作必须与工程设计工作密切配合以满足各设计阶段的要求，并兼顾施工的一般需要，尽量做到一图多用。测量工作开始前，应取得当地的高程控制及三角网点资料。对于需要的水文气象资料可在相应部门收集。

6.2.2 风景园林工程项目勘察各阶段要求

工程勘察是为设计所需的建设条件、设计参数而进行的，所以它贯穿设计的全过程。由于设计阶段不同，设计所需的条件、参数的深度也不相同，所以，国内一般都按不同的设计阶段，委托不同精度等级的勘察任务，以节省投资并保证设计工作的顺利进行。不同阶段勘察项目如表 6-1 所示。

风景园林工程项目不同阶段勘察项目　表6-1

勘察项目	项目阶段					
	项目选址	可行性研究	勘察	初步设计	施工图设计	施工配合
工程测量	○	●	●	●	●	○
自然条件勘察	○	●	●	○		
工程地质勘察	○	●	●	●	●	
水文地质勘察	○	●	●	●	●	
水文测验	○	●	●	○	○	

注：● 一般为必须进行；○为视需要进行。

6.2.3 风景园林工程项目勘察管理的重点

1. 编制工程勘察任务书

为工程设计提供勘察的工作任务包括岩土工程勘察、水文地质勘察、工程测量、工程物探等勘察。

2. 确定勘察单位，提供必要的勘察依据文件、资料以及工作条件

建设单位通过招标方式选择有资质的工程勘察单位承担工程勘察任务，签订勘察合同。工程勘察单位按照选址勘察、初步勘察、详细勘察分阶段开展工程勘察工作。

（1）实施工程勘察工作前，建设单位应提供的勘察依据文件和资料：

1）提供工程项目批准文件（复印件）以及用地（附红线范围）、勘察许可等批件（复印件）。

2）提供工程勘察任务委托书、技术要求和工作范围的地形图、建筑总平面布置图。

3）提供勘察工作范围已有的技术资料及工程所需的坐标与标高资料。

4）提供勘察工作范围地下已有埋藏物的资料（如电力、电信电缆、各种管道、人防设施等）及具体位置分布图。

5）其他必要的相关资料。

（2）实施工程勘察工作前，建设单位应提供现场的工作条件：

1）落实土地征用、清苗树木赔偿。

2）拆除地上地下障碍物。

3）处理施工扰民及影响施工正常进行的有关问题。

4）平整施工现场。

5）修好通行道路、接通电源水源、挖好排水沟渠以及提供水上作业用船等。

3. 监督工程勘察单位

要求勘察单位依照合同约定和工程勘察任务书的要求，按工程勘察方案开展勘察工作，及时提供工程勘察成果。

（1）勘察单位应按国家技术规范、标准、规程和建设单位的任务委托书、技术要求进行工程勘察，按合同规定的时间提交质量合格的勘察成果资料，并对其负责。

（2）由于勘察单位提供的勘察成果资料质量不合格，勘察单位应负责无偿给予补充完善，使其达到质量合格。

（3）因勘察质量造成重大经济损失或工程事故时，勘察单位除应负法律责任和免收直接受损失部分的勘察费外，还应根据损失程度向建设单位支付赔偿金。

（4）工程勘察过程中，根据工程的岩土工程实际条件（或工作现场地形地貌、地质和水文地质条件）及技术规范要求，向建设单位提出增减工作量或修改勘察工作的意见，并办理正式变更手续。

6.2.4 风景园林工程项目勘察质量管理

（1）工程勘察企业应当按照有关建设工程质量的法律、法规、工程建设强制性标准和勘察合同进行工作，并对勘察质量负责。

（2）勘察文件应当符合国家规定的勘察深度要求，必须真实、准确。

（3）国务院建设行政主管部门对全国的建设工程勘察质量实施统一监督管理。

（4）县级以上地方人民政府建设行政主管部门对本行政区域内的建设工程勘察质量实施监督管理。县级以上地方人民政府有关部门在各自的职责范围内，负责对本行政区域内的有关专业建设工程勘察质量的监督管理。

（5）建设单位应当为勘察工作提供必要的现场工作条件，保证合理的勘察工期，提供真实、可靠的原始资料。建设单位应当严格执行国家收费标准，不得迫使工程勘察企业以低于成本的价格承揽任务。

（6）工程勘察企业必须依法取得工程勘察资质证书，并在资质等级许可的范围内承揽勘察任务。工程勘察企业不得超越其资质等级许可的业务范围或者以其他勘察企业的名义承揽勘察任务；不得允许其他企业或者个人以本企业的名义承揽勘察业务；不得转包或者违法分包所承揽的勘察业务。

（7）工程勘察企业应当健全勘察质量管理体系和质量责任制度。

（8）工程勘察企业应当拒绝用户提出的违反国家有关规定的不合理要求，有权提出保证工程勘察质量所必需的现场工作条件与合同工期。

（9）工程勘察企业应当参与施工验槽，及时解决工程设计和施工中与勘察工作有关的问题。

（10）工程勘察企业应当参与建设工程质量事故的分析，并对因勘察原因造成的质量事故，提出相应的技术处理方案。

（11）工程勘察项目负责人、审核人、审定人及有关技术人员应当具有相应的技术职称或者注册资格。

（12）项目负责人应当组织有关人员做好现场踏勘、调查，按照要求编写“勘察纲要”，并对勘察过程中各项作业资料验收和签字。

（13）工程勘察企业的法定代表人、项目负责人、审核人、审定人等相关人员，应当在勘察文件上签字或者盖章，并对勘察质量负责。工程勘察企业法定代表人对本企业勘察质量全面负责；项目负责人对项目的勘察文件负主要质量责任；项目审核人、审定人对其审核、审定项目的勘察文件负审核、审定的质量责任。

（14）工程勘察工作的原始记录应当在勘察过程中及时整理、核对，确保取样、记录的真实和准确，严禁离开现场追记或者补记。

（15）工程勘察企业应当确保仪器、设备的完好。钻探、取样的机具设备以及原位测试、室内试验测量的仪器等应当符合有关规范、规程的要求。

（16）工程勘察企业应当加强职工技术培训和职业道德教育，提高勘察人员的质量责任意识。观测员、试验员、记录员、机长等现场作业人员应当接受专业培训，方可上岗。

（17）工程勘察企业应当加强技术档案的管理工作。工程项目完成后，必须将全部资料分类编目，装订成册，归档保存。

6.2.5 风景园林工程项目勘察成果审查

业主对勘察任务的实际操作，按情况的不同而进行。如地震安全性和环境观测两项评价，已由可行性研究阶段完成；勘察任务，包括地形测量、自然条件观测、岩土工程勘察和水文地质勘察，一般由一个综合勘察单位一次性完成；科研和试验任务，因为工程复杂、技术因素悬殊、专业分工不同，一般由几个科研单位和院校分别进行，得出成果。

对于勘察报告，一般不作审查。而对特殊重要的工程、地质特别复杂的工程和大型海洋港湾的测量和地质勘察，必要时业主可组织专家进行评审。评审专家，由主管部门和设计单位协商选出。

对于科研、试验研究报告，一般要作评审。科研、试验研究的大部分工作是在可行性研究阶段完成的，它们作为可行性研究报告的法规，随可行性研究报告一起评审。在设计阶段所做的科研，只是对可行性研究阶段所得的科研成果的补充和提供设计所需的具体参数。

对勘察和科研成果的评审程序如下：

（1）成立评审委员会。由业主组织，邀请建设主管部门和有关专业主管部门成立评审委员会和评审工作小组，由评审工作小组负责筹备、评审、报告修改完善、上报备案等项工作。

（2）成立专家小组。由评委会邀请有关主管部门代表，有关学科专家、教授、专业人员组成专家小组，并产生专家小组组长。组长负责技术评审，草拟、组织专家意见和评审意见。

（3）会审程序。业主主持会议，宣布评委和专家组成，宣布专家组组长、与会成员，介绍项目概况和评审内容要求，组织报告编制单位专家就报告编制和内容做介绍。

（4）由专家组组长主持评审，组织与会代表和专家对报告进行评审、讨论、咨询，对重大争议问题，要组织编制单位出示国内外提供的依据，包括理论依据、理论推演、录像资料、模拟原则、试验概况、实测场地概况等，组织专家讨论。

（5）专家组组长根据会审情况，草拟专家意见和评审意见，交与会代表和专家们讨论。

（6）专家组组长宣布评审专家意见，业主宣布评审结论，会议结束。

（7）业主组织编制单位根据专家意见修改或完善成果报告。对有原则性错误或结论为重大错误的成果要宣布重做。

（8）业主将修改完善后的报告上报主管部门备案，副本交设计单位进行设计。

6.3 风景园林工程项目设计

6.3.1 风景园林工程项目设计的内涵

1. 设计的释义

要实行对设计的有效管理，首先就要懂得设计，要理解设计的真正内涵和运作特征，了解设计对发展企业经济、改善人们生活和社会环境的重要作用。正如英国设计管理专家彼得 · 格罗布（Peter Grob）所说："教育设计师具有管理方面的知识和教育管理者具有设计方面的知识是结合设计与管理的两大前提。"因此，对一个企业或组织来说，如果不充分理解设计，不能意识到设计的重要作用，就不可能自觉地利用设计，更谈不上有效地进行管理设计了。

按牛津词典的解释，设计（design）是指为了完成某项工作而制定的一种计划。美国著名科学家、诺贝尔奖获得者赫伯特·西蒙认为："设计是一种为使存在环境变得美好的活动，设计好比是一种工具，通过它能使想法、技术、生产可能性、市场需要和企业的经济资源转化成明确的、有用的结果和产品。"欧洲的一些学者认为："设计是一种解决问题的过程"、"设计是为了达到某种特定的要求和目的，借助正确的活动程序而制定出的一种适切计划"。

从设计实践的过程来看，设计是一种创造性的活动，设计师通过对科学技术的运用，将人的期望转化为人在工作和生活中所需要的"物"，物与物之间组成了环境，而人与物、人与环境又组成了社会。所以，设计的目的就是使人与物、人与环境、人与社会相协调，使人类生活更美好。因此，可以说，设计的一切都是为了人。理解设计的本质不仅是开展一切设计活动的出发点，也是设计管理者在设计活动中解决各种矛盾和问题的基本准则。

综观世界现代设计运动的发展过程，设计的发展始终与社会经济、科学技术以及人们的文化观念等方面的变化有着十分紧密的联系。在100多年设计发展的过程中，从功能主义到结构主义，从现代主义到后现代主义，都反映了设计与时俱进，并且其作为一种文化始终伴随着社会文明的进步而发展。

2. 风景园林工程设计

风景园林工程设计是指根据风景园林工程项目的要求，按照国家的有关政策、法规、技术规范，对风景园林工程所需的技术、经济、资源、环境等条件进行综合分析、论证，编制风景园林工程设计文件的活动。

风景园林工程设计是根据批准的设计文件，按照国家的有关政策、法规、技术标准、规范和规程，在规定的场地范围内，对拟建工程项目详细规划、布局，把可行性研究中推荐的最佳方案具体化形成图纸、文字，描绘工程项目实体，计算工程造价的工作。

风景园林工程设计应在符合国家和行业技术标准、规范和规程的前提下，坚持技术先进、安全可靠、经济合理、质量第一的原则。

从广义上讲，风景园林工程设计是人们运用科技知识和方法，有目标地创造风景园林工程产品构思和计划的过程。风景园林工程设计是风景园林工程项目生命周期中的重要环节，是风景园林工程项目进行整体规划、体现具体实施意图的重要过程，是处理技术与经济关系的关键性环节，是确定与控制风景园林工程造价的重点阶段。

6.3.2 风景园林工程项目设计的分类

根据我国当前情况，广义上将设计分为高阶段设计和施工图阶段设计两个阶段。所谓高阶段设计，是指施工图阶段设计以前的所有设计工作，习惯上又分为项目决策阶段设计和初步设计（包括技术设计）两个阶段。项目决策阶段设计，包括项目建议书和可行性研究报告（旧称设计任务书）两个部分。狭义上将设计分为二阶段设计，即初步设计阶段和施工图设计阶段（三阶段设计是指初步设计、技术设计和施工图设计阶段）。二阶段的设计内容分别为：初步设计、概算；施工图设计、预算（有技术设计时为技术设计和修正概算）。一般情况下，均按二阶段设计。只是对一些复杂的，采用新工艺、新技术的重大项目，在初步设计批准后作技术设计（此时施工图设计要以批准的技术设计为准），其内容与初步设计大致相同，但比初步设计更为具体确切。对于一些特殊的大型工程，应当作总体规划设计，但不作为一个设计阶段，仅作为可行性研究的一个内容和作为初步设计的依据。

1. 工程设计的阶段划分

风景园林工程设计阶段的划分取决于风景园林工程规模、技术复杂程度以及是否有设计经验。风景园林工程设计按照阶段可以划分为三阶段设计、两阶段设计、一阶段设计等3种情况，如图6-2所示。

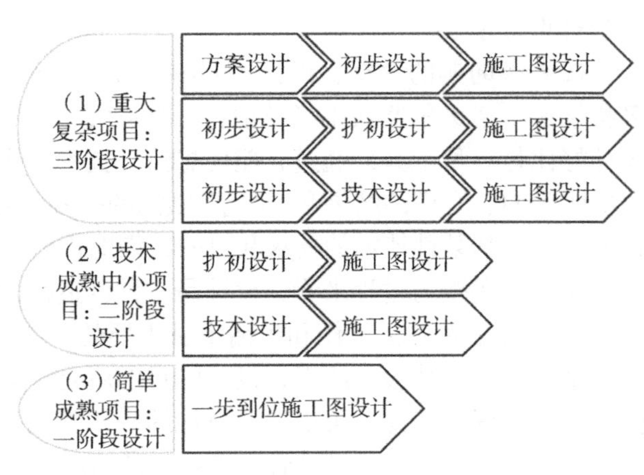

图6-2 风景园林工程设计的阶段划分

(1) 三阶段设计

重大的工程项目，技术要求严格，工艺流程复杂，设计又往往缺乏经验，为了保证设计质量，设计过程一般分为三个阶段来完成。三阶段设计又分为：

1) 方案设计、初步设计、施工图设计。

2) 初步设计、扩初设计、施工图设计。

3) 初步设计、技术设计、施工图设计。

(2) 两阶段设计

技术成熟的中小型工程，为了简化设计步骤，缩短设计时间，可以分两个阶段进行设计。两阶段设计又分为：

1) 技术设计、施工图设计。

2) 扩初设计（将初步设计和技术设计合并）、施工图设计。

(3) 一阶段设计

技术既简单又成熟的小型工程可以一次完成设计。

总之，一个具体风景园林工程项目的设计阶段如何划分，要根据风景园林工程项目的具体情况、设计力量的强弱、有无设计经验以及国家法律法规的要求来确定。目前，我国众多风景园林工程项目一般都采用三阶段设计，即方案设计、初步设计和施工图设计。

2. 风景园林工程设计的专业划分

随着经济社会的发展和技术进步，工程项目的规模越来越大，标准越来越高，许多新技术、新材料得到广泛应用，导致专业设计分工越来越细。主设计单位不可能完成如此繁多的专业设计，所以很多专业性更强的设计是由专业分包单位来进行的。一般风景园林工程项目主要涉及的设计专业如表6-2所示。

风景园林设计涉及的主要专业　　表6-2

序号	设计专业	说明
1	园林	指针对园林景观环境的总体及其详细设计
2	建筑设计	指针对建筑物的总体设计
3	结构设计	指针对建筑物、构筑物及设施结构形式的设计
4	公用设备（暖通空调）设计	指对风景园林工程项目采暖、通风、空气调节系统的设计（有些设计单位另设动力专业）
5	公用设备（给水排水）设计	指对风景园林工程项目给水排水系统的设计（有的设计单位还包括燃气设计，有的则将燃气的设计内容归入动力专业）

续表

序号	设计专业	说明
6	电气（供配电）	指对风景园林工程项目电气系统的设计（许多大型项目还另设弱电设计专业）
7	概预算	指针对风景园林工程设计所做的概预算，在可行性研究阶段作估算

注：专业设置中，园林专业含风景园林专业、规划、景观设计专业、环艺专业；其中，注册甲级风景园林设计公司资质要求具有高级技术职称的风景园林专业人员不少于4人；注册乙级风景园林设计公司资质要求风景园林专业不少于2人。

通常情况，专业性更强的设计内容一般只能由专业设计分包单位来完成，主设计单位只需对专业分包单位的设计成果是否符合总体设计要求进行确认即可。例如，景观建筑的幕墙植物装饰工程通常是由专业的幕墙绿化装饰设计单位进行设计，主设计单位的任务是提出立面、标准、幕墙分块、边界、节点、结构等要求，并对专业设计单位的设计文件和图纸进行确认。

3. 风景园林工程专项设计规模划分

风景园林工程专项设计规模划分如表6-3。

风景园林工程专项设计规模划分 表6-3

序号	工程等级	工程规模	工程范围
1	大型	投资额≥2000万元	（1）城市重点景观道路和绿化工程，大型立交桥的绿化工程。 （2）城市园林绿地系统、省级和国家级风景区规划设计工程、文化自然景观与生态保护工程。 （3）公园、街心花园、园林小品、屋顶花园、室内花园、城市滨水景观、环境城市道路景观带、城市广场、步行街景观设计。（注：广场设计中不含广场周边建筑及地下建筑设施）。 （4）度假村、高尔夫球场的总体环境设计；四星级、五星级饭店及高档饭店专属花园设计等景观设计工程。 （5）大型公共建筑工程室外环境设计；技术要求较复杂或有地区性意义的公共建筑工程室外环境设计；仿古建筑或高标准的古建筑、保护性建筑的室外环境设计；商业居住建筑的室外环境设计；景观建筑与风景道路设计。 （6）城市大型水景观（200 m^2 以上，含200 m^2）；与上述风景园林工程配套的景观照明设计
2	中型	500万元≤投资额<2000万元	（1）城市道路的一般绿化工程（投资规模在2000万元以内）。 （2）片林、风景林绿化工程。 （3）景观要求较高的道路绿化工程或高速路两侧绿化工程。 （4）省级以下（不含省级）风景区规划方案；功能单一、技术要求简单的小型公共建筑环境；一般公共建筑工程的室外环境；三星级饭店以下标准的室外庭园设计；经济适用房的室外环境设计。 （5）城市中型景观（200 m^2 以下）；与上述园林工程配套的景观照明设计
3	小型	投资额<500万元	小型绿地、小游园等工程

6.3.3 风景园林工程项目设计过程的特点

风景园林工程设计过程与风景园林工程建设其他活动相比，有其自身的特点：

（1）风景园林工程设计过程的范围覆盖广。广义上的风景园林设计过程贯穿于项目实施的始终，覆盖了项目从构思策划、实施到后期投用运营的全过程，如图6-3所示。

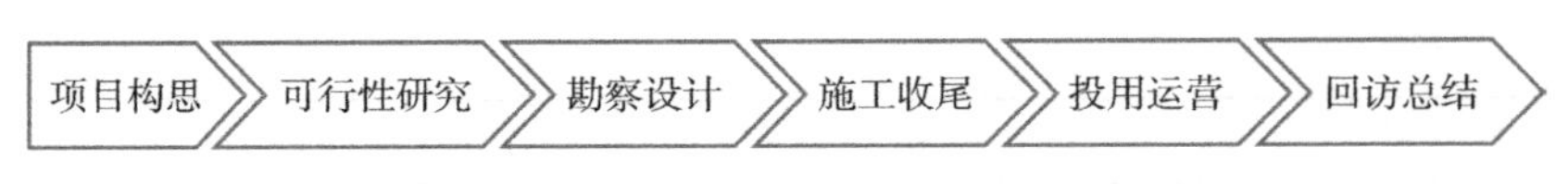

图 6-3 风景园林工程设计过程的范围

（2）设计工作的创造性强。设计的原始构思是一种创造性劳动，设计过程是一个“无中生有”、从粗到细的过程，凝聚了设计师创造性的劳动。

（3）设计工作的专业性强。我国的风景园林设计市场实行从业单位资质管理制度；工程设计工作复杂，需要多工种协调配合完成；并且设计分工越来越细。因此，设计是一项高度专业化的工作。

（4）设计工作需要各方广泛参与。工程设计过程是由建设单位、设计单位、咨询单位、施工承包单位以及苗木材料设备供应单位等众多项目参与方共同参与的过程。其中，建设单位的参与至关重要。

6.3.4 风景园林工程设计各阶段主要工作内容及成果要求

风景园林工程一般应分为方案设计、初步设计和施工图设计 3 个阶段。对于技术要求简单的园林绿化工程，可在方案设计审批后直接进入施工图设计。

风景园林各阶段工程设计深度可按照住房和城乡建设部颁发的《市政公用工程设计文件编制深度规定》执行。对于风景园林工程项目中景观建筑（含房屋部分）工程设计，设计文件编制深度应执行《建筑工程设计文件编制深度规定》的要求，并应符合有关行业标准的规定。

1. 风景园林工程设计各阶段主要工作内容

通常风景园林工程各阶段设计的主要工作内容可归纳如下：

（1）方案设计阶段的主要工作内容

大型风景园林工程项目的方案设计，是解决风景园林工程项目总体布置、功能安排和开发问题，其主要任务是对风景园林工程项目进行总体规划、植物景观规划设计、景观建筑规划布局（包括建筑艺术、造型）、游路布置、地形规划、环境关系规划、交通组织，以及提出风景园林规划模型和技术经济指标等。这也是城市规划法规规定的规划设计程序。

建设单位根据城市规划部门审批的方案设计文件，进行风景园林工程项目的初步设计和施工图设计。

（2）初步设计阶段的主要工作内容

初步设计是根据政府主管部门批准文件和技术要求、建设单位设计任务书和技术资料、其他相关资料，以及批准的可行性研究报告、设计合同，进行必要的工程勘察，取得可靠的设计资料，从技术上和经济上，分专业对风景园林工程项目进行系统全面的规划和设计，对投资概算进行财务分析和评价，并编制初步设计文件。

初步设计阶段应确定总体设计原则、项目功能和工程标准、设计方案（包括详细的总体规划设计布局、道路和广场的标高、场地附近道路及河道的标高及水位、场地内土石方量的估算表、园林植物群落结构设计及其规格造型方案、园路、地坪和景观小品、园林建筑物和小品形式及结构体系、给水排水、电气等）、建设概预算，应能满足编制投融资计划、工程项目管理规划等要求。

（3）技术设计阶段的主要工作内容

某些技术复杂项目，有时还需要增加技术设计环节。技术设计是重大项目和特殊项目为进一步解决某些技术问题，或确定某些技术方案而进行的设计。它是对在初步设计中无法解决而又需要进一步研究解决的重大技术问题、重大项目或关键工艺技术、关键设备等所进行的一个设计阶段。其任务是解决以下类似的问题：特殊工艺流程方面的试验、研究及确定，某些技术复杂、需慎重对待的问题研究及确定。技术设计的内容，需根据工程特点、具体情况和需要而制定。

（4）施工图设计阶段的主要工作内容

施工图设计是提供风景园林工程项目施工时所必需的详细图样，以指导施工。它根据批准的初步设计，进行详细设计计算，确定设计坐标网及其与城市坐标网的换算关系，保留的建筑及地物和植被的定位和区域，园路等级和主要控制标高、水体的定位和主要控制标高，坡道及桥梁的定位、围墙及驳岸等硬质景观的定位，场地所有要素正确的定位尺寸、控制尺寸和控制标高，假山造型结构及结构尺寸与材料、技术细节要求等，正确、完整和详尽的地形变化，植物种植位置、类型、范围及规格、植物材料表，建筑物及构筑物的结构与构造、安装图纸，广场、平台排水、伸缩缝等节点的技术措施，结构用材的品种、规格、型号、强度等级，钢筋种类与类别、钢筋保护层厚度、焊条规格型号，给排水管网及附件的位置、型号和详图索引号以及管径、埋置深度或敷设方法，变配电所、配电箱位置、编号，高低压干线走向，照明配电箱及路灯、庭院灯、草坪灯、投光灯及其他灯具的位置及其安装详图，由费率表、预算子目表、工料补差明细表、主要材料表等组成的预算书等，应满足设备、材料的安排，土建与安装工程的要求，合同计量和完工检验等要求。

2. 风景园林工程设计各阶段主要工作成果要求

通常情况下，风景园林工程设计各阶段设计工作成果要求如表6-4所示。

风景园林工程设计各阶段设计成果　表6-4

设计阶段	设计成果	
概念性方案设计	封面	项目名称、编制单位、编制年月
	设计资质	设计单位的设计资质等级
	设计文件目录	设计说明、设计图、投资估算、其他
	设计说明	（1）现状概述； （2）现状分析； （3）设计依据性文件、设计方案任务书、基础资料等； （4）设计指导思想和设计原则； （5）方案总体构思和布局； （6）竖向设计、绿化设计、景观建筑及构筑物与小品设计、结构设计、园路设计与交通分析、给排水设计、电气设计、暖通设计、消防设计等各专业设计简要说明； （7）若采用新材料、新技术，说明主要技术、性能及造价估算； （8）主要技术经济指标； （9）投资估算
	设计图纸	（1）区位图； （2）用地现状图； （3）总平面图； （4）功能分区图或景观分区图； （5）设计分析图； （6）园路设计与交通分析图； （7）竖向设计图；

续表

设计阶段	设计成果	
概念性方案设计	设计图纸	（8）绿化设计图； （9）主要景点设计图； （10）用于说明方案意图的主要专业设计图
	投资估算	（1）编制说明； （2）估算表
	其他	设计委托文件中规定的透视图、鸟瞰图、模型，以及招标人增补的其他相关要求等
初步设计	封面	项目名称、编制单位、编制年月
	扉页	编制单位法定代表人、技术总负责人、项目总负责人和各专业负责人的姓名，并经上述人员签署或授权盖章
	设计文件目录	设计总说明、设计图（可单独成册）、概算书（可单独成册）
	设计总说明	（1）工程概况：包括工程建设规模、工程特征和设计范围； （2）设计指导思想，设计原则和设计构思或特点； （3）设计依据：政府主管部门批准文件和技术要求；建设单位设计任务书和技术资料；国家现行规范、规程、规定和技术标准；其他相关资料； （4）各专业设计说明，可单列专业篇； （5）初步设计文件审批时，需解决和确定的问题； （6）各专业设计说明（可另单独成册）； （7）根据政府主管部门要求，设计说明可增加消防、环保、卫生、节能、安全防护措施和无障碍设计等技术专业篇； （8）采用的主要设备和材料； （9）主要技术经济指标； （10）其他需要说明的内容
	设计图纸	（1）总平面图，包括设计说明和总平面图、技术经济指标； （2）各专业设计图纸，可另单独成册； （3）竖向设计图，包括设计说明和设计图纸； （4）种植设计图，包括设计说明、苗木名称与规格和设计图纸； （5）园路、地坪和景观小品设计文件，包括设计说明、设计图纸和主要材料名称和工程量； （6）结构设计文件，包括设计说明和设计图纸； （7）给水排水设计文件，包括设计说明、设计图纸、主要设备表； （8）电气设计文件，包括设计说明书、设计图纸、主要电气设备表等； （9）消防设计文件，包括设计说明书、设计图纸、主要设备表等； （10）出图核验，只有经设计单位审核和加盖初步设计出图章的设计文件才能作为正式设计文件交付使用
	投资概算	（1）封面； （2）扉页； （3）概算编制说明； （4）总概算书； （5）各单项工程概算书
施工图设计	封面	项目名称、设计阶段、编制单位、编制日期
	目录	图纸封面、目录、设计说明、物料表、总图部分、园建部分设计图、植物种植设计图
	设计说明	一般工程按设计专业编写施工图说明；大型工程可编写总说明

续表

设计阶段	设计成果	
施工图设计	设计图纸	（1）总图部分，包括总平面图、总平面索引图、总平面竖向定位图、总平面图尺寸定位图、总平面图坐标定位图、总平面图网格定位图等； （2）竖向详细设计图，包括设计说明和设计图纸； （3）种植详图设计部分，包括设计说明、乔灌设计图、地被设计图、苗木统计表； （4）园路、地坪和景观小品详细设计，以单项为单位逐项分列，分别组成设计文件，包括施工图设计说明和设计图纸； （5）结构专业详细设计文件，包含计算书（内部归档）、设计说明、设计图纸； （6）消防详细设计文件，包括设计说明书、设计图纸、主要设备表等； （7）给水排水详细设计文件，包括设计说明、设计图纸、主要设备表； （8）电气详细设计文件，包括设计说明、设计图纸、主要设备材料表； （9）套用图纸和通用标准图：按设计专业汇编，也可并入设计图纸； （10）出图核验，只有经设计单位审核和加盖施工图出图章的设计文件才能作为正式设计文件交付使用
	工程预算书	预算文件，包括封面、扉页、预算编制说明、总预算书（或综合预算书）、单位工程预算书等，应单列成册
设计后服务	材料采购服务	（1）苗木、材料规格书； （2）苗木、材料配置表； （3）供应单位资料确认
	各阶段设计成果交底（包括施工图设计交底）	（1）说明设计意图； （2）解释设计文件； （3）明确设计要求
	现场设计服务	（1）及时解决施工中出现的设计问题； （2）按变更设计管理规定修改设计，并提出设计变更单
	编制竣工图文件（合同委托时）	（1）竣工图的封面； （2）图纸目录； （3）竣工图文件

6.3.5 风景园林工程设计的三大目标

经过方案设计、初步设计、施工图设计，然后通过采取各种施工手段等具体实施过程，最终得到的风景园林产品应满足风景园林工程项目建设单位的要求。建设单位要求项目应具有功能性、经济性和安全性三大目标，并根据这三大目标要求，向设计单位提供设计基础资料、文件，也据此全面检验设计成果的质量。

1. 功能性

功能性就是风景园林工程项目既要具有良好的生产、休闲、游憩、娱乐、保健、防洪等使用功能，又要具有良好的生态提升、改善或修复功能，还要具有很好的环境美化功能，有较好的景观效果；既方便出行，又方便体验，工程项目的使用功能当然是第一位的，既要创造出良好的生活休闲环境，又有利于提高生态效益和产品质量，两者不可偏废。

功能性主要是在项目决策阶段和初步设计阶段形成的。业主应抓住以下环节：总体布置上，要便于出行和交通联系；风景园林环境内部布置则要求游览路线衔接通顺，游览路面行走舒适，有必要的活动面积和空间，有必要的休息、停靠、抓扶、坐靠等设施，保证游客游览舒适、身体健康；工程项目的景观形象处理，要统一而有序，要有合适的规模和造型，比例要适宜，季相特征明显，与外部空间和环境要协调，要予人充满时代气息的感觉。风景园林工程设计的功能性，是业主对使用功能、生态功能、生产功能的控制。

2. 经济性

经济性是指保证风景园林工程项目功能可靠和安全适用的前提下，做到建设周期短、工程投资低、投产使用后生态效益、景观效益、经济效益、社会效益高。

决定风景园林工程项目投资和成本的关键因素，是设计参数的正确选择。设计参数，有些是由客观的自然条件决定的，应按实际情况采用，如场地地质、地形地貌与岩土及其结构等；有些是人为决定的，如工作制度、管理方式等。业主提供的原始数据必须准确、有根有据；设计单位选定的参数，必须先进、合理、具有科学性。设计参数的来源主要有：勘察和科研部门提供的资料；国家的规范、规程、标准、规定；业主提供的资料。

采用先进技术、降低造价是设计部门的职责。但是，只有结合风景园林产品的成本、结构、功能、人文进行综合评价，才能品评设计的综合性和经济性。投资低、成本低、生态优、景观优、空间优的方案当然是最佳方案。一般是投资高的往往风景园林产品成本高，景观短时效果相对较好，但风景园林产品所带来的综合生态效益不一定好，长期景观效益、景观稳定性也不一定好。而风景园林产品成本低的又往往是投资低，成本过低、投资过低，风景园林产品的景观效益基本上会不太理想，这些都是业主需要把握的关键所在。涉及业主对方案进行技术经济分析，用技术经济指标来综合评价项目设计的经济性。项目的经济评价，不仅要评价建设单位自身的效益，还要从社会效益来评价，从而对国民经济和整个社会的收益或受损（包括环境污染等）来正确评价。业主一定要认真审查设计单位的经济性评价文件，反复咨询调研，力求最优。

3. 安全性

工程设计应当符合按照国家规定指定的安全规程和技术规范，保证风景园林工程的安全性能。如果要保证风景园林工程的安全性能，设计是前提。风景园林工程的安全性能，包括以下两层含义：

（1）在施工建设过程中的安全，主要指建造者的安全。

（2）建成投入使用后的安全，主要指建筑物及构筑设施的安全、空间环境的安全。

因此，风景园林设计应当符合安全规程和技术规范。这些规程和规范是保证风景园林工程安全性能、保护风景园林工程项目职工安全与健康、保护国家和人民财产不受损失所必须遵循的准则。只有业主对设计标准的有效控制，才能实现安全性的目标。

6.4 风景园林工程项目设计管理

6.4.1 设计管理原理

设计管理原理是现实设计管理工作的一种抽象，是由设计管理对象的特殊本质决定的，同时又是根据现代管理科学的基本原理，针对设计工作的基本特点，在设计管理实际经验的基础上总结出来的，对于做好设计管理工作有着普遍的意义。

1. 系统管理原理

系统是指由若干相互联系、相互作用的部分组成，在一定环境中具有特定功能的有机整体。就其本质来说，系统是“过程的复合体”，设计是在有限的时空范围内，在特定的物质条件下，为了满足一定的需求而进行的一种创造性思维活动的实践过程。设计可以看作是一个系统，即设计系统。设计系统是一个多层次的复合系统，系统内部诸要素之间的相互作用，系统与外部环境的相互作用是推动系统发展的动力，设计管理就是要从系统的整体性出发，进行系统分析，明确设计目标，充分发挥各要素的作用，实现设计目标的最优化。

2. 信息传递原理

信息是设计的基础，信息处理技术被广泛用作设计工具。信息处理观点又被用来解释设计思考过程，在整个设计过程中自始至终贯穿着三种流：人流、物流、信息流，其中最重要并大量存在的是以数据、图形、资料为载体的信息流。现代设计中“三流”是否畅通，决定于信息流是否畅通。信息流的任何阻塞都会使人流、物流造成混乱，经济效益和社会效益将遭受损失。因此设计管理过程在某种程度上就是信息传递和信息管理的过程。设计管理水平的高低，很大程度上决定信息和信息传递的质量、信息管理的水平。设计管理应尽量加大信息容量，对与设计相关的各种信息及时捕捉、完整搜集、正确判断、及时加工、迅速传递、有效使用，从而使信息通畅无阻，同时减少外源干扰，设计管理的作用方可充分发挥，设计工作才能顺利进行。

3. 控制反馈原理

所谓控制，直观地说，就是指施控主体对受控客体的一种能动作用，这种作用能够使得受控客体根据施控主体的预定目标而动作，并最终达到这一目标。在设计系统中，人、财、物等设计资源众多，组合关系复杂，必须从事物之间相互联系的观点出发，加强设计管理，使各种设计资源在统一控制下，成为有机的整体去实现目标。由于在设计过程中，时空变化和环境影响不可避免地受到各种因素的干扰，随机因素比较多，设计管理必须通过信息反馈，随时采取措施，调整各种偏差，排除随机干扰，保证设计活动的正常进行，实现预期目标，因此反馈控制对于设计管理就显得十分重要，在许多情况下，仅采取简单的反馈、调节还不够，设计管理经常还需要适应性反馈控制、多级递阶反馈控制，才能确保设计系统的稳定性、快速性和准确性，最终达到控制的目标。

4. 设计效益原理

设计是把各种先进技术成果转化为利润的活动。任何设计都必须讲究效益（包括经济效益和社会效益），效益也是管理的目标，因此设计管理就是对效益的不断追求，就是要以提高效益为核心，就是要纠正“为个人爱好而设计”、“体现个人品位的设计”以及“为创新而创新的设计”的错误倾向。设计管理是通过对设计目标有计划、有组织的分析和思考，围绕设计目标进行科学决策，减少各项设计的盲目性，提高设计工作的效率；通过设计知识的交叉整合、设计资源的优化组合，开展优势设计、提高设计竞争力等方式来提高设计效益。设计管理还通过协调局部效益和全局效益的关系，不限于满足眼前的效益水平，更着眼于长期稳定的高效益等方法，来保证有长期稳定的高效益，同时，使设计本身也持久地兴旺发达。

5. 人本管理原理

设计的工作中心是人而不是物，设计的价值标准也是以人为本而不是以物为本，进一步的设计管理更是如此，人本管理原理就是以人为中心的管理思想，这是 21 世纪管理理论的主要特点，也是设计管理的最重要的原理。

人本管理原理主要包括以下主要观点和内容：设计师是设计的主体，设计师参与管理是有效的设计管理的关键，使设计师的人性和个性得到最完善的发展是设计管理的核心，服务于设计人员，使其创造性得到最充分的发挥是设计管理的根本目的。

设计人员是设计中最重要的因素，要实现设计中的任何一个目标都必须依靠设计人员。设计人员是设计活动中最活跃的因素，设计人员作用发挥得如何，不仅直接关系到设计方案的本身，还关系到设计优势和设计竞争力的发挥，设计人员的能动性发挥的程度又与设计管理的管理效应成正比——管理效应大，设计人员的主观能动性就好，反之亦然。

设计是一种创造性的个体劳动，要善于发挥各个设计人员的特长，充分发挥其智慧和能力，确保设计的创新性。设计又是一种团队性的集体劳动，要寻求人才结构的最优化配置，寻求全体人员的最佳合作。在设计过程中，设计人员既是管理者，又是管理对象。设计管理只有把着眼点放在人上，充分调动设计人员的积极性、主动性和创造性，才能真正做好设计工作，也才能真正达到设计管理的目标。

6.4.2 风景园林工程项目设计的任务委托途径

1. 设计招标

设计招标是指在风景园林工程项目实施过程中，建设单位委托招标投标代理机构以招标公告的方式，邀请不特定的符合公开招标资格条件的设计单位参加投标，按照法律程序和招标文件规定的评标方法和标准选择中标人，并将设计任务委托给中标人的招标方式。

《工程建设项目勘察设计招标投标办法》规定："工程建设项目符合《工程建设项目招标范围和规模标准规定》规定的范围和标准的，必须进行招标。任何单位和个人不得将依法必须进行招标的项目化整为零或者以其他方式规避招标。"因此，国内大中型项目普遍采用了设计招标的途径委托设计任务。

国内普遍采用设计招标的途径委托设计任务，但国际上往往不采用招标方式委托设计任务，而是采用设计竞赛的方式。设计工作好坏的关键不是设计报价，而是设计本身的先进性、合理性、经济性，设计委托合同也不是承包合同，而是技术咨询合同。

2. 设计竞赛

（1）设计竞赛的概念

设计竞赛是指建设单位委托专业的工程项目管理单位组织设计竞赛，竞赛评审委员会对参赛的设计方案进行评审，从参赛的众多设计方案中评选出优胜的设计，建设单位可将设计任务委托给竞赛优胜者，也可以综合几个优胜设计，再行设计委托。建设单位还可根据需要，组织深化设计竞赛，不断地寻求设计优化的可能。

（2）设计竞赛与设计招标的区别

设计竞赛与设计招标的主要区别体现在以下 3 个方面：

1）设计竞赛只征集并优选设计方案，不关注设计本身的价格和设计工期等；而设计招标则还包括了对设计费用、设计工期等的竞争。

2）设计竞赛评选的过程只是优选设计方案，不一定作为任务委托；而设计招标过程本身就决定了优胜者必然成为设计任务受委托人。

3）为保证设计竞赛能得到较高质量的设计方案，设计竞赛未中奖的，将得到一定的经济补偿；而设计招标未中标者，一般没有经济补偿。

6.4.3 风景园林工程设计的任务委托方式

风景园林工程设计的任务委托方式，是指建设单位根据项目的性质和特点，将全部设计任务委托给一家设计实力强的设计单位实行设计总包或将设计任务拆分、打包，分别委托给不同的设计单位，设立各设计单位之间的协作关系和工作界面，由各设计单位共同完成各自承担的设计任务的方法。设计任务委托方式的选择也决定了设计委托合同的结构。

随着风景园林工程项目规模的日益增大，功能和技术要求日趋复杂以及新材料、新工艺不断涌现，设计方法、设计理念不断创新，专业设计分工越来越细，出现了一些专业的设计分支。因此，设计任务已不再由一家设计单位独立完成，可能由数家设计单位通力合作，共同完成。

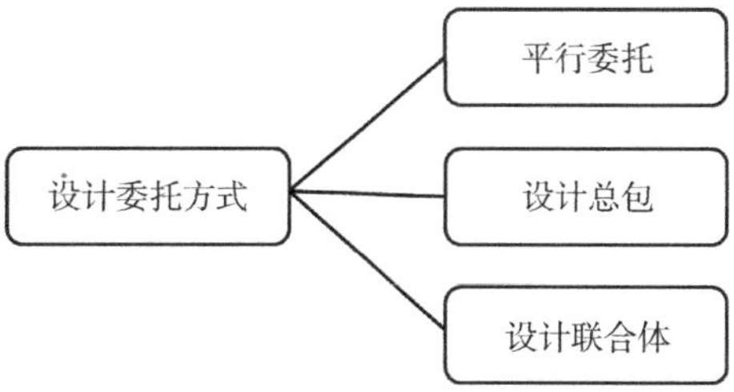

设计委托方式
平行委托
设计总包
设计联合体

图 6-4　设计委托方式

风景园林工程设计任务的委托方式也由过去直接委托一家设计单位转变为多种委托方式，主要有平行委托方式、设计总包方式、设计联合体方式，如图 6-4 所示。

1. 平行委托

平行委托方式是指建设单位将设计任务分别委托给多个设计单位，各设计单位之间的关系相互平行，分别承担一部分设计任务，由建设单位或项目设计管理单位负责总体协调。如图 6-5 所示。

采用平行委托方式，建设单位可以根据工程项目的性质和特点，将风景园林工程项目拆分为功能独立的子项平行委托，也可以将项目拆分成不同的专业平行委托，还可以按不同的设计阶段平行委托，如图 6-6 所示。

2. 设计总包

设计总包是指建设单位将全部设计任务委托给一家设计单位，再由这家设计单位牵头设计工作，根据自身能力，将部分设计任务分包给其他设计单位的设计发包方式，如图 6-7 所示。

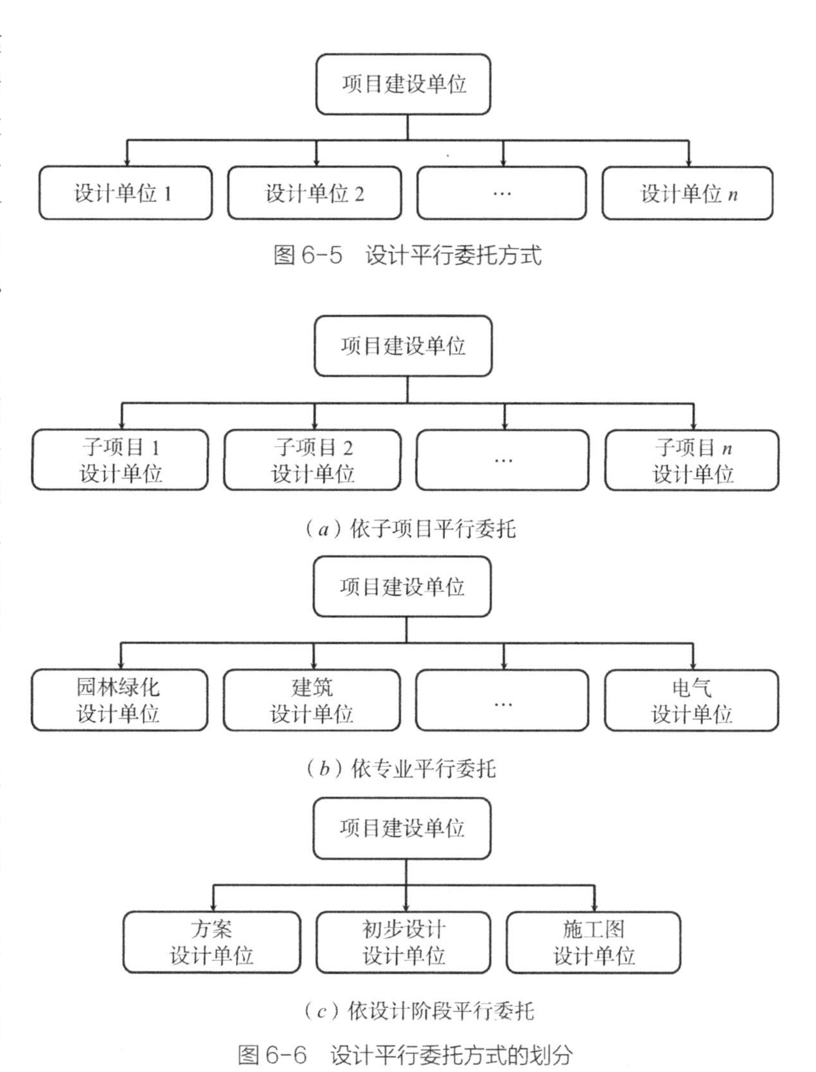

图 6-5　设计平行委托方式

（a）依子项目平行委托

（b）依专业平行委托

（c）依设计阶段平行委托

图 6-6　设计平行委托方式的划分

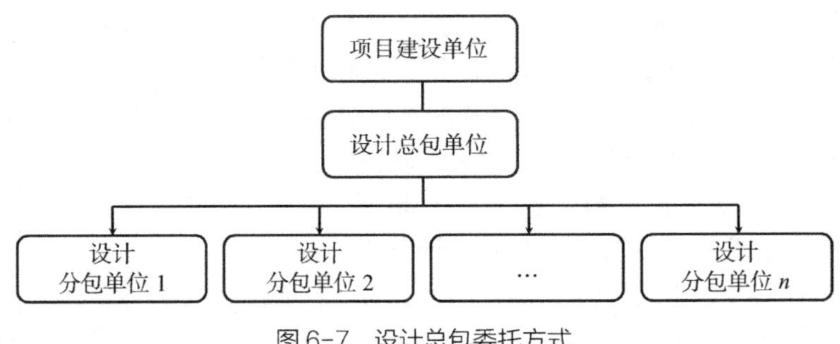

图 6-7 设计总包委托方式

根据《工程建设项目勘察设计招标投标办法》规定："除建设工程主体部分的勘察、设计外，经发包方书面同意，承包方可以将建设工程其他部分的勘察、设计再分包给其他具有相应资质等级的建设工程勘察、设计单位。"因此，这种设计委托方式在实际操作中应注意建设工程主体部分的设计必须由设计总包单位自己设计，不得分包给其他设计单位。

3. 设计联合体

设计联合体是指建设单位将设计任务委托给两家以上的设计单位组成的设计联合体，签署一份设计委托合同，在设计委托合同中明确各设计单位分别承担的设计任务，如图 6-8 所示。

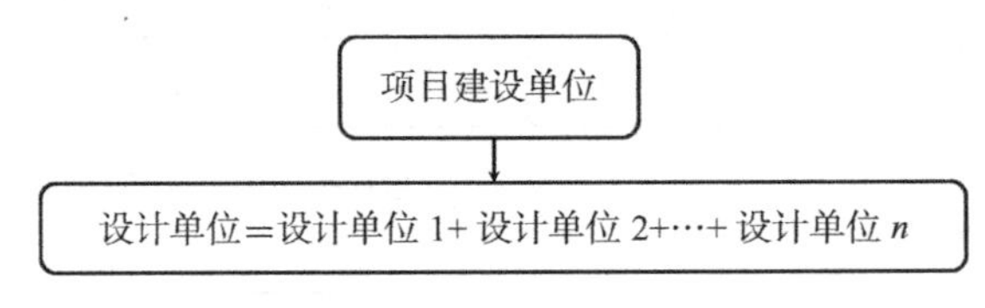

图 6-8 设计联合体委托方式

联合体由两个以上的设计单位组成，互相之间缺乏协调，不利于建设单位的协调管理。因此，在实际执行过程中，建设单位往往要求指定联合体一方作为牵头人，并规定联合体各方承担连带责任。

4. 设计委托方式的比较

三种设计委托方式的优缺点比较如表 6-5 所示。

设计委托方式的比较 表 6-5

委托方式	适用范围	优点	缺点
平行委托	大型复杂项目	有利于各设计单位发挥各自优势；有利于建设单位对设计的各部分分别控制	建设单位的协调管理工作量大；总体进度和投资控制困难
设计总包	较少采用	建设单位协调工作量小；合同管理较为有利	选择适合的设计总包难度较大；建设单位指令落实流程长
设计联合体	中外合作设计	建设单位协调的工作量较小；合同管理较容易；与平行委托方式相比，联合体内部交流合作更为密切	由于要承担连带责任，不容易结成联合体

5. 风景园林工程设计单位工作界面划分

采用平行方式委托设计任务的项目，需要清楚地划分各设计单位之间的工作界面。除此之外，各设计单位的配合协调关系也应在委托合同中明确、全面地体现，防止各设计单位之间互相扯皮，影响整个设计的质量和进度。

6.4.4 风景园林工程设计的要求文件

风景园林工程设计作为一项复杂的集科学性、技术性、艺术性于一体的工作，需要一个开展工作的指导依据，这一指导依据不能过于抽象、笼统，而应采用技术性语言，对设计工作提出要求，保证设计成果不会偏离建设单位设定的项目目标。这一设计工作的依据就是设计要求文件。目前，越来越多的建设单位认识到了设计要求文件的重要性，并在设计管理中逐渐运用。

1. 风景园林设计要求文件的依据

风景园林设计要求文件的依据包括：

（1）国家相关法律、法规文件。

（2）城市和区域规划设计文件。

（3）各类设计规范、标准。

（4）环境资料，包括气候条件、地质条件、水文条件等。

（5）市政配套设施条件。

（6）建设单位的功能要求。

2. 风景园林设计要求文件的内容

风景园林设计要求文件应包括以下内容：

（1）项目的目标。

（2）项目的结构组成。

（3）项目的规模。

（4）项目的功能。

（5）设计的标准和要求。

项目的功能描述、设计的标准和要求及景观目标是风景园林设计要求文件最重要的部分，其描述质量很大程度上决定了风景园林设计的质量，因此，风景园林设计要求文件的描述必须准确、严谨，还要能充分体现建设单位的意图。在描述中需要注意以下几点：①要求要合理、适当，过高的要求必然增加投资，影响建设单位投资控制目标的实现。②描述要尽量具体，定性和定量相结合，尽量避免使用抽象、模糊的语言。③描述应全面，不能遗漏，否则将对以后的设计产生影响。

风景园林设计要求文件应随着风景园林设计阶段的逐步展开而逐渐深化，因此在不同的设计阶段应提出深度不同的设计要求文件。

风景园林设计要求文件的内容还应结合项目实施管理的需要，在设计环节上就要为项目后续实施的有效管理创造良好条件。

6.4.5 风景园林工程设计合同

风景园林工程设计工作有其自身的特点，因此，风景园林设计任务委托合同也有其独特性，也由此影响了设计委托合同条款的理念、原则设定和具体做法。

1. 风景园林工程设计任务委托的特殊性

设计单位是技术咨询单位，设计任务是一项需要创造性的高技术含量的复杂工作，与工程项目建设中常见的建筑安装施工、风景园林材料采购等相比，设计任务委托体现出了其自身的特殊性：

（1）风景园林设计单位的选择不应以报价为主，不能采用低价中标的原则。

（2）委托设计任务必须以明确的设计要求文件为前提。

（3）设计任务不仅包括设计本身，还应包括风景园林工程项目全生命期内设计单位所提供的全方位服务。

（4）风景园林设计成果质量的优劣，除建设单位自身的原因外，主要取决于设计单位和主要设计人。

2. 风景园林工程设计合同文本和条款

（1）风景园林设计合同标准文本

目前，国际上比较典型的、有影响且广泛使用的是由国际咨询工程师联合会（FIDIC）制定的《建设单位/咨询工程师标准服务协议书》（*The Client/Consultant Model Service Agreement*）。由于我国风景园林市场体系和法律框架与国外不同，上述国际设计标准合同文本在使用中应注意取舍，不能照搬照抄。但总体来讲，其严谨的合同逻辑、准确的语言描述、合理的合同原则等均值得业内人士借鉴。

我国住房和城乡建设部颁布的《建设工程设计合同（示范文本）》有两种类型，分别针对民用建设工程和专业建设工程。民用建设工程设计委托合同由8部分内容组成，专业建设工程由于其复杂性，其设计委托合同由12部分内容组成。

1）民用建设工程设计委托合同内容如下：

①本合同签订依据。

②本合同设计项目的内容：名称、规模、阶段、投资及设计费用表。

③发包人向设计人提交的有关资料、文件及时间。

④设计人向发包人交付的设计文件、份数、地点及时间。

⑤本合同设计收费估算及设计费支付进度表。

⑥双方责任。

⑦违约责任。

⑧其他。

2）专业建设工程设计委托合同内容如下：

①本合同签订依据。

②设计依据。

③合同文件的优先次序。

④本合同项目的名称、规模、阶段、投资及设计内容。

⑤发包人向设计人提交的有关资料、文件及时间。

⑥设计人向发包人交付的设计文件份数、地点及时间。

⑦费用。

⑧支付方式。

⑨双方责任。

⑩保密。

⑪仲裁。

⑫合同生效及其他。

另外，各省、自治区、直辖市也自行制定和颁布实施了地方性设计合同标准文本，比如

《上海市建设工程设计合同》、《浙江省建设工程设计合同》等。

（2）设计合同条款应注意的问题

1）设计进度控制：设计成果应该分阶段逐步控制、批准，因此，在设计合同中，应列明设计进度计划，并设定相应检查点的阶段性成果。

2）设计转包：由于设计任务的特殊性和重要性，建设单位应警惕对待设计分包或转包问题，对于设计总包委托方式，也应严格限制分包或转包的条件，并保留建设单位的最终决定权。

3）关注主要设计人：在选择设计单位的同时，建设单位还应特别关注参与项目设计工作的主要设计人，在设计合同中约定项目主要设计人员名单及人员更换条件，以保证设计质量。

4）明确约定现场服务：设计不可能一次解决项目实施过程中的所有技术问题，我国的设计标准合同文本中也约定了设计单位的现场服务，但不够详细和明确，建设单位应注意在合同中补充、细化、明确。

5）设计质量责任险：国内的设计标准合同文本约定了设计质量责任，一旦出现设计质量问题，设计单位将以其设计费赔偿建设单位和相关方的经济损失，这显然无法弥补设计质量责任造成的实际损失。

目前，国内设计市场上已经有大型设计单位与国际接轨，投保了设计职业责任险，建设单位应尽量选择投保了设计职业责任险的设计单位，并在合同中约定设计质量赔偿。

6）对于平行委托方式，注意明确各设计单位的工作界面

设计平行委托方式要求建设单位必须明确各设计单位之间的工作界面，清晰界定各设计单位技术上的配合协调关系。

6.4.6 风景园林工程设计管理程序

1. 风景园林工程项目设计管理程序

业主在风景园林设计阶段的管理工作主要是以下 4 个方面：

①对风景园林设计单位的管理，包括提供资料，协调各设计单位工作，控制风景园林工程的投资、进度和总体质量水平，监督设计进度和审查设计内容。②风景园林设计所需的自然环境资料等，由不同专业的科研、勘察、评价、咨询单位完成，因此，风景园林建设单位对这些单位应加强管理。③风景园林设计所需的外部协作条件，分属不同主管部门管理，如规划局、交通局、电业局、电信局、市政公用局等，业主要将外部条件协作单位的供应协定、技术条件取得后，转交给设计单位。④风景园林设计文件的上报和审批，通过一系列的审批手续，最后要取得规划设计许可证（俗称“开工证”），以便进行正式施工。风景园林设计阶段以取得开工证为标志，表示项目设计阶段的结束。

风景园林建设单位在项目设计阶段的管理程序如图 6-9 所示。

（1）开展初步设计的必备条件

1）委托初步设计的必备条件

①项目可行性研究报告经过审查，业主已获得可行性研究报告批准文件。

②已办理征地手续，并已取得规划局和国土局提供的建设用地规划许可证和建设用地红线图。

③业主已取得规划局提供的规划设计条件通知书。

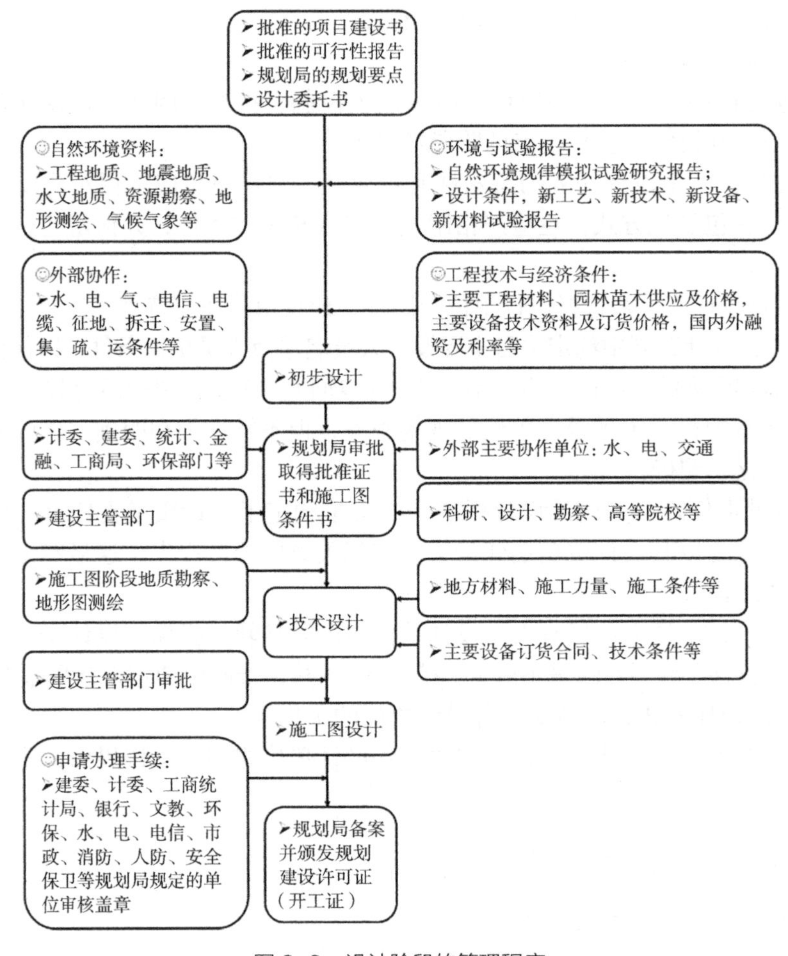

图6-9 设计阶段的管理程序

2）初步设计完成时的必备条件

在初步设计过程中，业主要办理各种外部协作条件的取证工作和完成科研、勘察任务，并转交设计单位，作为设计依据（工程设计和编制概算）。

（2）业主对初步设计的原则要求

业主对初步设计的原则要求，可作为委托书的法规，直接提交给设计承包商，作为设计条件之一。其内容主要包括以下几个方面：

1）建设项目远景与近期建设相结合，加快建设进度的要求。

2）对资源充分利用和综合利用的要求。

3）质量方面的要求。

4）机械化自动化程度的要求；采用先进技术、工艺、设备的要求。

5）环保、安全、卫生、劳动保护的要求。

6）合理布局的要求。

7）合理选用各种技术经济指标的要求。

8）公共建筑、民用福利设施标准的要求。

9）节约投资、降低成本的要求。

10）建设项目扩建、预留发展场地的要求。

11）贯彻上级或领导部门的有关指示。

12）其他有关的原则要求。

（3）初步设计的深度

初步设计应满足下列要求：

1）多方案比较。在充分细致论证设计项目的景观效益、经济效益、社会效益、生态效益的基础上，择优推荐设计方案。

2）建设项目的单项工程要齐全，主要工程量误差应在允许范围以内。

3）主要设备和材料明细表，要符合订货要求，可作为订货依据。

4）总概算不应超过可行性研究估算投资总额。

5）满足施工图设计的准备工作的要求。

6）满足土地征用、投资包干、招标承包、施工准备、开展施工组织设计以及施工准备等工作的要求。

经批准的可行性研究报告中所确定的主要设计原则和方案，如建设地点、规模、产品方案、生产方法、工艺流程、主要设备、主要建筑标准等，在初步设计中不应有较大变动。若有重大变动或概算突破估算投资较大时，则要申明原因，报请原审批主管部门批准。

（4）初步设计的主要内容

1）设计原则。设计原则为可行性研究报告及审批文件中的设计原则，设计中遵循的主要方针、政策和设计的指导思想。

2）建设规模，分期建设及远景规划，建设地点，占地面积，征地数量，总平面布置和内外交通、外部协作条件。

3）各专业主要设计方案。

4）主要苗木配置；主要材料用量；主要设备选型、数量、配置。

5）新技术、新工艺、新设备采用情况。

6）主要建筑物、构筑物，公用设施，抗震和人防措施。

7）综合利用，环境保护和“三废”治理。

8）各项技术经济指标。

9）建设顺序，建设期限。

10）经济评价，成本、产值、税金、利润、投资回收期、贷款偿还期、净现值、投资收益率、盈亏平衡点、敏感性分析，资金筹措，综合经济评价等。

11）总概算。

12）法规、附表、附图，包括设计依据的文件批文、各项协议批文、主要苗木配置表、主要设备表、主要材料明细表、劳动定员表等。

（5）业主对初步设计的审查

业主对初步设计文件的审查，围绕着所设计项目的质量、进度及投资进行。总目录和设计、总说明审查，查核设计质量是否符合决策要求，项目是否齐全，有无漏项，设计标准是否符合预定要求。针对业主所提的委托条件和业主对设计的原则要求，逐条对照，审核设计是否均已满足。初步设计中所安排的施工进度是否确有可能实现，各种外部因素是否考虑周全。投资审查主要是审核总概算，要审核外部投资是否节约，外部条件设计是否经济，方案比较是否全面，经济评价是否合理；设备投资是否合理；主要设备订货价格是否符合当前市场价格。

对初步设计图纸的审查，重点是审查总平面布局、空间构成和游览路线及交通组织，总体布置要满足环境保护、安全生产、防火抗灾、游憩休闲环境等要求，要充分考虑人性化、地形变化、景观的季相变化、游览路线的可达性、各专业技术要求等要素，能满足编制工程概算的要求，能满足施工图设计的深度要求。

（6）初步设计的报批

大、中型项目，按照项目的隶属关系，由国务院各主管部门或省、自治区、直辖市审批，报国家发改委备案。

各部直属建设项目，由国务院主管部门审批。批准文件抄送有关省（自治区、直辖市）发改委、建委以及各有关局、委。

小型项目按隶属关系，由主管部门或地方政府授权的单位进行审批。

2. 对技术设计的管理

（1）开展技术设计的条件

1）初步设计已被批准。

2）对于特大规模的建设项目，或工艺极为复杂，或采用新工艺、新设备、新技术而且有待试验研究的新开发项目，以及某些援外项目及极为特殊的项目，经上级机关或主管部门批准需要作设计的建设项目。

（2）技术设计的深度和主要解决的问题

技术设计是根据已批准的初步设计，对设计中较复杂的项目、遗留问题或特殊需要，通过更详细的设计和计算，进一步研究和阐明其可靠性和合理性，准确地决定各主要技术问题。技术设计的设计深度和范围，基本上与初步设计一致。

（3）技术设计的报批

技术设计是初步设计的补充和深化，一般不再进行审核。业主直接上报审批技术设计的主管部门，经审批后转设计承包商，开展施工图设计。

3. 对施工图设计的管理

（1）开展施工图设计的条件

1）上级文件，包括业主已取得经上级或主管部门对初步设计的审核批准书、批准的国民经济年度基本建设计划和规划局核发的施工图设计条件通知书。

2）初步设计审核时提出的重大问题和初步设计的遗留问题，诸如补充勘探、勘察、试验、模型等已经解决；施工图阶段勘察及地形测绘图已经完成。

3）外部协作条件，水、电、交通运输、征地、安置的各种协议已经签订或基本落实。

4）主要设备订货基本落实，设备总装图、基础图资料已搜集齐全，可满足施工图设计的要求。

（2）施工图设计深度

施工图设计应满足下列要求：

1）设备及工程材料、苗木的安排。

2）非标准设备和结构件的加工制作。

3）编制施工图预算，并作为预算包干、工程结算的依据。

4）施工组织设计的编制，应满足设备安装和土建施工的需要。

（3）施工图的内容

施工图的内容主要包括植物种植、工程安装、施工所需的全部图纸，重要施工、安装部位和环节的施工操作说明，施工图设计说明，预算书和设备、材料明细表。

在施工总图（平面图、剖面图）上应有建筑物或构筑物的结构、管线各部分的布置，以及它们的相互配合、标高、外形尺寸、坐标；设备和标准件清单；预制的建筑构配件明细表等。在施工详图上应设计非标准详图，设备安装及工艺详图，设计建筑物、构筑物及一切配件和构件尺寸，连接、结构断面图、材料明细表及编制预算。图纸要按有关专业配套出齐，如竖向、结构、给排水、暖、气、电、通信、水工、土建、园林绿化等专业。

（4）施工图设计审查

施工图是对建筑物、设施、管线、植物等工程对象物的规格尺寸、布置、选材、构造、相互关系、施工及安装质量要求的详细图纸和说明，是指导施工的直接依据，也是设计阶段质量控制的一个重点。审查重点是：使用功能是否满足质量目标和水平。

1）总体审核。首先要审核施工图纸的完整性和完备性，及各级的签字盖章；其次审核工程施工设计总布置图和总目录。总平面布置和总目录的审核重点是：总图布置的合理性，项目是否齐全，是否有子项目的缺漏，总图在平面和空间的布置上是否交叉无矛盾；植物种植是否满足生态学原理，是否有苗木材料的配置；有否管线打架、工艺与各专业相碰，工艺流程及相互间距是否满足规范、规程、标准等的要求。

2）总说明审查。工程设计总说明和分项工程设计总说明的审核重点是：所采用的设计依据、参数、标准是否满足质量要求，各项工程做法是否合理，选用设备、材料等是否先进、合理，工程措施是否合适，所采取的技术标准是否满足工程需要。

3）具体图纸审查。图纸审查的重点是：施工图是否符合现行规范、规程、标准、规定的要求；图纸是否符合现场和施工的实际条件，深度是否达到施工和安装的要求，是否达到工程质量的标准；对选型、选材、造型、尺寸、关系、节点等图纸自身的质量要求的审查。

4）其他及政策性要求。这部分的审查重点是：审核是否满足勘察、观测、试验等提供的建设条件；外部水、电、气及集疏运条件是否满足；是否满足和当地各级地方政府签订的建设协议书等；是否满足环境保护措施和“三废”排放标准，是否满足施工和安全、卫生、劳动保护的要求。

5）审查施工预算和总投资预算。审查预算编制是否符合预算编制要求，工程量计算是否正确，定额标准是否合理，各项收费是否符合规定，汇率计算、银行贷款利息、通货膨胀等各项因素是否齐全，总预算是否在总概算控制范围之内。

（5）施工图的设计交底和图纸会审

设计交底和图纸会审的目的是：进一步提高质量，使施工单位熟悉图纸，了解工程特点和设计意图、关键部位的质量要求，发现图纸错误进行改正。具体程序是：业主组织施工单位和设计单位进行图纸会审，先由设计单位向施工单位进行技术交底，即由设计单位介绍工程概况、特点、设计意图、施工要求、技术措施等有关注意事项；然后由施工单位提出图纸中存在的问题和需要解决的技术难题，通过三方协商，拟定解决方案，写出会议纪要。

图纸会审的主要内容如下：

1）设计资格审查和图纸是否经设计单位签署，图纸与说明是否齐全，有无续图供应。

2）地质与外部资料是否齐全，抗震、防火、防灾、安全、卫生、环保是否满足要求。

3）总平面图和施工详图是否一致，设计图之间、专业之间、图面之间有无矛盾，标志有否遗漏；总图布置中工艺管线、电气线路、设备位置、运输通路等与构筑物之间有无矛盾，布局是否合理；苗木选配是否合理。

4）地基处理是否合理，施工与安装是否有不能实现或难于实现的技术问题，或易于导致质量问题、安全及费用增加等方面的问题，材料来源是否有保证、能否代换。

5）标准图册、通用图集、详图做法是否齐全，非通用设计图纸是否齐全。

（6）施工图的审批

除上级机关或主管部门指定之外，一般不再单独组织对施工图的审批。设计单位对施工图负全责。

业主将需要审批的施工图直接上报要求审批的主管部门。但是，业主必须持施工图资料到规划局，办理领取“项目规划建设许可证”。

6.4.7 风景园林工程设计的三大控制

风景园林工程设计过程从选址、设计准备开始至施工图设计完成，直到竣工验收、投运准备的全过程，即设计贯穿于建设的全过程。所以业主对设计的控制也贯穿于建设的全过程。对设计过程的控制，主要围绕3个方面——质量控制、进度控制、投资控制。

1. 风景园林工程设计的质量控制

设计质量是一个多层次的概念，是指在严格遵守技术标准、法规的基础上，正确处理和协调资金、资源、技术、环境条件的制约，使项目设计能更好地满足业主所需要的功能和使用价值，能充分发挥项目投资的经济效益、生态效益、社会效益。设计质量包括产品质量和过程质量两个方面。前者要求在满足技术规范、标准、法律法规和合同的基础上，设计的项目满足业主所需要的功能和使用价值；后者是指设计工作质量要达到设计成果的正确性、各专业设计的协调性、文件的完备性等要求。

对设计质量的控制应始于对业主投资意图、所需功能和使用价值的正确分析、掌握和理解，最终用业主所需功能和使用价值去检验设计成果，在设计过程中，应正确处理和协调业主所需功能与资金、资源、技术、环境和技术标准、法规之间的关系。

（1）风景园林工程设计阶段质量控制的必要性

当前，建设单位在设计质量管理中普遍存在以下问题：

1）建设单位缺乏必要的能力对一些大的、技术复杂的风景园林工程项目进行全面质量控制，但往往又不愿聘请有能力的设计管理单位来进行设计管理。

2）建设单位盲目压低设计费，或者拖延设计付款，造成设计人员积极性不高，影响设计质量或设计进度。

3）建设单位对设计要求朝令夕改，增加了设计工作量，使图纸质量降低，原图与修改图混合使用，各专业工种经常出现矛盾。

4）建设单位要求抢工期，而设计跟不上，加上一些设计人员不熟悉施工过程，设计与施工的脱节使风景园林工程质量存在先天不足。

5）建设单位在设计过程中，由于对技术没有把握，决策不及时，或对阶段设计成果不及时确认，或确认后随意变更。

因此，建设单位应充分认识到风景园林工程设计阶段质量管理的必要性，重视风景园林工程设计阶段的质量控制。

（2）风景园林工程设计阶段质量控制目标

风景园林工程设计阶段质量控制目标分为直接效用质量目标和间接效用质量目标两个方面。直接效用质量目标在工程项目中表现为符合规范要求、满足建设单位功能要求、符合市政要求、满足规定的设计深度要求、满足施工和安装的可操作性要求等方面。间接效用质量目标在工程项目中表现为布局合理，景观优异；经济合理，功能完备；设置合理，体验舒适；结构合理，生态安全；造型新颖，季相丰富；环境协调，安全可靠等方面。直接效用质量目标和间接效用质量目标共同构成了设计质量目标体系，如图 6-10 所示。

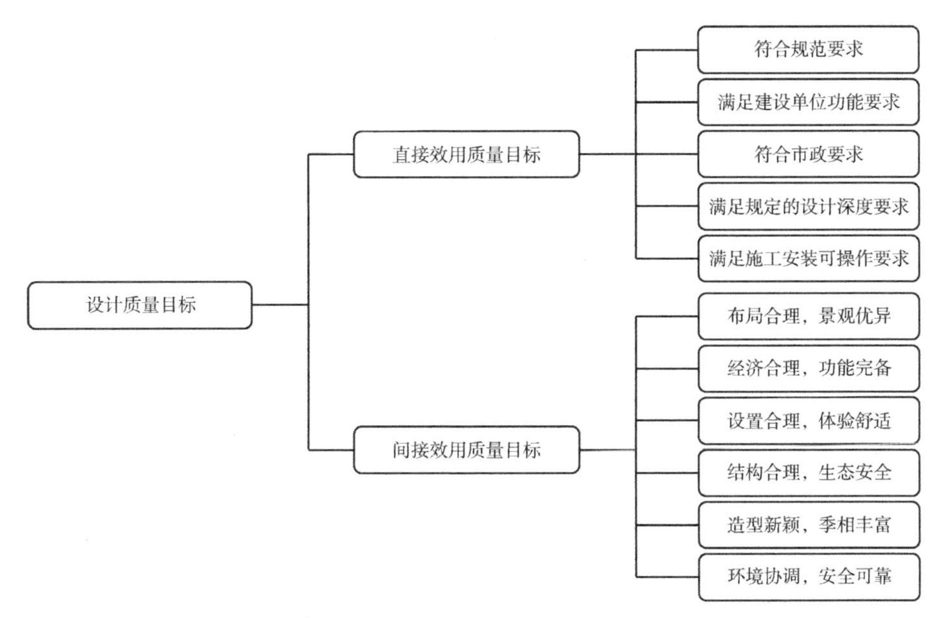

图 6-10　风景园林工程设计阶段设计质量目标体系

（3）风景园林工程设计阶段质量控制的主要任务

风景园林工程设计阶段质量控制的主要任务，按照设计阶段划分，如表 6-6 所示

风景园林工程设计阶段质量控制的主要任务　表 6-6

设计阶段	设计阶段质量控制的主要任务
方案设计阶段	（1）编制方案设计任务书中有关质量控制的内容。 （2）审核方案设计是否满足建设单位的质量要求和标准。 （3）审核方案设计是否满足规划及其他规范要求。 （4）组织专家评审方案设计。 （5）协调、督促设计单位完成设计工作。 （6）对设计方案提出质量改进的合理化建议
扩初设计阶段	（1）编制扩初设计任务书中有关质量控制的内容。 （2）审核扩初设计方案是否满足建设单位的质量要求和标准。 （3）组织专家对扩初设计进行评审。 （4）分析扩初设计的质量目标风险，提出风险管理的对策与建议。 （5）组织专家对方案结构进行分析论证。 （6）对总体方案进行专题论证及技术经济分析。 （7）审核各专业工种设计是否符合规范要求。 （8）审核工艺设计、设备选型，并提出合理化建议。 （9）在扩初设计阶段进行设计协调，督促设计单位完成设计工作。 （10）编制本阶段质量控制总结报告

续表

设计阶段	设计阶段质量控制的主要任务
施工图设计阶段	（1）跟踪审核设计图纸，发现图纸问题，及时和设计单位沟通。 （2）审核施工图设计与说明是否与扩初设计要求一致，是否符合国家有关设计规范、有关设计质量要求和标准，并根据需要提出修改意见，确保设计质量达到设计合同要求，并获得政府有关部门审查通过。 （3）在施工图设计阶段进行设计协调，督促设计单位完成设计工作。 （4）审核施工图设计是否有足够的深度，是否满足施工要求，确保施工进度计划顺利进行。 （5）进行技术经济分析。 （6）审核招标文件和合同文件中有关质量控制的条款。 （7）充分了解项目所采用的主要设备、材料及其用途，根据市场分析提出咨询报告，在满足功能的前提下，尽可能降低工程成本。 （8）控制设计变更质量，按规定的管理程序办理变更手续。 （9）编制施工图设计阶段质量控制总结报告

（4）风景园林工程设计阶段质量控制流程与要点

1）风景园林工程设计阶段质量控制流程

风景园林工程设计阶段应该通过事前控制和设计阶段成果优化来实现质量动态控制。其最重要的方法就是在各个设计阶段前编制一份详细的设计要求文件，分阶段提交给设计单位，明确各阶段设计要求和内容。设计要求文件的编制过程实质是一个项目前期策划过程，是一个对风景园林项目的目标、内容、功能、规模和标准进行研究、分析和确定的过程。因此，风景园林工程设计阶段要重视设计要求文件的编制。

在各阶段设计过程中和结束后，应以设计要求文件为基础，及时对设计提出修改意见，或对设计进行确认。

风景园林工程项目设计质量控制的程序如图 6-11 所示。

2）风景园林工程设计阶段质量控制要点

对设计质量的控制包括两个方面，一是控制风景园林工程项目的质量标准，包括采用的技术标准、设计使用年限、工程规模、接待能力等；二是控制设计工作的质量，包括设计成果的科学性、设计空间的多样性、设计景观的多样性、各专业设计的协调性、设计文件的完备性和明确性、符合规定的详细程度和成果数量等。

①设计前控制

设计条件：掌握设计原始资料及其可靠性，重点是工程勘察的重要地形地质资料和参数、水文特征的资料等。

设计大纲：包括设计原则、设计规程、规范、技术标准；基本数据和条件，设计参数、定额指标；建设规模论证、设计方案比选；材料工艺设计准则，重大技术问题论证研究的方法；设计应用软件；要求达到的经济效益与技术水平等。

工程设计工序质量控制措施与设计校审制度。

②设计方案论证审查

采取必要措施，鼓励设计单位进行多方案比选和设计方案优化，包括工程规模、场址确定，结构体系方案，专业工程方案，施工程序与方法，景观季相与多样性等。

比选多家投标方案时，既要注重设计单位的选择，还要注重设计方案的质量选择。

组织专门论证并全面比较技术复杂或重大技术问题的设计方案，提出技术经济选择及优化设计建议。

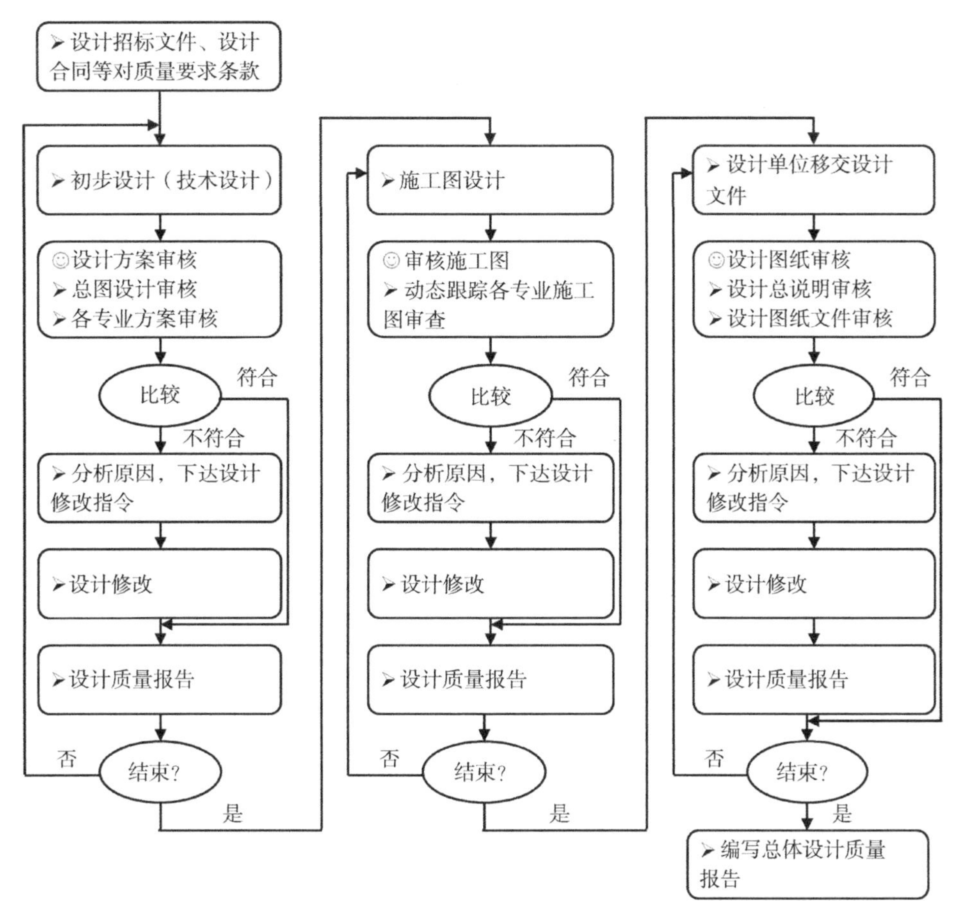

图6-11 风景园林工程设计质量控制流程图

③设计工作质量检查

检查设计文件的完备性。设计文件应包括：说明工程的各种文件，各专业设计图纸，相应的概预算文件、材料设备清单和工程的各种技术经济指标说明，以及设计依据的说明文件、边界条件的说明等。

从宏观到微观分析设计构思、设计工作内容、设计成果的科学性、艺术性、宜人性、全面性、安全性。

设计应符合国家或行业标准和规范要求，特别是必须符合强制性标准要求的消防、安全、环保标准，以及质量标准、卫生标准。

检查设计中可能存在的问题，包括：是否考虑到施工的可行性、便捷性和安全性，是否考虑使用的安全性、方便性、舒适性以及养护的经济性，设计基本资料是否详细或深度能否满足要求。

④设计成果评审

对设计文件的质量，主要依据其功能性、可信性、安全性、可实施性、适应性、经济性、时间性等7个质量特性是否满足要求来衡量。

功能性：建设规模、游客容纳能力等符合设计合同、可行性研究报告或初步设计审批文件要求；总图及布置合理，相关设施符合规范要求。

可信性：设计基础资料齐全、准确、有效，计算依据可靠、合理，设计条件正确，设计文件的内容深度、格式符合规定要求；专业设计方案比选的论证报告结论明确；采用的工艺技术、设备、材料均应先进、可行，采用的新工艺、新设备、新材料均已通过鉴定，并有相应的证明材料。

安全性：总图布置、地基处理、设备、管道及建（构）筑物设计安全可靠，具有合理的防御自然灾害风险的能力，符合规范规定的要求；风景园林工程设计应充分考虑有效的消防措施或设施，满足有关规范的要求。

可实施性：结构设计应考虑项目建设地区的具体情况和施工承包单位的作业技术能力、装备水平，并应提出施工验收准则；设计文件应提供主要设备、材料的采购、制作和检验的技术要求。

适应性：指根据设计合同规定的要求，考虑项目建成后规模、空间类型、原材料等条件合理变化的能力。

经济性：工程建设总投资满足合同规定或审批文件的要求；能耗处于国内同类设计先进水平，改扩建工程应注意挖潜、填平补齐和节能降耗；投资回收期、借款偿还期、各项收益率、利润率等技术经济指标满足相关规定要求。

时间性：工程设计文件交付期限应满足设计合同的规定要求，设计服务应满足设计合同对建设进度的要求。

2. 进度控制

工程设计的进度控制就是要保质保量、按时间要求提供设计文件，以保证施工的顺利进行。

工程设计具有工期目标，即方案设计、初步设计、技术设计、施工图设计都有计划的交付时间。为此，在进行工程设计阶段进度控制时，要审核设计单位的进度和各专业的出图计划，并在设计实施过程中，跟踪检查这些计划的执行情况，定期将实际进度与计划进度加以比较，进而纠正或修改进度计划。

为保证工期目标的实现，还可以将各阶段目标具体化，如施工图设计阶段具体化为地形竖向尺寸定位设计、给排水构造物及其结构设计、建筑平面立面剖面设计、硬质景观结构设计、植物种植定位及材料配置设计等。

（1）工程设计阶段进度控制的主要任务

工程设计阶段进度控制的主要任务，按照设计阶段划分，如表 6-7 所示。

工程设计阶段进度控制的主要任务　　表 6-7

设计阶段	工程设计阶段进度控制的主要任务
方案设计阶段	（1）编制设计方案优化进度计划并控制其执行。 （2）比较进度计划值与实际值，编制本阶段进度控制报表和报告。 （3）编制本阶段进度控制总结报告
扩初设计阶段	（1）编制扩初设计阶段进度计划并控制其执行。 （2）审核设计单位提出的设计进度计划。 （3）比较进度计划值与实际值，编制本阶段进度控制报表和报告。 （4）审核设计进度计划和出图计划，并控制其执行，避免因设计推迟进度而造成索赔。 （5）编制本阶段进度控制总结报告

续表

设计阶段	工程设计阶段进度控制的主要任务
施工图设计阶段	（1）编制施工图设计进度计划，审核设计单位的出图计划，并控制其执行。 （2）协助建设单位编制苗木、材料、设备的采购计划，协助建设单位编制进口材料、设备清单，以便建设单位报关。 （3）协助建设单位对设计文件尽快做出决策和审定，防范建设单位违约事件的发生。 （4）协调主设计单位与各分包设计单位的关系，控制施工图设计进度，满足招标工作、苗木、材料及设备订货和施工进度的要求。 （5）比较进度计划值与实际值，提交各种进度控制报表和报告。 （6）审核招标文件和合同文件中有关进度控制的条款。 （7）控制设计变更，按规定的管理程序办理变更手续。 （8）编制施工图设计阶段进度控制总结报告

（2）工程设计阶段进度控制流程

工程设计阶段进度控制流程如图 6-12 所示。

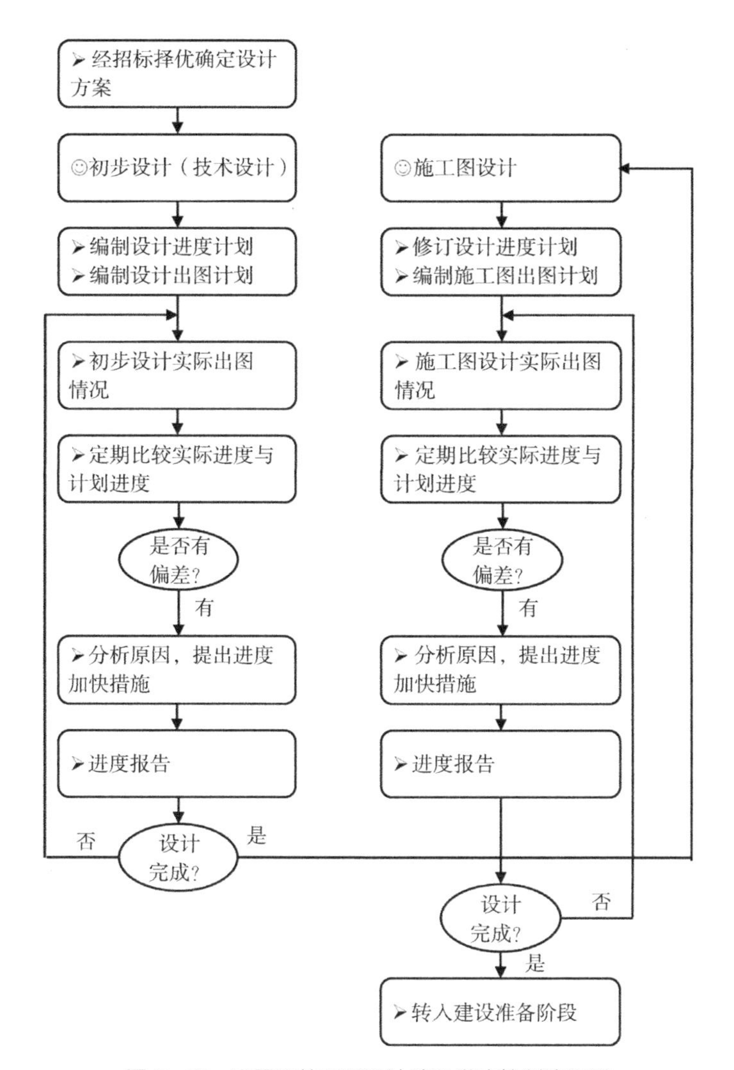

图 6-12　风景园林工程设计阶段进度控制流程图

（3）风景园林工程设计阶段进度控制要点

风景园林工程设计阶段进度控制目的是要求设计单位保质、保量、按时提交各阶段设计成果文件，其控制要点如下：

1）开展设计前，应要求设计单位编制总体工作进度计划，并用工作大纲的形式明确下达。各专业应载明的重要控制内容包括：

①根据建设单位要求的目标日期，合理划分工作阶段，测算各专业设计工作周期。

②根据各专业的设计条件与工作时间，拟定、协商资料提出的时间。

③各专业工作接口与互提资料。

④明确各专业设计配备的具体人员与主要资源。

⑤勘察设计成果清单。

2）根据设计工作进度计划，重点检查计划执行情况，并提出改进要求。重点检查方面为：

①设计方案比选论证工作进展。

②重要部位工作进展。

③主要工艺方案、主体工程设计的进展。

④各专业设计结合部接口资料的落实。

⑤主要专业设计人员的到位与调整情况。

⑥设计进度保证、调整措施的落实。

⑦设计单位完成预定计划工作成果的程度。

3）风景园林工程设计进度的协调与管理措施。

①协调各设计单位和专业的工作。

②加强与外部的协调工作。

③协调设计与设备供应单位的关系。

3. 投资控制

在投资和风景园林工程质量之间，投资的大小和风景园林工程质量要求的高低直接相关。在满足现行的技术规范标准和业主要求的条件下，风景园林工程设计投资控制应符合投资目标和风景园林工程质量要求。

由于设计过程是项目投资控制最为关键的环节，因此，应在设计过程中从多角度采取措施控制项目建设投资，包括组织措施、经济措施、技术措施和合同措施等。

（1）风景园林工程项目限额设计

1）限额设计概念

在工程项目实践中，具体控制方法可以采用限额设计法和价值工程法控制设计阶段的项目投资。风景园林工程设计阶段投资控制主要是通过限额设计来实现的。限额设计就是按照批准的可行性研究报告、设计任务书及投资估算控制初步设计，按照批准的初步设计总概算控制技术设计和施工图设计，同时各专业在保证达到使用功能的前提下，按分配的投资限额控制设计，严格控制技术设计和施工图设计的不合理变更，保证总投资限额不被突破。限额设计并不是一味考虑节约投资，而是包含了尊重实际、实事求是、精心设计和保证设计科学性的实际内容。

投资分解和工程量控制是实行限额设计的有效途径和主要方法。具体做法是先将上阶段设计审定的投资额和工程量分解到各单位工程，然后再分解到各专业和各分部工程，通过层层限额设计，实现对投资限额的控制与管理。

2）限额设计的控制要点

初步设计阶段的限额设计，应采用先进的设计理论、设计方法、优化设计；重点研究对投资影响较大的因素，如园林植物规格大小、硬质设施结构及材料、建筑物及构筑物、区内交通道路及市政排水管线的安排等。

施工图设计阶段的限额设计。施工图设计是设计单位的最终产品，实际上决定了工程量的大小和资源的消耗量，从而决定了工程造价，因而施工图设计阶段的限额设计更具现实意义。施工图设计阶段的限额设计重点应放在工程量的控制和技术条件的确定上，如采用何种基础形式、景墙的装饰材料选用、景观建筑物的技术标准、硬质地面装饰标准、苗木规格大小及品种选用、钢筋的型号与配筋的确定等。

3）限额设计的职责和奖罚

建立和加强设计单位及其内部的管理制度和经济责任制，明确设计单位及内部各专业、部室及设计人员的职责和经济责任，督促设计单位建立投资分配考核制度，建立依据设计质量和实现限额指标的奖惩制度。

4）加强设计变更管理

设计变更是影响工程造价的重要因素之一，变更发生得越早，损失越小，因此应尽可能把设计变更控制在设计初期或设计阶段，在程序方面应坚持先算账后变更的原则。

5）限额设计的缺点

限额设计可能限制设计人员的创造性，降低设计的合理性，导致投资效益的降低等。因此在实行限额设计时，应注意克服这些问题，从项目全生命周期的高度来做出决策。

（2）风景园林工程设计阶段投资控制的主要任务

风景园林工程设计阶段投资控制的主要任务，按照设计阶段划分，如表6-8所示。

工程设计阶段投资控制的主要任务 表6-8

设计阶段	工程设计阶段投资控制的主要任务
方案设计阶段	（1）编制设计方案优化任务书中有关投资控制的内容。 （2）对设计单位方案优化提出投资评价建议。 （3）根据优化设计方案编制项目总投资修正估算。 （4）编制设计方案优化阶段资金使用计划并控制其执行。 （5）比较修正估算与投资估算，编制各种投资控制报表和报告
扩初设计阶段	（1）编制扩初设计任务书中有关投资控制的内容。 （2）审核项目设计总概算，并控制在总投资计划范围内。 （3）采用行之有效的方法、挖掘节约投资的可能性。 （4）编制本阶段资金使用计划并控制其执行。 （5）比较设计概算与修正投资估算，编制各种投资控制报表和报告
施工图设计阶段	（1）根据批准的总投资概算，修正总投资规划，提出施工图设计的投资控制目标。 （2）编制施工图设计阶段资金使用计划并控制其执行，必要时对上述计划提出调整建议。 （3）跟踪审核施工图设计成果，对设计从施工、材料、设备等多方面作必要的市场调查和技术经济论证，并提出咨询报告，如发现设计可能会突破投资目标，则协助设计人员提出解决办法。 （4）审核施工图预算，如有必要调整总投资计划，采用行之有效的方法，进一步挖掘节约投资的可能性。 （5）比较施工图预算与投资概算，提交各种投资控制报表和报告。 （6）控制设计变更，注意审核设计变更的结构安全性、经济性等。 （7）编制施工图设计阶段投资控制总结报告。 （8）审核、分析各投标单位的投标报价。 （9）审核和处理设计过程中出现的索赔和与资金有关的事宜。 （10）审核招标文件和合同文件中有关投资控制的条款
施工阶段	（1）建立设计变更管理流程。 （2）管理设计变更

（3）风景园林工程设计阶段投资控制流程

风景园林工程项目设计阶段投资控制流程，如图 6-13 所示。

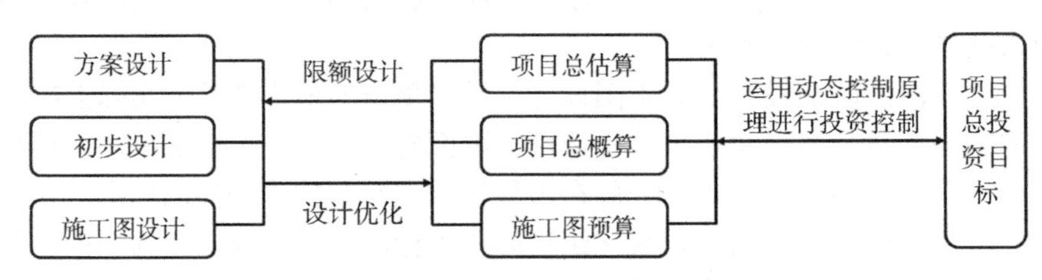

图 6-13　风景园林工程项目设计阶段投资控制流程

（4）风景园林工程项目设计阶段投资控制要点

合理确定风景园林工程项目投资控制目标后，就要采取措施进行有效的控制。风景园林设计阶段投资控制要点有：

1）优选设计方案和风景园林工程设计单位。风景园林工程项目设计的质量和水平，对项目投资控制有决定性的影响。通常采用设计方案竞选和风景园林工程设计招标的方式来获得优秀设计方案、选择优秀的风景园林工程设计单位，其目的是促使风景园林工程设计单位为实现确定的项目功能目标、质量目标、工期目标、投资目标，采用先进技术，降低风景园林工程造价，提高投资效益。

2）优化设计方案。在风景园林工程设计过程中，进行多方案经济比选，从中选择既能满足项目功能需要，又能降低工程造价的工程设计方案是工程设计阶段投资控制的重要环节。优化设计是在风景园林工程设计阶段，在保证景观效益和使用功能的前提下，从结构形式、结构材料或苗木规格等方面进行系统分析、优化、降低工程造价。

3）推广标准化设计。标准化设计又称通用设计，是工程建设标准化的组成部分。各种工程建设的构配件、通用的建筑物、构筑物、公用设施等，只要有条件的，都应该实施标准化设计。

使用标准化设计可以节省设计力量，缩短设计周期，缩短施工准备和简化施工工艺，加快工程建设进度，提高劳动生产率，有利于保证施工质量和降低工程造价，是设计阶段有效控制投资的方法之一。

4）推行限额设计。推行限额设计就是将工程设计投资控制总额按单项工程、单位工程、分部分项工程或按专业进行细分，在保证功能的前提下，按照分配的投资（造价）限额来进行设计，以保证工程项目总投资控制在限额之内。

实行限额设计，必须坚持尊重科学、实事求是和精心设计的原则，确保风景园林工程设计的科学性、艺术性、适用性和经济合理性。

5）严格审查初步设计概算和施工图预算。

①审查初步设计概算和施工图预算。通过审查既可以促进风景园林工程设计单位严格执行概预算编制的有关规定和费用标准，提高概预算编制的质量和水平，提高工程设计的技术先进性和经济合理性，又可以做到概预算准确、完整，防止出现缺项、漏项，合理分配投资，加强投资计划管理，还有利于控制工程造价，克服和防止预算超过概算。

②初步设计概算审查的主要内容包括：设计概算的编制依据、编制方法、编制深度；设计概算的项目、规模、建设标准、配套工程投资；项目工程量是否根据初步设计图、工程量

计算规则和施工组织设计的要求计算，检查是否多算、重算和漏算；分析采用的定额水平与合理性；调查分析人工、材料、资源供应等基础价格的合理性，施工方法和施工机械设备是否符合施工组织设计的要求，取费标准的合理性；单价分析的组成与计算程序方法是否符合现行规定；概算项目的编制内容、编制水平、静态投资、分年投资、总投资；技术经济指标水平，检查经济效益分析。

③施工图预算审查的主要内容包括：施工工程划分的合理性；工程量清单：包括工程量清单的合规性、完整性和准确性，重点审查项目工程数量的计算是否符合《建设工程工程量清单计价规范》，是否有漏算和错算的情况；审查分项工程的材料、设备等的单价是否有变化以及变化的原因，变化后的价格是否是当地的真实价格水平；审查各项费用的计费基数是否正确和价差调整方面处理是否得当等。

6）鼓励措施。对设计阶段投资实施有效控制，关键在于技术人员通过技术把关来解决问题：

①鼓励、促进设计人员做好方案选择，要把竞争机制引入风景园林工程设计，实行风景园林工程设计招标，促进设计人员增强竞争意识，增强危机感和紧迫感，克服方案比选的片面性和局限性。

②鼓励设计人员解放思想，开拓思路，激发创作灵感，比选出功能好、造价低、效益高、技术经济合理的设计方案。

③如因采用新技术、新设备、新工艺确能降低运行成本，又符合“安全、可靠、经济、适用、符合国情”的原则，而使工程投资增加，或因可行性研究深度不够造成初步设计修改方案而增加投资，应在技术经济综合评价和必要的审查后，由建设单位确定。

6.4.8 风景园林工程施工图纸会审与设计交底

一般情况，在风景园林工程开工前施工图纸会审与设计交底会议合并召开，由建设单位或项目管理机构负责人主持，参加会议的人员包括：建设单位、项目管理机构、设计单位、项目监理机构、施工承包单位项目经理及相关职能人员。会议纪要由施工承包单位汇总整理，建设、设计、监理和施工承包单位的相关责任人签字，即成为施工和监理的依据。

1. 施工图纸会审

施工图纸会审是指建设单位或项目管理机构，在收到审查合格的施工图设计文件后，组织相关单位全面细致熟悉设计图、审查施工图纸，及时发现设计图纸错误，并要求设计修改的活动。

施工图纸会审的目的，一是使施工承包单位和各参建单位熟悉设计图纸，了解工程特点和设计意图，找出需要解决的技术难题，并制定解决方案；二是为了解决图纸中存在的问题，减少图纸的差错，将图纸中的质量隐患消灭在萌芽之中。

图纸会审的内容一般包括：

（1）审查设计图纸是否满足项目立项的功能、技术可靠、安全、经济适用的需求。

（2）施工图是否已经设计审查机构的审查，是否有“施工图审查批准”。

（3）设计图纸与说明是否齐全，是否与图纸目录相符；设计深度是否达到规范要求，是否符合政府有关批文和有关规定，图纸中是否已注明单位工程的合理使用年限。

（4）防火、消防是否满足要求；施工安全、环境卫生有无保证。

（5）总平面图与施工详图的几何尺寸、平面位置、标高等是否一致；给排水管道、电气线路、设备装置、游览道路与建筑物之间或相互间有无矛盾，布置是否合理。

（6）各专业图纸本身是否有差错及矛盾，平面图、立面图、剖面图之间有无矛盾，标注有无遗漏；结构图与建筑图的平面尺寸及标高是否一致，建筑图与结构图的表示方法是否清楚，是否符合制图标准，预留、预埋件是否表示清楚，有无钢筋明细表，钢筋的构造要求在图中是否表示清楚。

（7）施工图中所列各种标准图册、非标准图、重复调用的图纸等技术文件是否完整，大样图是否齐全，有无遗漏。

（8）图纸中所用的材料、构配件、设备等是否符合现行规范、规程的要求；材料能否代换；图中所要求的条件能否满足；新工艺、新材料、新技术的应用有无问题。

（9）地基处理方法是否合理，建筑与结构构造是否存在不能施工、不便于施工的技术问题，或容易导致质量、安全、工程费用增加等方面的问题。

2. 设计交底

设计交底是指在施工图完成并经审查合格后，设计单位在设计文件交付施工时，按法律规定的义务就施工图设计文件向施工承包单位和监理单位等做出详细的说明。其目的是帮助施工承包单位和监理单位正确贯彻设计意图，使其加深对设计的文件特点、难点、疑点的理解，掌握关键工程部位的质量要求，确保工程质量。

设计交底的主要内容一般包括：施工图设计文件总体介绍，设计的意图说明，特殊的工艺要求，建筑、结构、工艺、设备等各专业在施工中的难点、疑点和容易发生的问题说明，对施工承包单位、监理单位、建设单位等对设计图纸疑问的解释等。

6.5 风景园林工程项目勘察设计的质量评价

与工业设计相比，风景园林设计文件的质量有很大的可塑性，其质量指标缺乏精确的可比性，有时难以用明确的数据来反映和评定，因此这使得设计文件的质量评价带有某种不确定性和非规格化倾向，增加了对风景园林设计文件质量评价的难度。

从性质上来划分，风景园林设计文件的质量评价分为主体评价和客体评价两大类。

6.5.1 风景园林工程项目勘察设计的主体评价

风景园林工程项目勘察设计的主体评价也叫自我评价，是指在风景园林勘察设计文件形成过程中在勘察设计单位内部组织进行的评价，它是通过自检和各级技术检验来实施评价的，在勘察设计单位内部，勘察者、设计者、复核者、专册设计负责人、总体设计负责人、各级总工程师，每一个层次、每一级都是对前一个层次、前一级在进行质量评价，同时又在不断完善正在形成中的勘察设计文件的质量，供更上一个层次、更高一个级别进行再评价，直至风景园林勘察设计文件完成为止。这是风景园林勘察设计产品区别于工业设计产品质量形成过程的一个主要特点。也就是说，在工业企业里对产品的质量评价只是确定它的质量等级，一般无法再改变产品的质量水平，检查出的废品就是废品，不合格品就是不合格品，一般没有挽回余地；而风景园林勘察设计部门对勘察设计成品的检验或审核，既可审定其质量等级，又可通过一定方式来修改勘察设计而提高其质量。因此在勘察设计部门，勘察设计方案的讨论评价的作用远大于工业企业，应加强这项工作。

质量评价的内容，对于风景园林勘察资料可以从任务范围、方案比选、精度要求、总体性、原始记录图表等方面来考核，对于风景园林设计文件可以从规划布局、结构组成、游览路线组织、功能与技术、生物多样性、景观多样性、材料方法、图面与说明等方面来考核。

质量评价的方法可以采用计分制、评议制，以期确定风景园林勘察设计文件的质量等级。质量等级一般分为优、良、合格、不合格四类，可以探索运用模糊数学的理论来对设计文件质量进行综合评价，以提高评价风景园林勘察设计文件质量的准确性。电力系统有些勘测设计单位制定和实行了《勘测设计成品质量标准及评定方法》，也取得了一些很好的经验，这个评定方法的主要特点是：

（1）科学地划分勘测设计各专业成品的单元，规定每项成品单元进行质量评定的顺序和次数，质量评定分4个阶段进行，即前期工程（系统规划、选址规划报告、选址工程报告）、初步设计、施工图、施工和运营的质量验证等4个阶段，并把4个阶段联系在一起，既有阶段性的质量评定，又有全过程的质量评定。每个阶段的质量评定要记入“档案”、而后一阶段质量评定为前一阶段质量评定的深入和继续，最后以运营效果情况为最终质量评定结果，也作为质量信息反馈的重要资料保存下来。

（2）对各专业勘测设计成品质量都规定了“基本要求”，以便对照检查。在评定时，可根据“基本要求”的内容，逐项与勘测设计成品对照检查，并予以加分或扣分。符合“基本要求”的可得满分，超过“基本要求”、质量有所改进或成绩显著者加分，达不到“基本要求”扣分。加减分的幅度分为5个等级。

（3）按勘测设计成品差错进行扣分。根据勘测设计成品不同分类（如说明书、设计图、计算书等），按照“差错性质”及“差错数量”的情况来进行扣分。“差错性质”分为3种情况；原则性差错、技术性差错、一般性差错。每类“差错性质”都规定了具体内容，每种“差错性质”的“差错数量”都规定了扣分标准。

（4）规定了勘测设计成品差错和质量的统计方法。差错要逐级进行统计，并按岗位责任制分清是属于谁的责任，逐级评出“质量等级”作为考核干部以及勘测设计竞赛评比的重要内容。

通过以上进行的主体质量评价可以及时修改勘测设计文件，使之更加完善，以达到较高一级的质量标准。在评价过程中，无论采用哪种方法，都含有人的主观因素在内，只能做到评价比较合理而不可能绝对合理。

6.5.2 风景园林工程项目勘察设计的客体评价

客体评价也称实践评价，勘测设计文件的质量高低必须以施工、运营实践的效益作为评价的根本标准，一项工程的设计只有最终接受了实践的检验才能对其质量做出正确的、客观的评价。

勘测设计单位应该通过积极开展回访、调查活动，了解施工、运营单位对勘测设计文件的客体评价意见，作为改进和提高设计文件质量的重要依据。国家规定在评选优秀设计时，一定要取得施工单位、建设单位的书面评价意见，并且还要求所设计的工程在经过一定年限的运营考验以后才能提出申报，这些规定无疑都是十分正确的，它建立在设计文件质量评价所具有的特点的基础上。

虽然只有客体评价才是对设计文件质量的唯一正确的评价，但是由于工程建设的周期比较长，使得这种评价不能及时对实施过程中的勘测设计文件进行反馈和修正，这是客体评价的不足之处。勘测设计文件的质量效果是要经过很多环节才能反映出来的，并最终通过运营抵偿投资后才能取得经济效益、生态效益、景观效益、社会效益，其间随着时间的推移和客观条件的变化，再追溯评价勘测设计质量有时也会产生很多差异，往往分不清责任，也容易造成设计人员心理上对质量意识的淡薄，这是客体评价的又一不足之处。

6.6 风景园林工程项目勘察设计发展

6.6.1 风景园林工程项目勘察设计的市场环境发展趋势

中国正处在经济结构调整和转型升级的关键时期，国家积极推进供给侧结构性改革，促进经济转型和产业结构调整，企业面临着纷繁复杂的内外部环境，工程勘察设计行业正步入转型深化区，产业、资本与技术的叠加影响促使行业商业生态发生着巨变：游戏规则在改变，资源体系被重新定义，成功要素在嬗变。展望未来，行业进入融合发展与布局占位的新阶段，到了重整分化、重新洗牌的重要时期，企业发展的不确定性急剧增加，面临前所未有的挑战与机遇。行业与行业之间、行业内企业与客户之间、行业与其他行业之间的关系发生改变，正在从原来的条块式、割裂式向网络式、融合型转变。行业传统的商业模式已经逐步瓦解，由新动力、新竞争、新伙伴、新服务等要素构建的行业发展新环境正在逐步孕育。

进入“十三五”以来，工程勘察设计企业普遍深切感受到面临的生存环境与发展状况完全不同以往，局势复杂多变、生存压力剧增；商业环境在改变，商业生态在调整，商业规律在重塑。

1. 行业界限趋向模糊，竞融发展成主流

当前，整个行业的商业生态环境正在从静态、有边界的状态走向动态、行业交融的状态，工程勘察设计企业不再拘泥于行业界限，而是面对更为广阔的市场空间，以价值创造为导向探索创新发展。同时，勘察设计企业与业主的关系也从甲乙方关系向合作伙伴发展，由适应需求到满足需求再到创造需求，层层递进。事实上，行业内企业间除了互为竞争对手外，在业务拓展、内部管理提升等方面必然会遇到来自横向、纵向、上下游各层面的合作，形成你中有我、我中有你的关系，因此，竞争加合作将成为企业之间关系的主旋律。

新的发展环境下，工程勘察设计行业的边界不断模糊，行业内在属性将发生改变。在投资结构调整之下，各专业领域所面临的市场空间大相径庭，基于逐利心态下的跨行业竞争成为常态。如交通设计企业进入市政设计领域，工业工程设计企业进入建筑设计领域……久而久之，行业与行业之间的界限变得模糊。同时，随着市场化的推进与投资模式的调整，行业内企业已经不再局限于设计或勘察主业，而是从产业链角度思考业务构成。2014 年全行业收入中设计收入比重仅占 20%，而以工程承包业务为代表的新兴业务占绝对主导地位，行业与产业之间的界限也愈发模糊。

2. 各主体间关系发生改变，企业的市场主体地位得到加强

处于新的游戏规则下，设计行业业务逻辑发生改变，带来供求关系的改变。传统的甲乙方服务方式下，两者地位不对等，无法形成服务合力，造成资源使用效率低下。而以客户需求为导向的服务意识正在逐步建立，本质上是一个价值创造的过程。通过满足现有需求、发掘潜在需求推动服务模式创新，实现价值共赢。

市场化改革下，设计企业与监管部门的关系也在悄然改变。过去行业希望依托监管力量来推动行业健康发展。然而，自十八届三中全会重新确定市场与政府的关系之后，行业更加强调市场在资源配置中的决定性作用，更进一步来说，通过市场引导发挥市场主体的主观能动性，即从被动接受者转变为主动参与者。

3. 核心资源禀赋发生改变，呈现多元化发展趋势

一直以来，工程勘察设计行业核心竞争力被认为是资质、规模或人脉，然而随着行业发展、生态环境的改变，管理、资源集成、产业化发展、资本、品牌、新技术、人才等新要素已经显现出强大生命力，成为未来市场竞争的关键成功要素。以人才为例，新生态下人才要素被赋予更为丰富的内涵，对于人才的需求不仅仅体现在人员规模上，更体现在人才素质的提升上，包括职业化素养、人才结构等。

4. 重组分化整合更加激烈，行业结构有所调整

一直以来，行业结构被定位为三层金字塔结构，其中，大型、中型企业分居塔尖及中部，小型勘察设计企业数量众多，居于塔底。但目前行业正在曲折中前进，部分细分行业产能过剩、市场竞争加剧，重组分化是发展必然趋势。行业格局经过重新洗牌将呈现哑铃型结构，处于结构两端的勘察设计企业都能较好地适应行业环境：大型勘察设计企业综合实力雄厚且具备超强的资源整合能力，小型勘察设计企业轻巧精致，聚焦于某一领域形成“精”“专”特色化技术服务能力，而处于中间层的中型企业将成为被整合的重点对象，数量会逐渐减少，规模则将向两极化发展。

6.6.2 风景园林工程项目勘察设计的业务模式发展趋势

商业环境发生变化，形成了一个动态、多边、行业交融的市场，行业之间的界限越来越模糊，行业与产业之间的壁垒正在破除。设计企业已经深刻感知到外部环境的变化，正在主动转变发展思维，积极探索业务创新，工程勘察设计行业业务模式呈现出多元化发展的态势。

1. 大设计理念备受推崇，推动设计的多元化融合

未来设计行业的发展需要立足于从产业层面去思考，以大设计的理念促进商业模式的重构。大设计不仅仅是指设计的项目体量大，更加强调的是基于价值服务、价值创造、价值衡量的融合发展，即“设计 +”的概念。

目前，不少设计企业在推动设计与资本、产业、技术、文化等结合促进业务模式创新方面进行了积极的探索。

（1）设计与产业融合，立足于产业视角，展开设计与产业多层次的深度融合

设计与产业的融合首先发生在设计内部。各专业之间分工明确、独立工作的生产方式已经显现出效率低下、沟通障碍、存在潜在隐患等弊端，协同设计的概念正在行业内逐步推广。在协同设计平台之下，设计从原有的“人机交互”上升到“人人交互”，结构、暖通、设备等各专业设计团队展开紧密协作，从注重单点效率向提高整体效率过渡，有效提升整体设计质量。

2015 年 5 月，国务院出台《中国制造 2025》，标志着我国工业 4.0 时代的来临。工业 4.0 本质上是产业的“闭环化”发展，通过实现横向、垂直以及端对端的集成价值网络促进竞争要素的重构，而这不仅局限于制造业。未来建造和制造的界限将发生改变，设计企业也将基于产业视角重新定位。建筑产业化是行业中产业思维的集中体现，它将推动产业链上融投资、科研、勘察、设计、施工、生产、运营等各环节的有机融合，衍生出多元化的业务模式，促进行业服务层次及服务水平的提升。

随着行业边界的不断模糊，设计产业与其他产业的融合不断加剧。目前，部分设计单位正在尝试进入养老、医疗、疗养等服务性产业领域，根据其特殊需求形成定制化产品，这已经不再局限于提供设计服务，而是基于价值链的服务延伸。尤其是在PPP模式的推动下，社会资本将进入社会基础设施领域，参与甚至主导相关基础设施运营。

（2）设计与资本结合，提升设计企业的服务外延

资本作为关键成功要素的定位正在日益强化，部分设计企业已经将资本运作作为谋求深层次发展的必然选择。然而，随着越来越多的企业涌入资本市场，资本运作的真正意义并未被深刻认识。对于工程勘察设计企业而言，资本运作仅是一种达成战略意图的有效手段，成功上市并不意味着资本运作的成功。只有资本与设计深度结合，才能真正发挥资本的价值。

近年来，国家发改委、财政部等国家部门以及地方政府相继出台一系列PPP试点工程，我国PPP模式推行获得了实质性进展。PPP模式的有效推进将改变工程建设产业链条的原有分工模式，并促进工程建设产业链的价值创造模式的重新调整。此外，PPP模式还会改变过去我们已经习惯了的行业“条块分割”的格局，原有细分行业之间的边界将会逐步模糊，进而构建起新的格局。

（3）设计与文化融通，注重文化在设计中的传承与发展

2014年10月，习近平主席在参加文艺工作座谈会时提出“不要搞奇奇怪怪的建筑”，在抨击当前设计行业“以奇为美”的通病的同时，更是在强调设计与文化的融通。随着新型城镇化战略的推行以及国家对于文化的重视，中华传统建筑文化的传承、创新、发展越来越受到业内企业的关注，在设计中凸显地域、历史、民族等特色文化已经成为企业打造差异化竞争力的重要途径之一。

2. 企业深度合作成常态，合作形态层出不穷

在市场竞争加剧、市场空间收窄的双重作用下，越来越多企业已经显现出单兵作战的疲态，并且发现合作不失为应对困境的有效举措。从简单的单一项目合作到业务层面联合，再到统一的战略联盟，行业内呈现出合作与竞争并存的局面。

从业务层面来看，跨行业、跨区域以及产业链上下游企业间合作已经成为促进资源集成整合的常见手段。从参与主体来看，政企合作、校企合作形式已经屡见不鲜，尤其是在新型城镇化建设进程中，旧城改造、城市综合地下管廊等新兴领域特别需要政策、技术、资金的支持，政府、企业、高校、研究机构等各方主体将为此展开深度合作。从产业层面来看，产业联盟无疑是企业联合发展的一大升级，集行业优势力量打造面向工程建设全生命周期的价值服务链。联盟成员间实现市场信息、政策共享，积极沟通合作，分工明确，各展所长，为综合设计、共同研发等新型合作模式提供了保障。

3. 深化设计理念逐步推广，彰显设计引领作用

在产业化趋势带动下，设计企业与上下游企业之间的联系将更加紧密，深化设计的理念得以推广。未来设计企业既需要从整个工程建设周期角度来思考设计，又需要提升设计精细化水平，进一步细化施工图设计，促进设计与施工的有机结合。随着我国建筑水平的提高，大型综合体项目逐步增多，建筑品质越来越受重视，工程总承包业务模式将越来越受到青睐，推广深化设计将促进设计单位牵头发展总承包业务，充分发挥工程建设灵魂作用，有效整合各方资源，并组织协调各专业团队的设计工作，保证设计项目的整体进度和设计质量。尤其对于海外承包项目而言，根据商务部规定，援外项目所有施工图设计将由总包单位确定，设计单位具备明显优势。

4. 国际市场整合力度加强，规模化发展优势渐显

2015年3月，国家发改委、外交部、商务部联合发布《推动共建丝绸之路经济带和21世纪海上丝绸之路的愿景与行动》，将与“一带一路”倡议沿线国家在基础设施联通领域展开深度合作。区别于以往点状式、块状式的区域发展模式，企业将从海陆至空间、从纵向到横向、从国内到国外，连接亚太和欧洲两大经济圈，实现沿线国家和地区全方位、立体化、网络状的“大概念联通”。对于深受国内市场产能过剩影响的勘察设计行业而言，“一带一路”引发的国际投资热潮无疑是重要发展机遇，未来将进一步加强对国际市场资源整合的力度。

在国际化进程中，鉴于海外项目呈现出工程量大、结构复杂、高投入等特点，单家企业承接项目风险过大，集团化或者组团式经营在海外项目中被广泛运用，联合经营体内部发挥协同效应以提升海外市场竞争力。同时，为了提升服务价值，企业采取增加海外布点、吸收本土企业等方式开展属地化经营，促进了我国勘察设计行业与国际接轨。

5. 城市更新成为关注热点，服务模式关注价值创造

目前，我国工程建设模式在新一轮投资体制改革带动下发生了根本性变化，过去“大拆大建”的粗放式发展没有表现出对人类生存环境应有的尊重，产生了城市综合服务功能有限、区域布局不合理、生态环境恶化等诸多负面影响。于是，推崇集约式发展的城市更新服务成为关注热点。尤其是在新型城镇化建设进程中，旧城改造、海绵城市建设、地下综合管廊建设等领域都体现出以人为本、追求质量的服务理念。

对于工程勘察设计行业而言，城市建设方式的改变必然引起服务模式的重大调整，设计方、政府以及业主三者的关系将被重新定义，以城市居民为代表的业主地位明显提升，未来将有权参与城市更新决策；而设计企业将以专业化的思考、系统性的视野探索新型服务模式，在政府、业主以及其他相关主体间找到价值平衡点。

6. 构建互联网思维，引领业务模式创新

随着互联网对行业冲击的不断加剧，互联网技术下的思维逻辑也对行业产生了深远的影响，甲乙方的概念变得愈发模糊，任意市场主体间都可以通过行之有效的方式建立联系，然后逐步壮大成熟形成全新的商业模式。由此，单边市场正在向双边或者多边市场转变。

在互联网思维的引导下，行业发展手段快速升级。借助互联网，设计企业将服务触角伸向终端使用者，在服务的过程中掌握用户的需求以及最终用途，实现设计业务从单一的B2B模式向B2B和B2C相结合的模式转变，达成设计从理念到产品的无缝传递。

互联网对行业另一大重要影响在于促进企业朝平台化发展。平台化的核心是构建多边市场，各方主体在平台上整合资源满足并创造客户需求。而互联网则是天然组织媒介，利用其将数据与设计行业相结合创建商业生态圈，通过不同主体之间的组合创建新型商业模式。

6.6.3 风景园林工程项目勘察设计的企业内部管理发展趋势

内外部环境的变化，给我国勘察设计单位带来了诸多压力，而解决之道在于通过管理创新改善企业的资源整合方式，提升企业的运营效率，更好地为业主服务，在满足市场需求的同时开创新的业务模式和领域，从而取得持续有效的发展。工程勘察设计单位应顺应时代发展和行业转型的要求，加强管理创新，着力推动实施经营管理、项目管理、人力资源管理等方面的管理创新以提升企业竞争力。

1. 构建完善市场经营体系，发挥协同效益

在外部市场环境的变化和内部企业变革背景之下，原有的粗放式的市场经营管理方式已

不能满足市场环境需要，企业市场经营管理水平有待提升。目前，许多勘察设计单位正在寻求市场经营的转型升级，并围绕市场经营体系搭建和拓展、品牌建设等方面开展了较为深入的探索和尝试。

（1）强化经营功能，推进区域中心经营模式

随着市场化不断推进，跨区域经营已成常态，带来经营层次、经营主体多元化、复杂化发展。未来，经营权限下放是必然趋势。在这一趋势带动下，区域中心建设成为重中之重。

不同于以往的区域中心的生产、支持功能，新型的区域中心更加强调经营功能。区域中心人员强化属地化服务意识，面对市场客户时的黏着力、灵活性和创造力将得到进一步发挥；总部层面将更侧重于经营平台的搭建，强调监督、协调、支持功能以及更大、更高层次的市场经营工作。

（2）推广“全员经营”理念，扩张市场经营网络

就项目获取渠道而言，以企业内部经营团队为主的传统方式，限制了企业市场拓展的广度与深度，难以支撑企业可持续发展。未来，面对日益激烈的市场竞争，迅速、及时地掌握各种项目信息是企业生存和发展的关键，而建立一个有效的信息网络则往往成为企业的核心资源所在。“全员经营”的理念正在被行业内诸多企业所关注，企业全体员工凭借自身关系网络为企业提供项目、业主信息，并建立企业与员工之间长效合作机制，力求扩大经营触点，拓宽经营信息获取渠道。

（3）关注经营能力，全面提升经营团队的整体素质

作为市场经营体系的重要组成部分，经营团队的能力与市场开拓成效紧密相关。为了提高项目获取成功率，不少企业针对其经营人员能力素质现状制定了个性化、组合化的培训、学习方案，有针对性地提高大客户营销与管理能力，丰富市场特点报价策略专业知识等知识体系以及建立高效沟通技巧。未来，工程勘察设计企业将重点强化经营人员激励与业绩的协同性。激励方式很可能从经营任务制和经营提成制向经营包干制转变，经营团队对经营结果以及成本控制（含薪资）均负有完全的责任，也拥有一定的经营自主权，激励和约束力度均为最高。

2. 顺应行业发展形势，搭建完善的项目管理体系

近年来，国企变革速度加快，政府大力引进民营资本进入工程建设，工程项目管理的PPP模式与BOT模式在“十三五”期间势必得到强势推广。工程勘察设计企业不断转变企业运行思维方式，着力于生产运营体系的转型升级、循序渐进，完善自身的项目管理模式以更适应外部市场的发展。

推进工时管理是打造项目管理体系的基石。行业内的企业不断地探索建立工时体系，多数采取先试行再完善、先局部后整体的策略，逐步建立项目工时管理机制，从而达到提升工作效率和项目团队间协作水平、控制项目进度、节约项目人力成本及沟通成本等目的。

重视项目人力资源管理水平提升，关注项目经理核心能力对项目组织实施的重要性，对项目经理群体进行分级，并将能力提升视为考核目标。同时，建立和完善项目经理岗位序列通道，制定相关办法，拓展项目经理职业发展通道。此外，通过完善项目生产人员晋升机制，创新项目考核办法、增加项目专项薪酬奖励，提升项目的人力资源管理水平。

3. 锻造与战略相联系的人力资源管理体系

行业内企业人力资源管理的重心正在不断调整，具体表现在两方面：一是加强人力资源管理与企业战略的联系，以战略为导向优化人力资源管理体系；二是重视人才培养，从绩效

管理、人才培养、人才组织方式等多领域推进。

（1）人力资源管理从“职能导向”向“业务导向”转变

新常态的市场环境下，勘察设计企业的人力资源管理已不仅仅是职能工作，而是要推动企业战略落地和业务发展，成为勘察设计企业业务发展的内在驱动力。在业务驱动导向下，勘察设计企业将进一步重构人力资源管理功能，逐渐延伸出战略、专业和服务功能，相应地形成以业务伙伴（BP）、专家中心（COE）、共享服务中心（SSC）为支撑的人力资源管理“三支柱模型”。

以业务为导向的人力资源管理模式关键在于始终关注业务目标和指标的达成方式，使人力资源的工作始终围绕业务开展，从而确保人力资源所制定的各项政策、制度和解决方案真正满足业务需要，并确保人力资源的工作成果贯彻落实，帮助业务部门实现业务目标，成为真正意义上的业务伙伴。

（2）以战略为导向的人员绩效管理体系正在不断推广

一直以来，行业内绩效管理体系明显以经营目标为导向，考核结果主要作用于奖金测算，表现为考核标准单一、缺乏退出机制等问题。随着管理基础不断提升，勘察设计企业越来越重视在战略导向下的整体绩效的提升。区别于以薪酬分配导向的绩效管理模式，勘察设计企业可将企业战略目标分解，构建基于战略目标的绩效考核指标体系，指标兼具市场性、成长性和创新性，同时，全面绩效管理体系内涵将更为丰富，包括推行绩效计划、绩效辅导、绩效考核、绩效反馈与改进的绩效全过程管理，有效发挥绩效管理对个人和组织绩效改进的作用，并将其运用于薪酬分配、岗位调整、人员聘用等众多方面，推动收入能升能降、岗位能上能下、员工能进能出的机制和环境的形成。

（3）人才激励方式趋向多元化，组织方式更富有创新性

随着人力资本权益性价值逐步放量，很多勘察设计企业开始在治理结构层面探索针对核心人才的权益性激励与发展机制，内部创业平台、合伙人及股权激励等多种方式被广泛关注。

内部创业机制包含多种类型，常见的形式有两种：一种是划小业务单元，给予团队充分决策权并实现利益共享，构建内部细胞组织；另一种是利用互联网技术改造原有的工作平台，促进人力资源的开放性和自由化，构建内部商业市场化的工作平台。在内部创业平台上实现内、外部资源交汇，勘察设计企业仅需保留有限数量员工，但可通过大量开发外部社会资源实现工作目标。

合伙人模式是近两年行业内企业主推的一种激励机制，借鉴合伙制企业的运作模式，在不改变企业性质的基础上建立内部经营合伙人制度，包含合伙人平台、股权设置、进退升降、权责收益、管理机制等内容。

股权激励包括股权、期权、虚拟期权、业绩分红等多种激励方式，作为长期激励中最为常见的方式，股权激励将骨干人才激励与企业经营业绩有机结合，充分发挥人才主观能动性。

（4）人才培养逐步体系化、工程化、持续化，形成完整体系

随着企业战略转型的推进，关键人才成为推动企业生产、发展的核心要素。勘察设计企业逐步兴起自主构建企业大学，企业对于关键人才的培养逐步体系化、工程化、持续化。体系化体现在部分勘察设计企业除建立企业层面的企业大学之外，还筹建一批群体性培训班，特定群体可通过持续性的定制化学习提升相应能力；工程化体现在将人才培养作为耗费巨大人力、财力、精力的重要工程进行管理，比如适用于后备人才的雏鹰计划、适用于室主任的雄鹰计划等；持续化体现在时间跨度较长，有的可能需要在若干个年度来实施。

按自身特点建立的企业大学将更契合勘察设计企业对于人才发展的战略性需求，为员工建立完善、配套的培训机制，使其对自己的岗位晋升通道有详尽了解，也将充分调动员工的工作积极性，培养对企业的归属感与忠诚度。

企业大学的建立一般要分层级实施。首先，进行企业大学的战略定位。确定运营模式、组织架构及营销策略；其次，策划企业大学的核心内容。其中包括课程培训体系、培训讲师体系、培训评估体系及信息知识管理体系等；最后，实施企业大学的管理工作。支撑以上架构顺利开展的是培训的财务规划、日常运营、流程制度及场地设施管理工作等。

思考题

1. 何谓工程勘察？其主要内容是什么？
2. 何谓工程设计？其主要内容是什么？其阶段如何划分？
3. 工程设计的三大目标是什么？
4. 简述对施工图设计阶段的管理。

第 7 章　风景园林工程项目进度管理

学习目标

通过对本章的学习熟悉风景园林工程进度计划的编制技术、方法、原理和进度计划调整措施等内容，重点掌握风景园林工程项目进度计划技术、网络计划技术的绘制方法和参数计算方法，以及进度调整措施。

7.1 风景园林工程进度计划技术

7.1.1 基本术语

1. 进度

进度（schedule)是指项目活动在时间上的排列，强调的是一种工作进展以及对工作的协调和控制（coordination & control)。

2. 风景园林工程项目进度计划

风景园林工程项目进度计划是风景园林工程项目各项活动在时间上的体现，反映了最佳项目方案在时间上的具体安排；通过计算和调整，采用计划的方法使项目的工期、资源等达到既定的项目目标。风景园林工程项目进度计划可采用线条图或网络图的形式编制。在进度计划的基础上，可编制出劳动力计划、各种资源需要量计划和施工计划。

3. 风景园林工程项目的进度控制

风景园林工程项目的进度控制是指对风景园林工程项目各个建设阶段的工作内容、工作程序、持续时间和逻辑关系编制计划，将该计划付诸实施，在实施过程中经常检查实际进度是否按计划要求进行，对出现的偏差分析原因，采取补救措施或调整、修改原计划，直至工程竣工，交付使用。进度控制的最终目标是确保进度目标的实现。

风景园林工程项目进度控制的基本对象是风景园林工程项目活动。它包括项目结构图上各个层次的单元，上至整个项目，下至各个工作包。风景园林工程项目进度状况通常是通过风景园林工程项目各活动完成程度逐层统计汇总计算得到的。进度指标的确定对进度的表达、计算、控制有很大影响。由于一个工程有不同的子项目、工作包，它们的工作内容和性质不同，因此必须挑选一个共同的、对所有工程活动都适用的计量单位。

（1）持续时间。项目与工程活动的持续时间是进度的重要指标之一。人们常用实际工期与计划工期相比较来说明进度完成情况。例如，某工作计划工期 30d，该工作已进行 15d，则工期已完成 50%。此时能说施工进度已达 50% 吗？恐怕不能。因为工期与人们通常概念上的进度是不同的。对于一般工程来说，工程量等于工期与施工效率（速度）的乘积，而工作速度在施工过程中是变化的，受很多因素的影响，如管理水平、环境变化等，又如工程受质量事故影响，时间过了一半，而工程量只完成了 1/3。一般情况下，实际工程中工作效率与时间的关系，开始阶段施工效率低（投入资源少、工作配合不熟练）；中期效率最高（投入资源多，工作配合协调）；后期速度慢（工作面小，资源投入少）。并且工程进展过程中会有各种外界的干扰或者不可预见因素造成的停工，施工的实际效率与计划效率常常也是不相同的。此时，如果用工期的消耗来表示进度往往会产生误导，只有在施工效率与计划效率完全相同时，工期消耗才能真正代表进度。通常使用持续时间这一指标与完成的实物量、已完工程价值量或者资源消耗等指标结合起来对项目进展状况进行分析。

（2）完成的实物量。用完成的实物量表示进度。例如，设计工作按资料计量；混凝土工程按完成的体积计量；设备安装工程按完成的吨位计量；管线、道路工程按长度计量等。

这个指标的主要优点是直观、简单明确、容易理解，适用于描述单一任务的专项工程，如道路工程、土方工程等。例如，某土方工程总工程量是 8000 m^3，已完成 2000 m^3，则进度已达 25%。但其同一性较差，不适合用来描述综合性、复杂工程的进度，如分部工程、分项工程进度。

（3）已完工程的价值量。已完工程的价值量等于已完成的工作量与相应合同价格或预算价格的乘积。它将各种不同性质的工程量从价值形态上统一起来，可方便地将不同的分项工程统一起来，能够较好地反映由多种不同性质工作所组成的复杂综合性工程的进度状况。例如，人们经常说某工程已完成合同金额的 80% 等，均是用已完工程的价值量来描述进度状况。

（4）资源消耗指标。常见的资源消耗指标有工时、机械台班、成本等，具有统一性和较好的可比性。各种项目均可用它们作为衡量进度的指标，便于统一分析尺度。

实际应用中常常将资源消耗指标与工期（持续时间）指标结合在一起使用，以此来对工程进展状况进行全面的分析。例如，将工期与成本指标结合起来，分析进度是否实质性拖延及成本是否超支。在实际工程中使用资源消耗指标来表示工程进度应注意以下问题：

1）投入资源数量与进度背离时会产生错误的结论。例如，某项活动计划需要 50 工时，现已用 20 工时，则工时消耗已达 40%，如果计划劳动效率与实际劳动效率完全相同，则该项目进度已达 40%；如果计划劳动效率与实际劳动效率不相同时，用工时消耗来表示进度就会产生误导。

2）实际工程中，计划工程量与实际工程量常会不同。例如，某工作计划工时为 60 工时，而实际实施过程中由于工程实际施工条件变化，施工难度增加，应该需要 80 工时，现已用掉 20 工时，进度达到 33%，而实际上只完成了 25%。因此，正确结果只能在计划正确并按预定的效率施工时才能得到。

3）用成本反映进度时，以下成本不计入：①返工、窝工、停工增加的成本，②材料及劳动力价格变动造成的成本变动。

4. 风景园林工程项目的进度管理

风景园林工程项目的进度管理是指根据进度目标的要求，对风景园林工程项目各阶段的工作内容、工作程序、持续时间和衔接关系编制计划，将该计划付诸实施，在实施的过程中经常检查实际进度是否按计划要求进行，对出现的偏差分析原因，采取补救措施或调整、修改原计划，直至工程竣工，交付使用。进度管理的最终目的是确保项目工期目标的实现。

风景园林工程项目进度管理是风景园林工程项目管理的一项核心管理职能。进度控制是工程项目建设中与质量控制、投资控制并列的三大目标之一。它们之间有着密切的相互依赖和制约关系：通常，进度加快需要增加投资，但工程能提前使用就可以提高投资效益；进度加快有可能影响工程质量，而质量控制严格则有可能影响进度，但如严格控制质量则不会出现返工现象，又会加快进度。因此，项目管理者在实施进度管理工作中要对三个目标全面系统地加以考虑，正确处理好进度、质量和投资的关系，提高工程建设的综合效益。特别是对一些投资较大的工程，在采取进度控制措施的时候要特别注意其对成本和质量的影响。

7.1.2 风景园林工程进度计划编制方法

1. 工作分解结构法（WBS）

工作分解结构简称 WBS，是 work breakdown structure 的缩写，指把工作对象（工程项目、其管理过程和其他过程）作为一个系统，把其按一定的目的分解为相互独立、相互制约和相互联系的活动或者过程。工程项目工作分解结构是工程进度计划与控制的基础。

如某湖滨区园林工程湖底防渗基础工程项目（以下简称园林工程项目）将在 2012 年 4 月 17 日开工，6 月 15 日完工。在工期 60 天内完成湖底防渗基础施工，业主要求做到不漏水、不渗水，交付物完成准则为放水成功、验收通过。施工项目部运用 WBS 将项目按照实施过程顺序进行逐层分解，得到相对独立而且易于进度控制和管理的工作单元。项目主要分为 3 个标段，作为项目进度计划制订和跟踪的基础，绘制 WBS 如图 7-1 所示。

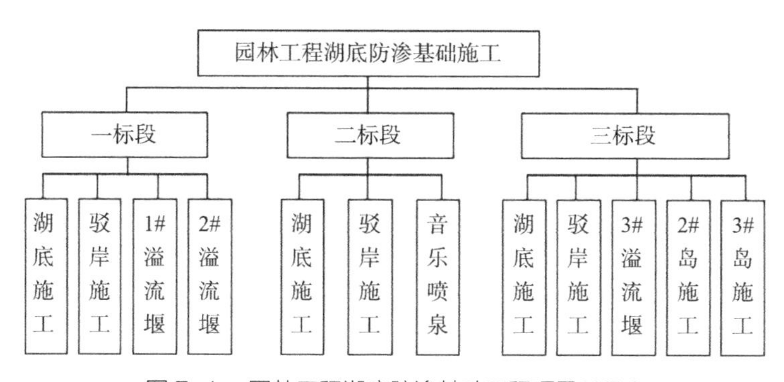

图 7-1　园林工程湖底防渗基础工程项目 WBS

2. 甘特图法

甘特图（Gantt Chart）于 1917 年由 Henry L.Gantt 提出，也称为横道图，是项目进度计划最常用的一种工具。它通过横向线条在带有时间坐标的表格中的位置来表示各项工作的起始时间、结束时间和各项工作的先后顺序，是小型项目管理中编制进度计划的主要方法。

以一标段 1# 溢流堰为例，施工项目部在一标段完成湖底施工和驳岸施工后，于 2012 年 5 月 8 号开始 1# 溢流堰的进度计划分解，图 7-2 为 1# 溢流堰甘特图。

3. 关键路径法

关键路径法（critical path method, CPM）是项目进度管理中应用最为普遍的技术。它是在对项目进行 WBS 分解的基础上，结合工程实际将分解后的工作进行有序连接，形成彼此联系的关系网络。在网络图的基础上，对各项工作的持续时间进行估算，并通过顺向推导计算各项活动的最早开始时间、最早结束时间，通过逆向推导的方法计算各项活动的最迟开始时间、最迟结束时间，找出进度安排总时差最小的活动，从而确定关键路径，并进行调整优化，使项目进度计划实现优化。

4. 计划评审技术

计划评审技术（program evaluation and review technique，PERT）是采用概率统计方法对

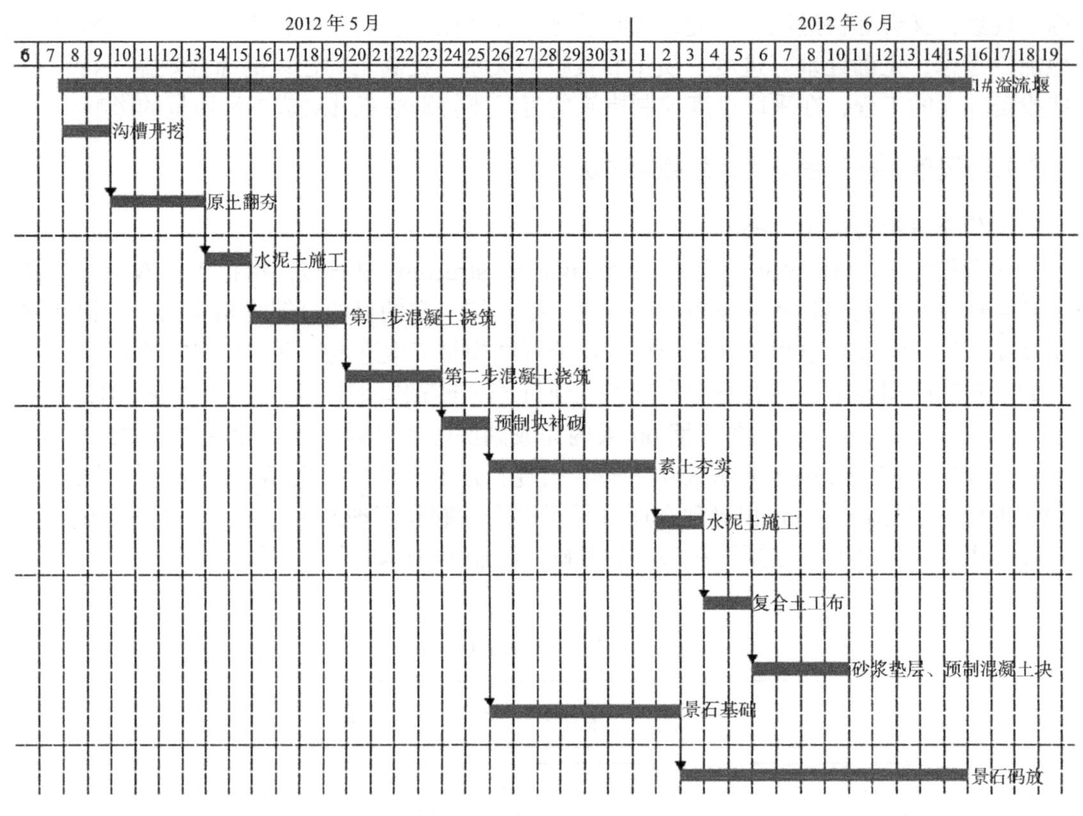

图 7-2 1# 溢流堰甘特图

1 #溢流堰	
13	39
2012/5/8	2012/6/15
0	0
2012/5/8	2012/6/15

沟槽开挖	
14	2
2012/5/8	2012/5/9
0	0
2012/5/8	2012/5/9

原土翻夯	
15	4
2012/5/10	2012/5/13
0	0
2012/5/10	2012/5/13

水泥土施工	
16	2
2012/5/14	2012/5/15
0	0
2012/5/14	2012/5/15

第一步混凝土浇筑	
17	14
2012/5/16	2012/5/19
0	0
2012/5/16	2012/5/19

第二步混凝土浇筑	
18	4
2012/5/20	2012/5/23
0	0
2012/5/20	2012/5/23

景石码放	
25	14
2012/6/2	2012/6/15
0	0
2012/6/2	2012/6/15

景石基础	
24	7
2012/5/26	2012/6/1
0	0
2012/5/26	2012/6/1

预制块衬砌	
19	2
2012/5/24	2012/5/25
0	0
2012/5/24	2012/5/25

砂浆垫层、预制砼块	
22	2
2012/6/4	2012/6/5
5	0
2012/6/9	2012/6/10

复合土工布	
22	2
2012/6/4	2012/6/5
5	0
2012/6/9	2012/6/10

水泥土施工	
21	2
2012/6/2	2012/6/3
5	6
2012/6/7	2012/6/8

素土夯实	
20	7
2012/5/26	2012/6/1
0	0
2012/5/13	2012/6/6

图 7-3 1# 溢流堰网络计划图

项目中的某些或全部活动持续时间不能确定的情况下求得项目中各项活动的期望平均时间，并以期望平均时间作为网络图中各项活动的持续时间，把不确定性进度计划转化为确定性进度计划，再采用关键路径法确定关键路径并进行进度优化。

7.1.3 风景园林工程项目进度管理的主体及对象

1. 风景园林工程项目进度管理的主体

风景园林工程项目进度管理的主体是指组织和实施风景园林工程项目进度管理活动的有关责任单位。风景园林工程项目管理的主体均可以构成风景园林工程项目进度管理的主体，如建设单位、设计单位、施工单位等。其中，业主单位应保证建设项目及早投产或投入使用以节约建设资金，取得投资效益；设计单位应满足设计委托合同的要求，及时提供用以指导施工活动的设计文件；施工承包单位应保证合同工期不被拖延，避免拖期被罚款，维护企业信誉，确保实现企业的经济效益；建设监理单位应协助业主单位实现进度目标、圆满完成监理委托合同要求。上述各方均需要从各自不同的角度承担工程建设项目进度管理的组织和实施工作。

2. 风景园林工程项目进度管理的对象

风景园林工程项目进度管理的对象即工程建设工期。由于工程建设项目进度管理的基本要求是在正确把握工程建设活动的内在技术规律性及合理配置各种建设资源的基础上，求得一个尽可能快的工程进度安排。而这一安排的最终结果必然体现为一个相对较短的工期，建设工程项目进度管理必然要以对项目工期形成有效控制作为其立足基点。

所谓建设工期，是指建设项目从永久性工程开始施工到所有工程全部建成投产或交付使用所经历的时间，包括土建施工、设备安装、种植苗木、进行生产准备和竣工验收等各项工作时间，是构成工程项目进度计划和考核项目投资效果的主要指标。由于建设项目的建设工期需由工期定额和实际投入工程建设过程的资金、材料、苗木、设备、劳动力及施工技术、管理水平等各种因素综合确定，这就使得建设工期控制必然同时涉及多种进程。

7.1.4 风景园林工程项目进度管理过程

风景园林工程项目进度管理工作的程序可以概括为：编制进度计划，实施进度计划，进度状况检查，分析、处理偏差 4 个基本过程。该过程的基本原理是按 PDCA 循环理论来展开的，它是一个动态持续改进的过程。其中 P（plan）是收集项目相关资料，确定目标，制订项目计划；D（doing）是指按计划实施项目；C（check）是指监督检查实施情况；A（action）是指对检查情况进行处理。每进行完一个控制循环，进度控制的水平就提高一步，在改进的基础上展开下一阶段的控制。

1. 确定目标，制订进度计划

由于风景园林工程项目受多种因素的影响。建设管理者需要收集环境资料，对影响进度的各种因素进行调查、分析，预测它们对进度可能产生的影响，确定科学、合理的进度总目标。根据进度总目标和资源的优化配置原则，编制可行的进度计划。该进度计划应包括各种不同层次的进度计划，例如从项目进程角度，需要有项目整体性计划及各种不同阶段的进度计划；从管理角度，要有控制性进度计划、实施性进度计划等。在此基础上制订进度计划，以确保进度计划能顺利实施。最后还需对这些计划进行优化，以提高进度计划的合理性。

2. 项目进度计划的实施

第一，应建立以项目负责人为首的进度计划管理组织机构，将项目进度目标落实到人。

第二，要建立完善的进度考核管理制度。由于现实工程项目实施环境中会存在大量的干扰因素，因而在实施阶段要对影响进度的可能风险事件进行识别，制订和采取必要的预控措施，才能减少实际与计划的偏差，把控制重点放在事前和事中。

3. 项目进度状况检查

定期对项目进度计划在实施过程中的状况进行检查和测量，将得到的资料数据进行归类、汇总和分析，将其与计划进度进行比较，并及时进行趋势预测。在项目进度监测阶段项目进度管理的主要工作为：①收集进度情况数据、资料；②偏差分析（实际结果与进度计划的比较）；③趋势分析及预测。只有对偏差进行及时识别及对发展趋势进行有效预测，才能为后续的进度调整提供可靠的依据，提高项目进度控制的敏感度和精度。

4. 项目进度分析、处理

项目进度计划在实施过程中，外界的干扰因素众多，产生偏差是很自然的事情，因而调整才显得更加重要。有时需要采取一定的措施，而这个过程又是个非常复杂的过程。项目进度分析、处理阶段的主要工作为：①偏差分析，分析产生进度偏差的前因后果；②动态调整，寻求进度调整的约束条件和可行方案；③优化控制，对调整措施和新计划进行优化并做出评审。偏差分析、动态调整和优化控制是项目进度管理过程中最困难、最关键的环节。

工程项目进度控制是周期性进行的，业主、承包商和监理工程师的共同控制及协调配合，是进度控制的有力保证。

7.1.5 风景园林工程项目进度管理的主要内容

风景园林工程项目建设全过程可分为决策阶段、设计准备阶段、设计阶段、建设准备阶段、施工阶段和收尾阶段。尽管各阶段的工作内容不同，但它们之间是相关联的，任何一个阶段的失误或延误，都会影响后续阶段的实施。因此必须以项目总进度计划为目标，全面控制项目各阶段的进度。各阶段进度管理的主要内容为：

1. 决策阶段

（1）编制“风景园林工程项目管理总体规划”，总体规划中应构建风景园林工程项目进度管理体系。

（2）调查、分析风景园林工程项目的环境及特点，编制项目决策报告，确定风景园林工程项目进度管理目标。

（3）协助建设单位选择编制风景园林工程项目建议书、可行性研究报告、环境评估报告以及项目风险评估等专业工程咨询单位，协助建设单位与其签订咨询合同并督促合同执行。

（4）协助建设单位进行项目立项审批，及时了解进展情况并提出咨询意见与建议。

2. 设计准备阶段

（1）编制“工程项目管理规划”，管理规划中应细化工程项目进度管理体系。

（2）调查、分析项目建设环境及要求，编制项目实施策划报告，确定工程项目进度管理的目标。

（3）分析和论证项目总进度目标，编制项目实施总进度计划。

（4）编制设计方案任务书中有关进度控制的内容。

（5）协助建设单位办理报建手续，及时了解进展情况并提出咨询意见与建议。

（6）编制各种设计进度控制报表与报告。

3. 设计阶段

（1）编制设计阶段项目实施进度计划并控制其执行。

（2）督促勘察单位履行勘察合同，并按合同约定的要求提交勘察成果报告。

（3）督促设计单位履行设计合同，进行设计跟踪检查，控制各阶段设计图纸的进度，并按合同约定的要求提交各阶段设计图纸。

（4）协助建设单位组织初步设计审查会议，协助建设单位选择施工图审查单位，督促设计单位按审查意见及时进行修改，了解进展情况，并提出咨询意见与建议。

（5）编制各种设计进度控制报表和报告。

4. 建设准备阶段

（1）调查、分析项目实施的特点及环境，编制项目管理实施方案进度管理部分的内容。

（2）编制工程项目总体和阶段性施工进度控制计划。

（3）协助建设单位落实施工条件，包括施工场地“三通一平”等条件，了解进展情况，并提出咨询意见与建议。

（4）督促项目监理机构、施工承包单位提交报建的相关资料，协助建设单位办理施工许可证。

（5）督促项目监理机构审查施工承包单位报送的施工组织设计、专项施工方案，并报送建设单位备案；督促项目监理机构核查施工开工条件。

（6）编制各种施工进度控制报表和报告。

5. 施工阶段

（1）督促项目监理机构履行国家法律法规，履行监理合同所约定的监理职责。

（2）参加工程监理例会、专题会议，分析施工进度状况，对需要建设单位处理的施工进度问题提出意见和建议。

（3）跟踪和检查各阶段施工进度的执行情况，做好工程施工进度记录，将实际进度与计划进度进行比较，发现偏差，及时提出处置意见。

（4）协调施工过程中各参与方之间的关系，协助建设单位协调与政府各有关部门、社会各方的关系。

6. 收尾阶段

协助建设单位组织工程竣工验收，办理工程移交、竣工结算、工程竣工备案、档案移交等工作。

7.2 风景园林工程项目进度计划技术

风景园林工程项目进度计划贯穿工程项目的前期准备、设计及其施工等阶段，主要内容为制定各级任务进度计划，包括项目总体进度计划、中间控制项目的分阶段进度计划和进行详细控制的各子项目进度计划，并对这些计划进行优化，实现工程项目计划的可行性、科学性，从而指导控制整个项目的进度。

风景园林工程项目的进度计划由项目中各分项内容的排列顺序、起始和完成时间、彼此间的衔接关系等组成。项目计划将项目各个实施过程有机整合，为项目具体实施提供参考和指导，为项目进度控制提供依据，科学的工程项目进度计划可以使项目实施过程中的有限资源得到合理配置，更合理地安排协调项目实施中各部分的时间配置，为项目的如期完成提供有效保障。

7.2.1 风景园林工程项目进度计划的编制流程

风景园林工程项目进度计划的编制需要在充分考虑工程资源和影响因素的制约条件下，通过工程项目的分解、估算各分解工作的时间、对各项工作进行排序等来完成。

风景园林工程项目进度计划编制的流程一般包含以下部分内容：

（1）收集相关的信息资料。为保证风景园林工程项目进度计划的科学性和合理性，在编制项目进度计划前，必须收集真实的信息资料，作为编制进度计划的依据。这些信息资料包括：风景园林工程项目背景（项目对工期的要求、项目的特点）；项目实施条件（项目的技术和经济条件、项目的外部条件）；项目实施各阶段的定额规定（项目各阶段工作的计划时间、项目计划的资源供应情况）。

（2）风景园林工程项目结构分解。风景园林工程项目结构分解包括确定为最终完成整个项目必须进行的各项具体的活动、完成整个项目可交付物所必须进行的诸项具体的活动，以及确定各个具体活动之间的工作顺序及它们之间的衔接关系。

（3）估算风景园林工程项目时间及所需资源。风景园林工程项目时间和资源的估算即是根据整个风景园林工程项目的任务范围和资源状况估算项目中完成各项任务所需要的时间长度和资源。对项目时间和资源的估算要求尽量准确，从而为项目活动进度计划的编制提供可靠的依据。

（4）编制项目进度计划。在收集了相关资料、分解了风景园林工程项目结构、估算了项目活动所需的时间和资源后，再通过对项目中各项任务的逻辑关系进行分析，即可编制出项目进度计划。项目进度计划就是综合考虑与项目相关的信息，对项目任务的开始和完成时间进行确认、修改、再确认、再修改，是一个不断反复的过程。

7.2.2 风景园林工程项目进度计划编制原则

风景园林工程项目进度计划编制的原则包含：

（1）遵守合同工期原则。严格遵守国家法律、法规，按照合同的约定工期制定风景园林工程项目的进度计划。

（2）遵守规范原则。按照风景园林工程技术规范要求合理制定风景园林工程项目的进度计划，合理安排风景园林工程项目各项工程活动顺序与衔接关系。

（3）遵守科学、先进的工程技术原则。采用科学先进的风景园林工程技术手段，从而有效提高风景园林工程效率和资源利用率。

7.2.3 风景园林工程项目进度计划编制技术比较

1. 条形图

（1）概念

条形图也叫横道图、横线图、甘特图。它以时间参数为依据，用横向线段代表各工作或工序的起止时间与先后顺序，表明彼此之间的搭接关系。在图中每一水平横道线显示每项工作的开始时间和结束时间，每一横道的长度表示该项工作的持续时间。在表示时间的横向维度上，根据工程项目计划的需要，度量项目进度的时间单位可以用月、旬、周或天表示。

（2）优缺点分析

优点：简单易学、形象直观、易于掌握，因此在风景园林工程施工项目中得到了广泛的应用。

缺点：该方法不能全面地反映各工作或工序间的逻辑关系，不能表达各项工作的重点，不能真实反映工程的关键环节和内在矛盾，不能进行严谨的时间参数计算，不能确定关键工作、关键线路与时差，不能对进度计划进行优化，不能通过计算机进行处理和优化，难以适应大的进度计划系统的需要，这样导致所编制的进度计划过于保守或与实际脱节，对实际工作也难以准确有效地预测、处理，无法有效监控计划执行中出现的各种情况。

（3）主要种类

条形图常见的种类有作业顺序表和详细进度表两种：

1）作业顺序表

作业顺序表表示根据工程项目的各分项作业顺序将各项作业量用流水作业法组织施工，如表 7-1 所示。

铺草作业顺序表　　表 7-1

工种 \ 作业量比率（%）	0　20　40　60　80　100	
准备工作		100
整地作业		100
草皮准备		70
草坪作业		30
检查验收		0

2）施工详细进度表

施工详细进度表就是通常所说的横道图。

利用条形图表示施工详细进度计划，可以实现对风景园林工程项目的施工进度进行合理控制，并根据计划随时检查施工过程，达到顺利施工、降低施工费用、符合总工期要求的目的，如表 7-2 所示。

某园林绿化项目施工详细进度表（横道图）　　表 7-2

序号	工程项目	2012 年 3 月 10 日																			
		3	6	9	12	15	18	21	24	27	30	33	36	39	42	45	48	51	54	57	60
1	施工准备																				
2	一期苗木和土建整改																				
2	土方回填																				
3	土方造型																				
4	喷灌安装及调试																				
5	乔木栽植																				
6	灌木栽植																				
7	草坪播种																				
8	16–19# 间幼儿园施工																				
9	二期土建小品安装及水景安																				
10	16–19# 间幼儿园绿化施工																				
11	二期土建收尾工程																				
12	竣工清理																				

2. 网络图

（1）基本概念

网络图（network planning）是一种图解模型，形状如同网络，故称为网络图。网络图是由作业（箭线）、事件（又称节点）和路线三个因素组成的。

网络计划是指用网络图形式表达出来的进度计划。

网络计划方法是指依托网络计划这一形式产生的一套进度计划管理方法。

网络计划技术，是以工序所需时间为时间因素，用描述工序之间相互联系的网络和网络时间的计算，反映整个工程项目工程活动或任务的全貌，并在规定条件下，全面筹划、统一安排，来寻求达到目标的最优方案的计划技术。

（2）网络计划图的类型

按照以箭线或节点表示工作的绘图表达方法的不同，分为双代号网络图和单代号网络图。

按工作持续时间是否依照计划天数长短比例绘制网络图可相应区分为时标网络图和非时标网络图（或称标时网络图）。

时标网络图还可以按照表示计划工期内各项工作活动的最早可以开始时间与最迟必须开始时间相应区分为早时标网络图和迟时标网络图。

按照时标网络图分别与双代号或是单代号网络图形成的不同组合，时标网络图还可进一步区分为双代号时标网络图与单代号时标网络图。

按是否在图中表示不同工作活动之间的各种搭接关系，如工作之间的开始到开始（STS）、开始到结束（STF）、结束到开始（FTS）、结束到结束（FTF）关系，网络图还可区分为搭接网络图和非搭接网络图。

在以上分类中，双代号与单代号网络图是网络图的两种基本形式。两种形式网络图在绘图过程中，一般应服从图 7-4 所示书写规则。

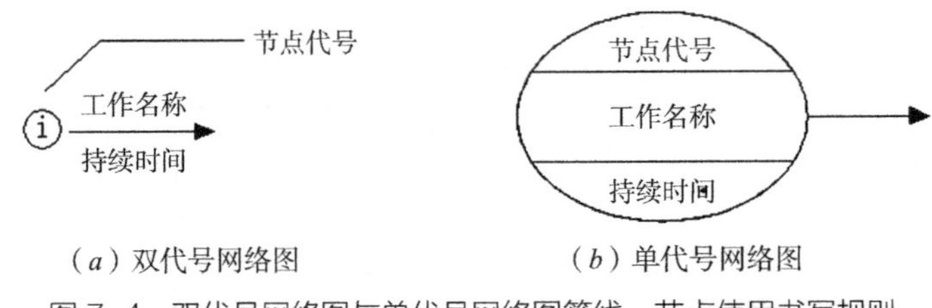

图 7-4　双代号网络图与单代号网络图箭线、节点使用书写规则

双代号网络图中，每一条箭线表示一项工作。箭线的箭尾节点 i 表示该工作的开始，箭线的箭头节点 j 表示该工作的完成。工作名称可标注在箭线的上方，完成该项工作所需要的持续时间可标注在箭线的下方，如图 7-5 所示。由于一项工作需用一条箭线和其箭尾与箭头处两个圆圈中的号码来表示，故称双代号网络计划。

在双代号网络计划中，为了正确地表达图中工作之间的逻辑关系，往往需要应用虚箭线。虚箭线是实际工作中并不存在的一项虚拟工作，故它们既不占用时间，也不消耗资源，一般只表示相邻工作之间的逻辑关系。如图 7-6 中③与④之间的箭线，是虚箭线，表示一项虚工作。

在双代号网络计划中，通常用 i—j 表示工作。紧排在本工作之前的工作称为紧前工作。紧排在本工作之后的工作称为紧后工作。与之平行进行的工作称为平行工作。

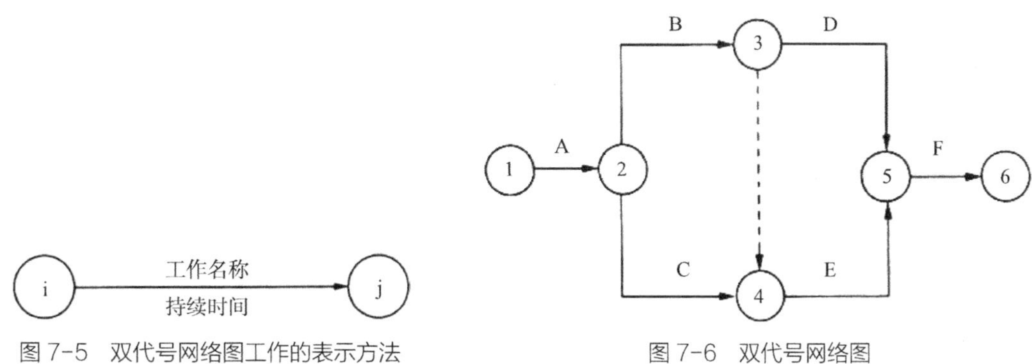

图 7-5　双代号网络图工作的表示方法

图 7-6　双代号网络图

（3）网络计划图的绘制规则

作为一种人为设定的计划表达方法，网络图应遵循一定的绘图规则。以双代号网络图为例，其绘制规则纳入表 7-3。其他形式网络的绘制原则大体与双代号类同。

双代号网络图绘制的基本规则　　表 7-3

绘图要求	内容	相应绘图处理方法
基本原则	必须正确反映工作之间的逻辑关系	避免逻辑关系绘图表达出现“多余”或“欠缺”两类错误
约定规则	不允许出现反向箭线	通过图形尽量避免反向箭线
	不允许出现用节点代号称呼时的重名箭线	用添画虚箭线手法处理
	不允许出现一个以上的网络图开始或结束节点	合并相应节点形成封闭圆形
	不允许出现双向箭线	说明逻辑关系表达有误，检查、重绘
	不允许出现循环回路	说明逻辑关系表达有误，检查、重绘
	不允许出现无箭头的线段	避免疏忽漏画箭头
	不允许出现无箭尾节点或无箭头节点的箭线	遵从本规则要求画法
	不允许出现向箭线引入或自箭线引出的箭线（但采用“母线法”绘图时除外）	遵从本规则要求画法。“母线法”系指多条起始或收尾工作箭线自一条起始工作的箭线引出或向一条收尾工作箭线引入的画法
图形简化规则	尽量保持箭线的水平或垂直状态	避免任意直线、层叠折线或曲线画法
	尽量避免箭线交叉	应用绘图技巧避免箭线交叉
	尽量避免多余虚箭线及相关节点	在准确判断的基础上运用可行方法去除多余虚箭线及相关点

（4）网络计划图的基本绘图要素及工作关系

本工作、紧前工作、紧后工作、平行工作、先行工作、后续工作、虚工作、虚拟节点等基本术语或设定条件是网络图的基本绘图要素。其中，虚拟节点应用于单代号网络图起始或收尾工作不止一项的特定场合。

1）紧前工作。在网络图中，相对于某工作而言，紧排在该工作之前的工作称为该工作的紧前工作。

2）紧后工作。在网络图中，相对于某工作而言，紧排在该工作之后的工作称为该工作的紧后工作。

3）平行工作。在网络图中，相对于某工作而言，可以与该工作同时进行的工作即为该工作的平行工作。

4）先行工作。相对于某工作而言，从网络图的第1个节点（起点节点）开始，顺箭头方向经过一系列箭线与节点到达该工作为止的各条通路上的所有工作，都称为该工作的先行工作。

5）后续工作。相对于某工作而言，从该工作之后开始，顺箭头方向经过一系列箭线与节点到网络图最后1个节点（终点节点）的各条通路上的所有工作，都为该工作的后续工作。

6）线路。网络图中从起点节点开始，沿箭头方向顺序通过一系列箭线与节点，最后到达终点节点的通路称为线路。线路既可依次用该线路上的节点编号表示，也可依次用该线路上的工作名称表示。

7）关键线路。关键线路法（CPM）中，线路上所有工作的持续时间总和称为该线路的总持续时间。总持续时间最长的线路称为关键线路，关键线路的长度就是网络计划的总工期。

8）关键工作。关键线路上的工作称为关键工作。在网络计划的实施过程中，关键工作的实际进度提前或拖后，均会对总工期产生影响。因此，关键工作的实际进度是建设工程进度控制工作中的重点。

9）工作持续时间。是指一项工作从开始到完成的时间。在双代号网络计划中，工作i到j的持续时间用D_{i-j}表示；在单代号网络计划中，工作i的持续时间用D_i表示。

10）工期。泛指完成一项任务所需要的时间。在网络计划中有3种工期：

①计算工期。根据网络计划时间参数计算得到的工期，用T_c表示。

②要求工期。任务委托人提出的指令性工期，用T_r表示。

③计划工期。根据要求工期和计算工期所确定的作为实施目标的工期。用T_p表示。

当已规定了要求工期时，计划工期不应超过要求工期，即$T_r > T_p$。

当未规定要求工期时，可令计划工期等于计算工期，即$T_p = T_c$。

11) 最早开始时间和最早完成时间。工作的最早开始时间是指在其所有紧前工作全部完成后，本工作有可能开始的最早时刻。工作的最早完成时间是指在其所有紧前工作全部完成后，本工作有可能完成的最早时刻。工作的最早完成时间等于本工作的最早开始时间与其持续时间之和。

在双代号网络计划中，工作i—j的最早开始时间和最早完成时间分别用ES_{i-j}和EF_{i-j}表示；在单代号网络计划中，工作i的最早开始时间和最早完成时间用ES_i和EF_i表示。

12）最迟完成时间和最迟开始时间。工作的最迟完成时间是指在不影响整个任务按期完成的前提下，本工作必须完成的最迟时刻。工作的最迟开始时间是指在不影响整个任务按期完成的前提下，本工作必须开始的最迟时刻。工作的最迟开始时间等于本工作的最迟完成时间与其持续时间之差。在双代号网络计划中，工作i—j的最迟完成时间和最迟开始时间分别用LF_{i-j}和LS_{i-j}表示。在单代号网络计划中，工作i的最迟完成时间和最迟开始时间分别用LF_i和LS_i表示。

13）总时差和自由时差。工作的总时差是指在不影响总工期的前提下，本工作可以利用的机动时间。但是在网络计划的执行过程中，如果利用某项工作的总时差，则有可能使该工作后续工作的总时差减小。在双代号网络计划中，工作i—j的总时差用TF_{i-j}表示；在单代号网络计划中，工作i的总时差用TF_i表示。

14）工作的自由时差是指在不影响其紧后工作最早开始时间的前提下，本工作可以利用的机动时间。在网络计划的执行过程中，工作的自由时差是该工作可以自由使用的时间。在双代号网络计划中，工作i—j的自由时差用FF_{i-j}表示；在单代号网络计划中，工作i的自由时差用FF_i表示。从总时差和自由时差的定义可知，对于同一项工作而言工作的总时差为零时，其自由时差必然为零。

15）相邻两项工作之间的时间间隔。相邻两项工作之间的时间间隔是指本工作的最早完成时间与其紧后工作最早开始时间之间可能存在的差值。工作i与工作j之间的时间间隔用LAG_{i-j}表示。

7.2.4 风景园林工程项目进度网络计划的编制

1. 网络计划图的绘制

（1）任务分析

网络图中的节点都必须有编号，其编号严禁重复，并应使每一条箭线上箭尾节点编号小于箭头节点编号。在双代号网络图中，有时存在虚箭线，虚箭线不代表实际工作，我们称之为虚工作。虚工作既不消耗时间，也不消耗资源。虚工作主要用来表示相邻两项工作之间的逻辑关系。在单代号网络图中，虚拟工作只能出现在网络图的起点节点或终点节点处。已知工作之间的逻辑关系如表7-4～表7-6所示，试分别绘制双代号网络图和单代号网络图。

已知工作（一）的逻辑关系 表7-4

工作	A	B	C	D	E	G	H
紧前工作	C、D	E、H	—	—	—	D、H	—

已知工作（二）的逻辑关系 表7-5

工作	A	B	C	D	E	G
紧前工作	—	—	—	—	B、C、D	A、B、C

已知工作（三）的逻辑关系 表7-6

工作	A	B	C	D	E	G	H	I	J
紧前工作	E	H、A	J、G	H、I、A	—	H、A	—	—	E

（2）绘制双代号网络图

1）网络图必须按照已定的逻辑关系绘制。

2）网络图中严禁出现从一个节点出发，顺箭头方向又回到原出发点的循环回路。

3）网络图中的箭线（包括虚箭线，以下同）应保持自左向右的方向，不应出现箭头指向左方的水平箭线和箭头偏向左方的斜向箭线。若遵循该规则绘制网络图，就不会出现循环回路。

4）网络图中严禁出现双向箭头和无箭头的连线。

5）网络图中严禁出现没有箭尾节点的箭线和没有箭头节点的箭线。

6）严禁在箭线上引入或引出箭线。但当网络图的起点节点有多条箭线引出（外向箭线）

或终点节点有多条箭线引入(内向箭线)时，为使图形简洁，可用母线法绘图。即将多条箭线经一条共用的垂直线段从起点节点引出或将多条箭线经一条共用的垂直线段引入终点节点。

7）应尽量避免网络图中工作箭线的交叉。

8）网络图中应只有一个起点节点和一个终点节点（任务中部分工作需要分期完成的网络计划除外）。除网络图的起点节点和终点节点外，不允许出现没有外向箭线的节点和没有内向箭线的节点。

（3）绘制单代号网络图

单代号网络图的绘图规则与双代号网络图的绘图规则基本相同，主要区别在于：当网络图中有多项开始工作时，应增设一项虚拟的工作（S）作为该网络图的起点节点；当网络图中有多项结束工作时，应增设一项虚拟的工作（F)，作为该网络图的终点节点（图 7-7）。

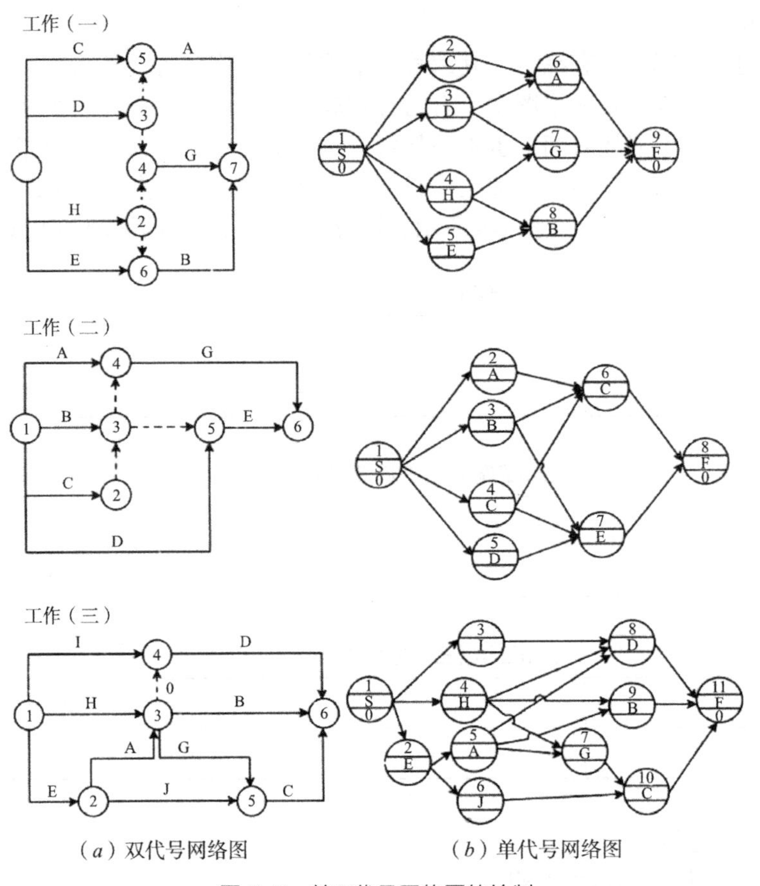

（*a*）双代号网络图　　（*b*）单代号网络图

图 7-7　单双代号网络图的绘制

2. 双代号网络计划时间参数的计算

（1）任务分析

双代号网络计划的时间参数计算，有按工作计算法、按节点计算法及标号法，常用的是按工作计算法和标号法。

（2）按工作计算

以网络计划的工作为对象，直接计算各项工作的时间参数。这些时间参数包括：工作的最早开始时间和最早完成时间、工作的最迟开始时间和最迟完成时间、工作的总时差和自由时差。此外，还应计算网络计划的计算工期。为了简化计算，网络计划时间参数中的开始时间和完成时间都应以时间单位的终了时刻为标准。如第 3 天开始即是指第 3 天终了（下班）时刻开始，实际上是第 4 天上班时刻才开始。下图以双代号网络计划为例（图 7-8），说明按工作计算法计算时间参数的过程。其计算结果如图 7-9 所示。

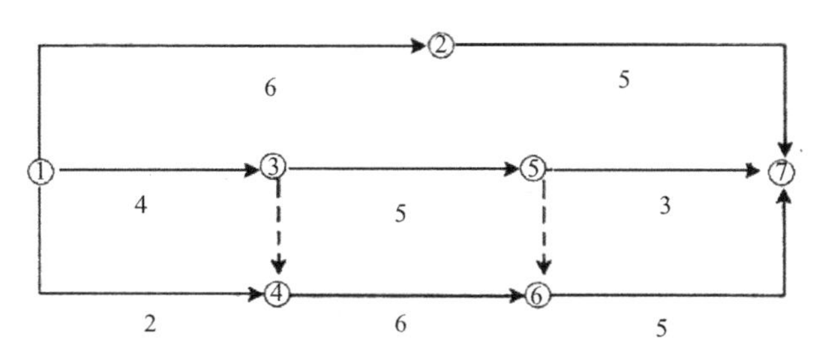

图 7-8　双代号网络计划

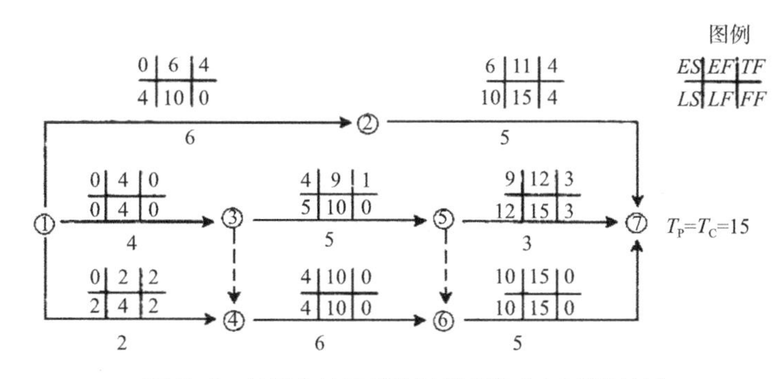

图 7-9　按工作法计算的时间参数（六时标注法）

1）工作最早开始时间和最早完成时间的计算，应从网络计划的起点节点开始，顺着箭线方向依次进行。其计算步骤如下：

①以网络计划起点节点为开始节点的工作，当未规定其最早开始时间时，其最早开始时间为零。在本例中，工作①—②、工作①—③和工作①—④的最早开始时间都为零。工作的最早完成时间：

$$EF_{i-j} = ES_{i-j} + D_{i-j} \tag{7-1}$$

式中 EF_{i-j}——工作 i—j 的最早完成时间；

ES_{i-j}——工作 i—j 的最早开始时间；

D_{i-j}——工作 i—j 的持续时间。

②其他工作的最早开始时间应等于其紧前工作最早完成时间的最大值，即：

$$ES_{i-j} = \max\{EF_{h-i}\} \tag{7-2}$$

式中 ES_{i-j}—— i—j 工作的紧前工作的最早开始时间；

EF_{h-i}——工作 i—j 的紧前工作 h—i 的最早完成时间。

③网络计划的计算工期应等于网络计划终点节点为完成节点的工作的最早完成时间的最大值，即：

$$T_c=\max\{EF_{i-n}\} \tag{7-3}$$

式中 T_c——网络计划的计算工期；

EF_{i-n}——以网络计划终点节点 n 为完成节点的工作的最早完成时间。

④确定网络计划的计划工期

网络计划的计划工期在本例中，假设没有规定要求工期，其计划工期就等于计算工期，即：

$$T_p=T_c=15 \tag{7-4}$$

计划工期应标注在网络计划终点节点的右上方，如图 7-9 所示。

2）工作最迟完成时间和最迟开始时间的计算，应从网络计划的终点节点开始，逆着箭线方向依次进行。其计算步骤如下：

以网络计划终点节点为完成节点的工作，其最迟完成时间等于网络计划的计划工期，即：

$$LF_{i-n}=T_p \tag{7-5}$$

式中 LF_{i-n}——以网络计划终点节点 n 为完成节点的工作的最迟完成时间。

工作最迟开始时间：

$$LS_{i-j}=LF_{i-j}-D_{i-j} \tag{7-6}$$

式中 LS_{i-j}——工作 i—j 的最迟开始时间。

其他工作的最迟完成时间应等于其紧后工作最迟开始时间的最小值，即：

$$LF_{i-j}=\min\{LS_{j-k}\} \tag{7-7}$$

式中 LF_{i-j}——工作 i—j 的紧后工作；

LS_{j-k}——j—k（非虚工作）的最迟开始时间。

3）计算工作的总时差。工作的总时差等于该工作最迟完成时间与最早完成时间之差，或该工作最迟开始时间与最早开始时间之差，即：

$$TF_{i-j}=LF_{i-j}-EF_{i-j}=LS_{i-j}-ES_{i-j} \tag{7-8}$$

式中 TF_{i-j}——工作 i—j 的总时差。

4）计算工作的自由时差。工作自由时差的计算按以下两种情况分别考虑：对于有紧后工作的工作，其自由时差等于本工作之紧后工作最早开始时间减本工作最早完成时间所得之差的最小值，即：

$$FF_{i-j}=\min\{ES_{j-k}-EF_{i-j}\} \tag{7-9}$$

式中 FF_{i-j}——工作 i—j 的自由时差。

对于无紧后工作的工作，也就是以网络计划终点节点为完成节点的工作，其自由时差等于计划工期与本工作最早完成时间之差，即：

$$FF_{i-n}=T_p-EF_{i-n} \tag{7-10}$$

5）确定关键工作和关键线路。在网络计划中，总时差最小的工作为关键工作。特别地，当网络计划的计划工期等于计算工期时，总时差为零的工作就是关键工作。例如在本例中，工作①—②、工作④—⑥和工作⑥—⑦的总时差均为零，故它们都是关键工作。找出关键工作之后，将这些关键工作首尾相连，便构成一条从起点节点到终点节点的通路，通路上各项工作的持续时间总和最大的就是关键线路。在关键线路上可能有虚工作存在。

关键线路用粗箭线或双箭线标出，也可以用彩色箭线标出。例如在本例中，线路①→③→④→⑥→⑦即为关键线路。关键线路上各项工作的持续时间总和应等于网络计划的计算工期，这一特点也是判别关键线路是否正确的准则。

在上述计算过程中，是将每项工作的 6 个时间参数均标注在图中，故称为六时标注法。

3. 单代号网络计划时间参数的计算

（1）任务分析

单代号网络计划与双代号网络计划只是表现形式不同，它们所表达的内容则完全一样。以单代号网络计划为例（图 7-10），计算时间参数，计算结果应该如图 7-11 所示。

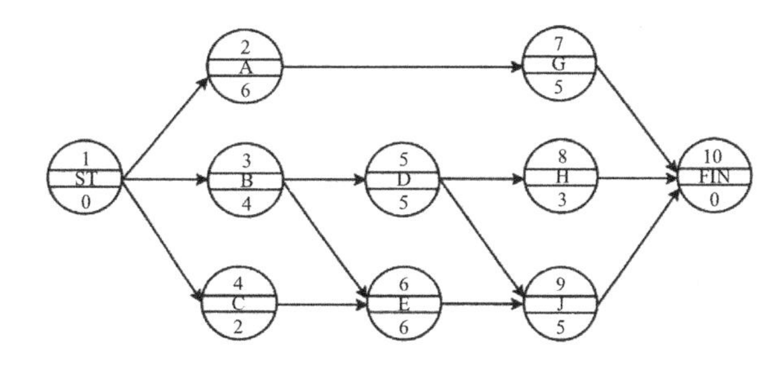

图 7-10　单代号网络计划

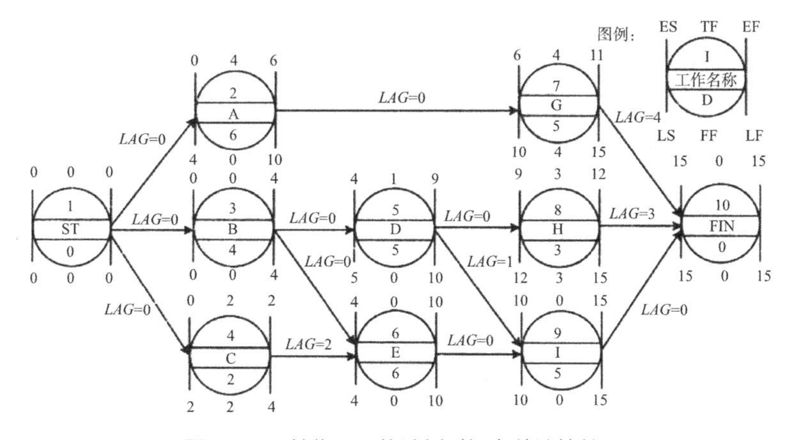

图 7-11　单代号网络计划时间参数计算结果

（2）计算工作的最早开始时间和最早完成时间

工作最早开始时间和最早完成时间的计算应从网络计划的起点节点开始，顺着箭线方向按节点编号从小到大的顺序依次进行。其计算步骤如下：

1）网络计划起点节点所代表的工作，其最早开始时间未规定时取值为零。例如起点节点 ST 所代表的工作（虚拟工作）的最早开始时间为零，即：

$$ES = 0 \tag{7-11}$$

2）工作的最早完成时间应等于本工作的最早开始时间与其持续时间之和，即：

$$EF_i = ES_i + D_i \tag{7-12}$$

式中 EF_i——工作 i 的最早完成时间；

ES_i——工作 i 的最早开始时间；

D_i——工作 i 的持续时间。

3）其他工作的最早开始时间应等于其紧前工作最早完成时间的最大值，即：

$$ES_j = \max\{EF_i\} \tag{7-13}$$

式中 ES_j——工作 j 的最早开始时间；

EF_i——工作 j 的紧前工作 i 的最早完成时间。

4）网络计划的计算工期等于其终点节点所代表的工作的最早完成时间。例如在本例中，其计算工期为：

$$T_c = EF_{10} = 15 \tag{7-14}$$

（3）计算相邻两项工作之间的时间间隔

相邻两项工作之间的时间间隔是指其紧后工作的最早开始时间与本工作最早完成时间的差值，即：

$$LAG_{i,j} = ES_j - EF_i \tag{7-15}$$

式中 $LAG_{i,j}$——工作 i 与其紧后工作 j 之间的时间间隔；

ES_j——工作 i 的紧后工作 j 的最早开始时间；

EF_i——工作 i 的最早完成时间。

（4）确定网络计划的计划工期

在本例中，假设未规定要求工期，其计划工期就等于计算工期，即：$T_p = T_c = 15$。

（5）计算工作的总时差

工作总时差的计算应从网络计划的终点节点开始，逆着箭线方向按节点编号从大到小的顺序依次进行。

1）网络计划终点节点 n 所代表的工作的总时差应等于计划工期与计算工期之差，即：

$$TF_n = T_p - T_c \tag{7-16}$$

2）其他工作的总时差应等于本工作与其各紧后工作之间的时间间隔加该紧后工作的总时差所得之和的最小值，即：

$$TF_i = \min\{LAG_{i,j} + TF_j\} \tag{7-17}$$

式中 TF_i——工作 i 的总时差；

$LAG_{i,j}$——工作 i 与其紧后工作 j 之间的时间间隔；

TF_j——工作 i 的紧后工作 j 的总时差。

（6）计算工作的自由时差

1）网络计划终点节点所代表的工作的自由时差等于计划工期与本工作的最早完成时间

之差，即：

$$FF_n = T_p - EF_n \tag{7-18}$$

式中 FF_n——终点节点n所代表的工作的自由时差；

T_p——网络计划的计划工期；

EF_n——终点节点所代表的工作的最早完成时间（即计算工期）。

2）其他工作的自由时差等于本工作与其紧后工作之间时间间隔的最小值，即：

$$FF_i = \min\{LAG_{i,j}\} \tag{7-19}$$

（7）计算工作的最迟完成时间和最迟开始时间

1）根据总时差计算

①工作的最迟完成时间等于本工作的最早完成时间与其总时差之和，即：

$$LF_i = EF_i + TF_i \tag{7-20}$$

②工作的最迟开始时间等于工作的最早开始时间与其总时差之和，即：

$$LS_i = ES_i + TF_i \tag{7-21}$$

2）根据计划工期计算

工作的最迟完成时间和最迟开始时间的计算应从网络计划的终点节点开始，向按节点编号从大到小的顺序依次进行。

网络计划终点节点n所代表的工作的最迟完成时间等于该网络计划的计划工期，即：

$$LF_n = T_p \tag{7-22}$$

①工作的最迟开始时间等于本工作的最迟完成时间与其持续时间之差，即：

$$LS_i = LF_i - D_i \tag{7-23}$$

②其他工作的最迟完成时间等于该工作各紧后工作最迟开始时间的最小值，即：

$$LF_i = \min\{LS_j\} \tag{7-24}$$

（8）确定网络计划的关键线路

1）利用关键工作确定关键线路。如前所述，总时差最小的工作为关键工作。将这些关键工作相连并保证工作之间的时间间隔为零而构成的线路就是关键线路。

2）利用相邻两项工作之间的时间间隔确定关键线路。从网络计划的终点节点开始，逆着箭线方向依次找出相邻两项工作之间时间间隔为零的线路就是关键线路。在网络计划中，关键线路可以用双箭线标出，也可以用彩色箭线标出。

4. 双代号网络计划图绘制步骤

用网络计划技术编制进度计划的第一步是绘制网络计划图。通常是先画一个初步网络图，在此基础上进行优化和调整，最终得到正式的网络计划图。绘制初步网络图一般按以下步骤进行：

（1）项目分解。任何项目都是由许多具体工作和活动组成的，所以要绘制网络图，首先要根据需要将一个项目分解为一定数量的独立工作和活动，其粗细程度可根据网络计划的作用加以确定，项目分解的结果是要明确工作的名称、工作的范围和内容。

（2）工作关系分析。工作关系分析的主要目的是确定工作之间的逻辑关系，其结果是明确工作的紧前和紧后的关系，形成项目工作列表。

（3）估计工作的基本参数。网络计划的基本工作参数包括：工作持续时间和资源需求量。工作持续时间是指在一定的资源、效率条件下，直接完成该工作所需时间与必要的停歇时间之和。

【绘图实例】

例如，通过分析，某建设工程项目计划涉及的各项工作其先后顺序与逻辑关系如表 7-7 所示。网络图的绘制过程见图 7-3 和图 7-7 所示。

工作逻辑关系表　　表 7-7

本工作	紧前工作	紧后工作	持续天数
A	—	C、D、E	5
B	—	E	4
C	A	F	1
D	A	F、G	7
E	A	F、G	3
F	C、D、E	—	1
G	D、E	—	2

（4）网络计划时间参数的计算

为了动态地优化、调整执行过程当中的工程项目进度计划，必须对经过图形绘制步骤而形成的网络计划实施各种时间参数计算。

网络计划的主要时间参数及计算方法如下：

ES	EF	TF
LS	LF	FF

ⓘ ——→ ⓙ

以工作 i–j 为例，主要时间参数名称、符号、含义及计算方法可如表 7-8 所示。

网络计划主要时间参数的种类与含义　　表 7-8

名称	符号	含义	计算方法及说明
工作持续时间	$D_{i\text{-}j}$	一项工作从开始到完成的时间	一般根据工作的性质、工作量等确定。
工作最早开始时间	$ES_{i\text{-}j}$	各紧前工作完成后本工作有可能开始的最早时刻	（1）若工作 i–j 没有紧前工作，当未规定开始节点最早开始时间时，工作 i–j 的最早开始时间为零；（2）当工作 i–j 有紧前工作时，$ES_{i\text{-}j}$ 取其紧前工作 EF 的最大值；（3）计算顺序为从网络图的起始节点到终点节点依次计算
工作最早完成时间	$EF_{i\text{-}j}$	各紧前工作完成后本工作有可能完成的最早时刻	$EF_{i\text{-}j}=ES_{i\text{-}j}+D_{i\text{-}j}$

续表

名称	符号	含义	计算方法及说明
计算工期	T_c	根据时间参数计算所得到的工期	计算工期取各最后完成工作最早完成时间的最大值，即 $T_c = \max\{EF_{i-n}\}$
工作最迟完成时间	LF_{i-j}	在不影响整个任务按期完成的前提下，工作必须完成的最迟时刻	（1）若工作 i–j 没有紧后工作，取计划工期 T_p 为其最迟完成时间，如没有规定要求工期 T_r 时可以取计划工期等于计算工期，即 $LF_{i-j} = T_c$；（2）若工作 i–j 有紧后工作，LF_{i-j} 等于其紧后工作 LS 的最小值；（3）计算顺序为从网络图的终点节点到起始节点依次计算
工作最迟开始时间	LS_{i-j}	在不影响整个任务按期完成的前提下，工作必须开始的最迟时刻	$LS_{i-j} = LF_{i-j} - D_{i-j}$
总时差	TF_{i-j}	在不影响总工期的前提下，本工作可以利用的机动时间	$TF_{i-j} = LS_{i-j} - ES_{i-j}$ 或 $TF_{i-j} = LF_{i-j} - EF_{i-j}$ TF_{i-j} 为零的工作为关键工作
自由时差	FF_{i-j}	在不影响紧后工作最早开始时间的前提下，本工作可以利用的机动时间	（1）若工作 i–j 的总时差为零，则 $FF_{i-j} = 0$；（2）若 TF_{i-j} 不为零，且工作 i–j 没有紧后工作，则 $FF_{i-j} = TF_{i-j}$；（3）若 TF_{i-j} 不为零，且工作 i–j 有紧后工作，则 $FF_{i-j} = \min\{ES_{j-k}\} - EF_{i-j}$，工作 j–k 为工作 i–j 的紧后工作

7.3 风景园林工程项目的进度修正

7.3.1 风景园林施工项目进度控制概述

风景园林施工项目进度控制是园林施工项目管理中的重点控制目标之一。它是保证园林施工项目按期完成、合理安排资源供应、节约工程成本的重要措施。

风景园林施工项目进度控制是指在既定的工期内，编制出最优的施工进度计划，在执行该计划的过程中，经常检查施工实际情况，并将其与计划进度相比较，若出现偏差，便分析产生的原因和对工期的影响程度，制订出必要的调整措施，修改原计划，不断地如此循环，直至工程竣工验收。

风景园林施工项目进度控制应以实现施工合同约定的交工日期为最终目标。

风景园林施工项目进度控制应建立以项目经理为首的进度控制体系，各子项目负责人、计划人员、调度人员、作业队长和班组长都是该体系的成员。各承担施工任务者和生产管理者都应承担进度控制目标，对进度控制负责。

7.3.2 风景园林施工项目进度控制方法、措施和主要任务

1. 风景园林施工项目进度控制方法

风景园林施工项目进度控制方法主要是规划、控制和协调。规划是指确定施工项目总进度控制目标和分进度控制目标，并编制其进度计划。控制是指在施工项目实施的全过程中，进行施工实际进度与施工计划进度的比较，出现偏差及时采取措施调整。协调是指疏通、优化与施工进度有关的单位、部门和工作队组之间的进度关系。

施工项目进度计划检查的过程分为调查、整理、对比分析等步骤。

进度计划的检查对比方法主要有横道图法、S 形曲线法、香蕉形曲线法、前锋线法（时标网络图检查法）等。

（1）横道图比较法

基本原理：就是将项目实施过程中检查实际进度收集的数据，经加工整理后直接用横道线平行绘于原计划的横道线处，进行实际进度与计划进度的比较。

特点：形象、直观地反映实际进度与计划进度的比较情况。

分类：匀速进展横道图比较法、非匀速进展横道图比较法。

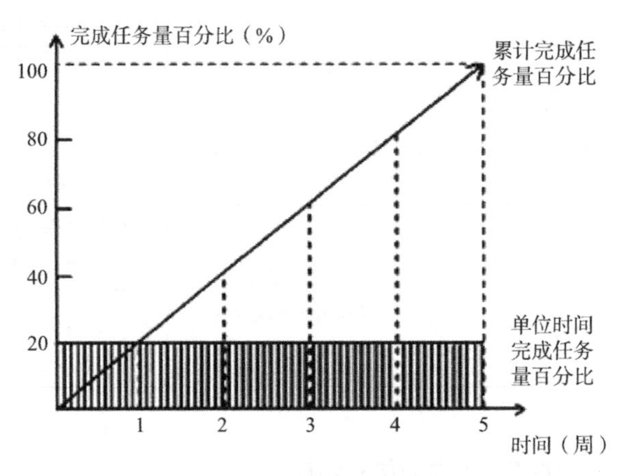

图 7-12　工作匀速进展时任务量与时间关系曲线

1）匀速进展横道图比较法

匀速进展是指在工程项目中，每项工作在单位时间内完成的任务量都是相等的，即工作的进展速度是均匀的。

完成的任务量可以用实物工程量、劳动消耗量或费用支出表示。为了便于比较，通常用上述物理量的百分比表示。

比较步骤：编制横道图进度计划；在进度计划上标出检查日期；将检查收集到的实际进度数据经加工整理后按比例用涂黑的粗线标于计划进度的上方，如图 7-13 所示。

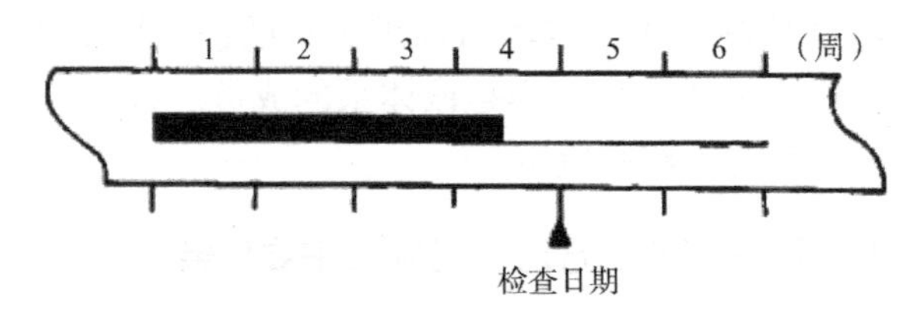

图 7-13　匀速进展横道图比较图

对比分析实际进度与计划进度：如果涂黑的粗线右端落在检查日期左侧，表明实际进度拖后；如果涂黑的粗线右端落在检查日期右侧，表明实际进度超前；如果涂黑的粗线右端与检查日期重合，表明实际进度与计划进度一致。该方法仅适用于工作从开始到结束的整个过程中，其进展速度均为固定不变的情况。

2）非匀速进展横道图比较法

当工作在不同单位时间里的进展速度不相等时应采用非匀速进展横道图比较法。

用涂黑粗线表示工作实际进度的同时，还要标出其对应时刻完成任务量的累计百分比，并将该百分比与其同时刻计划完成任务量的累计百分比相比较，判断工作实际进度与计划进度之间的关系。

比较步骤：编制横道图进度计划；在横道线上方标出各主要时间工作的计划完成任务量累计百分比；在横道线下方标出相应时间工作的实际完成任务量累计百分比；用涂黑粗线标出工作的实际进度，从开始之日标起，同时反映出该工作在实施过程中的连续与间断情况。

（2）S 形曲线比较法

基本原理：S 形曲线比较法是以横坐标表示进度时间，纵坐标表示累计完成任务量，而绘制出一条按计划时间累计完成任务量的 S 形曲线图，进行实际进度与计划进度相比较的一种方法。

特点：简单明了，实时跟踪，预测对工期的影响。

操作方法：一般情况，进度控制人员在计划实施前绘制出计划 S 形曲线，在项目实施过程中，按规定时间将检查的实际完成任务情况，绘制在与计划 S 形曲线同一张图上，可得出实际进度 S 形曲线如图 7-14 所示。

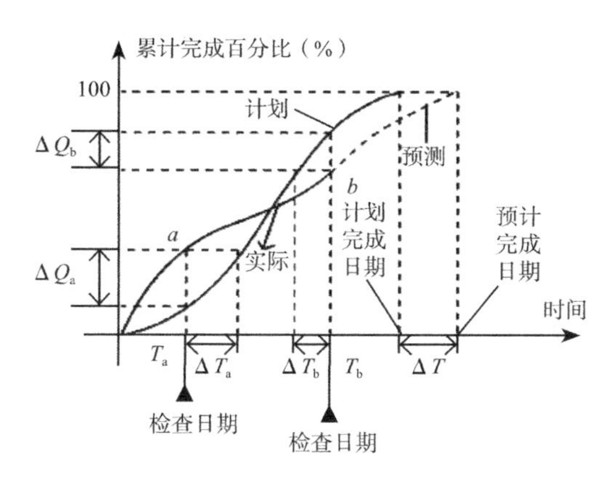

图 7-14　S 形曲线比较法

1）工程项目实际进展状况

如果工程实际进展点落在计划 S 曲线左侧，表明此时实际进度比计划进度超前，如图中的 *a* 点；如果工程实际进展点落在 S 计划曲线右侧，表明此时实际进度拖后，如图中的 *b* 点；如果工程实际进展点正好落在计划 S 曲线上，则表示此时实际进度与计划进度一致。

2）工程项目实际进度超前或拖后的时间

在 S 曲线比较图中可以直接读出实际进度比计划进度超前或拖后的时间（横坐标）。如图所示，ΔT_a 表示 T_a 时刻实际进度超前的时间；ΔT_b 表示 T_b 时刻实际进度拖后的时间。

3）工程项目实际超额或拖欠的任务量

在 S 曲线比较图中也可直接读出实际进度比计划进度超额或拖欠的任务量（纵坐标）。

4）后期工程进度预测

如果后期工程按原计划速度进行，则可做出后期工程计划 S 曲线如图中虚线所示，从而可以确定工期拖延预测值 ΔT。

（3）香蕉形曲线法（图 7-15）

基本原理：香蕉形曲线是由两条 S 形曲线组合成的闭合曲线。

特点：利用香蕉形曲线比较法可以对工程实际进度与计划进度作比较，对工程进度进行合理安排。

操作方法：香蕉曲线法是以工程网络计划为基础绘制的。由于在工程网络计划中，工作的开始时间有最早开始时间和最迟开始时间两种，如果按照工程网络计划中每项工作的最早开始时间绘制整个工程项目的计划累计完成工程量或造价，即可得到一条 S 曲线（ES 曲线）；而如果按照工程网络计划中每项工作的最迟开始时间绘制整个工程项目的计划累计完成工程量或造价，又可得到一条 S 曲线（*LS* 曲线），两条 S 曲线组合在一起，即成为香蕉曲线。

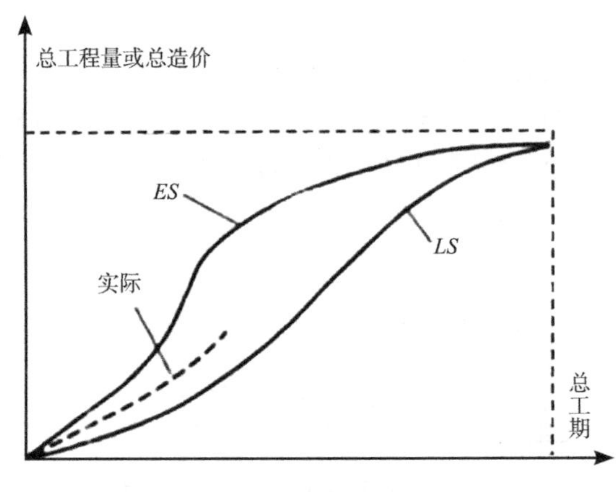

图 7-15　香蕉形曲线法

与 S 曲线法相同，香蕉曲线同样可用来控制工程造价和工程进度。其控制程序如下：

1）根据工程项目具体要求，编制工程网络计划，并计算工作时间参数。

2）根据工程网络计划，在以横坐标表示时间，纵坐标表示累计完成的工程数量或造价的坐标体系中，绘制工程数量或造价的 *ES* 曲线和 *LS* 曲线。

3）根据工程进展情况，在同一坐标体系中绘制工程数量或造价的实际累计 S 曲线。

4）将实际 S 曲线与计划香蕉曲线进行比较，以此判断工程进度偏差或造价偏差。如果实际 S 曲线落在香蕉曲线范围之内，说明实际造价或进度处于控制范围之内。否则，说明工程造价或进度出现偏差，需要分析原因，并采取措施进行调整。

5）如果投资计划或进度计划做出调整后，需要重新绘制调整后的香蕉曲线，以便在下一步控制过程中进行对比分析。

（4）前锋线比较法

前锋线比较法也是一种简单的进行工程实际进度与计划进度的比较方法。它主要适用于时标网络计划。

例如，某分部工程施工网络计划，在第 4 天下班时检查，C 工作完成了该工作的工作量，D 工作完成了该工作的工作量，E 工作已全部完成该工作的工作量，则实际进度前锋线如图 7-16 上点划线构成的折线。

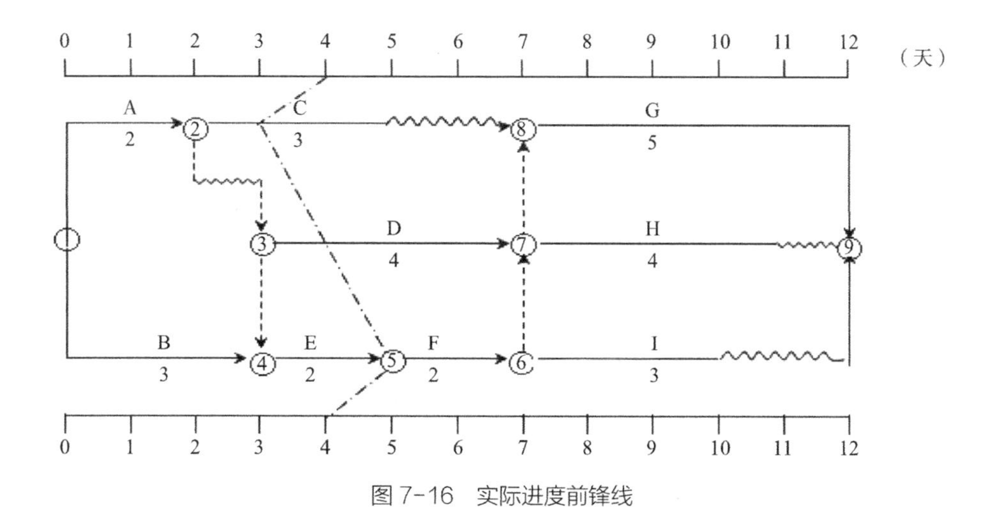

图 7-16　实际进度前锋线

通过比较可以看出：

1）工作 C 实际进度拖后 1 天，其总时差和自由时差均为 2 天，既不影响总工期，也不影响其后续工作的正常进行。

2）工作 D 实际进度与计划进度相同，对总工期和后续工作均无影响。

3）工作 E 实际进度提前 1 天，将使其后续工作 F、I、H、G 的最早开始时间提前 1 天，G 在关键线路上，将对总工期提前 1 天。

综上所述，该检查时刻各工作的实际进度对总工期无影响，将使工作 F、I 的最早开始时间提前 1 天。

2. 风景园林施工项目进度控制的措施

风景园林施工项目进度控制采取的主要措施有组织措施、技术措施、经济措施和信息管理措施等。

（1）组织措施

1）接到中标通知书后，在业主、监理工程师规定的时间内将人员、设备按计划全部到位。

2）认真熟悉施工规范和合同条款，明确承包人义务和责任，全面完成组织准备工作，认真进行施工技术准备。搭建各类必须的临时生产辅助设施，保证在投标文件规定的开工日期前完成所有准备工作。

3）承担该工程的项目经理驻施工现场，如有特殊情况须临时离开现场时，事先应征得业主及现场监理的同意后并妥善安排好现场工作才可以离开。

（2）技术措施

1）优化施工组织设计，按照工序、工艺合理划分施工段，根据互不干扰的原则组织施工作业。

2）采用动态施工计划网络管理，明确进度管理目标，优化网络设计，并在施工过程中实行跟踪落实，并根据实际施工状况不断修正完善。

3）充分利用现场有利地段堆放材料，加快材料周转。

4）提高施工机械化程度，充分发挥专业施工企业自身的优势。

5）严肃施工纪律，严格执行施工组织设计的各分部分项施工方法及进度计划，确保各分项工程，尤其是关键工序做到切实地按施工进度计划的工期要求逐步逐项实施。

3. 风景园林工程项目的进度控制

风景园林工程项目进度控制的关键在于发现实际进度和计划进度的偏差，解决影响施工进度的主要问题。

影响施工项目进度的因素有：

（1）甲方的影响：甲方不能及时支付进度款，或者由于施工方自身的原因工程量单报的不及时，与甲方合同、财务等部门关系处理得不好造成在支付工程款中的麻烦等。

（2）施工条件的影响：在客观条件影响下，使工期发生了偏差，需要及时与甲方沟通，取得甲方认可。

（3）技术失误：在技术交底过程中，要保持严肃、认真的态度，使工人对施工工艺要求掌握程度达到100%，对各施工环节熟练掌握。

（4）施工组织管理不利：在施工之前编制好施工计划，对施工顺序进行反复推敲。每天要定时召开项目生产调度会议，以明确第二天的工作任务和材料设备的需求情况，对施工管理制度进行制定。

（5）意外事件的出现：突发事件的出现，是避免不了的。这就要求在施工过程中要保持认真的态度。

思考题

1. 简述风景园林工程进度计划的编制方法有哪些？
2. 简述风景园林工程进度计划控制的主要措施有哪些？

第 8 章　风景园林工程项目施工成本管理

学习目标

通过本章的学习，理解风景园林工程项目施工成本及施工成本管理等概念的内涵，熟悉风景园林工程项目施工成本的构成，把握风景园林工程项目施工成本管理的特点、原则、基础工作、措施、手段及应遵循的程序，熟悉风景园林工程项目施工全面成本管理责任体系，熟悉和掌握风景园林工程项目施工成本管理的任务（内容）和主要环节：风景园林工程项目施工成本预测、施工成本计划、施工成本控制、施工成本核算、施工成本分析与施工成本考核，尤其是风景园林工程项目施工成本计划与施工成本控制。

8.1 风景园林工程项目施工成本管理概述

8.1.1 相关概念

1. 成本

成本是商品经济的价值范畴，是商品价值的组成部分。成本是指人们进行生产经营活动或达到一定目的，必须耗费一定的资源，其所耗费资源的货币表现及其对象化。

2. 风景园林工程项目施工成本

风景园林工程项目施工成本，是指企业在风景园林工程项目的施工过程中所耗费的生产资料转移价值和劳动者的必要劳动所创造的价值的货币形成，是风景园林工程项目在施工过程中所发生的全部生产费用的总和，包括：所消耗的原材料、辅助材料、构配件等费用，周转材料的摊销费或租赁费，施工机械的使用费或租赁费，支付给生产工人的工资、奖金、工资性质的津贴，以及项目经理部进行施工组织与管理工程所发生的全部费用支出等；但不包括劳动者为社会所创造的价值（如税金和计划利润），也不包括不构成施工项目价值的一切非生产性支出。

3. 风景园林工程项目施工成本管理

风景园林工程项目施工成本管理是指在保证风景园林工程项目施工工期和质量满足要求的情况下，采取相应管理措施，包括组织措施、经济措施、技术措施、合同措施，把风景园林工程项目施工成本控制在计划范围内，并进一步寻求最大程度的成本节约。

8.1.2 风景园林工程项目施工成本的划分

根据管理的需要，可将风景园林工程项目施工成本划分为不同的成本形式：

（1）按成本发生的时间划分

1）预算成本

预算成本反映各地区风景园林企业的平均成本水平，它根据施工图，由统一标准的工程量计算规则计算出来的工程量，按统一的建筑、安装、风景园林定额和由各地区的市场劳务价格、材料价格信息及价差系数，并按有关取费的指导性费率进行计算而得出的成本费用，是确定工程造价的基础，也是编制计划成本和评价实际成本的依据。

2）合同价

合同价是风景园林工程项目业主在分析众多投标书的基础上，最终经与选定的一家风景园林工程项目承包商确定，并在双方签订的合同文件中确认，以作为风景园林工程项目结算依据的工程项目价格。对风景园林工程项目承包商来说，合同价是通过报价竞争获得承包资格而确定的工程项目价格。合同价也是风景园林工程项目经理部确定成本计划和目标成本的主要依据。

3）计划成本

计划成本是在风景园林工程项目经理领导下组织施工、充分挖掘潜力、采取有效的技术措施和加强管理与经济核算的基础上，预先确定根据合同价以及企业下达的成本降低指标，在实际成本发生前预先计算的工程项目的目标成本；计划成本对风景园林企业和项目经理部的经济核算，建立健全成本管理责任制，控制施工过程中生产费用，降低工程项目施工成本具有十分重要的作用。

4）实际成本

实际成本是风景园林工程施工项目在报告期内实际发生的各项生产费用的总和。实际成本与计划成本比较，可反映成本的节约或超支；实际成本与合同价比较，可反映项目盈亏情况。实际成本受风景园林企业本身的生产技术、施工条件、项目经理部组织管理水平以及企业优化空间生产经营管理水平所制约。

（2）按生产费用计入成本的方法划分

1）直接成本

直接成本是指直接耗用于并能直接计入风景园林工程项目对象的费用。

2）间接成本

间接成本是指非直接用于也无法直接计入风景园林工程项目对象，但为进行风景园林工程项目施工所必须发生的费用，通常是按照直接成本的比例进行计算。

（3）按成本习性划分

1）固定成本

固定成本是指在一定期间和一定的工程项目范围内，其发生的成本额不受项目工程量增减变动的影响而相对固定的成本，也是为了保证风景园林企业一定的生产经营条件而发生的成本，如折旧费、设备大修费、管理人员工资、办公费、照明费等。

2）变动成本

变动成本是指发生额随着风景园林项目工程量的增加而成正比例变动的费用，如用于工程的材料费、工人工资等。

8.1.3 风景园林工程项目施工成本的构成

风景园林工程项目施工成本由直接成本和间接成本构成。

风景园林工程项目施工的直接成本，是指风景园林工程项目施工过程中耗费的构成工程项目实体或有助于工程项目实体形成的各项费用支出，是可以直接计入工程项目对象的费用，包括人工费、材料费和施工机械使用费、施工措施费等，如表 8-1 所示。

风景园林工程项目施工的直接成本构成　　表 8-1

项目			内容
直接工程费	人工费		指开支于直接从事工程施工的生产工人的各项费用，包括直接从事工程项目施工操作的工人和在施工现场进行构件制作的工人，以及现场运料、配料等辅助工人的基本工资、浮动工资、工资性津贴、辅助工资、工资附加费、劳保费和奖金等
	材料费		指在工程项目施工过程中耗用并构成工程项目实体的各种主要材料、外购结构构件和有助于工程项目实体形成的其他材料费用，以及周转材料的摊销（租赁）费用，包括材料原价（或供应价）、供销部门手续费、包装费、材料自来源地运至工地仓库或指定堆放地点的装卸费、运输费、途耗费、采购及保管费
	机械费		指使用自有施工机械作业所发生的机械使用费和租用外单位的施工机械租赁费，以及机械安装、拆卸和进出场费用，包括折旧费、大修费、维修费、安拆费及场外运输费、燃料动力费、人工费以及运输机械养路费、车船使用税和保险费等
措施费	技术措施费	大型机械设备进出场及安拆费	指大型机械整体或分体自停放场地运至施工现场或由一个施工地点运至另一个施工地点所发生的机械进出场运输转移费用，及机械在施工现场进行安装、拆卸所需的人工费、材料费、机械费、试运转费和安装所需的辅助设施的费用
		混凝土、钢筋混凝土模板及支架费	指混凝土施工过程中需要的各种钢模板、木模板、支架等的支、拆、运输费用及模板、支架的摊销（或租赁）费用
		脚手架费	指工程项目施工需要的各种脚手架搭、拆、运输费用及脚手架的摊销（或租赁）费用
		施工排水、降水费	指为确保工程项目在正常条件下施工，采取各种排水、降水措施所发生的各种费用
		其他施工技术措施付费	指根据专业、地区及工程特点补充的技术措施费用
	组织措施费	环境保护费	指工程项目施工现场为达到环保部门要求所需要的各项费用
		文明施工费	指工程项目施工现场文明施工所需要的各项费用，包括施工现场的标牌设置、地面硬化、围护设施、安全保卫、场貌和场容整洁等发生的费用
		安全施工费	指工程项目施工现场安全施工所需要的各项费用，包括安全防护用具和服装、安全警示、消防设施和灭火器材，安全教育培训，安全检查及编制安全措施方案等发生的费用
		临时设施费	指施工企业搭设的生活和生产用的临时建筑物、构筑物和其他临时设施等发生的费用，包括临时宿舍、文化福利及公用事业房屋与构筑物、仓库、办公室、加工厂（场）以及在规定范围内道路、水、电、管道等临时设施和小型临时设施。临时设施费用包括临时设施的搭设、维修、拆除费或摊销费
		夜间施工增加费	指因夜间施工所发生的夜班补助费、夜间施工降噪、照明设备摊销及照明用电等费用
		缩短工期增加费	指因缩短工期要求发生的施工增加费，包括夜间施工增加费、周转材料加大投入量所增加的费用等
		二次搬运费	指因施工场地狭小等特殊情况而发生的二次搬运费用
		已完工程及设备保护费	指竣工验收前对已完工程及设备进行保护所需的费用
		其他施工组织措施费	指根据各专业、地区及工程特点补充的施工租住措施费用

风景园林工程项目施工的间接成本，是指准备风景园林工程项目施工、组织和管理工程项目施工生产的全部费用支出，是非直接用于也无法直接计入风景园林工程项目对象，但为进行风景园林工程项目施工所必须发生的费用，包括管理人员工资、办公费、差旅交通费、相关规费等。如表 8-2 所示。

8.1.4 风景园林工程项目施工成本管理的任务（内容）和环节

风景园林工程项目施工成本管理的任务（内容）和主要环节包括：风景园林工程项目施

风景园林工程项目施工的间接成本构成　　表 8-2

项目			内容
规费	工程排污费		指工程项目施工现场按规定缴纳的工程排污费
	工程定额测定费		指按规定支付工程造价管理机构的技术经济标准的制定和定额测定费
	社会保障费	养老保险费	指风景园林企业按国家规定标准为职工缴纳的基本养老保险费
		失业保险费	指风景园林企业按国家规定标准为职工缴纳的失业保险费
		医疗保险费	指风景园林企业按国家规定标准为职工缴纳的基本医疗保险费
	住房公积金		指风景园林企业按国家规定标准为职工缴纳的住房公积金
企业管理费	危险作业意外伤害保险费		指按照相关法律法规，风景园林企业为从事危险作业队施工人员支付的意外伤害保险费
	管理人员工资		管理人员的基本工资、工资性补贴、职工福利、劳动保护费等
	办公费		指风景园林企业管理办公用的文具、纸张、账表、印刷、邮电、书报、会议、水电、烧水和集体取暖（包括现场临时宿舍取暖）用煤等费用
	差旅交通费		指职工因公出差、调动工作的差旅费、住勤补助费，市内交通费和误餐补助费，职工探亲路费，劳动力招募费，职工离退休、退职一次性路费，工伤人员就医路费，工地转移费以及管理部门使用交通工具的油料、燃料、养路费及牌照费等
	固定资产使用费		指管理和实验部门及附属生产单位使用的属于固定资产的房屋、设备仪器等的折旧、大修、维修或租赁费
	工具、用具使用费		指管理使用的不属于固定资产的生产工具、器具、家具、交通工具和检验、实验、测绘、消防用具等的购置、维修和摊销费
	职工教育经费		指风景园林企业为职工学习先进技术和提高文化水平，按职工工资总额计提的费用
	财产保险费		指工程项目施工管理用财产、车辆保险等费用
	财务费		指风景园林企业为筹集资金而发生的各种费用
	劳动保险费		指由风景园林企业支付离退休职工的异地安家补助费、职工退职金、六个月以上的长病假人员工资、职工死亡丧葬补助费、抚恤费、按规定支付给离退休干部的各项经费
	工会经费		指风景园林企业按职工工资总额计提的工会经费
	税金		指风景园林企业按规定缴纳的房产税、车船使用税、土地使用税、印花税等
企业管理费	其他		包括技术转让费、技术开发费、业务招待费、绿化费、广告费、公证费、法律顾问费、审计费、咨询费等

工成本预测、风景园林工程项目施工成本计划、风景园林工程项目施工成本控制、风景园林工程项目施工成本核算、风景园林工程项目施工成本分析、风景园林工程项目施工成本考核几个方面，其中成本计划与成本控制是风景园林工程项目施工成本管理的关键环节。

8.1.5 风景园林工程项目施工成本管理的特点

（1）事先能动性

由于风景园林工程项目管理具有一次性的特点，因而其成本管理只能在这种不再重复的过程中进行管理，以避免某一工程项目上的重大失误。这就要求项目成本管理必须是事先的、能动性的、自为的管理。风景园林工程项目通常在项目管理的起始点就要对成本进行预测，制订计划、明确目标，然后以目标为出发点，采取各种技术、经济、管理措施实现目标。现在不少工程项目总结出的“先算后干，边干边算，干完再算”的经验，就鲜明地体现了工程项目施工成本管理的事先能动性特点。

（2）内容适应性

风景园林工程项目施工成本管理的内容是由风景园林工程项目管理的对象范围决定的。它与企业成本管理的对象范围既有联系，又有明显的差异。因此对风景园林工程项目施工成本管理中的成本项目、核算台账、核算办法等必须进行深入的研究，不能盲目地要求与企业成本核算对口。通常来说，工程项目施工成本管理只是对工程项目施工的直接成本和间接成本的管理，除此之外的内容均不属于项目成本管理范畴。

（3）动态跟踪性

工程项目产品的生产过程不同于工业产品的生产，其成本状况随着生产过程的推进会随客观条件的改变而发生较大的变化。尤其是在市场经济的背景下，各种不稳定因素会随时出现，从而影响到项目成本。例如材料价格的提高、工程设计的修改、产品功能的调整、因建设单位责任引起的工期延误、资金的到位情况、国家规定的预算定额的调整、人工机械安装等分包人的价格上涨等，都使项目成本的实际水平处在不稳定的环境中。风景园林工程项目想要实现预期的成本目标，维护企业的合法权益，争取应有的经济效益，就应采取有效措施，控制成本。其中包括调整预算、合同索赔、增减账管理等一系列针对性措施。从工程项目施工成本管理的这一特点可以更进一步看清工程项目施工成本管理的重要性和优越性。

（4）综合优化性

这个特征是由工程项目施工成本管理在风景园林工程项目管理中的特定地位所决定的。项目经理部并不是企业的财务核算部门，而是在实际履行工程承包合同中，以为企业创造经济效益为最终目的施工管理组织。它是为生产有效益的合格工程项目产品而存在的，不是仅仅为了承包核算而存在于企业之中。因此，风景园林工程项目施工成本管理的过程，必然要求其与工程项目的工期管理、质量管理、技术管理、分包管理、预算管理、资金管理、安全管理紧密结合起来，从而组成工程项目施工成本管理的完整网络。工程项目中每一项管理职能，每个管理人员，可以说都参与着工程项目施工成本的管理，他们的工作都与工程项目施工的成本直接或间接、或多或少有关。风景园林工程项目只有把所有管理职能、所有管理对象、所有管理要素纳入成本管理轨道，整个项目才能收到综合优化的功效。否则，仅靠几名成本核算人员从事成本管理，对风景园林工程项目管理就没有更多的实际价值。

8.1.6 风景园林工程项目施工成本管理的原则

1. 领导者推动原则

风景园林企业的领导者是企业成本的责任人，必然是风景园林工程项目施工成本的责任人。领导者应该制定风景园林工程项目施工成本管理的方针和目标，组织风景园林工程项目施工成本管理体系的建立和保持，使企业全体员工能充分参与工程项目施工成本管理，创造企业成本目标的良好内部环境。

2. 以人为本，全员参与原则

管理的本质是人，人的本质是思想和精神。纵观世界发展史，从工业革命到信息化时代，历史的滚滚车轮无一不是人在推动。具体到风景园林工程项目施工成本管理，管理的每一项工作、每一个内容都需要相应的人员来完善，抓住本质、全面提高人的积极性和创造性是搞好工程项目施工成本管理的前提。

风景园林工程项目施工成本管理工作是一项系统工程，其进度管理、质量管理、安全管理、施工技术管理、物资管理、劳务管理、计划管理、财务管理等一系列管理工作都关联到施工项目成本。风景园林工程项目施工成本管理是工程项目管理的中心工作，必须让企业全体人员共同参与，只有如此，才能保证风景园林工程项目施工成本管理工作顺利地进行。

3. 目标分解，责任明确原则

风景园林工程项目施工成本管理的工作业绩最终要转化为定量指标，而这些指标的完成是通过各级各个岗位的工作实现的，为明确各级各岗位的成本目标和责任，就必须进行指标分解。企业确定风景园林工程项目施工责任成本指标和成本降低率指标，是对风景园林工程项目施工成本进行一次目标分解。企业的责任是降低企业管理费用和经营费用，组织项目经理部完成风景园林工程项目施工责任成本指标和成本降低率目标指标。项目经理部还要对风景园林工程项目施工责任成本指标和成本降低率目标进行二次目标分解，根据岗位不同、管理内容不同，确定每个岗位的成本目标和所承担的责任；把总目标进行层层分解，落实到每一个人，通过每个指标的完成来保证总目标的实现。事实上，每个工程项目管理工作都是由具体的个人来执行，执行任务而不明确承担的责任，等于无人负责，久而久之，形成人人都在工作，谁也不负责的局面，企业无法搞好。

指标分解并不是提倡分散主义，只要各人自己的工作完成就行。提倡风险分担更不是不要集体主义，相反，企业管理水平的提高需要建立在团结互助的集体主义精神和团队精神的基础上。工程项目施工成本管理涉及施工管理的方方面面，而它们之间又是相互联系、相互影响的，必须要发挥项目管理的集体优势，协同工作，才能完成风景园林工程项目施工成本管理这一系统工程。

4. 管理层次与管理内容的一致性原则

风景园林工程项目施工成本管理是企业各项专业管理的一个部分，从管理层次上讲，企业是决策中心、利润中心，工程项目是企业的生产场地、生产车间，行业的特点是大部分的成本耗费在此发生，因而它是成本中心。工程项目完成了材料和半成品在空间和时间上的流水，绝大部分要素或资源要在工程项目上完成价值转换，并要求实现增值，其管理上的深度和广度远远大于一个生产车间所能完成的工作内容，因此工程项目上的生产责任和成本责任是非常大的，为了完成或者实现风景园林工程项目施工管理和成本目标，就必须建立一套相应的管理制度，并授予相应的权利。因而，相应的管理层次，它所对应的管理内容和管理权力必须相称和匹配，否则会发生责、权、利的不协调，从而导致管理目标和管理结果的扭曲。

5. 实事求是原则

风景园林工程项目施工成本管理应遵循动态性、及时性、准确性原则，即实事求是原则。

工程项目施工成本管理是为了实现工程项目施工成本目标而进行的一系列管理活动，是对风景园林工程项目施工成本实际开支的动态管理过程。由于工程项目施工成本的构成是随着工程施工的进度而不断变化的，因而动态性是施工成本管理的属性之一。进行工程项目施工成本管理的过程即不断调整工程成本支出与计划目标偏差的过程，使工程项目施工成本支出基本与目标一致。这就需要进行工程项目施工成本的动态管理，它决定了工程成本管理不是一次性的工作，而是工程全过程每日每时都在进行的工作。风景园林工程项目施工成本管理需要及时、准确地提供成本核算信息，不断反馈，为上级部门或项目经理进行工程项目施工成本管理提供科学的决策依据。若这些信息的提供严重滞后，就起不到及时纠偏、亡羊补牢的作用。风景园林工程项目施工成本管理所编制的各种成本计划、消耗量计划、统计的各项消耗、各项费用支出，必须是实事求是的、准确的。若计划的编制不准确，各项成本管理就失去了基准；若各项统计不实事求是、不准确，成本核算就不能真实反映出虚盈或虚亏，只能导致决策失误。

因此，确保工程项目施工成本管理的动态性、及时性、准确性是风景园林工程项目施工成本管理的灵魂，否则，风景园林工程项目施工成本管理就只能是纸上谈兵、流于形式。

6. 过程控制和系统控制原则

风景园林工程项目施工成本是由工程项目过程的各个环节的资源消耗形成的。因此，风景园林工程项目施工成本的控制必须采用过程控制的方法，分析每一个过程影响成本的因素，制定工作程序和控制程序，使之时时处于受控状态。

风景园林工程项目施工成本形成的每一个过程又是与其他过程互相关联的，一个过程成本的降低，可能会引起关联过程成本的提高。因此，风景园林工程项目施工成本的管理，必须遵循系统控制的原则，进行系统分析，制定的过程工作目标必须从全局利益出发，不能为了小团体的利益损害了整体的利益。

8.1.7 风景园林工程项目施工成本管理的基础工作

风景园林工程项目施工成本管理的基础工作是多方面的，成本管理责任制体系的建立是其中最根本最重要的基础工作，涉及成本管理的一系列组织制度、工作程序、业务标准和责任制的建立。此外，应从以下各方面为工程项目施工成本管理创造良好的基础条件：

（1）统一组织内部工程项目施工成本计划的内容和格式。其内容应能反映工程项目施工成本的划分、各成本项目的编码及名称、计量单位、单位工程量计划成本及合计金额等。这些成本计划的内容和格式应由各个风景园林企业按照自己的管理习惯和需要进行设计。

（2）建立风景园林企业内部施工定额并保持其适应性、有效性和相对的先进性，为工程项目施工成本计划的编制提供支持。

（3）建立生产资料市场价格信息的收集网络和必要的派出询价网点，做好市场行情预测，保证采购价格信息的及时性和准确性。同时，建立风景园林企业的分包商、供应商评审注册名录，发展稳定、良好的供求关系，为编制工程项目施工成本计划与采购工作提供支持。

（4）建立已完项目的成本资料、报告报表等归集、整理、保管和使用管理制度。

（5）科学设计施工成本核算账册体系、业务台账、成本报告报表，为工程项目施工成本管理的业务操作提供统一的范式。

8.1.8 风景园林工程项目施工成本管理的措施

为了取得风景园林工程项目施工成本管理的理想成效，应当从多方面采取措施实施管理，通常可以将这些措施归纳为组织措施、技术措施、经济措施和合同措施。

1. 组织措施

组织措施，是从风景园林工程项目施工成本管理的组织方面采取的措施。风景园林工程项目施工成本管理是风景园林企业的一项综合性的、全员的活动，为使工程项目施工成本消耗保持在最低限度，实现对工程项目施工成本的有效控制，要实行项目经理责任制，落实施工成本管理的组织机构和人员，明确各级工程项目施工成本管理人员的任务和职能分工、权力和责任。工程项目施工成本管理不仅是专业成本管理人员的工作，各级项目管理人员都负有成本控制责任，项目经理部应将成本责任分解落实到各个岗位、落实到专人，对成本进行全过程管理、全员管理、动态管理，形成一个分工明确、责任到人的成本管理责任体系。

组织措施的另一方面是编制风景园林工程项目施工成本控制工作计划，确定合理详细的工作流程。要做好工程项目施工采购计划，通过生产要素的优化配置、合理使用、动态管理，有效控制实际成本；加强工程项目施工定额管理和施工任务单管理，控制活劳动和物化劳动的消耗；加强施工调度，避免因工程项目施工计划不周和盲目调度造成窝工损失、机械利用率低、物料积压等问题。风景园林工程项目施工成本管理工作只有建立在科学管理的基础之上，具备合理的管理体制，完善的规章制度，稳定的作业秩序，完整准确的信息传递，才能取得成效。具体表现在以下几个方面：

（1）管理工作的程序化。工程项目施工成本管理工作有其自身的特点和规律，应该用系统工程的思想对其分析，并指导各项工作。

（2）管理业务的标准化。对于管理工作中重复出现的业务内容，应该按现代化生产对管理的要求和管理人员长期积累的实际经验，经过简化和归类；规定成标准的工作程序和工作方法，用制度形式把它固定下来，成为行动的准则。职能人员的岗位责任制应成为管理业务标准化的具体标志。

（3）报表文件的标准化。在工程项目施工成本管理过程中，会产生大量的报表和原始凭证。报表文件的标准化，可以便于信息的交流与沟通，减少重复工作，提高效率。表格标准化的作用还表现在对外树立了企业形象，对内则丰富了企业管理的内涵。

（4）数据资料的完整化和代码化。这是现代化管理的要求。数据资料的完整化和代码化，方便计算机存储和工作，为以后管理信息系统的开发做出必要的准备。

组织措施是其他各类措施的前提和保障，而且一般不需要增加额外的费用，运用得当可以取得良好的效果。

2. 技术措施

技术措施是降低成本的保证，在施工准备阶段应多做不同施工方案的技术经济比较，找出既保证质量，满足工期要求，又降低成本的最佳施工方案。另外，由于施工的干扰因素很多，因此在做方案比较时，应认真考虑不同方案对各种干扰因素影响的敏感性。

不但在工程项目施工准备阶段，还应在工程项目施工进展的全过程中注意在技术上采取措施，以降低成本。工程项目施工中降低成本的技术措施，包括：进行技术经济分析，确定最佳的工程项目施工方案；结合施工方法，进行材料使用的必选，在满足功能要求的前提下，通过代用、改变配合比、使用外加剂等方法降低材料消耗的费用；确定最合适的施工机械、设备使用方案；结合工程项目的施工组织设计及自然地理条件，降低材料的库存成本和运输成本；应用先进的施工技术，运用新材料，使用先进的机械设备等。在实践中，也要避免仅从技术角度选定方案而忽视对其经济效果的分析论证。企业还应划拨一定的资金，用于技术改造，虽然这在一定时间内往往表现为成本的支出，但从长远的角度看，则是降低成本、增加效益的举措。

技术措施不仅对解决风景园林工程项目施工成本管理过程中的技术问题是不可缺少的，而且对纠正工程项目施工成本管理目标偏差也有相当重要的作用。因此，运用技术纠偏措施的关键，一是要能提出多个不同的技术方案；二是要对不同的技术方案进行技术经济分析比较，以选择最佳方案。

3. 经济措施

经济措施是最易为人们所接受和采用的措施。管理人员应编制资金使用计划，确定分解风景园林工程项目施工成本管理目标。对工程项目施工成本管理目标进行风险分析，并制定防范性对策。对各种支出，应认真做好资金的使用计划，并且严格控制各项开支，及时准确地记录、收集、整理、核算实际支出的费用。对各种变更，应及时做好增减账、落实业主签证并结算工程款。通过偏差分析和未完工工程预测，可发现一些潜在的可能引起未完工风景园林工程项目施工成本增加的问题，对这些问题应以主动控制为出发点，及时采取预防措施。因此，经济措施的运用绝不仅仅是财务人员的事情。

（1）认真做好成本的预测和各种成本计划。由于工程项目施工成本的不稳定性、不确定性以及施工过程中会受到各种不利因素的影响等特点，成本的计划应尽量准确。认真做好合同预算成本、施工预算成本，并在施工之前做好两算对比，为成本管理打下基础。在施工中进行成本动态控制，及时发现偏差，分析产生偏差的原因，采取纠偏措施。

（2）对各种支出，应认真做好资金的使用计划，并在施工中进行跟踪管理，严格控制各项开支。

（3）及时准确地记录、收集、整理、核算实际发生的成本，并对后期的成本做出分析与预测，做好成本的动态管理。

（4）对各种变更，及时做好增减账，及时找业主签证。

（5）及时结算工程款。

4. 合同措施

采用合同措施控制工程项目施工成本，应贯穿整个合同周期，包括从合同谈判开始到合同终结的全过程。对于分包项目，首先是选用合适的合同结构，对各种合同结构模式进行分析、比较，在合同谈判时，要争取选用适合于工程规模、性质和特点的合同结构模式。其次，在合同的条款中应仔细考虑一切影响成本和效益的因素，特别是潜在的风险因素。通过对引起成本变动的风险因素的识别和分析，采取必要的风险对策，如通过合理的方式增加承担风险的个体数量以降低损失发生的比例，并最终将这些策略体现在合同的具体条款中。在合同执行期间，合同管理的措施既要密切注视对方合同执行的情况，以寻求合同索赔的机会；同时也要密切关注自己履行合同的情况，以防被对方索赔。

（1）选用适当的合同结构。这对项目的合同管理至关重要，在工程项目施工组织的模式中，有许多种合同结构模式，在使用时，必须对其分析、比较，选用适合于工程规模、性质和特点的合同结构模式。

（2）合同条款严谨细致。在合同的条文中应细致地考虑一切影响成本、效益的因素。特别是潜在的风险因素，通过对引起成本变动的风险因素的识别和分析，采取必要的风险对策，如通过合理的方式同其他参与方共同承担风险，增加承担风险的个体数量，降低损失发生的比例，并最终使这些策略反映在签订的合同的具体条款中。在一些和外商签订的合同中，还必须很好地考虑货币的支付方式。

（3）全过程的合同控制。采用合同措施控制工程项目施工成本，应贯彻在合同的整个生命期，包括从合同谈判到合同终结的整个过程。

合同谈判是合同生命期的关键时刻，在这个阶段，双方具体地商讨合同的各个条款和各个细节问题，修改合同文本，最终双方就合同内容达成一致，签署合同协议书。这个阶段，虽然项目经理部还没有组建，但成本管理活动已经开始，必须予以重视。施工企业在报价时，一方面必须综合考虑自己的经营总战略、市场竞争激烈程度和合同的风险程度等因素，以调整不可预见风险费和利润水平；另一方面还应该选择最有合同管理和合同谈判方面知识、经验和能力的人作为主谈人，进行合同谈判。承包商的各职能部门特别是合同管理部门要有力地配合，积极提供资料，为报价、合同谈判和合同签订提供决策的信息、建议、意见。

在合同执行期间，项目经理部要做好工程施工记录，保存各种文件图纸，特别是注有施工变更的图纸，注意积累素材，为正确处理可能发生的索赔提供依据，并密切注视对方合同执行的情况，以寻求向对方索赔的机会。为防止对方索赔，我方应积极履行合同。在合同履行期间，当合同履行条件发生变化时，项目经理部应积极参与合同的修改、补充工作，并着重考虑对成本控制的影响。

8.1.9 风景园林工程项目施工成本管理的手段

1. 计划管理

计划管理即是用计划的手段对风景园林工程项目施工成本进行管理；风景园林工程项目施工成本的预测和决策为成本计划的编制提供依据；编制成本计划首先要设计降低成本技术组织措施，然后编制降低成本计划，将承包成本额降低而形成计划成本，成为施工过程中的成本管理标准。

2. 预算管理

预算是在风景园林工程项目施工前根据一定标准（如定额）或要求（如利润）计算的买卖（交易）价格，在市场经济中也称为估算价格或承包价格；它作为一种收入的最高限额，减去预期利润，便是工程成本（预算成本）数额，也可用以作为成本的控制标准。

用预算管理成本可分为两种类型：

一是包干预算，即一次包死预算总额，不论中间有何变化，成本总额不予调整。

二是弹性预算，即先确定包干总额，但可根据工程变更进行洽商，费用作相应的变更。我国目前大部分是弹性预算控制。

3 会计管理

会计管理，是以会计方法为手段，以记录实际发生的经济业务及证明经济业务发生的合法凭证为依据，对成本支出进行核算与监督，从而发挥成本管理作用；会计控制方法系统性强、严格、具体、计算准确、政策性强，是理想的和必需的成本管理方法。

4. 制度管理

制度是对例行活动应遵循的方法、程序、要求及标准所做的规定；成本的制度管理就是通过制定成本管理制度，对成本管理做出具体规定，作为行动准则，约束管理人员和工人，达到管理成本的目的。如成本管理责任制度、技术组织措施制度、成本管理制度、定额管理制度、材料管理制度、劳动工资管理制度、固定资产管理制度等，都与成本管理关系非常密切。

8.1.10 风景园林工程项目施工成本管理应遵循的程序

风景园林工程项目施工成本管理应遵循以下程序：

（1）掌握风景园林工程项目施工生产要素的市场价格和变化动态。

（2）确定风景园林工程项目施工合同价。

（3）编制风景园林工程项目施工的成本计划，确定成本实施目标。

（4）进行风景园林工程项目施工的成本动态控制，实现成本实施目标。

（5）进行风景园林工程项目施工的成本核算和工程价款结算，及时收回工程款。

（6）进行风景园林工程项目施工的成本分析。

（7）进行风景园林工程项目施工的成本考核，编制成本报告。

（8）积累风景园林工程项目施工的成本资料。

8.1.11 风景园林工程项目施工全面成本管理责任体系的层次

《建设工程项目管理规范》GB/T 50326—2006 指出：项目管理组织“应建立、健全项目全面成本管理责任体系，明确业务分工和职责关系，把管理目标分解到各项技术工作和管理工作中。”

成本作为工程项目施工管理的一个关键性目标，包括责任成本目标和计划成本目标，它们的性质和作用不同；前者反映公司对工程项目施工成本目标的要求，后者是前者的具体化，两者把工程项目施工成本管理在组织管理层（公司层）和项目经理部的运行有机地连接起来。

根据成本运行规律，风景园林工程项目的全面成本管理责任体系包括组织管理层（公司层）和项目经理部两个层次。

8.2 风景园林工程项目施工全面成本管理责任体系

8.2.1 风景园林工程项目施工全面成本管理责任体系层次

风景园林工程项目施工全面成本管理责任体系包括两个层次：组织管理层（公司层）、项目经理部。

1. 组织管理层（公司层）

组织管理层（公司层）在风景园林工程项目施工全面成本管理责任体系中的职责是，负责风景园林工程项目施工全面成本管理的决策，确定风景园林工程项目施工的合同价格和成本计划，确定风景园林工程项目管理层的成本目标。

组织管理层（公司层）的成本管理除生产成本以外，还包括经营管理费用；组织管理层（公司层）贯穿于风景园林工程项目施工投标、实施和结算过程，体现效益中心的管理职能。

2. 项目经理部

项目经理部又称项目部，是指由项目经理在风景园林企业法定代表人授权和职能部门的支持下，按照风景园林企业的相关规定组建的、进行工程项目施工管理的一次性的组织机构。

项目经理是风景园林企业法定代表人在建设风景园林工程项目施工上的授权委托代理人；项目经理部在风景园林工程项目施工全面成本管理责任体系中的职责是，负责风景园林项目施工成本的管理，实施成本控制、实现风景园林项目施工管理目标责任书中的成本目标。

项目经理部着眼于执行组织管理层（公司层）确定的风景园林工程项目施工成本管理目标，发挥现场生产成本控制中心的管理职能。项目经理部在工程项目施工过程中，对所发生的各种成本信息，通过有组织、有系统地进行预测、计划、控制、核算和分析等一系列工作，促使施工项目系统内各种要素，按照一定的目标运行，使工程项目施工的实际成本能够控制在预定的计划成本范围内。

8.2.2 风景园林工程项目施工成本管理体系建立的作用与必要性

建立风景园林工程项目施工成本管理体系是企业建立健全管理机制、完善企业组织结构的重要组成部分，是风景园林企业搞好工程项目施工成本管理、提高经济效益的重要基础，建立的相应组织机构能够有效规定成本管理活动的目的和范围。

一个健全的风景园林企业，应该有各个健全的工作体系，诸如经营工作体系、生产调度体系、质量保证体系、成本管理体系、思想工作体系等。各系统协调工作，才能确保企业的健康发展。

风景园林工程项目施工成本管理不单纯是财务部门的一项业务，而是涉及工程项目施工企业全员的管理行为。因此，它不是针对某些具体问题建立若干管理制度或办法可以解决的。实行风景园林工程项目施工成本核算必须对工程成本发生的全过程进行科学的实事求是的过程分析，找出影响风景园林工程项目施工成本的关键过程以及与其他过程的关联，经过系统的过程策划和设计，确定企业成本方针和目标，建立有效的低成本的组织机构，制订系统的体系文件，经过科学的组织工作，建立科学的工程成本管理体系，才能确保工程成本核算的推行。

8.2.3 建立风景园林工程项目施工成本管理体系的原则

1. 任务目标原则

即无论设立什么部门、配置什么岗位，均必须有明确的目标和任务，做到因事设岗，而不能因人设岗。

2. 分工协作原则

风景园林工程项目施工成本管理是一项综合性的管理，它涉及预算、财务、工程等各部门，与工期、质量、安全等管理有着千丝万缕的联系；因此在成本管理体系中相关部门之间必须分工协作，单靠某一部门或仅侧重于某一项管理，成本管理工作是搞不好的。

3. 责、权、利相符合原则

任何部门的管理工作都与其责、权、利有着紧密度联系。正确处理好各部门在成本管理中的责任、权利及利益分配是搞好成本管理工作的关键；尤其需要注意的是，正确处理责、权、利之间的关系必须符合市场经济的原则。

4. 集分权原则

在处理上下管理层的关系时，必须将必要的权力集中到上级（集权）与恰当的权力分散到下层（分权）正确地结合起来，两者不可偏废；集权与分权的相对程度与各管理层的人员素质和公司的管理机制有着密切的联系，必须根据实际情况合理考虑，不是越集权越好，也不是越分权越好。

5. 执行与监督分开原则

执行与监督分开的目的，是为了使成本管理工作公正、公平、公开，确保奖惩合理、到位，防止个人行为或因缺乏监督导致工作失误或腐败现象产生。

8.2.4 建立风景园林工程项目施工成本管理体系的步骤

1. 建立风景园林工程项目施工成本管理体系的组织机构

（1）公司层次的组织机构。公司层次的组织机构主要是设计和建立企业成本管理体系，组织体系的运行，行使管理职能、监督职能，负责确定工程项目施工责任成本，对工程项目施工成本管理过程进行监督，负责奖惩兑现的审计工作，因此，策划、工程、计划、预算、人事、技术、劳资、财务、设备、材料、设计等有关部门中都要设置相应的岗位，参与成本管理体系工作。

（2）项目层次的组织机构。项目层次的组织机构是一个承上启下的结构，是公司层次与岗位层次之间联系的纽带。项目层次实际上是一般所讲的项目经理部的领导层，通常由项目经济部经理、项目总工程师、项目经济师等组成。在项目经理部中，要根据工程规模、特点及公司有关部门的要求设置相应的机构，主要有成本核算、预算统计、物资供应、工程施工等部门，它们在项目经理的领导下行使双重职能，即在完成自身工作的前提下行驶部分监督核查岗位人员工作情况的职能。

（3）岗位层次的组织机构。岗位层次的组织机构即项目经理部岗位的设置，由项目经理部根据公司人事部门的工程施工管理办法及工程项目的规模、特点和实际情况确定，具体人员可由项目经理部在公司的持证人员中选定；在项目经理部岗位人员由公司调剂的情况下，项目经理部有权提出正当理由，拒绝接受项目经理部认为不合格的岗位工作人员；项目管理岗位人员可以兼职，但必须符合规定，持证上岗。项目经理部岗位人员负责完成各岗位的业务工作和落实制度规定的本岗位的成本管理职责和成本降低措施，是成本管理目标能否实现的关键所在。

岗位人员负责具体的风景园林工程项目施工组织、原始数据的搜集整理等工作，负责劳务分包及其他分包队伍的管理；因此，岗位人员在日常工作中要注意把管理工作向劳务分包及其他分包队伍延伸；只有共同搞好管理工作，才能确保目标的实现。

2. 制定项工程项目施工成本管理体系的目标、制度文件

（1）公司层次工程项目施工成本管理办法：包括：

1）风景园林工程项目施工责任成本的确定及核算办法。

2）物资管理或控制办法。

3）成本核算办法。

4）成本的过程控制及审计。

5）成本管理业绩的确定及奖惩办法。

（2）项目层次工程项目施工成本管理办法：包括：

1）目标成本的确定办法。

2）材料、机具管理办法。

3）成本指标的分解办法及控制措施。

4）各岗位人员的成本职责。

5）成本记录的整理及报表程序。

（3）岗位层次工程项目施工成本管理办法包括：

1）岗位人员日常工作规范。

2）成本目标的落实措施。

8.2.5 风景园林工程项目施工成本管理体系的内容

1. 风景园林工程项目施工成本预测体系

在企业经营整体目标指导下，通过成本的预测、决策和计划确定目标成本，目标成本再进一步分解到企业各层次、各部门以及生产各环节，形成明确的成本目标，层层落实，保证成本管理控制的具体实施。

2. 风景园林工程项目施工成本控制体系

围绕着风景园林工程项目施工，企业从纵向上（各层次）和横向上（各部门以及全体人

员），根据分解的成本目标对成本形成的整个过程进行控制，具体内容包括：在投标过程中对成本预测、决策和成本计划的事前控制，对工程项目施工阶段成本计划实施的事中控制和交工验收成本结算评价的事后控制；根据各阶段、各条线上成本信息的反馈，对成本目标的优化控制进行监督并及时纠正发生的偏差，使风景园林工程项目施工成本限制在计划目标范围内，以实现降低成本的目标。

3. 风景园林工程项目施工信息流通体系

信息流通体系是对成本形成过程中有关成本信息（计划目标、原始数据资料等）进行汇总、风险预测和处理的系统。企业各层次、各部门及生产各环节对成本形成过程中实际信息进行收集和反馈，用数据及时、准确地反映成本管理控制中的情况；反馈的成本信息经过分析处理，对企业各层次、各部门以及生产各环节发出调整成本偏差的调节指令，保证降低成本目标按计划得以实现。

8.2.6 风景园林工程项目施工成本管理体系的特征

1. 完整的组织机构

风景园林工程项目施工成本管理体系必须有完整的组织机构，保证成本管理活动的有效运行；应当根据风景园林工程项目施工不同的特性，因地制宜建立工程项目施工成本管理体系的组织机构；组织机构的设计应包括管理层次、机构设置、职责范围、隶属关系、相互关系及工作接口等。

2. 明晰的运行程序

风景园林工程项目施工成本管理体系必须有明晰的运行程序，包括工程项目施工成本管理办法、实施细则、工作手册、管理流程、信息载体及传递方式等；运行程序以成本管理文件的形成表达，表述控制工程成本的方法、过程，使之制度化、规范化，用以指导企业工程成本管理工作的开展。程序设计要简洁、明晰，确保流程的连续性和程序的可操作性；信息载体和传输应尽量采用现代化手段，利用计算机及网络提高运行程序的先进性。

3. 规范的风景园林工程项目施工成本核算方法

风景园林工程项目施工成本核算是在成本范围内，以货币为计量单位，以工程成本直接耗费为对象，在区分收支类别和岗位成本责任的基础上，利用一定的方法正确组织工程项目施工成本核算，全面反映工程项目施工成本耗费的一个核算过程；它是工程成本管理的一个重要的组成部分，也是对工程成本管理水平的一个全面反映，因而规范的风景园林工程项目施工成本核算十分重要。

4. 明确的成本目标和岗位职责

风景园林工程项目施工成本管理体系对企业各部门和风景园林工程的各管理岗位制定明确的成本目标和岗位职责，使企业各部门和全体职工明确自己为降低施工项目成本应该做什么、怎么做以及应负的责任和应达到的目标。岗位职责和目标可以包含在实施细则和工作手册中，岗位职责一定要考虑全面、分工明确，防止出现管理盲区和结合部的推诿。

5. 严格的考核制度

风景园林工程项目施工成本管理体系应包含严格的考核制度，考核工程成本、成本管理体系及其运行质量。风景园林工程项目施工成本管理是工程成本全过程的实时控制，因此考核也是全过程的实时考核，绝非风景园林工程项目施工完成后的最终考核；当然，风景园林工程项目施工完成后的施工成本的最终考核也是必不可少的，通常通过财务报告反映，要以全过程的实时考核确保最终考核的通过；考核制度应包含在成本管理文件内。

8.2.7 风景园林工程项目施工成本管理体系的组织结构

1. 职能结构

职能结构即完成工程项目施工成本管理目标所需的各项业务工作及其关系，包括：机构设置、业务分工及其相互关系。

2. 层次结构

层次机构又称为组织的纵向结构，即各管理层次的构成。在工程项目施工成本管理工作中，管理层次的多少表明企业组织结构的纵向复杂程度。根据现在大多数风景园林施工企业的管理体制，通常设置为 3 个层次，即公司层次（分公司或工程处层次）、项目层次和岗位层次。

3. 部门结构

部门结构又称组织的横向结构，即各管理部门的构成。与工程项目施工成本管理相关的部门主要有生产、计划、技术、劳动、物资、人事、财务、预算、审计及负责企业制度建设工作的部门。

4. 职权结构

职权结构即各层次、各部门在权力和责任方面的分工及相互关系。因为与工程项目施工成本管理相关的部门较多，在纵向结构上层次也较多，所以在确定工程项目施工成本管理的职权结构时，一定要注意权力要有层次，职责要有范围，分工要明确，关系要清晰，防止责任不清造成相互推诿，影响管理职能的发挥。

8.2.8 风景园林工程项目施工成本管理责任

项目经理部是风景园林工程项目施工成本管理的中心。首先，项目经理部应成立以项目经理为中心的成本管理体系；其次，应按内部各岗位和作业层进行成本目标分解；再次，应明确各管理人员和作业层的成本责任、权限及相互关系；项目经理部应对施工过程中发生的各种消耗和费用进行责任成本控制，并承担成本风险。

企业对项目经理部的成本管理提供服务；首先应通过“项目管理目标责任书”明确项目经理部应承担的工程项目施工成本责任和风险；其次应为工程项目施工成本管理创造优化配置生产要素和实施动态管理的环境和条件；企业不是工程项目施工成本管理的直接责任者，但是企业是项目经理部进行工程项目施工成本管理的支持者；企业的盈利目标有赖于工程项目施工成本的降低。

8.3 风景园林工程项目施工成本预测

8.3.1 风景园林工程项目施工成本预测概述

风景园林工程项目施工成本预测，是工程项目施工成本管理的首要环节，是工程项目施工成本的事前控制，是在工程项目施工前对成本进行的估算，它是根据成本信息和风景园林工程项目施工的具体情况，运用一定的专门方法，对未来的成本水平及其发展趋势做出科学的估计；是对工程项目施工计划工期内影响其成本变化的各个因素进行分析，比照近期已完成施工的风景园林工程项目或将完成施工的风景园林工程项目的成本（单位成本），预测这些因素对风景园林工程项目施工成本中有关项目（成本项目）的影响程度，预测出工程项目施工的单位成本或总成本。通过风景园林工程项目施工成本预测，可以在满足风景园林工程项目业主和本企业要求的前提下，选择成本低、效益好的最佳成本方案，并能够在工程项目施工成本形成过程中，针对薄弱环节，加强成本控制，克服盲目性，提高预见性。因此，风景园林工程项目施工成本预测是工程项目施工成本决策与计划的依据。

风景园林工程项目施工成本预测的目的是预见成本的发展趋势，它的任务是通过成本预测估计出项目施工的成本目标，为成本管理决策和编制成本计划提供依据。

8.3.2 风景园林工程项目施工成本预测的依据

（1）工程项目施工成本目标预测的首要依据是施工企业的利润目标对企业降低工程成本的要求。企业根据经营决策提出经营利润目标后，便对企业降低成本提出了总目标。每个工程项目施工的降低成本率水平应等于或高于企业的总降低成本率水平，以保证降低成本总目标的实现。在此基础上才能确定工程项目施工的降低成本目标和成本目标。

（2）工程项目施工的合同价格。工程项目施工的合同价格是其销售价格，是所能取得的收入总额。工程项目施工的成本目标就是合同价格与利润目标之差。这个利润目标是企业分配到该工程项目的降低成本要求。根据目标成本降低额，求出目标成本降低率，再与企业的目标成本降低率进行比较，如果前者等于或大于后者，则目标成本降低额可行，否则，应予调整。

（3）工程项目施工成本估算（概算或预算）。成本估算（概算或预算）是根据市场价格或定额价格（计划价格）对成本发生的社会水平做出估计，它既是合同价格的基础，又是成本决策的依据，是量入为出的标准。这是最主要的依据。

（4）施工企业同类工程项目施工的降低成本水平。这个水平，代表了企业的成本管理水平，是该工程项目施工可能达到的成本水平，可用以与成本管理目标进行比较，从而做出成本目标决策。

8.3.3 风景园林工程项目施工成本预测的程序

（1）进行工程项目施工成本估算，确定可以得到补偿的社会平均水平的成本。目前，主要是根据概算定额或工程量清单进行计算。

（2）根据合同承包价格计算工程项目施工的承包成本，并与估算成本进行比较。一般承包成本应低于估算成本。如高于估算成本，应对工程索赔和降低成本做出可行性分析。

（3）根据企业利润目标提出的工程项目施工降低成本要求，并根据企业同类工程项目施工的降低成本水平以及合同承包成本，做出降低成本决策；计算出降低成本率，对降低成本率水平进行评估，在评估的基础上做出决策。

（4）根据降低成本率决策计算出决策降低成本额和决策工程项目施工成本额，在此基础上定出项目经理部责任成本额。

8.3.4 风景园林工程项目施工成本决策

风景园林工程项目施工成本决策是根据成本预测情况，经过认真分析做出决定，确定成本管理目标。成本决策是先提出几个成本目标方案，然后再从中选择理想的成本目标做出决定。

8.4 风景园林工程项目施工成本计划

8.4.1 风景园林工程项目施工成本计划概述

风景园林工程项目施工成本计划，是以货币形式编制工程项目施工在计划期内的生产费用、成本水平、成本降低率以及为降低成本所采取的主要措施和规划的书面方案；一个工程项目施工成本计划应包括从开工到竣工所必需的施工成本，它是建立工程项目施工成本管理责任制、开展成本控制和核算的基础，是工程项目施工降低成本的指导性文件，是设立目标成本的依据，即成本计划是目标成本的一种形式。

风景园林工程项目施工成本计划一经确定，就应按成本管理层次、有关成本项目以及项目进展的逐阶段对成本计划加以分解，层层落实到部门、班组，并制定各级成本实施方案。

风景园林工程项目施工成本计划是工程项目施工项目成本管理的一个重要环节，许多施工单位仅单纯重视工程项目施工成本管理的事中控制及事后考核，却忽视甚至省略了至关重要的事前计划，使得成本管理从一开始就缺乏目标。成本计划是对生产耗费进行事前预计、事中检查控制和事后考核评价的重要依据。经常将实际生产耗费与成本计划指标进行对比分析，揭露执行过程中存在的问题，及时采取措施，可以改进和完善成本管理工作，保证工程项目施工成本计划各项指标得以实现。

8.4.2 编制风景园林工程项目施工成本计划的依据文件

风景园林工程项目施工成本计划的编制，从工程项目施工的全面成本管理责任体系来说，应由工程项目经理部负责；风景园林工程项目施工成本计划是工程项目施工成本控制的一个重要环节，是实现降低工程项目施工成本任务的指导性文件。如果针对工程项目施工所编制的成本计划达不到目标成本要求时，就必须组织工程项目经理部的有关人员重新研究，寻找降低成本的途径，重新进行编制。同时，编制成本计划的过程也是动员全体工程项目施工管理人员的过程，是挖掘降低成本潜力的过程，是检验施工技术质量管理、工期管理、物质消耗和劳动力消耗管理等是否有效落实的过程。

编制风景园林工程项目施工成本计划，需要广泛收集相关资料并进行整理，以作为工程项目施工成本计划编制的依据。在此基础上，根据有关设计文件、工程承包合同、施工组织设计、工程项目施工成本预测资料等，按照工程项目施工应投入的生产要素，结合各种因素变化的预测和拟采取的各种措施，估算工程项目施工生产费用支出的总水平，进而提出工程项目施工的成本计划控制指标，确定目标总成本。目标总成本确定后，应将总目标分解落实到各级部门，以便有效地进行控制。最后，通过综合平衡，编制完成工程项目施工成本计划。

风景园林工程项目施工成本计划的编制依据文件包括：

（1）投标报价文件。

（2）企业定额、施工预算。

（3）施工组织设计或施工方案。

（4）人工、材料、机械台班的市场价。

（5）企业颁布的材料指导价、企业内部机械台班价格、劳动力内部挂牌价格。

（6）周转设备内部租赁价格、摊销损耗标准。
（7）已签订的工程合同、分包合同（或估价书）。
（8）结构件外加工计划和合同。
（9）有关财务成本核算制度和财务历史资料。
（10）工程项目施工成本预测资料。
（11）类似工程项目施工的成本资料。
（12）拟采取的降低工程项目施工成本的措施。
（13）其他相关资料。

8.4.3 编制风景园林工程项目施工成本计划应满足的要求

（1）由风景园林工程项目经理部负责编制，报工程项目组织管理层批准。
（2）自下而上分级编制并逐层汇总。
（3）反映风景园林工程项目施工各成本项目指标和降低成本指标。
（4）合同规定的项目质量和工期要求。
（5）组织对工程项目施工成本管理目标的要求。
（6）以经济合理的工程项目实施方案为基础的要求。
（7）有关定额及市场价格的要求。
（8）类似工程项目提供的启示。

8.4.4 风景园林工程项目施工成本计划的编制原则

为了编制出能够发挥积极作用的风景园林工程项目施工成本计划，在编制工程项目施工成本计划时应遵循以下一些原则：

1. 从实际情况出发的原则

编制工程项目施工成本计划必须根据国家的方针政策，从企业的实际情况出发，充分挖掘企业内部潜力，使降低成本指标既积极可靠，又切实可行。工程项目施工管理部门降低成本的潜力在于正确选择施工方案，合理组织施工；提高劳动生产率；改善材料供应；降低材料消耗；提高机械利用率；节约施工管理费用等。但必须注意避免以下情况发生：
（1）为了降低工程项目施工成本而偷工减料，忽视质量。
（2）不顾机械的维护修理而过度、不合理使用机械。
（3）片面增加劳动强度，加班加点。
（4）忽视安全工作，未给职工办理相应的保险等。

2. 与其他计划相结合的原则

工程项目施工成本计划必须与工程项目施工的其他计划，如施工方案、生产进度计划、财务计划、材料供应及消耗计划等密切结合，保持平衡。一方面，成本计划要根据工程项目施工的生产、技术组织措施、劳动工资、材料供应和消耗等计划来编制；另一方面，其他各项计划指标又影响着成本计划，所以其他各项计划在编制时应考虑降低成本的要求，与成本计划密切配合，而不能单纯考虑单一计划本身的要求。

3. 采用先进技术经济定额的原则

风景园林工程项目施工成本计划必须以各种先进的技术经济定额为依据，并结合工程项目施工的具体特点，采取切实可行的技术组织措施作保证。只有这样，才能编制出既有科学依据，又切实可行的成本计划，从而发挥工程项目施工成本计划的积极作用。

4. 统一领导、分级管理的原则

编制工程项目施工成本计划时应采取统一领导、分级管理的原则，同时应树立全员进行工程项目施工成本控制的理念。在项目经理的领导下，以财物部门和计划部门为主体，发动全体职工共同进行，总结降低成本的经验，找出降低成本的正确途径，使成本计划的制定与执行更符合工程项目施工的实际情况。

5. 适度弹性的原则

风景园林工程项目施工成本计划应留有一定的余地，保持计划的弹性。在计划期内，项目经理部的内部或外部环境都有可能发生变化，尤其是材料供应、市场价格等具有很大的不确定性，这给拟定计划带来困难。因此在编制计划时应充分考虑到这些情况，使计划具有一定的适应环境变化的能力。

8.4.5 风景园林工程项目施工成本计划编制的程序

编制风景园林工程项目施工成本计划的程序，因工程项目施工的规模大小、管理要求不同而不同，大中型项目一般采用分级编制的方式，即先由各部门提出部门成本计划，再由项目经理部汇总编制全项目的成本计划；小型项目一般采用集中编制方式，即由项目经理部先编制各部分成本计划，再汇总编制全项目的成本计划。无论采用哪种方式，其编制的基本程序如下：

1. 收集和整理资料

广泛收集资料并进行归纳整理是编制成本计划的必要步骤。所需收集的资料也即是编制成本计划的依据。这些资料主要包括：

（1）项目经理部与企业签订的承包合同及企业下达的成本降低额、降低率和其他有关技术经济指标。

（2）有关工程项目施工成本预算、决策的资料。

（3）工程施工项目的施工图预算、施工预算。

（4）工程项目施工管理规则。

（5）工程项目施工使用的机械设备生产能力及其利用情况。

（6）工程项目施工的材料消耗、物资供应、劳动工资及劳动效率等计划资料。

（7）计划期内的物资消耗定额、劳动定额、费用定额等资料。

（8）以往同类工程项目施工成本计划的实际执行情况及有关技术经济指标完成情况的分析资料。

（9）同行业同类项目的成本、定额、技术经济指标资料及增产节约的经验和有效措施。

此外，还应深入分析当前情况和未来的发展趋势，了解影响成本升降的各种有利和不利因素，研究如何克服不利因素和降低成本的具体措施，为编制成本计划提供丰富、具体和可靠的资料。

2. 估算计划成本，确定目标成本

对所收集到的各种资料进行整理分析，根据有关的设计、施工等计划，按照工程项目施工应投入的物资、材料、劳动力、机械、能源及各种设备等，结合计划期内各种因素的变化和准备采取的各种增产节约措施，进行反复测算、修订、平衡后，估算生产费用支出的总水平，进而提出全项目的成本计划控制指标，最终确定目标成本。

所谓目标成本即是项目（或企业）对未来期产品成本规定的奋斗目标。目标成本有很多形式，在制定目标成本作为编制施工项目成本计划和预算的依据时，可能以计划成本或标准成本为目标成本，这将随成本计划编制方法的不同而变化。

一般而言，目标成本的计算公式如下：

$$\text{项目目标成本} = \text{预计结算收入} - \text{税金} - \text{项目目标利润} \tag{8-1}$$

$$\text{目标成本降低额} = \text{项目预算成本} - \text{项目目标成本} \tag{8-2}$$

$$\text{目标成本降低率} = \text{目标成本降低额} / \text{项目预算成本} \times 100\% \tag{8-3}$$

3. 编制工程项目施工成本计划草案

对大中型项目，各职能部门根据项目经理下达的成本计划指令，结合计划期的实际情况，挖掘潜力，提出降低成本的具体措施，编制各部门的工程项目施工成本计划和费用预算。

4. 综合平衡，编制正式的工程项目施工成本计划

在各职能部门上报部门成本计划和费用预算后，项目经理部首先应结合各项技术组织措施，检查各计划和费用预算是否合理可行，并进行综合平衡，使各部门计划和费用预算之间相互协调、衔接；其次，要从全局出发，在保证企业下达的成本降低任务或本工程项目目标成本实现的情况下，分析研究成本计划与生产计划、劳动力计划、材料成本与物资供应计划、工资成本与工资基金计划、资金计划等的相互协调平衡。经反复讨论多次综合平衡，最后确定的工程项目施工成本计划指标，即可作为编制成本计划的依据，项目经理部正式编制的成本计划，上报企业有关部门后即可正式下达至各职能部门执行。

8.4.6 风景园林工程项目施工成本计划的内容

风景园林工程项目施工成本计划一般由工程项目施工降低直接成本计划和间接成本计划及技术组织措施组成。如果项目设有附属生产单位，如加工厂、预制厂等，则成本计划还包括产品成本计划和作业成本计划。

工程项目施工降低直接成本计划主要反映工程项目施工成本的预算价值、计划降低额和计划降低率。

间接成本计划主要反映施工现场管理费用的计划书、预算收入数及降低额。

技术组织措施主要是从技术、组织、管理方面采取措施，如推广新技术、新材料、新结构、新工艺，加强材料、机械管理，采用现代化管理技术等来降低成本，对所采取的技术组织措施预测它的经济效益，编制降低成本的技术组织措施表。

风景园林工程项目施工成本计划的具体内容：

1. 编制说明

指对工程项目的范围、投标竞争过程及合同条件，承包人对项目经理提出的责任成本目标，工程项目施工成本计划编制的指导思想和依据等的具体说明。

2. 工程项目施工成本计划的指标

工程项目施工成本计划的指标应经过科学的分析预测确定，可以采用对比法、因素分析法等方法。

工程项目施工成本计划的指标一般情况下有以下三类：

（1）工程项目施工成本计划的数量指标，如：

1）按子项汇总的工程项目计划总成本指标。
2）按分部汇总的各单位工程（或子项目）计划成本指标。
3）按人工、材料、机具等各主要要素划分的计划成本指标。
（2）工程项目施工成本计划的效益（质量）指标，如工程项目施工总成本降低率可采用：

设计预算成本计划降低率 = 设计预算总成本计划降低额 / 设计预算总成本　（8-4）

责任目标成本计划降低率 = 责任目标成本计划降低额 / 责任目标总成本　（8-5）

（3）工程项目施工成本计划的效益指标，如工程项目成本降低额：

设计预算总成本计划降低额 = 设计预算总成本 – 计划总成本　（8-6）

责任目标总成本计划降低额 = 责任目标总成本 – 计划总成本　（8-7）

3. 按工程量清单列出的单位工程成本计划汇总
根据工程量清单，按单位工程进行成本计划汇总，如表 8-3 所示。

单位工程成本计划汇总表　表 8-3

序号	清单项目编码	清单项目名称	合同价格	计划成本
01				
02				
……				

4. 按成本性质划分的单位工程成本汇总
根据清单项目的造价分析，分别对人工费、材料费、施工机具费和企业管理费进行汇总，形成单位工程成本计划表。
风景园林工程项目施工成本计划应在工程项目施工实施方案确定和不断优化的前提下进行编制，因为不同的实施方案将导致人工费、材料费、施工机具费和企业管理费的差异。工程项目施工成本计划的编制是工程项目施工成本预控的重要手段。因此，应在工程项目开工前编制完成，以便将计划成本目标分解落实，为各项成本的执行提供明确的目标、控制手段和管理措施。

8.4.7 风景园林工程项目施工成本计划的类型

对于风景园林工程项目施工而言，其成本计划的编制是一个不断深化的过程。在这一过程的不同阶段形成深度和作用不同的成本计划，若按照其发挥的作用可以分为以下三类：
1. 竞争性成本计划
竞争性成本计划是工程项目施工投标及签订合同阶段的估算成本计划。这类成本计划以招标文件中的合同条件、投标者须知、技术规范、设计图纸和工程量清单为依据，以有关价格条件说明为基础，结合调研、现场踏勘、答疑等情况，根据施工企业自身的工料消耗标准、水平、价格资料和费用指标等，对本企业完成投标工作所需要支出的全部费用进行估算。在投标报价过程中，虽也着重考虑降低成本的途径和措施，但总体上比较粗略。

2. 指导性成本计划

指导性成本计划是选派项目经理阶段的预算成本计划，是项目经理的责任成本目标。它是以合同价为依据，按照企业的预算定额标准制定的设计预算成本计划，且一般情况下确定责任总成本目标。

3. 实施性成本计划

实施性成本计划是工程项目施工准备阶段的施工预算成本计划，它是以项目实施方案为依据，以落实项目经理责任目标为出发点，采用企业的施工定额通过施工预算的编制而形成的实施性施工成本计划。

以上三类成本计划相互衔接、不断深化，构成了整个工程项目施工成本的计划过程。其中，竞争性成本计划带有成本战略的性质，是施工项目投标阶段商务标书的基础，而有竞争力的商务标书又是以其先进合理的技术标书为支撑的，因此，竞争性成本计划奠定了工程项目施工成本的基本框架和水平；指导性成本计划和实施性成本计划，都是战略成本计划的进一步开展和深化，是对战略成本计划的战术安排。

8.4.8 风景园林工程项目施工成本计划的编制方法

风景园林工程项目施工成本计划的编制以成本预测为基础，关键是确定目标成本。计划的编制需结合施工组织设计的编制过程，通过不断地优化施工技术方案和合理配置生产要素，进行工、料、机消耗的分析，制定一系列节约成本的措施，确定施工成本计划。一般情况下，工程项目施工成本计划总额应控制在目标成本的范围内，并建立在切实可行的基础上。

工程项目施工总成本目标确定之后，还需通过编制详细的实施性施工成本计划把目标成本层层分解，落实到施工过程的每个环节，有效地进行成本控制。施工成本计划的编制有如下 3 种方式：

1. 按风景园林工程项目施工成本构成编制施工成本计划

按照风景园林工程项目施工成本构成要素分解为人工费、材料（包含工程设备）费、施工机械使用费、企业管理费等。因此，可按工程项目施工成本的组成编制工程项目施工成本计划。

2. 按风景园林工程项目施工组成编制施工成本计划

按工程项目施工组成可把项目分为单项工程、单位工程、分部工程和分项工程。

大中型工程项目施工通常是由若干单项工程构成的，而每个单项工程包括了多个单位工程，每个单位工程又是由若干个分部分项工程构成。因此，首先要把工程项目施工总成本分解到单项工程和单位工程中，在进一步分解到分部工程和分项工程中。

在完成工程项目施工成本目标分解之后，接下来就要具体地分配成本，编制分项工程的成本支出计划，从而形成详细的成本计划表，如表 8-4 所示。

分项工程成本计划表　　表 8-4

分项工程编码	工程内容	计量单位	工程数量	计划成本	本分项总计
（1）	（2）	（3）	（4）	（5）	（6）

在编制风景园林工程项目施工成本支出计划时，要在项目总体层面上考虑总的预备费，也要在主要的分项工程中安排适当的不可预见费，避免在具体编制成本计划时，可能发现个

别单位工程或工程量表中某项内容的工程量计算有较大出入，偏离原来的成本预算。因此，应在工程项目实施过程中对其尽可能地采取一些措施。

3. 按风景园林工程项目施工进度组成编制施工成本计划

按风景园林工程项目施工进度编制工程项目施工成本计划，通常可在控制项目进度的网络图的基础上进一步扩充得到。即在建立网络图时，一方面确定完成各项工作所需花费的时间，另一方面确定完成这一工作合适的施工成本支出计划。在实践中，将工程项目分解为既能方便地表示时间，又能方便地表示施工成本支出计划的工作是不容易的，通常如果项目分解程度对时间控制合适的话，则对施工成本支出计划可能分解过细，以至于不可确定每项工作的施工成本支出计划；反之亦然。因此在编制网络计划时，应在充分考虑进度控制对项目划分要求的同时，还要考虑确定施工成本支出计划对项目划分的要求，做到二者兼顾。

通过工程项目施工成本目标按时间分解，在网络计划基础上，可获得项目进度计划的横道图，在此基础上编制成本计划，有两种表示方式：①时标网络图上按月编制的成本计划直方图；②时间成本累积曲线表示。

以上三种编制施工成本计划的方式并不是相互独立的。在实践中，往往是将这几种方式结合起来使用，从而可以取得扬长避短的效果。例如：将按项目分解总施工成本与按施工成本构成分解总施工成本两种方式相结合，横向按施工成本构成分解，纵向按子项目分解，或相反。这种分解方式有助于检查各分部项目施工成本构成是否完整，有无重复计算或漏算；同时还有助于检查各项具体的施工成本支出的对象是否明确或落实，并且可以从数字上校核分解的结果有无错误。或者还可将按子项目分解项目总施工成本计划与按时间分解项目总施工成本计划结合起来，一般纵向按子项目分解，横向按时间分解。

8.5 风景园林工程项目施工成本控制

8.5.1 风景园林工程项目施工成本控制概述

风景园林工程项目施工成本控制，是在工程项目施工成本的形成过程中，对生产经营所消耗的人力资源、物资资源和费用开支进行指导、监督、检查和调整，及时纠正将要发生和已经发生的偏差，把各项生产费用控制在计划成本的范围之内，以保证成本目标的实现；对影响工程项目施工成本的各种因素加强管理，并采取各种有效措施，将施工中实际发生的各种消耗和支出严格控制在成本计划范围内，随时揭示并及时反馈，严格审查各项费用是否符合标准、计算实际成本和计划成本之间的差异并进行分析，消除施工中的损失浪费现象，发现和总结先进的经验。通过动态监控并及时反馈，严格审查各项费用是否符合标准，计算实际成本和计划成本之间的差异并进行分析，进而采取多种措施，减少或消除施工中的损失浪费。通过工程项目施工成本控制，使之最终实现甚至超过预期的成本节约目标。风景园林工程项目施工成本控制应当贯穿在工程项目从招投标阶段开始直到项目竣工验收的全过程，它是企业全面成本管理的重要环节。

8.5.2 风景园林工程项目施工成本控制的对象

1. 以工程项目施工成本形成的过程作为控制对象

根据对工程项目施工成本实行全面、全过程控制的要求，具体的控制内容包括：

（1）在工程投标阶段，应根据工程概况和招标文件，进行工程项目施工成本的预测，提出投标决策意见。

（2）施工准备阶段，应结合设计图纸的自审、会审和其他资料（如地质勘探资料等）编制实施性施工组织设计，通过多方案的技术经济比较，从中选择经济合理、先进可行的施工方案，编制详细而具体的成本计划，对工程项目施工进行事前控制。

（3）施工阶段，以施工图预算、施工预算、劳动定额、材料消耗定额和费用开支标准等，对实际发生的成本费用进行控制。

（4）竣工交付使用及保修期阶段，应对竣工验收过程发生的费用和保修费用进行控制。

2. 以工程项目施工的职能部门、施工队和生产班组作为成本控制的对象

工程项目施工的职能部门、施工队和班组进行的项目成本控制是最直接、最有效的成本控制。成本控制的具体内容是日常发生的各种费用和损失，而这些费用和损失，都发生在各个部门、施工队和生产班组。因此，也应以职能部门、施工队和班组作为成本控制对象，接受项目经理和企业有关部门的指导、监督、检查和考评。

3. 以分部分项工程作为工程项目施工成本的控制对象

为了把工程项目施工成本控制工作做得扎实、细致，落到实处，还应以分部分项工程作为工程项目施工成本的控制对象。在正常情况下，工程项目应该根据分部分项工程的实物量，参照施工预算定额，联系项目经理的技术素质、业务素质和技术组织措施的节约计划，编制包括工、料、机消耗数量、单价、金额在内的施工预算，作为对分部分项工程成本进行控制的依据。

4. 以对外经济合同作为成本控制对象

工程项目施工的对外经济业务，都要以经济合同为纽带建立合约关系，以明确双方的权利和义务。在签订各项对外经济合同时，要将合同的数量、单价、金额控制在预算收入之内，如合同金额超过预算收入，就意味着成本亏损。

8.5.3 风景园林工程施工成本控制的内容

风景园林工程项目施工成本控制可分为事先控制、事中控制（过程控制）和事后控制。在工程项目施工过程中，需按动态控制原理对实际工程项目施工成本的发生过程进行有效控制，风景园林工程施工成本控制的内容如表 8-5 所示。

风景园林工程施工成本控制的内容　　表 8-5

阶段	内　容	
计划准备（事先控制）	实行目标管理	根据目前风景园林施工企业平均水平，制定成本费用支出的标准，建立健全施工中物资使用制度、内部核算制度和原始记录、资料等，使施工中成本控制活动有标准可依，有章程可循
	落实责任制	根据现场单元的大小或工序的差异，规定各生产环节和职工个人单位工程量的成本支出限额标准，最后将这些标准落实到施工现场的各个部门和个人，建立岗位责任制
施工执行（事中或过程控制）	执行计划	按照计划准备阶段的成本、费用的消耗定额，对所有物资的计量、收发、领退和盘点进行逐项审核，各项计划外用工及费用支出应坚决落实审批手续，杜绝不合理开支
	定期分析	定期把实际成本形成时所产生的偏差项目划分出来，按施工段、施工工序或作业部门进行归类汇总，提出产生偏差的原因，制定有效的限制措施，为下一阶段施工提供参考
检查总结（事后控制）	成本分析	分析方法与过程控制中的定期分析相同
	总结提高	进行全面核算，分析工程项目施工成本节约或超支的原因，明确部门或个人的责任，落实改进措施，形成成本控制档案，为后续工程提供服务

8.5.4 风景园林工程施工成本控制的主要项目

风景园林工程施工成本控制的主要项目如表 8-6 所示。

风景园林工程施工成本控制的主要项目　　表 8-6

项目	内　容
人工费	改善劳动组织，减少窝工浪费，实行合理的奖惩制度，加强技术教育和培训工作，加强劳动纪律，压缩非生产用工和辅助用工，严格控制非生产人员比例
材料费	改进材料的采购、运输、收发、保管等方面的工作，减少各个环节的损耗，节约采购费用，合理堆置现场材料，避免和减少二次搬运，严格材料进场验收和限额领料制度，制定并贯彻节约材料的技术措施，合理使用材料，综合利用一切资源
机械费	正确选配和合理利用机械设备，搞好机械设备的保养维修，提高机械的完好率
机械费	利用率和使用效率
间接费及其他直接费	精减管理机构，合理确定管理幅度与管理层次，节约工程项目施工管理费

8.5.5 风景园林工程项目施工项目成本控制的原则

1. 开源与节流相结合的原则

在风景园林工程项目施工成本控制中，坚持开源与节流相结合的原则，要求做到：每发生一笔金额较大的成本费用，都要查一查有无与其对应的预算收入，是否支大于收；在经常性的分部分项工程成本核算和月度成本核算中，也要进行实际成本与预算收入的对比分析，以便从中探索成本节超的原因。纠正项目成本的不利偏差，实际降低成本的目标。

2. 全面控制原则

（1）工程项目施工成本的全员控制

工程项目施工成本是一项综合性很强的工作，它涉及项目组织中各个部门、单位和班组的工作业绩，仅靠项目经理和专业成本管理人员及少数人的努力是无法收到预期效果的，应形成全员参与项目成本控制的成本责任体系，明确项目内部各职能部门、班组和个人应承担的成本控制责任，其中包括各部门、各单位的责任网络和班组经济核算等。

（2）工程项目施工成本的全过程控制

工程项目施工成本的全过程控制是在工程项目确定以后，从施工准备到竣工交付使用的施工全过程中，对每项经济业务，都要纳入成本控制的轨道。使成本控制工作伴随着工程项目施工进展的各个过程，对每项经济业务，都要纳入成本控制的轨道。使成本控制工作随着项目施工进展的各个阶段连续进行，既不能疏漏，又不能时紧时松，自始至终使工程项目施工成本置于有效的控制之下。

3. 中间控制原则

又称动态控制原则。由于工程项目施工具有一次性的特点，应特别强调工程项目施工成本的中间控制。计划阶段的成本控制，只是确定成本目标、编织成本计划、制定成本控制方案，为今后的成本控制做好准备，只有通过施工过程的实际成本控制，才能达到降低成本的目标。而竣工阶段的成本控制，由于成本盈亏已经基本定局，即使发生了偏差，也来不及纠正了。因此，成本控制的重心应放在施工过程中，坚持中间控制的原则。

4. 节约原则

节约人力、物力、财力的消耗，是提高经济效益的核心，也是工程项目施工成本控制的一项最主要的基本原则。节约要从三方面入手：一是严格执行成本开支范围、费用开支标准和有关财务制度，对各项成本费用的支出进行限制和监督；二是提高工程项目施工的科学管理水平，优化施工方案，提高生产效率，节约人、财、物的消耗；三是采取预防成本失控的技术组织措施，制止可能发生的浪费。做到了以上三点，成本目标就能实现。

5. 例外管理原则

在工程项目施工过程中，对一些不经常出现的问题，我们称之为“例外”问题。这些“例外”问题，往往是关键性问题，对成本目标的顺利完成影响很大，必须予以高度重视。如在成本管理中常见的成本盈亏异常现象，即盈亏或亏损超过了正常的比例；本来是可以控制的成本，突然发生了失控现象；某些暂时的节约，但有可能对今后的成本带来隐患（如由于平时机械维修费的节约，可能会造成未来的停工修理和更大的经济损失）等等，都应视为“例外”问题，进行重点检查，深入分析，并采取相应的积极措施加以纠正。

6. 责、权、利相结合的原则

要使风景园林工程项目施工成本控制真正发挥及时有效的作用，必须严格按照经济责任制的要求，贯彻责、权、利相结合的原则。在工程项目施工过程中，项目经理、工程技术人员、业务管理人员以及各单位和生产班组都负有一定的成本控制责任，从而形成整个工程项目的成本控制责任网络。另一方面，各部门、各单位、各班组在肩负成本控制责任的同时，还应享有成本控制的权力，即在规定的权力范围内可以决定某项费用能否开支、如何开支和开支多少，以行使对工程项目施工成本的实质性控制。最后，项目经理还要对各部门、各单位、各班组在成本控制中的业绩定期的检查和考评，并与工资分配紧密挂钩，实行有奖有罚。实践证明，只有责、权、利相结合的成本控制，才能收到预期的效果。

8.5.6 进行风景园林工程项目施工成本控制的依据

风景园林工程项目施工成本控制由项目经理部负责实施，在进行成本控制时，项目经理部的依据包括以下资料：

（1）工程项目承包合同。工程项目施工成本控制要以工程承包合同为依据，围绕降低工程成本这个目标，从预算收入和实际成本两方面，研究节约成本、增加收益的有效途径，以求获得最大的经济效益。

（2）工程项目施工成本计划。工程项目施工成本计划是根据工程项目施工的具体情况指定的工程项目施工成本控制方案，既包括预定的具体成本控制目标，又包括实现控制目标的措施和规划，是工程项目施工成本控制的指导文件。

（3）进度报告。进度报告提供了对应时间节点的工程实际完成量，工程项目施工成本实际支付情况等重要信息。工程项目施工成本控制工作正是通过实际情况与工程项目施工成本计划相比较，找出二者之间的差别，分析偏差产生的原因，从而采取措施改进以后的工作。此外，进度报告还有助于管理者及时发现工程实施中存在的隐患，并在可能造成重大损失之前采取有效措施，尽量避免损失。

（4）工程变更与索赔资料。在工程项目的实施过程中，由于各方面的原因，工程变更是很难避免的。工程变更一般包括设计变更、进度计划变更、施工条件变更、技术规范与标准变更、施工次序变更、工程量变更等。一旦出现变更，工程量、工期、成本都有可能发生变化，从而使得工程项目施工成本控制工作变得更加复杂和困难。因此，工程项目施工成本管理人员应当通过对变更要求中各类数据的计算、分析，及时掌握变更情况，包括已发生工程量、将要发生工程量、工期是否拖延、支付情况等重要信息，判断变更以及变更可能带来的索赔额度等。

（5）施工组织设计。

（6）分包合同等有关文件资料。

8.5.7 风景园林工程项目施工成本控制的要求

（1）坚持增收节支、全面控制、责权利相结合的原则，用目标管理方法进行有效控制。

（2）做好采购策划，优化配置、合理使用、动态管理生产要素，特别要控制好材料成本。

（3）加强施工定额管理和施工任务单管理，控制活劳动和物化劳动的消耗。

（4）加强调度工作，克服可能导致成本增加的各种干扰。

（5）及时进行索赔，使实际成本支出真实。

（6）做好月度成本原始资料的收集和整理，正确计算月度成本，分析月度计划成本和实际成本的差异，充分注意不利差异，认真分析有利差异的原因，特别重视盈亏比例异常现象的原因分析，并采取措施尽快消除异常现象。

（7）在月度成本核算的基础上实行责任成本核算。即利用原有会计核算的资料，重新按责任部门或责任者归集成本费用，每月结算一次，并与责任成本进行对比，有责任者自己采取措施，纠正实际成本与责任成本之间的偏差。

（8）必须强调对分包工程项目施工成本的控制。分包工程项目施工成本管理由分包单位自己负责时，也应当编制成本计划并按计划实施。但是分包工程项目施工成本影响项目经理部的工程成本，故项目经理部应当协助分包单位进行成本控制，做好服务、监督和考核工作。

8.5.8 风景园林工程项目施工成本控制的程序

要做好风景园林工程项目施工成本的过程控制，必须制定规范化的过程控制程序。成本的过程控制中，有两类控制程序，一是管理行为控制程序，二是指标控制程序。管理行为控制程序是对成本全过程控制的基础，指标控制程序则是成本进行过程控制的重点。两个程序既相对独立又相互联系，既相互补充又相互制约。

1. 管理行为控制程序

管理行为控制的目的是确保每个岗位人员在成本管理过程中的管理行为符合事先确定的程序和方法的要求。从这个意义上讲，首先要清楚企业建立的成本管理体系是否能对成本形成的过程进行有效的控制，其次要考察体系是否处在有效的运行状态。管理行为控制程序就是为规范工程项目施工成本的管理行为而指定的约束和激励体系，内容如下：

（1）建立工程项目施工成本管理体系的评审组织和评审程序

风景园林工程项目施工成本管理体系的建立不同于质量管理体系，质量管理体系反映的是企业的质量保证能力，由社会有关组织进行评审和认证；工程项目施工成本管理体系的建立是企业自身生存发展的需要，没有社会组织来评审和认证。因此企业必须建立工程项目施工成本管理体系的评审组织和评审程序，定期进行评审和总结，持续改进。

（2）建立工程项目施工成本管理体系运行的评审组织和评审程序

风景园林工程项目施工成本管理体系的运行有一个逐步推行的渐进过程。一个企业的各分公司、项目经理部的运行质量往往是不平衡的。因此，必须建立专门的常设组织，依照程序定期地进行检查和评审。发现问题，总结经验，以保证工程项目施工成本管理体系的保持和持续改进。

（3）目标考核，定期检查

管理程序文件应明确每个岗位人员在工程项目施工成本管理中的职责，确定每个岗位人员的管理行为，如应提供的报表、提供的时间和原始数据的质量要求等。要把每个岗位人员是否按要求去履行职责作为一个目标来考核。为了方便检查，应将考核指标具体化，并设专人定期或不定期地检查，如表 8-7 是为规范管理行为而设计的考核表。

工程项目施工成本岗位责任考核表　　表 8-7

序号	岗位名称	职责	检查方法	检查人	检查时间
01	项目经理	（1）建立工程项目施工成本管理组织； （2）组织编制工程项目施工成本管理手册； （3）定期或不定期地检查有关人员管理行为是否符合岗位职责要求	（1）查看有无组织结构图； （2）查看《工程项目施工成本管理手册》	上级或自查	开工初期检查 1 次，以后每月检查 1 次
02	项目工程师	（1）指定采用新技术降低成本的措施； （2）编制总进度计划； （3）编制总的工具及设备使用计划	（1）查看资料； （2）现场实际情况与计划进行对比	项目经理或其委托人	开工初期检查 1 次，以后每月检查 1 ～ 2 次
03	主管材料员	（1）编制材料采购计划； （2）编制材料采购月报表； （3）对材料管理工作每周组织检查一次； （4）编制月材料盘点表及材料收发结存报表	（1）查看资料； （2）对现场实际情况与管理制度中的要求进行对比	项目经理或其委托人	每月或不定期抽查
04	成本会计	（1）编制月度成本计划； （2）进行工程项目施工成本核算，编制月度成本核算表； （3）每月编制一次材料复核报告	（1）查看资料； （2）审核编制依据	项目经理或其委托人	每月检查 1 次
05	成本员	（1）编制月度用工计划； （2）编制月材料需求计划； （3）编制月度工具及设备计划； （4）开具限额领料单	（1）查看资料； （2）计划与实际对比，考核其准确性及实用性	项目经理或其委托人	每月或不定期抽查

应根据检查的内容编制相应的检查表，由项目经理或其委托人检查后填写检查表。检查表要由专人负责整理归档。

（4）制定对策，纠正偏差

对工程项目施工管理工作进行检查的目的是为了保证管理工作按预定好的程序标准进行，从而保证工程项目施工成本管理能够达到预期的目的。因此，对检查中发现的问题，要及时进行分析，然后根据不同的情况，及时采取对策。

2. 指标控制程序

能否达到预期的工程项目施工成本目标，是工程项目施工成本控制是否成功的关键。对各岗位人员的成本管理行为进行控制，就是为了保证成本目标的实现。工程项目施工成本指标控制程序如下：

（1）确定工程项目施工成本目标及月度成本目标

在工程开工之初，项目经理部应根据公司与工程项目签订的《工程项目施工承包合同》确定的工程项目施工成本管理目标，并根据工程进度计划确定月度成本计划目标。

（2）收集成本数据，监测成本形成过程

过程控制的目的就在于不断纠正成本形成过程中的偏差，保证工程项目施工成本的发生是在预定范围之内。因此，在工程项目施工过程中要定期收集反映施工成本支出情况的数据，并将实际发生情况与目标计划进行对比，从而保证有效控制成本的整个形成过程。

（3）分析偏差原因，制定对策

工程项目施工过程是一个多工种、多方位立体交叉作业的复杂活动，成本的发生和形成是很难按预定的目标进行的，因此，需要及时分析偏差产生的原因，分清是客观因素（如市场调价）还是任务因素（如管理行为失控），及时制度对策并予以纠正。

（4）用成本指标考核管理行为，用管理行为来保证成本指标

管理行为的控制程序和成本指标的控制程序是对工程项目施工成本进行过程控制的主要内容，这两个程序在实施过程中，是相互交叉、相互制约又相互联系的。只有把成本指标的控制程序和管理行为的控制程序相结合，才能保证成本管理工作有序地、富有成效地进行。

8.5.9 风景园林工程项目施工成本的控制

1. 成本计划预控

（1）建立工程项目施工成本管理责任体系

为使工程项目施工成本控制落到实处。项目经理部应将成本责任分解落实到各个岗位，落实到专人，对成本进行全员管理、动态管理，形成一个分工明确、责任到人的成本管理责任体系。工程项目施工管理人员成本责任如表 8-8 所示。

工程项目施工管理人员成本责任　　表 8-8

责任人	主要职责
造价员	编制两算，办理项目增减，负责外包和对外结算，进行工程变更的成本控制
技术员	参与编制施工组织设计，优化施工方案，负责各项技术节约措施
质量员	质量检查验收，控制质量成本
成本核算员	编制工程项目施工目标成本（计划成本），及时核算项目实际成本，作两算对比，进行分部、分阶段的三算分析
计划员	编制各类施工进度计划，控制施工工期
统计员	及时做好形象进度、施工产值统计
材料员	编制材料使用计划，负责限额发料、进料验收及台账记录，负责提供材料耗用月报，控制材料采购成本
安全员	负责安全教育、安全检查工作。落实安全措施，预防事故发生
场容管理员	负责保持场容整洁，坚持各项工作工完料尽场地清，落实修旧利废节约代用等降低成本措施
机管员	编制机械台班使用计划，提供项目实际使用机械台班资料，提高机械完好率、利用率，负责机械租赁费的控制

（2）建立工程项目施工成本考核体系

建立从公司、项目经理到班组的工程项目施工成本考核体系，促进成本责任制的落实。工程项目施工成本考核的内容如表 8-9 所示。

工程项目施工成本考核内容 表 8-9

考核对象	考核内容
公司对项目经理的考核	（1）工程项目施工成本目标和阶段成本目标的完成情况 （2）成本控制责任制的落实情况 （3）计划成本的编制和落实情况 （4）对各部门和施工队、班组责任成本的检查落实情况 （5）在成本控制中贯彻责权利相结合原则的执行情况
项目经理对各部门的考核	（1）本部门、本岗位责任成本的完成情况 （2）本部门、本岗位成本控制责任的执行情况
项目经理对施工队（或分包）的考核	（1）对合同规定的承包范围和承包内容的执行情况 （2）合同意外的补充收费情况 （3）对班组施工任务单的管理情况 （4）对班组完成施工任务后的成本考核情况
对生产班组的考核	（1）平时由施工队（或分包）对生产班组考核 （2）考核班组责任成本（以分部分项工程问责任成本）完成情况

（3）“两算”对比

“两算”对比指施工图预算成本与施工预算成本的比较。施工图预算成本反映生产风景园林工程产品平均社会劳动消耗水平，是风景园林工程产品价格的基础。施工预算成本则是反映具体施工企业根据自身的技术和管理水平，在最经济合理的施工方案下，计划完成的劳动消耗。两者都是工程项目的事前成本，但两者的工程量计算规则不同，使用的定额不同，计费的单价不同，就产生了“两算”的定额差。各个施工企业由于劳动生产率、技术装备、施工工艺水平不同，在施工预算上存在着差异。施工图预算与施工预算之差，反映施工企业进行成本预控的计划成果，即计划施工盈利。如果把各种消耗都控制在“两算”的定额差以内，计划成本就低于预算成本，工程项目施工就取得了一定的经济效益。

在投标承包制的条件下，由于市场竞争，施工图预算成本往往因压价而降低，因此，施工企业必须根据压价情况和中标的合同价格，调整施工图预算（或投标预算）成本，形成反映工程成本价格的合同预算文件。从而使两算对比建立在合同预算成本与施工预算成本的对比上，前者为预算成本收入，后者为计划成本支出，两者差反映工程项目施工成本预控的成果，即工程项目施工计划盈利。

2. 过程消耗控制

工程项目实施过程中，各生产要素逐渐被消耗掉，工程成本逐渐发生。由于施工生产对要素的消耗巨大，对它们的消耗量进行控制，对降低工程成本有着明显的意义。

（1）定额管理

定额管理一方面可以为项目核算、签订分包合同、统计实物工程量提供依据；另一方面它也是签发任务单，限额领料的依据。定额管理是消耗控制的基础，要求准确及时、真实可靠。

在计划预控阶段，造价员已经做了施工图预算与施工预算，并进行了“两算”对比等预控工作，但这只是工程项目施工成本管理工作的开始，当项目开始实施，造价员还应做好以下几项工作：

1）工程项目施工中出现设计修改、施工方案改变、施工返工等情况是不可避免的，由此会引起原预算费用的增减，项目造价员应根据设计变更单或新的施工方案、返工记录及时编制增减账，并在相应的台账中进行登记。

2）为控制分包费用，避免效益流失，项目造价人员要协助项目经理审核和控制分包单位的预（结）算，避免“低进高出”，保证工程项目施工获得预期的效益。

3）竣工决算的编制质量，直接影响到企业的收入和项目的经济效益，必须准确编制竣工结算书，按时结算的费用要凭证齐全，对与实际成本差异较大的，要进行分析、核实，避免遗漏。

4）随着大量新材料、新工艺问世，简单地套用现有定额编制工程预算显然不行。造价人员还要及时了解新材料的市场价格，熟悉新工艺、新的施工方法，测算单位消耗，自编估价表或补充定额。

5）项目造价人员应经常深入到现场了解施工情况，熟悉施工过程，不断提供业务素质。对由于设计考虑不周，导致施工现场进行技术处理、反攻等，可以随时发现并督促有关人员及时办妥签证，作为追加预算的依据。

（2）材料费的控制

在风景园林工程项目施工成本中，材料费约占 70% 左右，因此，材料成本是工程项目施工成本控制的重点。控制材料消耗费主要包括材料消耗数量的控制和材料价格的控制两个方面。为此要做好：

1）主要材料消耗定额的制定

材料消耗数量主要是按照材料消耗定额来控制。为此，制定合理的材料消耗定额是控制原材料消耗的关键。所谓消耗定额，是指在一定的生产、技术、组织条件下，企业生产单位产品或完成单位工作量所必须消耗的物资数量的标准，它是合理使用和节约物资的重要手段。材料消耗定额也是企业编制施工预算、施工组织设计和作业计划的依据，是限额领料和工程用料的标准。严格按定额控制领发和使用材料，是工程项目施工过程中成本控制的重要内容，也是保证降低工程项目施工成本的重要手段。

2）材料供应计划管理

及时制定材料供应计划是在工程项目施工过程中做好材料管理的首要环节。工程项目施工的材料计划主要有以下几种：

a. 单位工程材料总计划。是项目材料员运用材料预算定额编制的单位工程施工预算材料计划，用来预测材料需求总量和控制材料消耗，一般要求在工程项目单位工程开工前编制完毕。

b. 材料季度计划。是根据季度计划期内的工程实物量和施工预算定额编制的预控和实施性计划。

c. 材料月度计划。是根据月度计划期内的工程实物量和施工预算定额编制的材料计划，是组织材料供应和控制用料的执行计划。

d. 周用料计划。是月度计划的分阶段计划，由项目材料员根据项目实际施工进度与现场材料的储存情况编制。

3）材料领发的控制

严格的材料领发制度，是控制材料成本的关键。控制材料领发的办法，主要是实行限额领料制度，用限额领料来控制工程用料。

限额领料单一般由项目分管人员签发。签发时，必须按照限额领料单上的规定栏目要求填写，不可缺项；同时分清分部分项工程的施工部分，实行一个分部一个领料单制度，不能多项一单。

项目材料员收到限额领料单后，应根据预算人员提供的实物工程量与项目施工员提供的实物工程量进行对照复核，主要复核限额领料单上的工程量、套用定额、计算单位是否正确，并与单位工程的材料施工预算进行核对，如有差异，应分析原因，及时反馈。签发限额领料单的项目分管人员应根据进度的要求，下达施工任务，签发任务单，组织施工。

（3）分包控制

在总分包制组织模式下，总承包公司必须善于组织和管理分包商。要选择企业信誉好，质量保证能力强，施工技术有保证，符合资质条件的分包商，如选择不利，则意味着他将被分包商拖进困境。如果其中一家分包商拖延工期或者因质量低劣而返工，则可能引起连锁反应，影响与之相关的其他分包商的工作进程。特别是因分包商违约而中途解除分包合同，承包商将会碰到难以预料的困难。

应善于用合同条款和经济手段防止分包商违约。还要懂得做好各项协调和管理工作，使多家公司紧密配合，协同完成全部工程任务。在签订的合同条款中，要特别避免主从合同的矛盾，即总承包商与业主签订的合同与总承包商与分包商签订地合同之间产生矛盾，专项工程分包单位与总承包单位签订了合同后，应严格按照合同的有关条款，约束自己的行为，配合总承包单位的施工进度，接受总承包单位的管理。总承包单位亦应在材料供应、进度、工期、安全等方面对所有分包单位进行协调。

（4）施工管理费控制

风景园林工程项目施工管理费包括现场管理费和企业管理费，是按一定费率提取的，在工程承包中占的比重较大。在工程项目施工成本预控中，管理费应依据费用项目及其分配率按部门进行拆分。工程项目实施后，将计划值与实际发生的费用进行对比，对差异较大者给予重点分析。

1）提高劳动生产率，采取各种技术组织措施以缩短工期，减少工程项目施工管理费的支出。

2）编制工程项目施工管理费用支出预算，严格控制其支出。按计划控制资金支出的用量和投入的时间，使每一笔开支在金额上是最合理，在时间上是最恰当，并控制在计划之内。

3）项目经理在组建项目经理班子时，要本着“精简、高效”的原则，防止人浮于事。

4）对于计划外的一切开支必须严格审查，除应由成本控制工程师签署意见外，还应由相应的领导人员进行审批。

5）对于虽有计划但超出计划数额的开支，也应由相应的领导人员审查和核定。

总之，精简管理机构，减少层次，提高工作质量和效率，实行费用定额管理，才能把工程项目施工管理费用的支出真正降低下来。

（5）制度控制

工程项目施工成本控制是风景园林企业的一项重要的管理工作，因此，必须建立和健全工程项目施工成本管理制度，作为工程项目施工成本控制的一种手段。

在企业中，一般有以下几种制度：基本制度、工作制度、责任制度、工程技术标准和技术规程、奖惩制度。

以上各种管理制度，有的规定了成本开支的标准和范围，有的规定了费用开支的审批手续。它们对成本能起到直接控制的作用，如成本管理制度、财务管理制度、费用开支标准等。有的制度是对劳动管理、定额管理、仓库管理工作作了系统规定，这些规定对成本控制也能起到控制作用；有的制度是对生产技术操作作了具体规定，生产工人按照这些技术规范进行操作，即能保证正常生产和顺利完成生产任务，同时也能保证工时定额和材料消耗定额的完成，从而起到控制成本的作用；另外，还有一些制度，如责任制度和奖惩制度，也有利于促使职工努力增产节约，更好地控制成本。总之，通过各项制度，都能对成本起到控制作用。

3. 事后纠偏控制

（1）找出偏差

由于风景园林工程项目施工过程中存在各种可变因素，即使做好了事前计划预控、事中动态控制，也无法避免出现偏差。通常寻找偏差可用成本对比的方法进行，即将工程项目施工中不断记录的实际成本与计划成本进行对比，从而找出偏差。

（2）分项偏差产生的原因

对成本偏差，必须分析、寻找出其发生的原因，才能有的放矢地采取措施纠偏改正。当费用偏差出现以后，成本控制人员要从各个方面分析偏差是由什么原因造成的，是突发事件，还是技术原因、组织原因，或是来自于业主方面的原因。通常，成本偏差原因主要有：

1）不可抗拒原因。如暴雨、大风、战争等。

2）客观原因。如材料涨价、地基变形、停电、停水等。

3）施工技术、组织原因。如施工方案不佳，施工顺序不当，技术能力不足等。

4）设计变更、修改。场地设计变更，园路设计变更，风景建筑结构设计变更等。

5）业主原因。业主提高风景园林工程项目功能要求、质量要求、装饰标准等。

在成本偏差控制的过程中，分析是关键，纠偏是核心。要针对分析得出的偏差发生原因，采取切实纠偏措施，加以纠正。这里需要强调的是，由于偏差已经发生，纠偏的重点应放在今后的施工过程中。成本纠偏的措施包括组织措施、技术措施、经济措施、合同措施等。

4. 风景园林工程项目施工成本的过程控制

风景园林工程项目施工成本的过程控制包括人工费的控制、材料费的控制、施工机械使用费的控制和施工分包费用的控制。

工程项目施工阶段是成本发生的主要阶段，这个阶段的成本控制主要是通过确定成本目标并按计划成本组织施工，合理配置资源，对工程项目施工现场发生的各项成本费用进行有效控制，其具体的控制方法如下：

（1）人工费的控制

人工费的控制实行“量价分离”的方法，将作业用工及零星用工按定额工日的一定比例综合确定用工数量与单价，通过劳务合同进行控制。

人工费的影响因素如下：

1）社会平均工资水平。风景园林工人人工单价必须和社会平均工资水平趋同。社会平均工资水平取决于经济发展水平。由于我国改革开放以来经济迅速增长，社会平均工资也有大幅增长，从而导致人工单价大幅提高。

2）生产消费指数。生产消费指数的提高会导致人工单价的提高，以减少生活水平的下降，维持原来的生活水平。生活消费指数的变动取决于物价的变动，尤其取决于生活消费品物价的变动。

3）劳动力市场供需变化。劳动力市场如果供不应求，人工单价就会提高；供过于求，人工单价就会下降。

4）政府推行的社会保障和福利政策也会影响人工单价的变化。

5）经会审的施工图、施工定额、施工组织设计等决定人工的消耗量。

（2）控制人工费的方法

加强劳动定额管理，提高劳动生产率，降低工程耗用人工工日，是控制人工费支出的主要手段：

1）制定先进合理的企业内部劳动定额，严格执行劳动定额，并将安全生产、文明施工及零星用工下达到作业队进行控制。全面推行全额计件的劳动管理办法和单项工程集体承包的经济管理办法，以不超出施工图预算人工费指标为控制目标，实行工资包干制度。认证执行按劳分配的原则，使职工个人所得与劳动贡献相一致，充分调动广大职工的劳动积极性，以提高劳动力效率。把工程项目的进度、安全、质量等指标与定额管理结合起来，提高劳动者的综合能力，实行奖励制度。

2）提高生产工人的技术水平和作业队的组织管理水平，根据施工进度、技术要求，合理搭配各工种工人的数量，减少和避免无效劳动。合理调节各工序人数安排情况，创造良好的工作环境，改善工人的劳动条件，提高劳动效率。合理调节各工序人数安排情况，安排劳动力时，尽量做到技术工不做普通工的工作，高级工不做低级工的工作，避免技术上的浪费，既要加快工程进度，又要节约人工费用。

3）加强职工的技术培训和多种施工作业技能的培训，不断提高职工的业务技术水平和熟练操作程度，培养一专多能的技术工人，提高作业工效。提倡技术革新和推广新技术，提高技术装备水平和工厂化生产水平，提高企业的劳动生产率。

4）实行弹性需求的劳务管理制度。对工程项目施工生产各环节上的业务骨干和基本的施工力量，要保持相对稳定。对短期需要的施工力量，要做好预测、计划管理，通过企业内部的劳务市场及外部协作队伍进行调剂。严格做到项目部的定员随工程进度要求及时进行调整，进行弹性管理。要打破行业、工种界限，提倡一专多能，提高劳动力的利用效率。

（3）材料费的控制

材料费控制同样按照“量价分离”原则，分为控制材料用量的控制和材料价格的控制。

1）材料用量的控制

在保证符合设计要求和质量标准的前提下，合理使用材料，通过定额控制、指标控制、计量控制、包干控制等手段有效控制物资材料的消耗，具体方法如下：

①定额控制

对于有消耗定额的材料，以消耗定额为依据，实行限额领料制度。

限额领料的形式：

a. 按分项工程实行限额领料。按分项工程实行限额领料，就是按照分项工程进行限额，如混凝土浇筑、砌筑、抹灰、铺装、绿化种植等，它是以施工班组为对象进行的限额领料。

b. 按工程部位实行限额领料。按工程部位实行限额领料，就是按工程项目施工工序分为基础工程、结构工程和装饰工程，它是以施工专业队为对象的限额领料。

c. 按单位工程实行限额领料。按单位工程实行限额领料，就是对一个单位工程从开工到竣工全过程的建设工程项目的用料实行的限额领料，它是以项目经理部或分包单位为对象开展的限额领料。

限额领料的依据：

a. 准确的工程量。它是按工程施工图纸计算的政策施工条件下的数量，是计算限额领料量的基础。

b. 现行的施工预算定额或企业内部消耗定额，是制定限额用量的标准。

c. 施工组织设计，是计算和调整非实体性消耗材料的基础。

d. 施工过程中发包人认可的变更洽商单，是调整限额量的依据。

限额领料的实施：

a. 确定限额领料的形式。施工前，根据工程的分包形式，与使用单位确定限额领料的形式。

b. 签发限额领料单。根据双方确定的限额领料形式，根据有关部门编制的施工预算和施工组织设计，将所需材料数量汇总后编制材料限额数量，经双方确认后下发。

c. 限额领料单的应用。限额领料单一式三份，一份交保管员作为控制发料的依据；一份交使用单位，作为领料的依据；一份由签发单位留存，作为考核的依据。

d. 限额量的调整。在限额领料的执行过程中，会有许多因素影响材料的使用，如：工程量的变更、设计变更、环境因素等。限额领料的主管部门在限额领料的执行过程中要深入施工现场，了解用料情况，根据实际情况及时调整限额数量，以保证施工生产的顺利进行和限额领料制度的连续性、完整性。

e. 限额领料的核算。根据限额领料形式，工程完工后，双方应及时办理结算手续，检查限额领料的执行情况，对用料情况进行分析，按双方约定的合同，对用料节超进行奖罚兑现。

②指标控制

对于没有消耗定额的材料，则实行计划管理和按指标控制的办法。根据以往工程项目施工的实际耗用情况，结合具体工程项目施工的内容和要求，制定领用材料指标，以控制发料。超过指标的材料，必须经过一定的审批手续方可领用。

③计量控制

准确做好材料物质的收发计量检查和投料计量检查。

④包干控制

在材料使用过程中，对部分小型及零星材料（如钢钉、钢丝等）根据工程量计算出所需材料量，将其折算成费用，由作业者包干使用。

2）材料价格的控制

材料价格主要由材料采购部门控制。由于材料价格是由买价、运杂费、运输中的合理损耗等所组成，因此控制材料价格，主要是通过掌握市场信息，应用招标和询价等方式控制材料、设备的采购价格。

工程项目施工的材料物资，包括构成工程实体的主要材料和结构件，以及有助于工程实体形成的周转使用材料和低值易耗品。从价格角度看，材料物资的价值约占风景园林工程造价的60%甚至70%以上，因此，对材料价格的控制非常重要。由于材料物质的供应渠道和管理方式各不相同，所以控制的内容与所采取的控制方法也将有所不同。

（4）施工机械使用费的控制

施工机械使用费的控制主要控制台班数量和台班单价两个方面。

合理选择与使用施工机械设备对成本控制具有十分重要的意义，由于不同的起重运输机械各有不同的特点，因此在选择起重运输机械时，首先应根据工程特点和施工条件确定采取的起重运输机械的组合方式。在确定采用何种组合方式时，首先应满足工程项目施工需要，其次要考虑到费用的高低和综合经济效益。

施工机械使用费主要由台班数量和台班单价两方面决定，因此为有效控制施工机械使用费支出，应主要从这两个方面进行控制：

1）台班数量

①根据施工方案和现场实际情况，选择适合工程项目施工特点的施工机械，制定设备需求计划，合理安排施工生产，充分利用现有机械设备，加强内部调配，提高机械设备的利用率。

②保证施工机械设备的作业时间，安排好生产工序的衔接，尽量避免停工、窝工，尽量减少施工中所消耗的机械台班数量。

③核定设备台班定额产量，实行超产奖励办法，加快施工生产进度，提高机械设备单位时间的生产效率和利用率。

④加强设备租赁计划管理，减少不必要的设备闲置和浪费，充分利用社会闲置机械资源。

2）台班单价

①加强现场设备的维修、保养工作。降低大修、经常性修理等各项费用的开支，提高机械设备的完好率，最大限度地提高机械设备的利用率，避免因使用不当造成机械设备的停置。

②加强机械操作人员的培训工作。不断提高操作技能，提高施工机械台班的生产效率。

③加强配件的管理。建立健全配件领发料制度，严格按油料消耗定额控制油料消耗，做到修理有记录，消耗有定额，统计有报表，损耗有分析。通过经常分析总结，提高修理质量，降低配件消耗，减少修理费用的支出。

④降低材料成本。做好施工机械配件和工程材料采购计划，降低材料成本。

⑤成立设备管理领导小组，负责设备调度、检查、维修、评估等具体事宜。对主要部件及其保养情况建立档案，分清责任，便于尽早发现问题，找到解决问题的办法。

（5）施工分包费用的控制

分包工程价格的高低，必然对项目经理部的施工项目成本产生一定的影响。因此，工程项目施工成本控制的重要工作之一是对分包价格的控制。项目经理部应在确定施工方案的初期就要确定需要分包的工程范围，决定分包范围的因素主要是工程项目施工的专业性和项目规模。对分包费用的控制，主要是要做好分包工程的询价、订立平等互利的分包合同、建立稳定的分包关系网络、加强施工验收和分包结算等工作。

5. 赢得值（挣值）法

赢得值法是工程项目施工成本控制的一个重要方法。

赢得值法（earned value management, EVM）作为一项先进的项目管理技术，最初是美国国防部于1967年首次确立的。目前，国际上先进的工程公司已普遍采用赢得值法进行工程项目的费用与进度综合分析控制。用赢得值法进行费用、进度综合分析控制，基本参数有3项，即已完工作预算费用、计划工作预算费用和已完工作实际费用。

（1）赢得值法的三个基本参数

1）已完工作预算费用

已完工作预算费用为BCWP（budgeted cost for work performed），是指在某一时间已经完成的工作（或部分工作），以批准认可的预算为标准所需要的资金总额，由于发包人正是根据这个值为承包人完成的工作量支付相应的费用，也就是承包人获得（挣得）的金额，故称赢得值或挣值。

$$已完工作预算费用（BCWP）= 已完成工作量 \times 预算单价 \quad (8\text{-}8)$$

2）计划工作预算费用

计划工作预算费用，简称 BCWS（budgeted cost for work scheduled）, 即根据进度计划，在某一时刻应当完成的工作（或部分工作），以预算为标准所需要的资金总额。一般来说，除非合同有变更，BCWS 在工程实施过程中应保持不变。

$$计划工作预算费用（BCWS）= 计划工作量 \times 预算单价 \tag{8-9}$$

3）已完工作实际费用

已完工作实际费用，简称 ACWP（actual cost for work performed），即到某一时刻为止，已完成的工作（或部分工作）所实际花费的总金额。

$$已完工作实际费用（ACWP）= 已完成工作量 \times 实际单价 \tag{8-10}$$

（2）赢得值法的四个评价指标

在这 3 个基本参数的基础上，可以确定赢得值法的 4 个评价指标，它们都是时间的函数：

1）费用偏差 CV（cost variance）

$$费用偏差 CV= 已完工作预算费用（BCWP）- 已完工作实际费用（ACWP） \tag{8-11}$$

当费用偏差 CV 为负值时，即表示项目运行超出预算费用；当费用偏差 CV 为正值时，表示项目运行节支，实际费用没有超出预算费用。

2）进度偏差 SV（schedule variance）

$$进度偏差 SV= 已完工作预算费用（BCWP）- 计划工作预算费用（BCWS） \tag{8-12}$$

当进度偏差 SV 为负值时，表示进度延误，即实际进度落后于计划进度；当进度偏差 SV 为正值时，表示进度提前，即实际进度快于计划进度。

3）费用绩效指数（CPI）

$$费用绩效指数（CPI）= 已完工作预算费用（BCWP）/ 已完工作实际费用（ACWP） \tag{8-13}$$

当费用绩效指数（CPI）< 1 时，表示超支，即实际费用高于预算费用；当费用绩效指数（CPI）> 1 时，表示节支，即实际费用低于预算费用。

4）进度绩效指数（SPI）

$$进度绩效指数（SPI）= 已完工作预算费用（BCWP）/ 计划工作预算费用（BCWS） \tag{8-14}$$

当进度绩效指数（SPI）< 1 时，表示进度延误，即实际进度比计划进度慢；当进度绩效指数（SPI）> 1 时，表示进度提前，即实际进度比计划进度快。

费用（进度）偏差反映的是绝对偏差，结果很直观，有助于费用管理人员了解项目费用出现偏差的绝对数额，并依此采取一定措施，制定或调整费用支出计划和资金筹措计划。但是，绝对偏差有其不容忽视的局限性。如同样是 10 万元的费用偏差，对于总分费用 1000 万元的项目和总费用 1 亿元的项目而言，其严重性显然是不同的。因此，费用（进度）偏差仅适合于对同一项目作偏差分析。费用（进度）绩效指数反映的是相对偏差，它不受项目层次的限制，也不受项目实施时间的限制，因而在同一项目和不同项目比较中均可采用。

在工程项目施工的费用、进度综合控制中引入赢得值法，可以克服过去进度、费用分开控制的缺点，即当发现费用超支时，很难立即知道是由于费用超出预算，还是由于进度提前。相反，当发现费用低于预算时，也很难立即知道是由于费用节省，还是由于进度拖延。而引入赢得值法即可定量地判断进度、费用的执行效果。

6. 用价值分析法确定降低成本对象

（1）价值分析原理

价值分析的公式是 V=F/C，即功能与成本的比值，要求以最小的成本支出，取得更多的功能。根据公式分析，为使价值大于 1，提高价格的途径有 5 条：

1）功能提高，成本不变。

2）功能不变，成本降低。

3）功能提高，成本降低。

4）降低辅助功能，大幅度降低成本。

5）功能大大提高，成本稍有提高。

其中 2）、3）、4）条途径也是降低成本的途径。

（2）价值分析的工程对象

价值分析对象的选择原则是：选择价值系数低、降低成本潜力大的工程作为价值分析的对象，寻求对成本的有效降低，故价值分析的对象应以下述内容为重点：

1）选择数量大，应用面广的构配件。

2）选择成本高的工程和构配件。

3）选择结构复杂的工程和构配件。

4）选择体积与重量大的工程和构配件。

5）选择对产品功能提高起关键作用的构配件。

6）选择在使用中维修费用高、消耗量大或使用期的总费用较大的工程和构配件。

7）选择畅销产品，以保持优势，提高竞争力。

8）选择在施工（生产）中容易保证质量的工程和构配件。

9）选择施工（生产）难度大、多花费材料和工时的工程和构配件。

10）选择可利用新材料、新设备、新工艺、新结构及在科研上已有先进成果的工程和构配件。

7. 降低风景园林工程项目施工成本的技术组织措施设计与降低工程项目施工成本计划

（1）降低工程项目施工成本的措施要从技术方面和组织方面进行全面设计。技术措施要从施工作业所涉及的生产要素方面进行设计，以降低生产消耗为宗旨。组织措施要从经营管理方面，尤其是从施工管理方面进行筹划，以降低固定成本、消灭非生产性损失、提高生产效率和组织管理效果为宗旨。

（2）从费用构成的要素方面考虑，首先应降低材料费用。因为材料费用占工程成本的大部分，降低成本的潜力最大。而降低材料费用首先应抓住关键性的那些品种少而所占费用比例大的材料，不但容易抓住重点，而且易见成效。降低材料费用最有效的措施是改善设计或采用代用材料，它比改进施工工艺更有效，潜力更大。而在降低材料成本措施的设计中，价值分析法是有效的科学手段。

（3）降低机械使用费的主要途径是设计出提高机械利用率和机械效率，以充分发挥机械生产能力的措施。因此，科学的机械使用计划和完好的机械状态是必须重视的。随着施工机械化程度的不断提高，降低机械使用费的潜力也越来越大，必须做好施工机械使用的技术经济分析。

（4）降低人工费用的根本途径是提高劳动生产率。提高劳动生产率必须通过提高生产工人的劳动积极性实现。提高工人劳动积极性则与适当的分配制度、激励办法、责任制及思想工作有关。要正确应用行为科学的理论，进行有效的“激励”。

（5）降低工程项目施工成本计划的编制必须以施工组织设计为基础。在工程项目施工管理实施规划中必须有降低成本措施，施工进度计划所设计的工期，应与成本优化相结合。施工总平面图无论对施工准备费用支出或施工中的经济性都有重大影响。因此，工程项目施工项目管理规划既要做出技术和组织设计，也要做出成本设计。只有在工程项目施工管理实施规划基础上编制的成本计划，才是有可靠基础的、可操作的成本计划，也是考虑缜密的工程项目施工成本计划。

8.6 风景园林工程项目施工成本核算

8.6.1 风景园林工程项目施工成本核算概述

风景园林工程项目施工成本核算是指对工程项目施工过程中所发生的各种费用支出和成本的形成进行审核、汇总、计算。项目经理部应作为企业的成本中心，加强工程项目施工成本核算，为成本控制各环节提供必要的资料。工程项目施工成本核算所提供的各种成本信息，是成本预测、成本计划、成本控制、成本分析和成本考核等各个环节的依据。成本核算是工程项目施工成本管理的一个重要环节，应贯穿于工程项目施工成本管理的全过程。

8.6.2 风景园林工程项目施工成本核算对象划分

风景园林工程项目施工成本核算对象是指在计算成本中，确定归集和分配生产费用的具体对象，即生产费用承担的客体。

风景园林工程施工项目不等于成本核算对象。有时一个工程施工项目包括几个单位工程需要分别核算。工程项目施工成本一般应以每一独立编制施工图预算的单位工程为成本核算对象，但也可以按照承包工程项目的规模、工期、结构类型、施工组织和施工现场等情况，结合承包管理要求，灵活划分承包核算对象。一般来说有以下几种划分方法：

（1）一个单位工程由几个施工单位共同施工时，各施工单位都应以同一单位工程为成本核算对象，各自核算自行完成的部分。

（2）规模大的、工期长的单位工程，可以将工程划分为若干部位，以分部位的工程作为成本核算对象。

（3）同一建设项目，由同一施工单位施工，并在同一施工地点，属同一结构类型，开竣工时间相近的若干单位工程，可以合并作为一个成本核算对象。

（4）改建、扩建的零星工程，可以将开竣工时间相接近、属于同一建设项目的各个单位工程合并作为一个成本核算对象。

（5）风景园林工程可以根据实际情况和管理需要，以一个单项工程作为成本和核算对象，或将同一施工地点的若干工程量较少的单项工程合并作为一个成本核算对象。

8.6.3 风景园林工程项目施工成本核算的基本环节

风景园林工程项目施工成本核算有两个基本环节：

（1）按照规定的成本开支范围对施工费用进行归集和分配，计算出工程项目施工费用的实际发生额。

（2）根据成本核算对象，采用适当的方法，计算出该工程项目施工的总成本和单位成本。

风景园林工程项目施工成本管理需要正确及时地核算施工过程中发生的各项费用，计算工程项目施工项目的实际成本。因此加强工程项目施工成本核算工作，对降低工程项目施工成本、提高企业的经济效益有积极的作用。

8.6.4 风景园林工程项目施工成本核算的基本内容

风景园林工程项目施工成本核算的基本内容包括：

（1）人工费核算；（2）材料费核算；（3）周转材料费核算；（4）结构件费核算；（5）机械使用费核算；（6）措施费核算；（7）分包工程成本核算；（8）企业管理费核算；（9）项目月度施工成本报告编制。

8.6.5 风景园林工程项目施工成本核算制的建立

按照《建设工程项目管理规范》GB/T 50326—2006 的要求，风景园林工程项目经理部应根据财务制度和会计制度的有关规定，建立风景园林工程项目施工成本核算制，明确风景园林工程项目施工成本核算的原则、范围、程序、方法、内容、责任及要求，并设置风景园林工程项目施工成本核算台账，记录原始数据。

风景园林工程项目施工管理必须实行工程项目施工成本核算制，它和项目经理责任制等共同构成了工程项目施工管理的运行机制。公司层与项目经理部的经济关系、管理责任关系、管理权限关系，以及工程项目施工管理组织所承担的责任成本核算的范围、核算业务流程和要求等，都应以制度的形式做出明确的规定。工程项目施工成本核算制是工程项目施工管理的基本制度之一。成本核算是实施成本核算制的关键环节，是搞好成本控制的首要条件。

风景园林工程项目经理部要建立一系列项目业务核算台账和工程项目施工成本会计账户，实施全过程的成本核算，应按照规定的时间间隔进行工程项目的成本核算，具体可分为定期的成本核算和竣工工程成本核算；定期的成本核算是竣工工程全面成本核算的基础，包括每天、每周、每月的成本核算等；对竣工工程的成本核算，应区分为竣工工程现场成本和竣工工程完全成本，分别由项目经理部和企业财务部门进行核算分析，其目的在于分别考核项目管理绩效和企业经营效益；应编制园林工程项目定期成本报告。

8.6.6 风景园林工程项目施工成本核算的特点

因为风景园林工程项目施工产品具有多样性、固定性、形体庞大、价值巨大等不同于其他工业产品的特点，所以在风景园林工程项目施工产品的生产过程中，工程项目施工成本核算也就具有了不同于一般产品成本核算的特点。主要有以下几个方面：

（1）工程项目施工成本核算内容繁杂、周期长。施工项目生产的周期长，工程项目的组成内容多，多个施工过程同时进行，工程项目施工成本核算又是定期、不停地在进行，因此成本核算是一项内容繁杂、伴随工程项目施工全过程的重要工作。

（2）成本核算需要全员的分工与协作、共同完成。成本的核算不是一个人或一个岗位所能完成的。准确而及时的成本核算需要全员的配合，按照分工与职责，做到全员管理。

（3）成本核算满足三同步要求、难度大。工程项目施工生产过程包含数量众多的施工过程，各个施工过程之间具有一定的联系，有些甚至相互制约。一个施工过程发生改变，可能会影响相关的其他过程，在施工过程中的某个时点上，确切的成本资料很难掌握。

（4）在工程项目总分包制条件下，对分包商的实际成本很难把握。在工程项目施工成本核算时，只能以分包价格作为工程项目施工核算的成本支出。

（5）在工程项目施工成本核算过程中，数据处理工作量巨大，需对各种成本数据进行收集、加工、整理，特别是需要将实际成本与施工预算成本、合同预算成本进行比较，这样数据处理的工作量就更加巨大，为了更好地做好成本核算工作，应充分利用计算机，使工程项目施工成本核算工作程序化和标准化。

8.6.7 风景园林工程项目施工成本核算原则

风景园林工程项目施工成本核算应坚持形象进度、产值统计、成本归集三同步的原则。

形象进度、产值统计、实际成本归集“三同步”，即三者的取值范围应是一致的。形象进度表达的工程量、统计施工产值的工程量和实际成本归集所依据的工程量均应是相同的数值。

8.6.8 风景园林工程项目施工成本核算的基础工作

由于工程项目施工成本核算是一项很复杂的工作，故应当具备一定的基础，除了建立成本核算制以外，主要有几项：

（1）建立健全原始记录制度。

（2）制定先进合理的企业成本核算标准（定额）。

（3）建立企业内部结算体制。

（4）对成本核算人员进行培训，使其具备熟练的必要核算技能。

8.6.9 风景园林工程项目施工成本核算的要求

（1）每一月为一个核算期，在月末进行。

（2）核算对象按单位工程划分，并与责任目标成本的界定范围相一致。

（3）坚持形象进度、施工产值统计、实际成本归集“三同步”。

（4）采取会计核算、统计核算和业务核算“三算结合”的方法。

（5）在核算中做好实际成本与责任目标成本的对比分析、实际成本与计划目标成本的对比分析。

（6）编制月度项目成本报告上报企业，以接受指导、检查和考核。

（7）每月末预测后期成本的变化趋势和状况，制定改善成本管理的措施。

（8）搞好施工产值和实际成本的归集：

1）应按统计人员提供的当月完成工程量的价值及有关规定，扣减各项上缴税费后，作为当期工程结算收入。

2）人工费应按照劳动管理人员提供的用工分析和受益对象进行账务处理，计入工程成本。

3）材料费应根据当月材料消耗和实际价格，计算当期消耗，计入工程成本；周转材料应实行内部租赁制，按照当月使用时间、数量、单价计算，计入工程成本。

4）机械使用费按照项目当月使用台班和单价计入工程成本。

5）措施费应根据有关核算资料进行账务处理，计入工程成本。

6）间接成本应根据现场发生的间接成本项目的有关资料进行账务处理，计入工程成本。

8.6.10 风景园林工程项目施工成本核算方法

1. 建立以工程项目施工为成本中心的核算体系

企业内部通过机制转换，形成和建立了内部劳务（含服务）市场、机械设备租赁市场、材料市场、技术市场和资金市场。项目经理部与这些内部市场主体发生的是租赁买卖关系，一切都以经济合同结算关系为基础。它们以外部市场通行的市场规则和企业内部相应的调控手段相结合的原则运行。

2. 实际成本数据的归集

项目经理部必须建立完整的成本核算账务体系，应用会计核算的办法，在配套的专业核算辅助下，对项目成本费用的收、支、结、转进行登记、计算和反映，归集实际成本数据。项目成本核算的账务体系，主要包括会计科目、会计报表和必要的核算台账。

（1）会计科目。主要包括工程施工、材料采购、主要材料、结构件、材料成本差异、预提费用、待摊费用、专项工程支出、应付购货款、管理费、内部往来、其他往来、发包单位工程款往来等。

（2）会计月报表。主要包括工程成本表、竣工工程成本表等。

（3）工程项目施工成本核算台账。见表 8-10。

项目经理部成本核算台账　　表 8-10

序号	台账名称	责任人	原始资料来源	设置要求
01	人工费台账	造价员	劳务合同结算单	分部分项工程的工日数，实物量金额
02	机械使用费台账	核算员	机械租赁结算书	各机械使用台班金额
03	主要材料收发存台账	材料员	入库单、限额领料单	反映月度分部分项收、发、存数量金额
04	周转材料使用台账	材料员	周转材料租赁结算单	反映月度租用数量、动态
05	设备料台账	材料员	设备租赁结算单	反映月度租用数量、动态
06	其他直接费台账	核算员	与各子目相应的单据	反映月度耗费的金额
07	施工管理费台账	核算员	与各子目相应的单据	反映月度耗费的金额
08	预算增减费台账	造价员	技术核定单，返工记录，施工图预算定额，实际报耗资料，调整账单，签证单	施工图预算增减账内容、金额、预算增减账与技术核定单内容一致，同步进行
09	索赔记录台账	成本员	向有关单位收取的索赔单据	反映及时，便于收取
10	资金台账	成本员、造价员	工作量、预算增减单，工程款账单，收款凭证，支付凭证	反映工程价款收支余及拖欠款情况
11	资料文件收发台账	资料员	工程合同，与各部门来往的各类文件、纪要、信函、图纸、通知等资料	内容、日期、处理人意见，收发人签字等，反映全面
12	形象进度台账	统计员	工程实际进展情况	按各分部分项工程据实记录
13	产值结构台账	统计员	施工预算、工程形象进度	按三同步要求，正确反映每月的施工值

续表

序号	台账名称	责任人	原始资料来源	设置要求
14	预算成本构成台账	造价员	施工预算、施工图预算	按分部分项单列各项成本种类，金额，占总成本的比值
15	质量成本科目台账	技术员	用于技术措施项目的报耗实物量费用原始单据	便于结算费用
16	成本台账	成本员	汇集记录有关成本费用资料	反映三同步
17	甲方供料台账	核算员、材料员	建设单位（总承包单位）提供的各种材料件验收、领用单据（包括三料交料情况）	反映供料实际数量、规格、损坏情况

（4）“三算”跟踪分析。

“三算”跟踪分析是对分部分项工程的实际成本与施工预算成本及合同预算（或施工图预算）成本进行逐项分别比较，反映工程项目施工成本目标的执行结果，即事后实际成本与事前计划成本的差异。

为了及时、准确、有效地进行“三算”跟踪分析，应按分部分项内容和成本要素划分“三算”跟踪分析项目，具体操作可采用表 8-11 和表 8-12 的形式，先按成本要素分别填制，然后再汇总分部分项综合成本。

直接人工（材料、机械）费动态跟踪表　　表 8–11

序号	分部分项工程名称	工程量			施工结算			实际完成			节超			尚需成本			盈亏预测		最终合同预算成本节超	备注
		总量	上月止累计	本月完成	总量	上月止累计	本月预算额	上月累计	本月发生额	本月止累计	本期节超	上月止节超	本月止节超	尚余工程量	施工预算余额	尚需费用额	后期节超预测	最终节超预测		

其他直接费（现场经费、间接费）动态跟踪表　　表 8–12

序号	费用名称	施工预算			实际完成			节超			尚需成本			盈亏预测		最终合同预算成本节超	备注
		总量	上月止累计	本月预算额	上月累计	本月发生额	本月止累计	本期节超	上月止节超	本月止节超	尚余工程量	施工预算余额	尚需费用额	后期节超预测	最终节超预测		

工程项目施工成本偏差有实际偏差、计划偏差和目标偏差，分别按下式计算：

$$实际偏差 = 实际成本 - 合同预算成本 \tag{8-15}$$

$$计划偏差 = 合同预算成本 - 施工预算成本 \tag{8-16}$$

$$目标偏差 = 实际成本 - 施工预算成本 \tag{8-17}$$

通常，实际成本总是低于合同预算成本，偶尔也可能高于合同预算成本。实际成本来源于实际的施工过程，它的信息载体是各种日报、材料消耗台账等。通过这些报表，就能够收集到实际工、料消耗等的准确数据，然后将这些数据与施工预算成本、合同预算成本逐项地进行比较。一般每月度比较一次，并严格遵循“三同步”原则。

8.7 风景园林工程项目施工成本分析

8.7.1 风景园林工程项目施工成本分析概述

风景园林工程项目施工成本分析，是在工程项目施工成本核算的基础上，在成本的形成过程中，根据成本核算资料和其他有关资料，对工程项目施工成本进行的对比评价和剖析总结工作，它贯穿于工程项目施工成本管理的全过程，主要利用工程项目施工的成本核算资料(成本信息)，与目标成本（计划成本)、预算成本以及类似的工程项目施工的实际成本等进行比较，了解成本的变动情况，分析主要技术经济指标对成本的影响，系统地研究成本变动的因素，检查成本计划的合理性，并通过对工程项目施工成本的形成过程和影响成本升降的因素进行分析，深入揭示成本的变动规律，寻找降低工程项目施工成本的途径和潜力，包括有利偏差的挖掘和不理偏差的纠正，可从账簿、报表反映的成本现象中看清成本的实质，增强工程项目施工成本的透明度和可控性，以便有效地进行成本控制，为实现成本目标创造条件。

风景园林工程项目施工成本偏差的控制，分析是关键，纠偏是核心，因此要针对分析得出的偏差繁盛原因，采取切实措施，加以纠正。

风景园林工程项目施工成本偏差分为局部成本偏差和累计成本偏差。

局部成本偏差，包括按项目的月度（或周、天等）核算成本偏差、按专业核算成本偏差以及按分部分项作业核算成本偏差等。

累计成本偏差，是指已完工程在某一时间点上实际成本与相应的计划总成本的差异。

分析风景园林工程项目施工成本偏差的原因，应采取定性和定量相结合的方法。

8.7.2 进行风景园林工程项目施工成本分析的依据资料

风景园林工程项目施工成本分析应依据会计核算、业务核算和统计核算的资料进行。

1. 会计核算

会计核算主要是价值核算。会计是对一定单位的经济业务进行计量、记录、分析和检查，做出预测、参与决策、实行监督，旨在实现最优经济效益的一种管理活动；它通过设置账户、复式记账、填制和审核凭证、登记账簿、成本计算、财产清查和编制会计报表等一系列有组织有系统的方法，来记录企业的一切生产经营活动，然后据此提出一些用货币来反映的有关各种综合性经济指标的数据，如资产、负债、所有者权益、收入、费用和利润等。由于会计记录具有连续性、系统性、综合性等特点，所以它是施工成本分析的重要依据。

2. 业务核算

业务核算是各业务部门根据业务工作的需要建立的核算制度，它包括原始记录和计算登记表，如单位工程及分部分项工程进度登记，质量登记，工效、定额计算登记，物资消耗定额记录，测试记录等。业务核算的范围比会计、统计核算要广；会计和统计核算一般是对已经发生的经济活动进行核算，而业务核算不但可以核算已经完成的项目是否达到原定的目的、取得预期的效果，而且可以对尚未发生或正在发生的经济活动进行核算，以确定该项经济活动是否有经济效果，是否有执行的必要。它的特点是对个别的经济业务进行单项核算，例如各种技术措施、新工艺等项目；业务核算的目的在于迅速取得资料，以便在经济活动中及时采取措施进行调整。

3. 统计核算

统计核算是利用会计核算资料和业务核算资料，把企业生产经营活动客观现状的大量数据，按统计方法加以系统整理，以发现其规律性。它的计量尺度比会计宽，可以用货币计算，也可以用实物或劳动量计算。它通过全面调查和抽样调查等特有的方法，不仅能提供绝对数指标，还能提供相对数和平均数指标，可以计算当前的实际水平，还可以确定变动速度以预测发展的趋势。

8.7.3 风景园林工程项目施工成本分析的方法类别

由于风景园林工程项目施工成本涉及的范围广，需要分析的内容较多，因此应在不同的情况下采取不同的分析方法；风景园林工程项目施工成本分析的方法有：基本分析方法、综合成本分析方法、成本项目分析方法和专项成本分析方法等类别。

基本分析方法有：比较法、因素分析法、差额计算法、比率法、挣值法等。

综合分析方法有：分部分项成本分析、年季月（或周、旬等）度成本分析、竣工成本分析等。

成本项目分析方法有：人工费分析、材料费分析、机械使用费分析、管理费分析等。

专项成本分析方法有：成本盈亏异常分析、工期成本分析、资金成本分析等。

8.7.4 风景园林工程项目施工成本分析的基本分析方法

1. 比较法

比较法是指通过实际完成成本与计划成本进行对比，找出差异，分析其原因，以便改进。这种方法简便易行，但应注意使比较的指标所含的内容一致。

比较法又称“指标对比分析法”，是指对比技术经济指标，检查目标的完成情况，分析产生差异的原因，进而挖掘降低成本的方法。这种方法通俗易懂、简单易行、便于掌握，因而得到了广泛的应用，但在应用时必须注意各技术经济指标的可比性。

（1）将实际指标与目标指标对比

以此检查目标完成情况，分析影响目标完成的积极因素和消极因素，以便及时采取措施，保证成本目标的实现。在进行实际指标与目标指标对比时，还应注意目标本身有无问题，如果目标本身出现问题，则应调整目标，重新评价实际工作。

（2）本期实际指标与上期实际指标对比

通过本期实际指标与上期实际指标对比，可以看出各项技术经济指标的变动情况，反映施工管理水平的提高程度。

（3）与本行业平均水平、先进水平对比

通过这种对比，可以反映本项目的技术和经济管理水平与行业的平均及先进水平的差距，进而采取措施提高本项目管理水平。

以上3种对比，可以在一张表中同时反映。例如，某项目本年计划节约“三材”100000元，实际节约120000元，上年节约95000元，本企业先进水平节约130000元。根据上述资料编制分析表8-13。

实际指标与上期指标、先进水平对比表（单位：万元）　　表8-13

指标	本年计划数	上年实际数	企业先进水平	本年实际数	差异数		
					与计划比	与上年比	与先进比
“三材”节约数	10.0	12.0	9.5	13.0	2.0	2.5	–1.0

2. 因素分析法

因素分析法又称连环置换法（连环替代法），可用来分析各种因素对成本的影响程度。在进行分析时，假定众多因素中的一个因素发生了变化，而其他因素则不变，然后逐个替换，分别比较其计算结果，以确定各个因素的变化对成本的影响程度。因素分析法的计算步骤如下：

1）确定分析对象，计算实际与目标的差异。

2）确定该指标是由哪几个因素组成的，并按其相互关系进行排序（排序规则是：先实物量，后价值量；先绝对值，后相对值）。

3）以目标数为基础，将各因素的目标数相乘，作为分析替代的基数。

4）将各个因素的实际数按照已确定的排列顺序进行替换计算，并将替换后的实际数保留下来。

5）将每次替换计算所得的结果，与前一次的计算结果相比较，两者的差异即为该因素对成本的影响程度。

6）各个因素的影响程度之和，应与分析对象的总差异相等。

3. 差额计算法

差额计算法是因素分析法的一种简化形式，它利用各个因素的目标值与实际值的差额来计算其对成本的影响程度。

【例8-1】某施工项目某月的实际成本降低额比计划提高了2.40万元，见表8-14。

降低成本计划与实际成本对比表　　表8-14

项目	单位	目标	实际	差额
预算成本	万元	300	320	+20
成本降低率	%	4	4.5	+0.5
成本降低额	万元	12	14.40	+2.40

根据表8-14资料，应用差额计算法分析预算成本和成本降低率对成本降低额的影响程度。

【解】（1）预算成本增加对成本降低额的影响程度

（320–300）×4%=0.80万元

（2）成本降低率提高对成本降低额的影响程度

（4.5%–4%）×320=1.60 万元

以上两项合计：0.80+1.60=2.40 万元。

4. 比率法

比率法是指用两个以上的指标的比例进行分析的方法。它的基本特点是：先把对比分析的数值变成相对数，再观察其相互之间的关系；常用的比率法有以下几种：

（1）相关比率法

该比率法用两个性质不同而又相关的指标加以对比，得出比率，用来考查成本的状况，如成本利润率就是相关比率。

由于项目经济活动的各个方面是相互联系、相互依存、相互影响的，因而可以将两个性质不同且相关的指标加以对比，求出比率，并以此来考察经营成果的好坏。例如：产值和工资是两个不同的概念，但它们是投入与产出的关系。在一般情况下，都希望以最少的工资支出完成最大的产值；因此，用产值工资率指标来考核人工费的支出水平，可以很好地分析人工成本。

（2）构成比率法

某项费用占项目总成本的比重就是构成比率，可用来考查成本的构成情况，分析量、本、利的关系，为降低成本指明方向。

构成比率法又称比重分析法或机构对比分析法，通过构成比率，可以考察成本总量的构成情况及各成本项目占总成本的比重，同时也可看出预算成本、实际成本和降低成本的比例关系，从而寻求降低成本的途径，见表 8-15。

成本构成比例分析表（单位：万元）　　表 8–15

成本项目	预算成本		实际成本		降低成本		
	金额	比重	金额	比重	金额	占本项（%）	占总量（%）
1. 直接成本	1263.79	93.2	1200.31	92.38	63.48	5.02	4.68
（1）人工费	113.36	8.36	119.28	9.18	–5.92	–1.09	–0.44
（2）材料费	1006.56	74.23	939.67	72.32	66.89	6.65	4.93
（3）机具使用费	87.6	6.46	89.65	6.9	–2.05	–2.34	–0.15
（4）措施费	56.27	4.15	51.71	3.98	4.56	8.1	0.34
2. 间接成本	92.21	6.8	99.01	7.62	–6.8	–7.37	0.5
总成本	1356	100	1299.32	100	56.68	4.18	1.48
比例（%）	100		95.82		4.18		

（3）动态比率法

将同类指标不同时期的成本数值进行对比，就可求得动态比率，包括定比比率和环比比率两类，可用来分析成本的变化方向和变化速度。

动态比率法是将同类指标不同时期的数值进行对比，求出比率，以分析该项指标的发展方向和发展速度。动态比率的计算，通常采用基期指数和环比指数两种方法，见表 8-16。

5. 挣值法

挣值法主要用来分析成本目标实施与期望之间的差异，是一种偏差分析方法。其分析过程如下：

指标动态比较表　　表 8-16

指标	第一季度	第二季度	第三季度	第四季度
降低成本（万元）	45.60	47.80	52.50	64.30
基期指数（%）（第一季度 =100）		104.82	115.13	141.01
环比指数（%）（上一季度 =100）		104.82	109.83	122.48

（1）明确三个关键中间变量

1）项目计划完成工作的预算成本（BCWS）。它是在成本估算阶段就确定的与项目活动时间相关的成本累积值，同成本绩效指标中的累积实际成本（CAC）是相同的含义，相同的数值。在项目的进度时间—预算成本坐标中，随着项目的进度，BCWS 成 S 状曲线不断增加，直到项目结束，达到最大值。

其计算公式为：

$$BCWS = \text{计划工作量} \times \text{预算单价} \tag{8-18}$$

2）项目已完工作的实际成本（ACWP）。项目在计划时间内，实际完工投入的成本累积总额。它同样也随着项目的推进而不断增加。

3）项目已完工作的预算成本（BCWP），即"挣值"。它是项目在计划时间内，实际完成工作量的预算成本总额，也就是说，以项目预算成本为依据，计算出的项目已创造的实际已完工作的计划支付成本。

其计算公式为：

$$BCWP = \text{已完成工作量} \times \text{该工作量的预算单价} \tag{8-19}$$

（2）明确两种偏差的计算

1）项目成本偏差 CV。

其计算公式为：

$$CV = BCWP - ACWP \tag{8-20}$$

这个指标的含义为已完成工作量的预算成本与实际成本之间的绝对差异。当 *CV* 大于零时，表示项目实施处于节支状态，完成同样工作所花费的实际成本少于预算成本；当 *CV* 小于零时，表明项目处于超支状态，完成同样工作所花费的实际成本多余预算成本。

2）项目进度偏差 SV。

其计算公式为：

$$SV = BCWP - BCWS \tag{8-21}$$

这个指标的含义是截止到某一时点，实际已完成工作的预算成本同截止到该时点计划完成工作的预算成本之间的绝对差异。当 *SV* 大于零时，表明项目实施超过计划进度；当 *SV* 小于零时，表明项目实施落后于计划进度。

（3）明确两个指标变量

1）进度绩效指数 SCI。

其计算公式为：

$$SCI = BCWP/BCWS \tag{8-22}$$

这个指标的含义为以截止到某一时点的预算成本的完成量为衡量标准，计算在该时点之前项目已完工作量占计划应完工作量的比例。当 SCI 大于 1 时，表明项目实际完成的工作量超过计划工作量；当 SCI 小于 1 时，表明项目实际完成的工作量少于计划工作量。

2）成本绩效指数 CPI。

其计算公式为：

$$CPI = ACWP / BCWP \tag{8-23}$$

这个指标的含义为已完工作实际所花费的成本是已完工作计划花费的预算成本的多少倍。即用来衡量资金的使用效率。当 CPI 大于 1 时，表明实际成本多于计划成本，资金使用效率较低；当 CPI 小于 1 时，表明实际成本少于计划成本，资金使用效率较高。

8.7.5 风景园林工程项目施工成本分析的综合成本分析方法

综合成本是指涉及多种生产要素，并受多种因素影响的成本费用，如分部分项工程成本，月（季）度成本、年底成本等。由于这些成本都是随着项目施工的进展而逐步形成的，与生产经营有着密切的关系，因此，做好上述成本的分析工作，无疑将促进项目的生产经营管理，提高项目的经济效益。

1. 分部分项工程成本分析

分部分项工程成本分析是工程项目施工成本分析的基础。分部分项工程成本分析的对象为已完成分部分项工程，分析的方法是：进行预算成本、目标成本和实际成本的“三算”对比，分别计算实际偏差和目标偏差，分析偏差产生的原因，为今后的分部分项工程成本寻求节约途径。

分部分项工程成本分析的资料来源为：预算成本来自投标报价成本，目标成本来自施工预算，实际成本来自施工任务单的实际工程量、实耗人工和限额领料单的实耗材料。

由于工程项目施工包括很多分部分项工程，无法也没有必要对每一个分部分项工程都进行成本分析。特别是一些工程量小、成本费用少的零星工程。但是，对于那些主要分部分项工程必须进行成本分析，而且要做到从开工到竣工进行系统的成本分析。因为通过主要分部分项工程成本的系统分析，可以基本上了解工程项目施工成本形成的全过程，为竣工成本分析和今后的工程项目施工成本管理提供参考资料。

分部分项工程成本分析表的格式见表 8-17。

分部分项工程成本分析　　表 8-17

单位工程：　　分部分项工程名称：　　工程量：　　施工班组：　　施工日期：

工料名称	规格	单位	单价	预算成本		目标成本		实际成本		实际与预算比较		实际与目标比较	
				数量	金额	数量	金额	数量	金额	数量	金额	数量	金额
合计													
实际与预算比较（%）（预算 =100）													
实际与计划比较（%）（计划 =100）													
节超原因说明													

编制单位：　　成本员：　　填表日期：

2. 月（季）度成本分析

月（季）度成本分析，是工程项目施工定期的、经常性的中间成本分析，对于工程项目施工来说具有特别重要的意义。通过月（季）度成本分析，可以及时发现问题，以便按照成本目标指定的方向进行监督和控制，保证工程项目施工成本目标的实现。

月（季）度成本分析的依据是当月（季）的成本报表，分析通常包括以下几个方面：

（1）通过实际成本与预算成本的对比，分析当月（季）的成本降低水平；通过累计实际成本与累计预算成本的对比，分析累计的成本降低水平，预测实现工程项目施工成本目标的前景。

（2）通过实际成本与目标成本的对比，分析目标成本的落实情况以及目标管理中的问题和不足，进而采取措施，加强成本管理，保证工程项目施工成本目标的实现。

（3）通过对各成本项目的成本分析，可以了解成本总量的构成比例和成本管理的薄弱环节。例如：在成本分析中，若发现人工费、机械费等项目大幅度超支，则应该对这些费用的收支配比关系进行研究，并采取应对措施，防止今后再超支。如果是属于规定的“政策性”亏损，则应从控制支出着手，把超支额压到最低限度。

（4）通过主要技术经济指标的实际与目标对比，分析产量、工期、质量、“三材”节约率、机械利用率等对成本的影响。

（5）通过对技术组织措施执行效果的分析，寻求更加有效的节约途径。

（6）分析其他有利条件和不利条件对成本的影响。

3. 年度成本分析

企业成本要求一年结算一次，不得将本年成本转入下一年度。而工程项目施工成本则以项目的寿命周期为结算期，要求从开工到竣工直至保修期结束连续计算，最后结算出总成本及其盈亏。由于工程项目的施工周期一般较长，除进行月（季）度成本核算和分析外，还要进行年度成本的核算和分析。这不仅是企业汇编年度成本报表的需要，同时也是项目成本管理的需要，通过年度成本的综合分析，可以总结一年来成本管理的成绩和不足，为今后的成本管理提供经验和教训，从而可对工程项目施工成本进行更有效的管理。

年度成本分析的依据是年度成本报表。年度成本分析的内容，除了月（季）度成本分析的六个方面以外，重点是针对下一年度的施工进展情况制定切实可行的成本管理措施，以保证工程项目施工成本目标的实现。

4. 竣工成本分析

凡是有几个单位工程且单独进行成本核算（即成本核算对象）的施工项目，其竣工成本分析应以各单位工程竣工成本分析资料为基础，再加上项目管理层的经营效益（如资金调度、对外分包等所产生的效益）进行综合分析。如果施工项目只有一个成本核算对象（单位工程），就以该成本核算对象的竣工成本资料作为成本分析的依据。

单位工程竣工成本分析，应包括以下三方面内容：

（1）竣工成本分析；

（2）主要资源节超对比分析；

（3）主要技术节约措施及经济效果分析。

通过以上分析，可以全面了解单位工程的成本构成和降低成本的来源，对今后同类工程项目施工的成本管理提供参考。

8.7.6 风景园林工程项目施工成本分析的成本项目分析方法

1. 人工费分析

工程项目施工需要的人工和人工费，由项目经理部与作业队签订劳务分包合同，明确承包范围、承包金额和双方的权利、义务。除了按合同规定支付劳务费以外，还可能发生一些其他人工费支出，主要有（人工费分项的主要内容）：

（1）因实物工程量增减而调整的人工和人工费。

（2）定额人工以外的计日工工资（如果已按定额人工的一定比例由作业队包干，并已列入承包合同的，不再另行支付）。

（3）对在进度、质量、节约、文明施工等方面作出贡献的班组和个人进行奖励的费用。

2. 材料费分析

材料费分析包括主要材料、结构件和周转材料使用费的分析以及材料储备的分析：

（1）主要材料和结构件费用分析

主要材料和结构件费用的高低，主要受价格和消耗数量的影响。而材料价格的变动，受采购价格、运输费用、途中损耗、供应不足等因素的影响；材料消耗数量的变动，则受操作损耗、管理损耗和返工损失等因素的影响。因此，可在价格变动较大和数量超用异常的时候再作深入分析。为了分析材料价格和消耗数量的变化对材料和结构件费用的影响程度，可按下列公式计算：

因材料价格变动对材料费的影响 =（计划单价 – 实际单价）× 实际数量　　（8-24）

因消耗数量变动对材料费的影响 =（计划用量 – 实际用量）× 实际价格　　（8-25）

（2）周转材料使用费分析

在实行周转材料内部租赁制的情况下，项目周转材料费的节约或超支，取定于材料周转率和损耗率，周转减慢，则材料周转的时间增长，租赁费支出就增加；而超过规定的损耗，则要照价赔偿。

（3）采购保管费分析

材料采购保管费属于材料的采购成本，包括：材料采购保管人员的工资、工资附加费、劳动保护费、办公费、差旅费，以及材料采购保管过程中发生的固定资产使用费、工具用具使用费、检验试验费、材料整理及零星运费和材料物资的盘亏及毁损等。因此，应根据每月实际采购的材料数量（金额）和实际发生的材料采购保管费，分析保管费率的变化。

（4）材料储备资金分析

材料的储备资金是根据日平均用量、材料单价和储备天数（即从采购到进场所需要的时间）计算的。上述任何一个因素变动，都会影响储备资金的占用量。材料储备资金的分析，可以应用“因素分析法”。

【例 8-2】某项目水泥的储备资金变动情况见表 8-18。

储备资金计划与实际对比表　　表 8–18

项目	单位	计划	实际	差异
日平均用量	t	50	60	10
单价	元	400	420	20

续表

项目	单位	计划	实际	差异
储备天数	d	7	6	–1
储备金额	万元	14	15.12	1.12
储备天数	d	7	6	–1
储备金额	万元	14	15.12	1.12

根据表 8-18 的数据，分析日平均用量、单价和储备天数等因素的变动对水泥储备资金的影响程度，见表 8-19。

储备资金因素分析表　　表 8–19

顺序	连环替代计算	差异	因素分析
计划数	50 × 400 × 7=14.00 万元		由于日平均用量增加 10t，增加储备资金 2.80 万元
第一次替代	60 × 400 × 7=16.80 万元	+2.80 万元	由于水泥单价提高 20 元 /t，增加储备资金 0.84 万元
第二次替代	60 × 420 × 7=17.64 万元	+0.84 万元	由于储备天数缩短一天，减少储备资金 2.52 万元
第三次替代	60 × 420 × 6=15.12 万元	–2.52 万元	
合计	50 × 400 × 7=14.00 万元	+1.12 万元	

从以上分析可以发现，储备天数是影响储备资金的关键因素。因此，材料采购人员应该选择运距短的供应单位，尽可能减少材料采购的中转环节，缩短储备天数。

3. 机械使用费分析

由于工程项目施工具有的一次性，项目经理部不可能拥有自己的机械设备，而是随着施工的需要，向企业动力部门或外单位租用。在机械设备的租用过程中，存在两种情况：一是按产量进行承包，并按完成产量计算费用，如土方工程。项目经理部只要按实际挖掘的土方工程量结算挖土费用，而不必考虑挖土机械的完好程度和利用程度。另一种是按使用时间（台班）计算机械费用的，如吊车、搅拌机、砂浆机等，如果机械完好率低或在使用中调度不当，必然会影响机械的利用率，从而延长使用时间，增加使用费。因此，项目经理部应给予一定的重视。

由于建筑施工的特点，在流水作业和工序搭接上往往出现些必然或偶然的施工间隙，影响机械的连续作业；有时，又因为加快施工进度和工种配合，需要机械日夜不停地运转。这样便造成机械综合利用效率不高，比如机械停工，则需要支付停班费。因此，在机械设备的使用过程中，应以满足施工需要为前提，加强机械设备的平衡调度，充分发挥机械的效用；同时，还要加强平时的机械设备的维修保养工作，提高机械的完好率，保证机械的正常运转。

4. 管理费分析

管理费分析，也应通过预算（或计划）数与实际数的比较来进行。管理费包括：现场管理人员工资、办公费、差旅交通费、固定资产使用费、工具用具使用费、劳动保险费等。预算与实际比较的表格形式见表 8-20。

管理费预算（计划）与实际比较　　表 8-20

序号	项目	预算	实际	比较	备注
01	管理人员工资				包括职工福利费和劳动保护费
02	办公费				包括生活水电费、取暖费
03	差旅交通费				
04	固定资产使用费				包括折旧及修理费
05	工具用具使用费				
06	劳动保险费				
…	…				
合计					

8.7.7 风景园林工程项目施工成本分析的专项成本分析方法

针对与成本有关的特定事项的分析，包括成本盈亏异常分析、工期成本分析和资金成本分析等内容。

1. 成本盈亏异常分析

工程项目施工出现成本盈亏异常情况，必须引起高度重视，必须彻底查明原因并及时纠正。

检查成本盈亏异常的原因，应从经济核算的“三同步”入手。因为项目经济核算的基本规律是：在完成多少产值、消耗多少资源、发生多少成本之间，有着必然的同步关系。如果违背这个规律，就会发生成本的盈亏异常。

“三同步”检查是提高项目经济核算水平的有效手段，不仅适用于成本盈亏异常的检查，也可用于月度成本的检查。“三同步”检查可以通过以下五个方面的对比分析来实现：

（1）产值与施工任务单的实际工程量和形象进度是否同步。

（2）资源消耗与施工任务单的实耗人工、限额领料单的实耗材料、当期租用的周转材料和施工机械是否同步。

（3）其他费用（如材料价、超高费和台班费等）的产值统计与实际支付是否同步。

（4）预算成本与产值统计是否同步。

（5）实际成本与资源消耗是否同步。

2. 工期成本分析

工期成本分析是计划工期成本与实际工期成本的比较分析。计划工期成本是指在假定完成预期利润的前提下计划工期内所耗用的计划成本；而实际成本是在实际工期中耗用的实际成本。

工期成本分析一般采用比较法，即将计划工期成本与实际工期成本进行比较，然后应用“因素分析法”分析各种因素的变动对工期成本差异的影响程度。

3. 资金成本分析

资金与成本的关系是指工程收入与成本支出的关系。根据工程成本核算的特点，工程收入与成本支出有很强的相关性；进行资金成本分析通常应用“成本支出率”指标，即成本支出占工程款收入的比例，计算公式如下：

$$成本支出率=计算期实际成本支出/计算期实际工程款收入\times 100\% \quad (8\text{-}26)$$

通过对“成本支出率”的分析，可以看出资金收入中用于成本支出的比重；结合储备金和结存资金的比重，分析资金使用的合理性。

8.8 风景园林工程项目施工成本考核

8.8.1 风景园林工程项目施工成本考核概述

1. 概念

风景园林工程项目施工成本考核，是指在工程项目施工完成后，对工程项目施工成本形成中的各责任者，按工程项目施工成本目标责任制的有关规定，将成本的实际指标与计划、定额、预算进行对比和考核，评定工程项目施工成本计划的完成情况和各责任者的业绩，并以此给予相应的奖励和处罚。通过成本考核，做到有奖有惩，赏罚分明，才能有效地调动企业的每一位员工在各自施工岗位上努力完成目标成本的积极性，从而为降低工程项目施工成本，提供企业的效益，增加企业的积累作出自己的贡献；风景园林工程项目施工成本考核是实现工程项目施工成本目标责任制的保证和实现决策目标的重要手段。

2. 风景园林工程项目施工项目成本考核的目的

通过考察衡量工程项目施工成本降低的实际成果，对成本指标完成情况进行总结和评价，调动责任者成本管理的积极性。

3. 风景园林工程项目施工成本考核应分层进行

（1）企业对项目经理部进行成本管理考核。

（2）项目经理部对项目内部各岗位及各作业队进行成本管理考核。

4. 风景园林工程项目施工成本考核的内容

既要对计划目标成本的完成情况进行考核，又要对成本管理工作业绩进行考核。

5. 风景园林工程项目施工成本考核的要求

（1）企业对项目经理部进行考核时，以责任目标成本为依据。

（2）项目经理部以控制过程为考核重点。

（3）成本考核要与进度、质量、安全指标的完成情况相联系。

（4）应形成考核文件，为对责任人进行奖惩提供依据。

8.8.2 建立风景园林工程项目施工成本考核制度

按照《建设工程项目管理规范》GB/T 50326—2006 的要求，风景园林工程项目施工管理组织应建立和健全风景园林工程项目施工的成本考核制度，对考核的目的、时间、范围、对象、方式、依据、指标、组织领导、评价与奖惩原则等作出规定。

风景园林工程项目施工成本考核制度包括考核的目的、时间、范围、对象、方式、依据、指标、组织领导、评价与奖惩原则等内容。

8.8.3 风景园林工程项目施工成本考核的指标

风景园林工程项目施工组织管理层应以风景园林工程项目施工成本降低额和风景园林工程项目施工成本降低率作为工程项目施工成本考核主要指标。

风景园林工程项目经理部应设置工程项目施工成本降低额和工程项目施工成本降低率等

考核指标。

风景园林工程项目施工组织管理层、项目经理部，发现风景园林工程项目施工成本偏离目标时，应及时采取改进措施；以工程项目施工成本降低额和工程项目施工成本降低率作为成本考核的主要指标，要加强公司层对项目经理部的指导，并充分依靠管理人员、技术人员和作业人员的经验和智慧，防止项目管理在企业内部异化为靠少数人承担风险的以包代管模式。成本考核也可以分别考核公司层和项目经理部。

公司层对项目经理部进行考核与奖惩，既要防止虚盈实亏，也要避免实际成本归集差错等的影响，使工程项目施工成本考核真正做到公平、公正、公开，在此基础上落实工程项目施工成本管理责任制的奖惩措施。

风景园林工程项目施工成本管理的每一个环节都是相互联系和相互作用的。成本预测是成本决策的前提；成本计划是成本决策所确定目标的具体化；成本控制是对成本计划的实施进行控制和监督，保证决策的成本目标的实现；成本核算是对成本计划是否实现的最后检验，它所提供的成本信息又将为下一个工程项目施工项目成本预测和决策提供基础资料；成本分析是对工程项目施工成本进行的对比评价和剖析总结；成本考核是实现成本目标责任制的保证和实现决策目标的重要手段。

思考题

1. 成本、风景园林工程项目施工成本、风景园林工程施工项目成本管理的含义？

2. 风景园林工程项目施工成本是如何划分与构成的？

3. 风景园林工程项目施工成本管理的任务（内容）和主要环节有哪些？其中哪些是关键环节？

4. 简述风景园林工程项目施工成本管理的特点、原则、基础工作、措施、手段及应遵循的程序？

5. 风景园林工程项目施工全面成本管理责任体系有哪些层次？简述风景园林工程项目施工成本管理责任？

6. 风景园林工程项目施工成本预测的含义？简述风景园林工程项目施工成本预测的依据、程序？

7. 风景园林工程项目施工成本计划的含义？简述风景园林工程项目施工成本计划的编制原则、程序、内容、类型与编制方法？

8. 风景园林工程项目施工成本控制的含义？简述风景园林工程项目施工成本控制的对象、内容、主要项目、原则、依据、要求、程序？

9. 如何进行风景园林工程项目施工成本的控制？

10. 风景园林工程项目施工成本核算的含义？简述风景园林工程项目施工成本核算的对象划分、基本环节、基本内容、特点、原则、基础工作、要求与方法？

11. 风景园林工程项目施工成本分析的含义？简述风景园林工程项目施工成本分析的依据资料、方法类别？风景园林工程项目施工成本分析有哪几种基本分析方法？简述风景园林工程项目施工成本分析的综合成本分析方法、成本项目分析方法、专项成本分析方法？

12. 风景园林工程项目施工成本考核的含义？简述风景园林工程项目施工成本考核的指标？

第9章　风景园林工程项目施工质量管理

学习目标

通过本章的学习，了解风景园林工程项目质量管理的基本理论、技术和方法，掌握在项目质量管理中，运用质量管理的理论与方法，构建项目管理组织，制定管理目标与对策，控制项目质量。

9.1 概述

园林工程项目效果的呈现有赖于建造者对工程品质的追求，品质目标的实现靠的是质量管理。

对使用者（游客，社会公众）而言，伴随着社会的进步、生活的改善和审美水平的提高，人们对园林工程作品的质量要求越来越高；对投资建设的业主而言，为保障能在有限的资源投入下满足大众对品质的需求，质量管理是一个重要的抓手；对施工企业而言，工程质量是企业生存的生命线，是企业的核心竞争力之一，是企业施工水平、管理水平和整体素质的展示，也是一个企业综合实力的体现。业主要想得到公众的认可与好评，需要抓质量；企业要想长期稳定发展，必须围绕质量这个核心开展工程施工，强化质量管理，以高品质的产品，让业主放心，让公众满意。

9.1.1 园林工程项目质量管理的概念

质量是指产品或服务满足规定或潜在需要的特征和特性的总和。

园林建设工程项目属于建设工程范畴，其质量是指国家现行的有关法律、法规、技术标准、设计文件及合同中对建设工程的安全、使用要求、经济技术标准、外观等特性的综合要求。

质量管理是为了能够在最经济的水平上并考虑到充分满足顾客要求的条件下进行市场研究、设计、制造和售后服务，把研制、维持和提高质量的活动构成一体，通过策划、控制、保证和改进等手段确保质量目标得以实现的在质量方面指挥和控制组织的全部协调活动。

园林工程项目质量管理是为实现预先设定的管理目标，达到工程质量要求而进行的检验、控制与协调等一系列作业技术和管理活动。

9.1.2 工程质量管理的内容

一般意义上园林建设工程项目管理，是指工程施工阶段的管理，狭义的工程质量管理，仅指工程施工阶段的质量管理。

然而，一个园林建设项目的建设，贯穿了工程建设前期的项建、可研、规划、勘察、设计、施工、竣工验收、试运行和养护等阶段，工程质量管理不应只是关注施工阶段，而应把质量形成的过程作为一个整体来实施与管理。因此，广义的工程质量管理，泛指建设全过程的质量管理，涵盖了从决策、设计、施工到竣工验收和投入运营的全过程质量管理。

经过前期的项建、可行性研究论证，决定建设的园林工程项目，需运用系统管理理论，以正确的设计文件为依据和严格的质量要求为标准，用高效的经营手段、先进的专业技术和管理方法，通过从管结果变为管因素和以事后检查把关为主变为预防、改正为主，把质量问题消灭在它的形成过程中的思维，对影响工程质量的各种因素进行综合分析、事前研判和规避，制定科学的施工组织设计，建立一整套完善的质量保证体系，进行全员、全过程参加质量控制与管理，保证按时建成符合设计要求，用户满意的工程项目（如图9-1所示）。

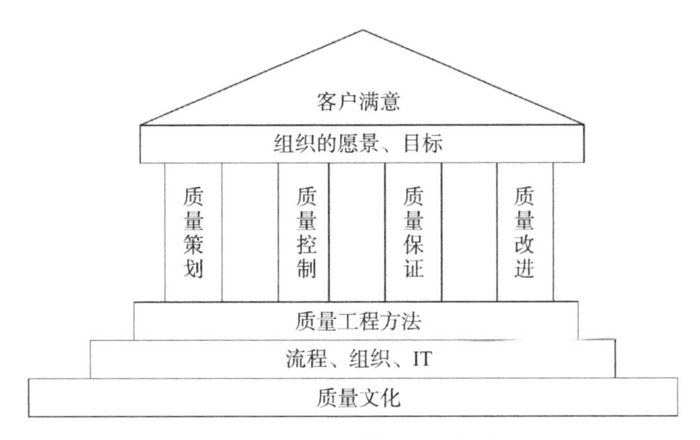

图9-1　质量管理屋示意图

为实现质量管理的目标，质量管理活动一般包括质量策划、质量控制、质量保证和质量改进等工作。

9.2　园林工程项目质量管理的理论、方法和工具

工业革命前，产品功能简单，生产规模小，以个体生产方式为主，产品质量由工匠或手工艺者自己控制自我评定，生产与产品质量控制与检验都集中在匠人身上；工业革命后，随着生产规模的扩大，小作坊式的匠人个体生产方式逐渐被工厂化、流水化生产方式取代，由于工人操作水平的差异会带来产品质量与生产效率的差异，生产管理方式也从匠人“自己管控自己”转变为“班组（或厂长）管控一组工人”的模式。为提高生产效率和产品的市场竞争力，生产管理者不断地总结和探索，提出了各种管理技术与理论方法。

在我国，古代私家庭园的营建是由具有绘画、诗文创作和建造技艺等综合能力的匠人负责，其委托与承接业务靠的是匠人的口碑，建造过程凭借匠人的个人能力亲自施工（或管工），按画作、腹稿进行施工，最后的验收是业主的主观评价。这种采用一人独揽设计（画稿）建造于一身的匠人营造模式，只能适用于规模小，功能单一，涉及技术专业和环境影响因素少的项目。

随着年代变迁和社会发展，园林建设项目的规模、功能、性质和管理要求发生了变化，匠人式，小包工头式的管理模式已无法适应现代园林建设项目的建设要求。建设管理者需不断地引进和借鉴国内外相关专业的管理技术，探索园林建设项目管理的质量管理技术。

尽管园林项目的建设与工业产品的生产不尽相同，但在世界范围内，由工业、建筑甚至

军工产品的生产和管理中总结和研发出来的质量管理理论与方法，对园林建设项目质量管理具有很高的借鉴价值与实际应用的指导意义。

9.2.1 质量管理的三个主要阶段和相关理论

1. 质量检验阶段

20 世纪前，产品质量主要依靠操作者本人的技艺水平和经验来保证，属于“操作者的质量管理”。

19 世纪末 20 世纪初，弗雷德里克·泰勒调查了生产中普遍存在的由于工人“磨洋工”导致生产效率低的现象，认为其主要原因是管理部门缺乏工作定额，工人缺乏科学指导。通过分析研究，制定生产规程和劳动定额，实行差别工资制、达标奖励制和职能式管理，建立职能工长制。将权力分散到下层管理人员，管理人员和工人分工合作，按科学管理理论指挥和管理生产，提高了生产效率。

这种“泰勒制”管理理论的诞生，标志着科学管理的开端。

科学管理理论的产生，促使产品质量检验工作从加工制造中脱离出来，与其他职能分离，质量管理的职能由操作者转移给工长，是“工长的质量管理”。随着企业生产规模的扩大和产品复杂程度的提高，产品有了技术标准（技术条件），各种检验工具和技术也随之发展，生产企业开始设置检验部门，这时质量管理是“检验员的质量管理”。

质量检验技术

对产品的质量特性进行测量、检查、试验或度量，将结果与规定的质量要求进行比较，鉴别产品（或零件，外购物料等）的质量水平，判断工序质量状态、产品（或半成品）质量等级或缺陷程度是否达到规定质量要求或处于可接受（允许）范围，报告质量状况与趋势信息，提供质量改进建议，为工序控制提供依据。

2. 统计质量控制阶段

1924 年，美国数理统计学家提出统计过程控制（SPC）理论——应用统计技术对生产过程进行监控，以减少对检验的依赖。1930 年，道奇和罗明提出统计抽样检验方法。第二次世界大战期间，美国军方发现事后检验的质量管理方式无法控制武器弹药的质量，决定把数理统计法用于质量管理，先后制定和公布了一批美国战时的质量管理标准 Z1.1、Z1.2、Z1.3——最初的质量管理标准。

统计过程控制（SPC）理论

统计过程控制（statistical process control）是一种借助数理统计方法的过程控制工具。它对生产过程进行分析评价，根据反馈信息及时发现系统性因素出现的征兆，并采取措施消除其影响，使过程维持在仅受随机性因素影响的受控状态，以达到控制质量的目的。它认为，当过程仅受随机因素影响时，过程处于统计控制状态（简称受控状态）；当过程中存在系统因素的影响时，过程处于统计失控状态（简称失控状态）。由于过程波动具有统计规律性，当过程受控时，过程特性一般服从稳定的随机分布；而失控时，过程分布将发生改变。SPC 正是利用过程波动的统计规律性对过程进行分析控制。因而，它强调过程在受控和有能力的状态下运行，从而使产品和服务稳定地满足顾客的要求。

1950 年代戴明提出质量改进的观点——在休哈特之后系统和科学地提出用统计学的方

法进行质量和生产力的持续改进；强调大多数质量问题是生产和经营系统的问题；强调最高管理层对质量管理的责任。此后，戴明不断完善他的理论，最终形成了对质量管理产生重大影响的“戴明十四法”。

戴明环（PDCA）

PDCA 循环又叫质量环、戴明环，是管理学中的一个通用模型，最早由休哈特（Walter A. Shewhart）于 1930 年构想，后来被美国质量管理专家戴明（Edwards Deming）博士在 1950 年再度挖掘出来，并加以广泛宣传和运用于持续改善产品质量的过程中。PDCA 精神是发现、改善各种管理困难。它被人们持续地、正式或非正式地、有意识或下意识地使用于自己所做的每件事和每项活动。它是全面质量管理所应遵循的科学程序。全面质量管理活动的全部过程，就是质量计划的制订和组织实现的过程，这个过程就是按照 PDCA 循环，不停顿地周而复始地运转的。

3. 全面质量管理阶段

20 世纪 50 年代以来，随着生产力的迅速发展和科学技术的日新月异，人们对产品的质量从注重产品的一般性能发展为注重产品的耐用性、可靠性、安全性、维修性和经济性等。在生产技术和企业管理中要求运用系统的观点来研究质量问题。在管理理论上也有新的发展，突出重视人的因素，除强调依靠企业全体人员的努力来保证质量以外，还有“保护消费者利益”运动的兴起，企业之间市场竞争越来越激烈。

在这种情况下，美国 A · V · 费根鲍姆于 1960 年代初提出全面质量管理的概念。他提出，为了生产具有合理成本和较高质量的产品，以适应市场的要求，只注意个别部门的活动是不够的，需要对覆盖所有职能部门的质量活动进行策划，把企业各部门在研制质量、维持质量和提高质量方面的活动构成为一体。

质量管理体系

质量管理体系 (quality management system, QMS) 是指在质量方面指挥和控制组织的管理体系。质量管理体系是组织内部建立的、为实现质量目标所必需的、系统的质量管理模式，是组织的一项战略决策。

它将资源与过程结合，以过程管理方法进行的系统管理，根据企业特点选用若干体系要素加以组合，一般包括与管理活动、资源提供、产品实现以及测量、分析与改进活动相关的过程组成，可以理解为涵盖了从确定顾客需求、设计研制、生产、检验、销售、交付之前全过程的策划、实施、监控、纠正与改进活动的要求，一般以文件化的方式，成为组织内部质量管理工作的要求。

戴明的研究提出：在生产过程中，造成质量问题的原因只有 10% ～ 15% 来自工人，而 85%~90% 是企业内部在管理上有问题。由此可见，质量不仅仅取决于加工这一环节，也不只是局限于加工产品的工人，而是涉及企业各个部门、各类人员。企业全体人员及各个部门必须齐心协力，把经营管理、专业技术、数量统计方法和思想教育结合起来，建立起产品的研究与开发、设计、生产作业、服务等全过程的质量体系，从而有效地利用人力、物力、财力、信息等资源，提供符合规定要求和用户期望的产品和服务。这就是全面质量管理。

全面质量管理

全面质量管理（total quality management，简称 TQM）是指以质量为中心，以全员参与为基础，目的在于通过让顾客满意和本组织所有者、员工、供方、合作伙伴或社会等相关方受益而达到长期成功的一种管理途径。

（1）全面质量管理是对一个组织进行管理的途径，对一个组织来说，就是组织管理的一种途径，除了这种途径之外，组织管理还可以有其他的途径。

（2）正是由于全面质量管理讲的是对组织的管理，因此，将“质量”概念扩充为全部管理目标，即“全面质量”，可包括提高组织的产品的质量，缩短周期（如生产周期、物资储备周期），降低生产成本等。

（3）全面质量管理的思想，是以全面质量为中心，全员参与为基础，通过对组织活动全过程的管理，追求组织的持久成功，即使顾客、本组织所有者、员工、供方、合作伙伴或社会等相关方持续满意和受益。

全面质量管理理论在日本被普遍接受，日本企业创造了全面质量控制（TQC）的质量管理方法。统计技术，特别是“因果图”、“流程图”、“直方图”、“检查单”、“散点图”、“排列图”、“控制图”等被称为“老七种”工具的方法，被普遍用于质量改进。

继 1979 年英国制定的国家质量管理标准 BS5750 后，ISO9000 系列国际质量管理标准于 1987 年问世，并于 1994 年进行改版，新的 ISO9000 标准更加完善，被世界绝大多数国家所采用。第三方质量认证的开展，促进了质量管理的普及和管理水平的提高。

21 世纪初，随着知识经济的到来，知识创新与管理创新必将极大地促进质量的迅速提高。

从质量管理的三个阶段看，质量检验阶段的质量检验，属于事后检验的质量管理方式，无法在生产过程对产品质量进行控制；统计质量阶段的质量管理，强调用管理统计方法，从产品质量波动中找出规律性和质量偏差，进而采取有效措施，使生产过程各个环节控制在正常状态之中，达到保证质量的目的；全面质量管理阶段的质量管理，以组织的全体职工为主体，综合运用现代科学和管理技术成果，控制影响质量构成全过程的各种因素，以最经济的方法实现高质量、高效益的科学管理。

园林建设项目的综合性强，涉及的质量问题，既有产品质量又有服务质量；涉及的专业既有工业产品的采购应用（如照明、监控、音响设备）也有建筑、环境、绿化等，因此，园林建设项目的质量管理应采用全面质量管理，并在管理过程、工序质量控制和材料采购验收管理中，采用过程控制和质量检验技术方法，保证园林建设产品的质量。

9.2.2 质量管理的常用方法和工具

1. 质量管理模型六西格玛 (6σ)

σ 表示质量特性总体偏离目标的程度。若工序能力为 6σ，则当均值有 1.5σ 的漂移时，质量特性值落在 6σ 以外的概率只有 3.4 ppm，即意味着在生产 100 万件产品，只有 3.4 件不良品出现的机会。

2. QC 七大手法

（1）统计调查表法。一种利用专门设计的统计表对质量数据进行收集、整理和粗略分析质量状态的方法。

（2）数据分层法。将调查收集的原始数据，根据不同的目的和要求，按某一性质进行分组、整理的分析方法。

（3）排列图法。一种利用排列图寻找影响质量主次因素的有效方法。

（4）因果分析图法。亦称鱼骨图或石川图，根据最先提出这一工具的石川熏（译名，Kaoru Ishikawa）的名字命名。它看上去像鱼骨，问题或缺陷标在“鱼头”外。在鱼骨上长出鱼刺，上面按出现机会多寡列出产生生产问题的可能原因。鱼骨图有助于说明各个原因之间如何相互影响，也能表现出各个可能的原因是如何随时间而依次出现的。这有助于系统地整理分析某个质量问题（结果）与其产生原因之间的关系。

（5）直方图法。将收集到的质量数据进行分组整理，绘制成频数分布直方图，用以描述质量分布状态的一种分析方法。

（6）休哈特控制图法。用途主要有两个：过程分析，分析生产过程是否稳定；过程控制，控制生产过程质量状态。

（7）相关图法。在质量控制中它是用来显示两种质量数据之间关系的一种图形。

3. 七个工具

（1）控制图

是用图形显示某项重要产品或过程参数的测量数据。在制造业可用轴承滚珠的直径作为例子。在服务行业测量值可以是保险索赔单上有没有列出某项要求提供的信息。

依照统计抽样步骤，在不同时间测量。控制图显示随时间而变化的测量结果，该图按正态分布，即经典的钟形曲线设计。用控制图很容易看出实际测量值是否落在这种分布的统计界限之内。

上限叫“控制上限”，下限叫“控制下限”。如果图上的测量值高于控制上限或低于控制下限，说明过程失控。这样就得仔细调查研究以查明问题所在，找出并非随机方式变动的因素。是制造轴承滚珠用的钢棒太硬？太软？还是钢棒切割机上切割量调节值设得不对？

（2）帕累托图

又叫排列图，是一种简单的图表工具，用于统计和显示一定时间内各种类型缺陷或问题的数目。其结果在图上用不同长度的条形表示。所根据的原理是19世纪意大利经济学家维尔弗雷德·帕雷托（Vilfred Pareto）的研究，即各种可能原因中的20%造成80%左右的问题；其余80%的原因只造成20%的问题和缺陷。

为了使改进措施最有效，必须首先抓住造成大部分质量问题的少数关键原因。帕雷托图有助于确定造成大多数问题的小数关键原因。该图也可以用于查明生产过程中最可能产生某些缺陷的部位。

（3）鱼骨图

见“QC七大手法”中的“因果分析图法”。

（4）走向图

也叫趋势图，用来显示一定时间间隔（例如一天、一周或一个月）内所得到的测量结果。以测得的数量为纵轴，以时间为横轴绘成图形。

走向图就像不断改变的记分牌。它的主要用处是确定各种类型问题是否存在重要的时间模式。这样就可以调查其中的原因。例如，按小时或按天画出次品出现的分布图，就可能发现只要使用某个供货商提供的材料就一定会出问题。这表示该供货商的材料可能是原因所在。或者发现某台机器开动时一定会出现某种问题，这就说明问题可能出在这台机器上。

（5）直方图

也称线条图。在直方图上，第一控制类别(对应于一系列相互独立的测量值中的一个值)中的产品数量用条线长度表示。第一类别均加有标记，条线按水平或垂直依次排列。直方图可以表明哪些类别代表测量中的大多数。同时也表示出第一类别的相对大小。直方图给出的是测量结果的实际分布图。图形可以表现分布是否正常，即形状是否近似为钟形。

（6）分布图

提供了表示一个变量与另一个变量如何相互关联的标准方法。例如要想知道金属线的拉伸强度与线的直径的关系，一般是将线拉伸到断裂，记下使线断裂时所用的力的准确数值。以直径为横轴，以力为纵轴将结果绘成图形。这样就可以看到拉伸强度和线径之间的关系。这类信息对产品设计有用。

（7）流程图

也称作输入—输出图。该图直观地描述一个工作过程的具体步骤。流程图对准确了解事情是如何进行的，以及决定应如何改进过程极有帮助。这一方法可以用于整个企业，以便直观地跟踪和图解企业的运作方式。

流程图使用一些标准符号代表某些类型的动作，如决策用菱形框表示，具体活动用方框表示。但比这些符号规定更重要的，是必须清楚地描述工作过程的顺序。流程图也可用于设计改进工作过程，具体做法是先画出事情应该怎么做，再将其与实际情况进行比较。

4. ISO 标准簇质量八大原则

（1）以顾客为关注焦点

组织依存于顾客。因此，组织应当理解顾客当前和未来的需求，满足顾客要求并争取超越顾客期望。

顾客是组织存在的基础，组织应把满足顾客的需求和期望放在第一位。

由于顾客的需求和期望是不断变化的，也是因人因地而异的，因此需要进行市场调查，分析市场变化，以此来满足顾客当前和未来的需求并争取超越顾客的期望，以创造竞争优势。

（2）领导作用

领导者确立组织统一的宗旨及方向。他们应当创造并保持使员工能充分参与实现组织目标的内部环境。

领导尤其是最高管理者具有决策和领导一个组织的关键作用。为了全体员工实现组织的目标创造良好的工作环境，最高管理者应建立质量方针和质量目标，以体现组织总的质量宗旨和方向，以及在质量方面所追求的目的。

（3）全员参与

各级人员都是组织之本。只有他们的充分参与，才能使他们的才干为组织带来收益。全体员工是每个组织的根本，人是生产力中最活跃的因素。组织的成功不仅取决于正确的领导，还有赖于全体人员的积极参与。

1）赋予各部门、各岗位人员应有的职责和权限，为全体员工制造一个良好的工作环境，激励他们的创造性和积极性。

2）通过教育和培训，增长他们的才干和能力，发挥员工的革新和创新精神。

3）共享知识和经验，积极寻求增长知识和经验的机遇，为员工的成长和发展创造良好的条件。

（4）过程方法

将活动和相关的资源作为过程进行管理，可以更高效地得到期望的结果。

任何使用资源将输入转化为输出的活动即认为是过程。组织为了有效地运作，必须识别并管理许多相互关联的过程。系统地识别并管理众多相互关联的活动以及过程的相互作用称之为过程方法。

（5）管理的系统方法

将相互关联的过程作为系统加以识别、理解和管理，有助于组织提高实现目标的有效性和效率。

管理的系统方法包括了确定顾客的需求和期望，建立组织的质量方针和目标，确定过程及过程的相互关系和作用，并明确职责和资源需求，确立过程有效性的测量方法并用以测量现行过程的有效性，防止不合格，寻找改进机会，确立改进方向，实施改进，监控改进效果，评价结果，评审改进措施和确定后续措施等。

（6）持续改进

持续改进总体业绩应当是组织的一个永恒目标。

持续改进是一种管理的理念，是组织的价值观和行为准则，是一种持续满足顾客需求、增加效益、追求持续提高过程有效性和效率的活动。

（7）基于事实的决策方法

有效决策建立在数据和信息分析的基础上。

应用基于事实的决策方法，首先应对信息和数据的来源进行识别，确保获得充分的数据和信息的渠道，并能将得到的数据正确方便地传递给使用者，做到信息的共享，利用信息和数据进行决策并采取措施。其次用数据说话，以事实为依据，有助于决策的有效性，减少失误并有能力评估和改变判断和决策。

（8）与供方互利的关系

组织与供方是相互依存的，互利的关系可增强双方创造价值的能力。

组织在形成经营和质量目标时，应及早让供方参与合作，帮助供方提高技术和管理水平，形成彼此休戚相关的利益共同体。

9.3 管理主体及架构（机构）设置

组织机构是质量管理的管理中枢和指挥系统，是决定全面质量管理是否成功的关键。为实现全面质量管理目标，必须搭建完善的组织管理体系，同时，参与建设园林项目的各层级人员，应充分了解园林建设项目的建设程序，各程序中的参与单位（组织），各单位的管理主体及其管理目标、职责和愿景，才能做到知己知彼，相互理解、支持、配合与协同，构建健康有序科学高效的项目建设质量管理网络，共同完成一个综合性园林建设项目的建设管理工作。

9.3.1 项目建设的程序

一个项目，从项目开始策划到建成投入运营，一般都经历了项目建议书、可行性研究、工程可行性研究、立项、策划咨询、规划、勘察、设计、施工准备、施工、竣工验收和运营维护等阶段（由于工程项目的规模大小、内容的复杂程度、投资额度等存在差异，有些阶段可能省略或合并进行）。这些程序性的工作，前面的工作成果是后一工作的依据，后面的工作是前一工作的深化与完善，环环相扣，形成一个完善的工程建设系统，同时，由于赶工或者特殊的原因，有些项目会出现前一阶段的工作还未完全结束就开始了下一阶段的工作，出现非常规的操作现象，令项目管理和质量管理更加具有挑战性。

9.3.2 项目质量管理组织架构

管理组织和管理人员是质量管理的人力资源保障，以目标为导向，合理设置管理架构，有利于管理指挥系统的健全、沟通协调渠道的通畅、项目整体运作能力的提高和项目质量的保证。

由于管理责任主体不同，管理组织有内外之别，施工企业内容有其管理组织，企业外部根据工作内容不同，有不同的单位参与项目建设，参与质量管理。

1. 项目质量管理的主要组织机构

根据项目建设内容和质量管理所需的监督机制，项目建设常设置以下各实施主体单位和相应的监督管理部门。

（1）建设单位

建设单位是项目建设的管理中心。

（2）咨询单位

咨询单位包括咨询公司、策划公司、规划设计公司，主要负责咨询阶段（包括项目建议书、可行性研究和工程可行性研究等工作阶段）策划、规划和设计工作，这些单位是受投标或建设单位（或业主）委托，负责合同所委托的咨询工作。其工作成果的质量，由甲方（委托单位）或甲方委托的第三方机构（审图公司、有审核资质的咨询公司）进行审核把控。

（3）勘察单位

负责对项目基址进行勘探、测绘，为规划设计提供设计所需的地质、水文、地形、现状地物等设计依据文件。其工作成果质量将会在规划设计中得到进一步验证。

（4）招标代理单位

负责组织招标，选择合适的承揽本项目的咨询、施工、供货、监理等业务的咨询单位、施工单位、监理单位。其监督管理部门是政府机关的纪检部门，负责监督其在招标过程中是否合法合规、公平公正，以选出优质的承包商。

（5）施工单位

负责工程项目的实施，为保证质量和管理的有序开展，施工单位（施工企业）会在项目层面上，建立项目管理部，专职负责项目的全程管理。施工单位的施工质量，将会受监理单位的全程监督、设计和建设单位在关键节点上的质量检查与监督。

（6）监理单位

负责工程项目的实施，为保证质量和管理的有序开展，施工单位（施工企业）会在项目层面上，建立项目管理部，专职负责项目的全程管理。施工单位的施工质量，将会受监理单位的全程监督以及设计和建设单位在关键节点上的质量检查与监督。

除上述各单位外，在项目质量管理过程中，建设单位的上级主管部门，如园林局、规划局、建设局、城建局、城管局、质监局、专家咨询委员会或临时组建的专家评审小组……会参与项目建设的质量管理，共同组成一个完整的项目建设系统。

2. 企业内部的管理组织设置

在施工企业内部，按组织的层次逐级向下分解，参与项目建设的有：企业管理层（有些企业设置总部、区域中心和城市项目公司等 2 ～ 3 层）；项目部（有些企业还在项目部上一级设置项目群管理组织，由多个项目组成一个项目群，由一个项目群主管理；有些大型项目部还把项目分解成若干个项目分部，由项目部统一管理）；施工班组；操作员。

9.3.3 不同管理主体的职责及愿景

不同的工程质量管理主体，按照部门职能及法律规定，需要履行部门职责和承担相应的法律义务，同时，也有其理想的愿景。

以下按建设单位、勘察设计单位、监理单位、施工单位、行政管理机关来分别介绍。

1. 业主

（1）职责：业主是工程建设的成果拥有者，工程质量问题是业主最关心的，所以，业主对工程质量的管理贯穿着工程建设的全过程，业主需要自身或委托监理单位对工程的质量进行检验和监督。

（2）愿景：投资少，收益高，建设周期时间短，质量合格。

《孙子兵法》有云："求其上，得其中；求其中，得其下，求其下，必败。"常人也有"求优得中，求中得次"的惯性思维，站在业主的位置，往往对实施工程建设的其他单位，都有较高的或者是超越投资所应该有的质量期待。

2. 建设单位

（1）职责：建设单位可以是业主自身，也可以是业主的下属单位或受业主委托对项目进行代建（如代建局）的组织。其职责是负责整个项目的建设管理，是工程质量的管理主体之一，从合同的角度看，建设单位将是项目建设过程中，各种委托工作的分包单位（合同的甲方），负责从前期咨询、施工到竣工验收各个阶段的采购、招标等工作的组织管理。

如何统筹管理好乙方，协调好行政职能部门的工作，是建设单位的主要职责。

建设单位还可以自身或委托咨询单位进行项目策划（项建、可研、规划等）和质量监理工作。

（2）愿景：一切工作合法合规，乙方听从指挥，服从调配，在规定的时间交出代建的作品。

（3）风险：由于管理权力大，过程跨度长，存在很多监管盲点。

3. 咨询（项目建设、可行性研究、规划、勘察、设计）单位

（1）职责：是工程作品理念、外观和内涵的策划者、规划者和设计者，勘察设计单位有责任按国家相关规范和标准设计产品，选定材料品种、规格和型号，是工程质量标准的指定者，其工作质量，决定着工程效果、品质和产品的受欢迎程度。

（2）愿景：合理的报酬，松弛的工作进度要求，迅速提供咨询依据信息，迅速决策，及时支付工作报酬。

为维护或创建自身的品牌与口碑，有些设计单位对设计作品有较高的品质追求，往往在业主的限价设计基础上，对施工单位的质量期望值较高。

4. 监理部门

（1）职责：监理部门是工程质量的过程监督和控制者，是工程实施过程中建设计单位（或业主）、设计单位和施工单位之间的协调组织。按规定，监理工程师应按监理规范要求，采取旁站、巡视和平行检验等形式，对建设工程实施监理，对各施工工序质量进行监督，对施工材料、构配件、设备、过程产品、半成品、隐蔽工程等进行检验验收。未经监理工程师签字的，不得在工程上使用或者安装，不得进行下一道工序的施工。这是产品质量控制的关键。

（2）愿景：合理的报酬，松弛的工作进度要求，迅速提供咨询依据信息，迅速决策，及时支付工作报酬。

5. 施工单位（承包商）

（1）职责：施工单位是建设工程的具体建设者及最终完成者，对建设工程质量负有极为重要的责任。施工单位包括总承包单位和各分包单位。建设工程实行总承包的，总承包单位应当对全部建设工程质量负责。总承包单位依法将建设工程分包给其他单位的，分包单位应当按照分包合同的约定对其分包工程的质量向总承包单位负责，总承包单位与分包单位就分包工程的质量向建设单位承担连带责任。施工单位应按我国《建筑法》第58条规定对工程的施工质量负责，按《建设工程质量管理条例》中，对施工单位的资质、分包管理、质量保证体系、工程质量管理、检测检验、人员培训、工程验收、保质保修等的要求和规定进行项目质量管理工作。

（2）愿景：优厚的利润，及时提供施工图纸，最小限度的变动，原材料和设备及时送达工地，公众无抱怨，可自己选择施工方法，不受其他承包商的干扰，及时支付工程进度款，迅速批准开工，及时提供服务。

有可能存在“能过关，通过验收就行”的消极思想，对质量管理会带来不良影响，应引起注意。

6. 供应商

（1）职责：按质量要求，及时按合同约定提供人力、材料、机具、设备或技术等资源供应，保证项目施工的正常进行。所供材料是构成工程实体的直接材料，是工程实体的组成部分，其资源质量直接影响到工程质量。为保证工程质量，供应商对所提供的人力、机具、设备或技术等资源，应提前做好培训、保养、检验等，保证资源的优质高效。

（2）愿景：规格明确，从订货到发货的时间充裕，有很高的利润率，最低限度的非标准件使用量，质量要求合理。

7. 政府机构（上级主管部门、质监部门）

（1）职责：行政管理机关以保证建设工程使用安全和环境质量为目的，以法律法规和强制性标准为依据，代表国家或地方政府对建设工程质量活动进行监督和管理。主要是对地基基础、主体结构、环境质量和与此相关的工程建设各方主体的质量行为，以施工许可制度和竣工验收备案制度为主要手段进行质量监督管理，确保工程质量与安全。

（2）愿景：①与政府的目标、政策和立法相一致，期望项目不要出现质量与安全事故，鼓励创优。②松弛的工作进度表，优良的工作环境，有足够信息资源、人力资源和物资资源。

9.4 园林工程项目质量管理流程

9.4.1 工程建造过程及质量控制的一般程序

从园林工程项目的建造过程看，一个园林工程实体的形成，一般都经历工程设计和工程施工两大过程，通过设计（当然，设计之前还有项建、可研、立项、规划、勘察等前期工作，本书不赘述）确定产品的外观和内在品质（产品细节、结构构造和安全要求）的质量要求；通过施工，实现设计的想法，完成从设计图纸到工程产品（实体）的转变。设计规定了各种指标要求，是质量要求、质量指标的提出；施工则需要通过一系列的技术作业、控制和管理活动，建造出设计所要求的工程实体。

从施工的操作来看，一般都经过“设计”→“材料采购”（按图下单采购材料）→“建造”（材料到场后按图建造过程品或半成品，再由过程品或半成品组建成整个工程产品）的过程。

在这个过程中，“设计”是由设计师操作为主，不同的设计师因其专业背景、个人能力和创作环境等的影响，所设计出来的设计图纸，其质量可能会出现偏差，如：设计深度不够、表达不清、设计笔误、设计所选用的材料在市场上采购不到、设计参照的规范标准已过时等因素都会对图纸质量产生影响，继而施工图的落地性和可操作性，对施工进度和质量都会产生影响；“材料采购”会受市场环境、价格（与成本控制有关）及采购员等因素影响，不同的采购员，其信息资源、质量意识、品德、材料质量鉴别与评判能力等的差异，导致到场材料质量可能与设计要求存在偏差，从而对由材料构成的工程产品或半成品质量产生影响；“建造”是整个工程项目的核心，可变节点与影响因素更多，在由材料建造（定点、放线、开挖、堆造、砌筑、种植、装饰等操作）工程实体或过程品或半成品时，材料质量、机械设备、操作者（人或机器）能力、技术水平、工序搭接、施工组织、施工管理、施工环境等因素，都会对产品质量产生影响，会对工程质量产生影响，导致产品质量指标会出现波动甚至偏离设计要求的质量标准。因此，质量管理工作就必须对这些影响因素进行及时监测，发现问题及时纠偏和调整，使其处在受控制的状态，确保各因素的偏差都在设计标准允许的范围内，保证最终产品的质量能满足设计规定的要求。

按倒序追溯思维，为确保工程质量，应确保每个专业、每个区段、每个阶段、每个班组、每个过程产品都符合质量要求，管理组织（施工企业，项目部）必须建立多层次的质量保证体系，确保工程质量的实现；为保证质量目标能达到要求，管理过程就需要进行质量控制；要实现对受控对象（操作者、机械、操作或材料）的控制，操控者（人或设备）必须有控制的目标、依据（设计要求的质量指标，常规的国家、地方或企业制定的监测检验标准）、手段（监测检验技术、方法和装备）。

管理者必须充分了解施工操作工序，掌握控制方法并把握好质量管理的关键。

操作过程需要操作者（作业层）自控，检查监督者要帮助纠偏，层层质量把控，把质量偏离控制在验收允许的标准范围内。

如，为保证图纸的设计质量，确保其落地性、可操作性和先进性。必须在图纸交付给建设单位之前，在施工之前，应进行审图工作，把好图纸的质量关。经过图纸审核，对出现问题的图纸进行修改完善，及时修正，避免错误往下传导，避免造成返工甚至工程事故的发生。

贯穿项目施工的全过程，包括第三节所述的从项目建议书阶段到项目竣工验收到投入运营等阶段。为聚焦施工阶段的质量管理，本书把项目前期的从项建到设计阶段的工作，列入“施工准备阶段”进行阐述，所以质量控制包括施工准备阶段、施工阶段、交工验收阶段和保修阶段。

9.4.2 质量管理的内容及步骤

（1）制订规划。

（2）建立管理机构。

（3）建立工序管理点。

（4）建立质量体系。

（5）开展全过程的质量管理。

9.4.3 各阶段的质量管理

1. 施工准备阶段

园林建设工程施工准备是为保证园林施工正常进行而必须事先做好的工作。施工准备不仅在工程开工前要做好，而且贯穿于整个施工过程。施工准备的基本任务就是为工程建立一切必要的施工条件，确保施工生产顺利进行，确保工程质量符合要求。

此阶段质量管理的主要内容是在广泛搜集资料、调查研究的基础上研究、分析、比较，决定项目的可行性和最佳方案。

（1）现场勘察

现场勘察的目的是摸清现场各种对施工会产生影响的情况，核对图纸，为施工组织设计做准备。现场勘察的工作步骤及要点：

1）基本资料收集及前期工作准备

目的是为有条不紊的现场调研工作做好准备，对可能遇到的一些问题进行预判，对可能需要的人员、材料和机具做好事前的准备。

①施工图纸的准备。

②施工图纸的初步研读和预判。

③收集项目所在地的自然环境、人文社会、经济和市场情况资料，包括气候、水文、土壤。

④确定现场勘察人员。

⑤拟定现场勘察的工作方案，准备好现场调查时所需的各种记录评价表格。

⑥联系业主，聘请向导（很必要时聘请安保人员）和出行规划组织。

这些工作的落实，是为了保证勘察工作质量的实现。

2）现场勘察

按事前拟定的勘察方案逐项在现场进行。勘察工作的效率跟前期方案确定的人员经验、勘察方法、线路规划、技术装备有直接的关系。

3）撰写报告

根据现场调研情况，撰写勘察报告，对照设计图纸及现场，对设计图纸存在的问题以及设计图纸的科学性、合理性、可行性和可操作性做出判断及评价，结合本企业的实际、经营目标和策略，对高计图提出可优化建议，为编制施工组织设计提供依据。

（2）研究和会审图纸

通过研究和会审图纸，可以广泛听取使用人员、施工人员的正确意见，弥补设计上的不足，提高设计质量；可以使施工人员了解设计意图、技术要求、施工难点。

（3）编制施工组织设计

施工组织设计是指导施工准备和组织施工的全面性技术经济文件。对施工组织设计，要求进行两个方面的控制：一是选定施工方案后，制定施工进度时，必须考虑施工工艺、施工顺序、施工流向，主要分部、分项工程的施工方法，特殊项目的施工方法和技术措施能否保证工程质量；二是制定施工方案时，必须进行技术经济比较，使园林建设工程符合设计要求并保证质量，求得施工工期短、成本低、安全生产、效益好的施工过程。

（4）搭建临时设施

1）铺设施工用的临时便道。

2）接通临时用水、用电，保证满足施工需要。

3）落实施工面，保障后续的施工能正常开展，对施工地块进行粗清表，排查可能出现影响施工的各种问题（如：征地未解决的问题，一旦正式开工，会出现施工受阻；可能是存在的坟墓、需要保护的文物、光缆或其他设施……）。

4）搭建管理用房。

（5）物资准备

检查原材料、构配件是否符合质量要求；施工机具是否可以进入正常运行状态。

（6）劳动力准备

施工力量的集结，能否进入正常的作业状态；特殊工种及缺门工种的培训，是否具备应有的操作技术和资格；劳动力的调配，工种间的搭接，能否为后续工种创造合理的、足够的工作面。

（7）技术交底

技术交底是施工前的一项重要准备工作，以使参与施工的技术人员与工人了解承建工程的特点、技术要求、施工工艺及施工操作要求等。

2. 施工阶段

按照施工组织设计总进度计划，编制具体的月度和分项工程施工作业计划以及相应的质量计划。对材料、机具设备、施工工艺、操作人员、生产环境等影响质量的因素进行控制，以保持园林建设产品总体质量处于稳定状态。

（1）施工工艺的质量控制

工艺是直接加工或改造劳动对象的技术措施和方法，工程项目管理部应编制或引用国家、行业、地方或企业的“施工工艺技术标准”，明确规定各项作业活动和各道工序的操作规程、作业规范要点、工作顺序、质量要求。在施工前向作业者进行工艺过程的技术交底和相关作业要求宣贯，交代清楚有关的质量要求和施工操作技术规程，要求作业者认真按标准工艺进行作业，贯彻执行相关规范和标准，并对关键环节的质量、工序、材料和环境进行及时的自检、互检、验证和纠缠控制，使施工工艺的质量控制符合标准化、规范化、制度化的要求。

（2）施工工序的质量控制

施工工序是一个园林工程施工中最基层的组成部分，每个施工工序的质量，会直接影响其上一级的质量，抓好工序质量管理，是园林工程整体质量管控成功与否的关键。

影响工序质量的常见六大要素包括人、材料、机具、方法、资金和环境，施工工序质量控制，需对这六大要素进行严格控制，使工序质量数据的波动处于允许范围内；通过工序检验等方式，准确判断施工工序质量是否符合规定的标准，以及是否处于稳定状态；在出现偏离标准的情况下，分析产生的原因，并及时采取措施，使之处于允许的范围内。

在施工过程中，又可以把影响施工质量的要素区分为两种情况。一种是正常情况：如材料构件，半成品成分变化及允许范围内的尺寸误差、机具正常磨损、季节气候变化等等；另一种是异常情况：如材料构件、半成品质量不符合设计要求，机器或仪表失灵，工人作业违反操作规程等。在施工工序质量控制时，要及时分析和发现导致发生异常情况的原因及因素，采取相应的技术和管理措施，使这些因素被控制在允许的范围内，从而确保每道施工工序的质量。

工序质量控制包括施工操作质量和施工技术管理质量，一般按以下程序进行：

1）确定工程质量控制的流程。

2）主动控制影响工序质量的因素。

3）及时检查工序质量，提出对后续工作的要求和措施。

4）设置工序质量的控制点，加强控制管理。

（3）设置质量控制点

对直接影响工程质量的，对本道工序对下道工序会产生较大影响的，对技术要求高、施工难度大的、施工工艺有特殊要求的，对质量不稳定存在质量通病或容易产生不合格产品的，对采用新工艺、新材料、新技术的等关键工序、环节和部位，设置工序质量控制点，加强检查，重点控制操作人员、材料、设备、施工工艺等。

对所设置的质量控制点，要确定其应该达到的质量目标、执行的质量标准、技术标准和工艺标准，确定控制水平及控制方法。工序施工过程中，按规定对工序控制点的质量现状进行检查，对其操作人员、机具设备、材料、施工工艺、测试手段、环境条件等因素进行质量现状和质量目标的对比分析与验证，找出质量差距及产生差距的原因，并进行必要的控制，采取相应的技术和管理措施，消除质量差距，防止发生质量问题。

通过设置质量控制点，抓住质量控制的关键和重点，使工序施工能按规定的质量要求正常运转，确保工序施工能均衡实施，从而获得满足质量要求的最多工序产品和最大的经济效益。

（4）工程质量的预控

1）人员素质的控制。

园林工程的各种施工工序，要么由人实施，要么由人操作机械来实施，操作人员的技术水平对工序施工质量产生直接的影响，而操作人员的个人素质修养与其接受技术培训程度息息相关，因此，必须对操作人员进行定期的施工操作规程、规范、工序工艺、标准、计量、检验等基础知识的培训，开展质量管理和质量意识教育。

2）加强图纸审查。

3）设计变更与技术复核的控制。

加强对施工过程中提出的设计变更的控制。重大问题须经建设单位、设计单位、施工单位三方同意，由设计单位负责修改，并向施工单位签发设计变更通知书。对建设规模、投资方案等有较大影响的变更，须经原批准初步设计单位同意，方可进行修改。所有设计变更资料，均需有文字记录，并按要求归档。

对重要的或影响全局的技术工作，必须加强复核，避免发生重大差错，影响工程质量和使用。

（5）质量检查

包括操作者的自检，班组内互检，各个工序之间的交接检查；施工员的检查和质检员的巡视检查；监理和政府质检部门的检查。具体包括：

1）装饰材料、半成品、构配件、设备的质量检查，并检查相应的合格证、质量保证书和实验报告。

2）分项工程施工前的预检。

3）施工操作质量检查，隐蔽工程的质量检查。

4）分项分部工程的质检验收。

5）单位工程的质检验收。

6）成品保护质量检查。

（6）成品保护

1）合理安排施工顺序，避免破坏已有产品。

2）采用适当的保护措施。

3）加强成品保护的检查工作。

（7）交工技术资料

主要包括以下的文件：材料和产品出厂合格证或者检验证明，设备维修证明；施工记录；隐蔽工程验收记录；设计变更，技术核定，技术洽商；水、暖、电、声讯、设备的安装记录；质检报告；竣工图，竣工验收表等。

（8）质量事故处理

一般质量事故由总监理工程师组织进行事故分析，并责成有关单位提出解决办法。重大质量事故，须报告业主、监理主管部门和有关单位，由各方共同解决。

3. 交工验收阶段

产品的交工验收有双重含义，第一层含义是指单位工程或单项工程完全竣工后移交给建设单位；第二层含义是指在分项工程施工过程中，某一道工序完成后交付给下一道工序的交工，交工时要对上一道工序的施工成果进行验收。对于项目施工来说，尤其要做好第二种含义的交工验收工作的质量控制，决不能让上道工序的不合格品转入下道工序。

（1）工序间交工验收工作的质量控制

工程施工中往往上道工序的质量成果被下道工序所覆盖；分项或分部工程质量成果被后续的分项或分部工程所掩盖。因此，要对施工全过程的分项与分部施工的各工序进行质量控制。要求班组实行保证本工序、监督前工序、服务后工序的自检、互检、交接检和专业性的“中间”质量检查，保证不合格工序不转入下道工序。出现不合格工序时，做到“三不放过”（原因未查清不放过、责任未明确不放过、措施未落实不放过），并采取必要的措施，防止再发生。

（2）竣工交付使用阶段的质量控制

单位工程或单项工程竣工后，由施工项目的上级部门严格按照设计图纸、施工说明书及竣工验收标准，对工程的施工质量进行全面鉴定，评定等级，作为竣工交付的依据。工程进入交工验收阶段，应有计划、有步骤、有重点地进行收尾工程的清理工作，通过交工前的预验收，找出漏项项目和需要修补的工程，并及早安排施工。还应做好竣工工程产品保护，以提高工程的一次成优及减少竣工后返工整修。工程项目经自检、互检后，与建设单位、设计单位和上级有关部门进行正式的交工验收工作。

9.5 园林工程质量保证措施和质量保证体系

为确保工程质量，应落实质量保证措施和质量保证体系。从操作层、班组、项目部到企业管理层，从施工企业到业主、设计、监理再到政府质监，从基层到高层，从个体到群体，从企业到政府，从单体到整体，从工序到项目、到项目群、再到企业的工程管理中心，必须构建完善的质量保证体系。

9.5.1 质量保证措施

1. 执行层（操作层）质量保证措施

执行层的施工操作是工程质量保证的最基层单元，其质量保证是整个工程质量保证的根本，执行层应注重自身施工工艺水平，注重质量意识，注重预控，以质量自检自控为主，遵循“预控→施工操作→自检→纠偏→互检→纠偏”的质量保证程序，确保执行层施工质量。

（1）预控

操作前掌握熟练的施工操作技艺，熟悉施工图纸，研究现场情况，检查上一工序的质量情况，准备和检验各种施工器械，做好事前期的准备工作，防止施工质量问题发生。

（2）自检

操作人员在操作过程中凭借自己的操作技艺、视觉、听觉、触觉，借助仪器（如水平尺判断是否水平，吊垂、直角尺判断是否垂直）不断地在操作过程中进行自检纠偏，自我控制。

（3）互检

同一工种、同一专业或同一班组的操作员相互之间进行相互检查控制，发现偏差及时纠偏，保证质量。

2. 工序质量保证措施

项目是由若干个工序按先后次序无间断地依次施工的，各工序之间在平面上或立面空间上存在着相互重叠、相互搭接的空间关系，其质量会相互传导和相互影响，若上一工序存在质量问题，会把质量问题向与其有关联关系的下一工序传导，导致下一工序也出现质量问题。如：若基础出现质量问题，承载力不符合设计要求，不均匀沉降会导致其上面的墙体开裂甚至倒塌等质量安全问题。

为保证项目的整体质量，须确保每个工序的施工质量，工序质量应遵循"交验→材料检验→工序施工操作→三检（自检、互检、抽检）→纠偏→交验"的质量保证程序，确保工序的质量。

（1）交验

包括放线后的验线，以及从上一工序到本工序的交工验收。

工序开始操作前，应检查放线是否准确，定位是否与设计相符，检查上一工序的质量是否达到质量要求，避免施工后才发现放线尺寸、位置有误而造成返工，同时，避免上一工序的质量问题传导到下一工序。

（2）材料检验

对本工序所用的材料、半成品、成品、构配件、器具和设备进行现场验收。检查材料是否有破损缺失，材料型号、规格是否正确；查看出厂检验报告，质量证明文件，出厂合格证；核对材料数量；对验收规范和标准中要求送检的材料、半成品或试块，需按规定及时送检，并取得检验报告。

（3）工序施工操作

执行层严格按照设计要求，按相关质量标准、技术操作规程进行工序施工操作。

（4）三检（自检、互检、抽检）

除了操作层在操作时不断地进行自检自控、互检互控外，还有来自班组、项目部、企业、监理、设计、业主和政府质安部门的抽查、巡检等，通过第三方发现偏差及时纠偏。

施工企业常用巡回检查的方式对工程施工过程进行定期或随机流动性检查，及时发现质量问题，及时解决问题。

巡检是抽检的一种形式，由经验丰富、技术水平高、能及时发现质量问题的人员或领导负责巡检工作。

巡检应注意：

1）深入现场，了解情况。巡检工作应深入施工现场，观察操作人员的施工操作，检查材料（包括硬质材料和苗木）质量情况，检查成品、半成品的施工质量是否符合设计和施工工艺要求，是否达到相关规范和技术标准要求。

2）对存在的质量问题进行分析，查明原因。

3）及时处理。发现质量问题，应及时通知相关人员，迅速采取措施进行处理，同时总结经验教训，防止问题再次发生。

（5）纠偏

对存在质量问题的环节进行及时的纠偏控制。

（6）交验

工序操作完成后，对其形成的成品、半成品、过程品进行工序间的交工质量检验检查：

1）是否符合工程勘察、设计文件的要求。

2）是否符合相关标准和相关专业验收规范的规定。

3）通过验收，形成验收文件。

4）通过验收，对施工班组进行质量评定与业绩考核。

9.5.2 质量保证体系

案例：××× 园林工程项目质量管理体系

1. 质量方针、目标、标准

（1）质量方针：科学管理、质量第一、信守合同、争创一流。

（2）质量目标：合格率 100%，确保获省级或以上优质工程奖项。

（3）质量标准：《建筑工程施工质量验收统一标准》GB 50300—2015、《园林绿化工程施工及验收规范》CJJ 82—2012、《城镇道路工程施工与质量验收规范》CJJ 1—2008 等现行规范标准。

2. 质量管理体系

（1）根据《 ××× 公司标准化工程项目管理手册——技术质量管理》，本项目对工程质量实行“领导班子监督、工程部管理、质检部控制”的监督管理体系，同时接受公司技术质量部和政府质量监督部门的监督和指导，并接受监理和建设单位的质量管理（图 9-2）。

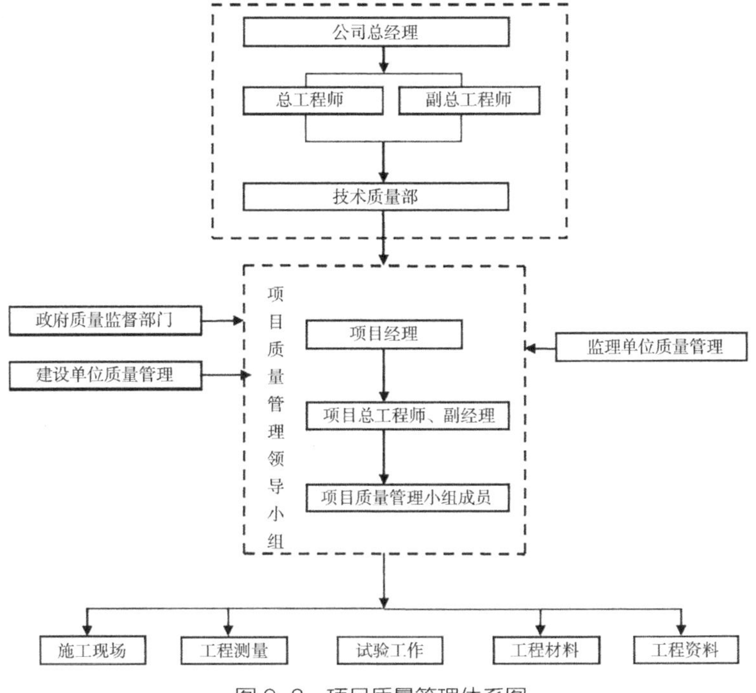

图 9-2　项目质量管理体系图

（2）为保证质量方针、目标的实现，在项目部组织机构的基础上，建立健全项目部工程质量管理机构（图 9-3），形成全员、全过程、全方位的三全质量保证措施体系（图 9-4）。采用信息化质量控制手段，使质量控制标准化、质量评价数据化。

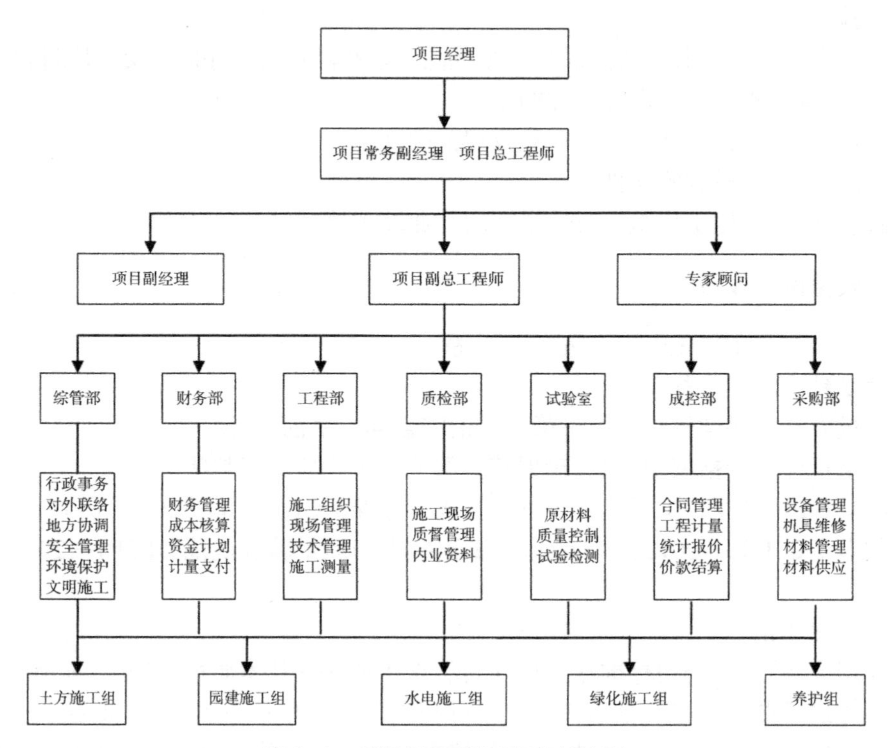

图 9-3 项目部质量管理组织机构图

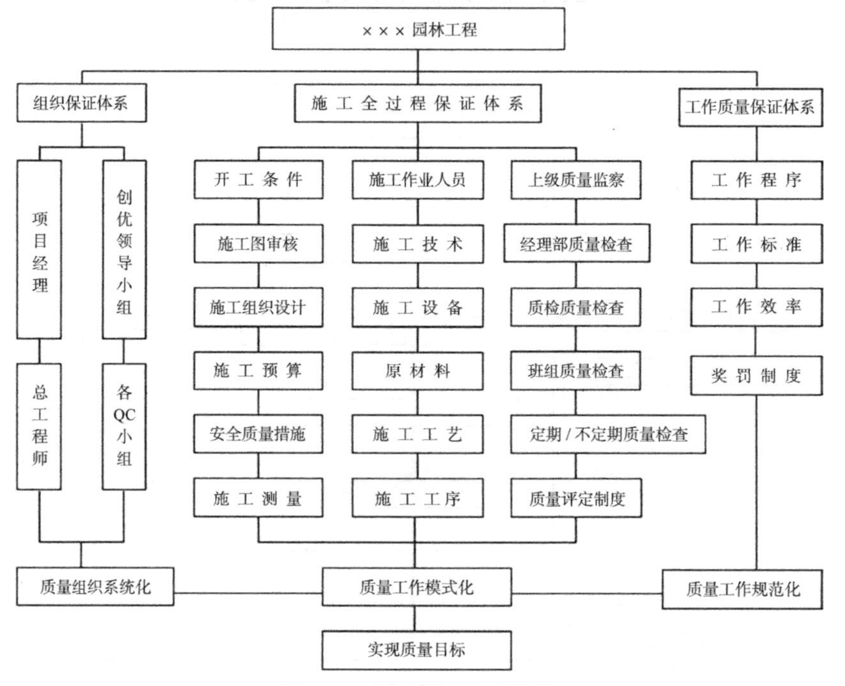

图 9-4 质量保证体系框图

（3）项目部成立以项目经理为组长，副经理、总工程师为副组长，相关职能部门负责人参加的项目质量管理小组，负责整个项目的质量监督管理工作。项目各作业区设专职质检员，明确职责，归口本项目工程质量管理工作，开展质量监督检查、质量信息管理及体系评价，保证其质量体系的有效运行。

（4）项目的质量控制和实施，采取将要素层层分解，使每一个要素都明确落实到相关职能部门和相关责任人。项目经理是工程质量的第一责任人，对承建工程的质量负主要领导责任；总工程师对工程质量负技术责任；相关管理负责人对工程质量负相应的管理责任；各作业区技术主管对工程质量负直接责任。

（5）本项目的实施过程采取“事前、事中、事后质量监控程序”（图 9-5），并制定“阶段质量控制要点”。施工过程中，每道工序的质量检查必须遵守“工序质量检查流程”（图 9-6）。建立并完善“项目质量管理制度”和“工程质量缺陷及事故报告与调查处理”等保证措施。在质量制度措施的运行中须填写对应的管理记录表。

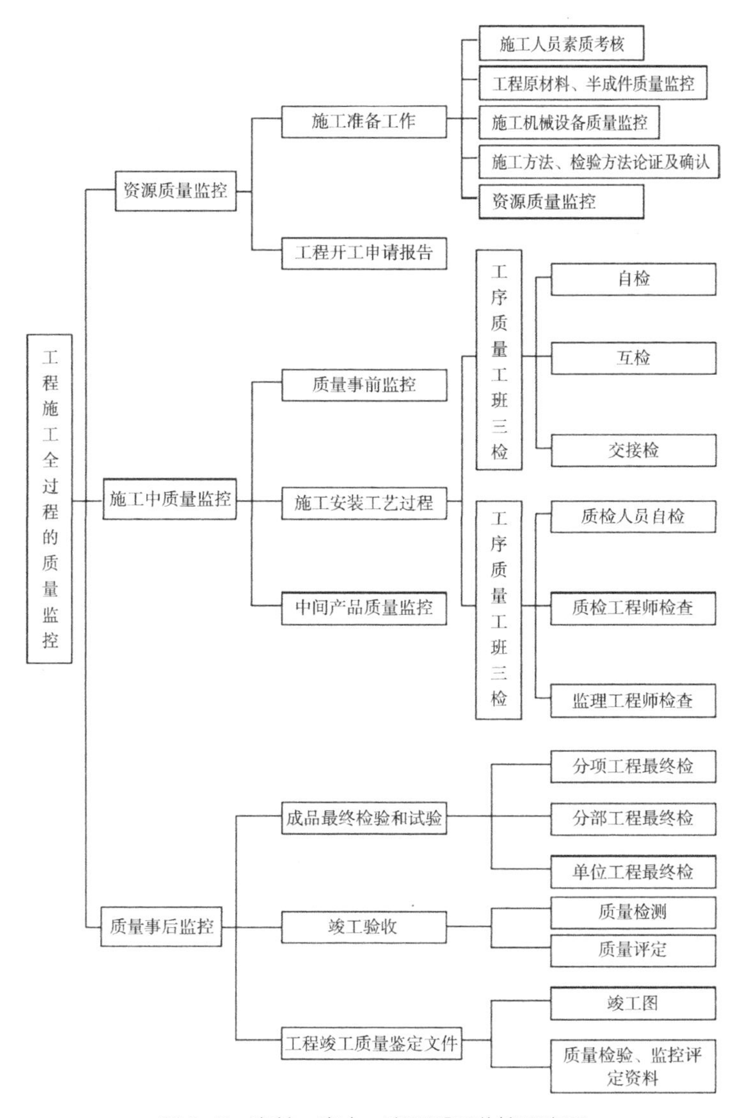

图 9-5　事前、事中、事后质量监控程序图

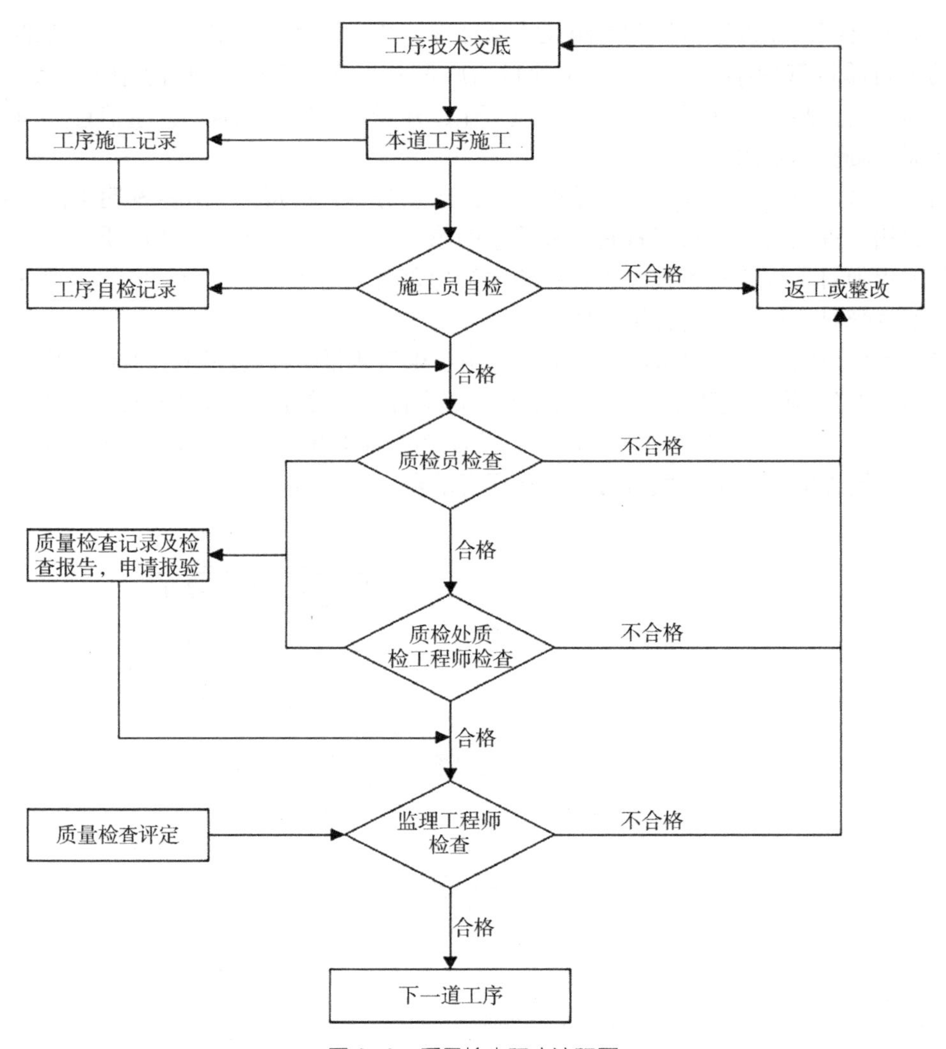

图 9-6 质量检查程序流程图

3. 各部门及主要人员的质量职责

（1）质量管理领导小组的主要质量职责

1）认真贯彻国家、交通部、建设部有关工程质量的法律、法规、条例以及规范、规定、标准等。

2）建立健全工程质量保证体系，健全机构，配齐人员，制定规划，建立质量管理的规章制度，完善管理机制和质量责任制。

3）定期组织召开质量管理领导小组会议，研究解决存在的问题，确保工程质量保证体系及工程质量处于良性运转和可控状态。

4）定期或不定期地组织工程质量检查和评比，促进工程质量水平的不断提高。形成和建立工程质量监督机制，严格奖惩制度，调动各项目创优质工程的积极性。

（2）项目经理（常务副经理）的主要质量职责

1）项目经理是工程质量第一责任人，对质量工作负全面责任。

2）负责贯彻执行国家有关质量工作方针政策，工程建设法律、法规、技术标准、规范、设计文件和工程合同。

3）组织建立质量管理体系，对工程质量形成的全过程及其所有质量活动进行分析，有针对性地制定对策和改进措施，监管质量体系的有效运行。合理进行资源配备（人员、设备、资金等），使其有效运行，并在运行中不断改进。

4）根据项目质量目标控制计划要求，组织编制质量目标实施计划和具体实施措施。

5）负责全面质量管理，处理好成本、进度与质量的关系，确保工程质量。

6）主持建立项目的激励机制。

7）根据项目部的具体情况，组织编制具体的质量实施细则。

（3）总工程师质量职责

1）对工程质量负全面技术责任。

2）贯彻落实国家和上级关于质量工作的方针、政策、法律、法规、制度、办法、技术标准和规范。

3）负责建立项目质量保证体系，协调质量相关部门的接口工作，检查质量职责的落实情况，定期向项目经理报告质量体系运行情况和改进措施。

4）主持编写项目质量目标实施计划，并进行宣传和贯彻执行。

5）主持项目技术交底工作，并负责落实执行。

6）负责计量管理工作，贯彻国家计量法规和上级计量管理办法，确保试验、测量设备满足预期使用要求，确保测量试验数据准确可靠。

7）审定质检、测量、试验方面的检测成果和试验报告。

8）认真执行“预防为主”的方针，组织定期进行工程质量检查，落实“三检”制度（自检、互检、交接检），发现问题及时采取纠正和预防措施，避免质量问题或质量事故再次发生。

9）代表项目经理部发布质量信息，并及时处理来自内部及外部的质量信息，定期向上级汇报工程质量情况。

10）组织工程质量事故的调查与处理。

11）负责开展项目 QC 活动、创优活动，制定实施措施，并根据上级有关规定，制定项目的具体奖励办法。

12）负责组织项目质量工作总结和交流上报工作。

13）组织编写项目施工组织设计，处理好成本、进度与质量的关系，确保工程质量。

（4）副经理质量职责

1）执行项目管理制度，履行合同规定的质量承诺。

2）落实项目质量目标，实施项目质量管理规划，执行项目自控体系。

3）对管辖范围内的项目实施全面质量管理。对进场的生产要素进行优化配置和动态管理。

4）对管辖范围内的工程施工质量负责。

5）接受质量监督机构、上级部门和企业本部对质量工作的检查、指导与监督。

6）进行现场文明施工管理，及时纠正不合理事项。

7）根据项目管理人员岗位质量责任制对所属管理人员进行培训、检查、考核和奖惩。

（5）副总工程师质量职责

1）执行项目技术管理制度，制定技术管理制度实施细则。

2）参加项目组织的施工图纸审查和现场核对。

3）组织项目主要人员的技术学习、经验交流。落实项目培训计划，按项目要求组织专业技术培训和职工技能培训。

4）组织做好测量及其复核工作。

5）积极配合对质量管理中存在问题和质量事故的调查、分析，及时组织有关人员进行技术上分析，查找原因，提出处理建议，落实纠正措施。

（6）质检部（组）质量职责

1）质量处是质检工程师领导的部门，对工程质量负直接监督责任，应严把质量关。

2）认真贯彻执行国家质量工作方针，工程建设法律、法规及施工技术规范、技术标准、施工合同技术条款等规定。

3）认真研究承包合同的设计图纸和文件，熟悉施工组织设计，掌握操作规程，监督、检查操作层施工。

4）协助项目经理和总工建立健全项目质量保证体系，认真执行和落实质量管理的有关规章制度。

5）负责监督检查操作层质检员的工作。

6）对标段或班组自检合格的分项工程按规范规定频率检查，对关键工序及所有隐蔽工程必检，检查合格后报外部监理工程师检查签认。

7）对不合格材料和工序，在驻地监理之前，行使纠正、停工、返工等质量否决权。

8）负责工程质量资料报签工作。

9）积极配合经理部或外部质量检查及检测工作。

10）参加质量事故的调查、分析和处理。

11）对质量事故直接责任者及违反操作规程和隐瞒质量事故的人员、班组（或标段），及时提出行政处罚建议和经济处罚。

12）对工程质量有突出成绩的人员，提出表彰和奖励建议。

13）负责建立项目质量事故台账及返工损失台账。

14）向公司或上级上报工程质量情况。

（7）工程部（组）质量职责

1）执行各项质量管理工作办法和规章制度，对施工过程的质量控制、质量检验进行系统管理。

2）在项目总工的领导下，负责项目质量管理的具体事务。

3）根据项目质量目标计划，制订项目质量实施计划，确定各工序的质量目标、控制方法，下发到各相关部门和施工标段，并定期检查落实情况。

4）向现场技术人员提供施工所需的技术规范、质量标准、操作规程、施工图纸等，并检查其执行情况。

5）编制项目各分部或分项工程施工方案和质量保证措施，并制订雨（冬）季施工质量保证措施。

6）监督检查项目关键岗位操作人员的持证上岗情况，及现场技术人员质量职责的落实情况。

7）及时收集、整理、审查施工质量检验记录，并分类妥善保管，应确保其真实、准确、齐全，不得涂改和伪造。

8）对潜在的质量隐患及时制订预防措施，以便及时消除质量隐患和杜绝质量事故。

9）对违章操作、野蛮施工的行为及使用不合格材料的现象及时制止，并向项目有关领导建议给予相应的经济处罚。

10）参加项目经理部和项目组织的质量检查活动和业主组织的交工验收工作。

11）配合驻地监理工程师进行工程质量检查和质量验收。

12）负责测量工作，负责测量器具的计量标定工作，确保项目质量检测值的准确性。

13）认真填写施工日志，详细记录工程质量状况和有关质量信息，发现质量隐患和质量缺陷要及时上报。

14）编写项目质量管理工作总结。

（8）采购部（组）质量职责

1）根据合同文件、施工组织设计和成控部（组）提供的材料供应计划进行市场调查、取样试验，经主管领导审查同意后，确定采购意向。

2）对供应商的业绩、资质进行调查和评价，确认合格后才能与其签订采购合同。同时，要保存合格供应商的有关资料，并对其进行有效的质量控制。

3）加强进货检验管理，做好进货检验记录，不合格的材料禁止进场，确保进货符合规定要求。

4）做好库存物资的贮存及防护工作，确保物资的使用质量。

5）认真做好材料的发放和使用，避免因错发错用而影响工程质量。

6）负责选择和配置本项目适用的各类生产设备。

7）负责生产设备技术状态鉴定，认真监督进场设备执行维护保养制度，确保设备的正常使用性能，杜绝因设备故障而造成质量事故。

8）负责对设备操作人员进行技术知识和操作能力的考核，坚持岗前培训和资格认可。

9）负责对设备供方的评价和在设备承租合同及分包队自带设备的分包合同中，明确设备的质量要求。

10）参加调查处理因设备故障造成的工程质量事故。

（9）成控部（组）质量职责

1）成控部（组）负责合同管理、项目计量和成本控制，在拟订合同协议时必须明确质量要求和质量奖罚措施。

2）负责对操作层的资质、业绩、信誉和质量保证措施进行调查和评价，在评价的基础上选择合格的操作层队伍，并与其签订承包合同。

3）操作层承包合同中关于工程质量的条款应能满足总合同的要求。

4）计量工程师应随时检查操作层对承包合同的执行情况，对操作层的工作质量实行全过程监督管理。

（10）综管部质量职责

1）负责项目文件的管理工作，对技术性文件和项目体系文件的管理进行监督检查，督促、检查各作业项目或部门对文件的控制与管理。

2）负责项目质量记录的管理工作，定期收集和下达项目记录清单。

3）监督检查各部门和岗位职责的落实。

4）规定项目内部信息的沟通方式，保持信息沟通的证据或记录。

5）负责项目人员培训工作的管理，建立员工培训档案，并参与培训工作，对特殊工种人员资格进行鉴定。

6）参加项目管理评审会议。

7）安全管理。

8）办公室管理，内外协调与接待。

（11）质检员质量职责

1）严格按有关标准进行工程质量的检查和验收，做好质量控制。

2）严把材料检验、工序交接、隐蔽工程验收质检关，审查操作者的资格，审查并签署检验批质量验收记录。

3）深入施工现场，履行监督检查职责，对违反操作规程、技术措施、技术交底、设计图纸等情况，立即制止，视情节决定停工或返工，并及时报质量负责人、行政负责人。

4）参与工程质量动态分析和事故调查。

5）加强与现场驻地监理的沟通与联系，督促工地技术人员及时提供完整的技术资料，配合现场监理完成隐蔽工程的检查、验收等工作。

（12）试验室质量职责

1）熟悉工程合同文件，认真贯彻执行有关的技术标准、施工规范和试验规程。负责编制本工程试验项目的总体实施方案和计划图表。工作中严格执行试验操作规程，提供真实准确的数据。

2）负责本工程的试验检测工作，各种原材料及半成品的物理力学性能试验。必要时，应进行化学试验。当有特殊要求而仪器设备又不足时，可委托有相应资质的外单位进行。

3）提供工程所需的各种混合料配合比组成设计，并逐步调整为施工配合比。

4）负责施工过程中的现场试验和检测，实行动态管理，随时指导纠正。试验检测人员必须持证上岗，并积极参与应用、推广“四新”项目相关的试验和检测工作。

5）根据工程规模及要求，提出试验仪器配置计划，并负责日常使用、维护与保管，按仪器、仪表使用规定周期送检，建立试验台账和器具设备台账。

6）负责所有试验报告和试验原始记录的整理、签认和归档。整理提供属于试验检测工作范围的交工竣工资料，参加交工竣工验收。

7）在试验工作中，当发现不符合设计要求或有其他问题时，应负责及时报告有关技术领导和质检人员，并提出相应的处置建议。

（13）现场技术人员质量职责

1）负责所担负的分项（或分部）工程施工的日常技术管理工作。努力学习国内外先进技术和现代化管理知识，刻苦钻研技术业务，结合施工操作工艺，不断提高专业技能和管理水平。

2）参加项目经理部组织的施工准备工作和技术交底，了解工程的设计意图，熟悉施工工艺，掌握技术要点，按既定的施工技术方案、工艺实施细则及安全技术措施等组织施工。

3）加强施工过程中的技术控制、指导，督促操作班组进行自检、互检、交接检查。认真填写各项施工原始记录和工程验收单，参加中间检查验收和隐蔽工程验收，记好施工日志。注意施工原始记录和各种签认证明的收集、分类整理，并及时上交到工程部。

4）负责对测量放样和试验检测取样工作的技术把关。

5）解决和处理施工操作中出现的一般简单的技术问题。

6）及时总结工作中的经验教训，撰写技术论文和技术总结，积极参与“四新”项目的推广应用、QC 小组攻关及合理化建议等活动。

（14）施工员工作职责

1）施工员应具有一定文化素质和丰富的施工经验，并经一定时间的技术培训、经考核合格后上岗。

2）施工员除要熟悉施工工艺和操作要领外，还应看懂图纸，进行一般工程放样、估工算料和签发任务单。

3）认真熟悉施工图纸和图中说明要点，掌握各部尺寸、标高、材料要求和质量标准，组织好班组施工，对所分管施工的工程质量具体负责。

4）参加编制本工种施工作业方案，指导本工种的工作，解决和处理操作中出现的技术问题。组织工序交接和参加隐蔽工程验收，作好施工日志和施工原始记录，及时为施工结算提供资料。掌握一般施工机械和辅助设备的性能、操作以及施工工艺、施工方法。组织协调各工序、环节的衔接配合。

5）参加开工前的施工准备，熟悉施工技术方案和质量要求以及安全技术措施。协助技术人员向班组进行交底。

6）积极参加技术革新和 QC 小组活动，收集资料，总结积累经验，为编制或修改工法提供资料。

（15）劳工班组长质量职责

1）认真执行项目质量管理制度，接受领导和技术人员的质量指令，对工序作业过程质量负直接责任。

2）熟悉工艺流程，掌握工序质量关键控制点和工艺标准，按作业指导书、技术交底书及施工测量放样结果组织施工。对技术交底资料或测量结果有疑问时，及时向技术人员反映。

3）坚持施工程序，开展班组自检，参加互检和交接检查，上道工序不合格不承接，本道工序不合格不出手。

4）接受技术、质检人员的检查指导，为检查人员提供相应的数据，对技术和质检人员提出的工程质量问题，按要求整改。

5）如实向上级报告施工中出现的质量问题和质量事故，提供真实情况和数据，配合事故调查处理。

6）落实原材料、半成品和成品保护措施。

4. 阶段质量控制要点

（1）施工准备阶段的质量控制

1）项目总工程师应组织有关施工技术人员学习、熟悉合同文件，认真审核施工图纸，并组织质量培训，进行技术交底。

2）项目进场后，应对施工现场和工程所需工、料、机进行实地考察，依据合同工期的要求，制定切实可行的施工组织设计。施工组织设计及施工方案要执行逐级审查审批制度，未经审批不能实施。

3）针对项目的具体情况进行质量预控

①制定质量目标实施计划。

②对本项目涉及的工程质量通病制定预防措施。

③对关键过程、特殊过程制定质量保证措施。

④制定质量检验工作程序。

⑤创优项目要有创优规划和保证措施。

（2）施工过程的质量控制

1）项目管理层应对施工过程进行合理的资源配备，以保证满足施工过程中质量控制的要求。

2）工程施工前要进行技术交底，技术交底应按不同层次、不同要求有针对性地进行二次交底，交底内容要包括质量、安全、环保等内容，交底记录要妥善保管。

3）项目施工过程实行三级质量控制，即班组实行质量自控自检，标段(分部)实行专控互检和工序交接检，项目经理部实行专控专检。

①班组是施工的基层单位，应按规定要求进行施工操作，当一道工序结束时，班组质检员组织质量自检，自检合格后，向标段(分部)申报互检和交接检。班组未进行自检或自检资料不齐全，不准申报互检和交接检。

②工序完工后，标段(分部)技术负责人在自检的基础上，组织上下工序进行互检和交接检，检查合格后向项目质检工程师申报专职检。标段未进行互检和交接检或检验资料不齐全，不准报专职检。

③项目质检工程师在互检和交接检的基础上进行专职检查和验收，检查合格后，方可报监理工程师进行检验和确认。

④发生下列情况之一时，在驻地监理检验之前，质检工程师有行使纠正、停工、返工等质量否决权。

a. 不按图纸施工，变更设计未经审批的工程。

b. 不按批准的施工工艺和操作规程作业。

c. 工程原材料、半成品、成品未经检验或不符合规范图纸要求。

d. 未经检查的工序交接和施工质量不合格。

e. 隐蔽工程未经检查签认。

f. 临时工程未经检查签认。

4）项目每周进行一次全面质量检查，把检查的结果真实地向各单位报告，对检查的情况进行分析评价，对出现的质量问题及时加以纠正。

5）关键过程和特殊过程的控制

关键过程是对工程质量和工期有重大影响，施工难度大、工艺新、质量易波动并起关键作用的过程。

特殊过程是指该过程的施工不易或不能通过其后的检验或试验而得到充分验证的过程。

①关键、特殊过程确定后，必须组织有关施工技术人员和班组负责人对过程进行分析、研讨，确定整个过程的施工方法，人、机、料、环境等配备要求，确定人员在过程控制中的职责，编制其作业指导书。

②作业指导书的主要内容

a. 目的。

b. 质量标准。

c. 适用的过程。

d. 施工操作的作业步骤及作业依据。

e. 需要配备的资源和要求。

f. 检查和监控人员或部门的职责。

g. 规定各项工作完成后的记录格式和要求。

项目部相关部门可根据以上内容，结合过程复杂程度和特殊要求进行编写。

③作业指导书必须经主管领导审批方可实施，必要时报上级主管部门审批，以确保文件

的正确性和可靠性。

④项目在施工前必须组织对作业指导书进行书面交底，发到操作层，并跟踪指导实施，使作业班组准确理解施工方法、操作工艺、质量要求等内容。

⑤对于特殊过程，在施工前必须对管理人员、操作人员的资格以及设备的过程能力进行鉴定，以确保人员的技术技能满足岗位要求，确保设备能持续满足生产过程的需要。鉴定后必须保存其记录。

⑥关键、特殊过程施工中，要设立质量控制点，对控制点定期采样检查或连续监控，在控制中可选用合适的统计技术，对收集的数据进行分析，发现异常情况时应及时处理。

⑦明确关键、特殊过程控制点负责人的职责和要求，确保各项技术要求和施工质量满足规定。

⑧参加特殊过程的施工作业人员必须经岗位培训、考核合格后持证上岗。

⑨项目必须派人对操作班组进行施工过程监督检查，确保操作层正确理解、准确执行作业指导书，发现问题及时纠正，保证过程控制达到预期要求。

6）项目在施工过程中应加强质量信息的管理

①从工程开工到交(竣)工验收的全过程保留以下资料：

a. 工程概况。

b. 每周质量检查情况、工程进展情况，并附有特色工程照片。

c. 业主、监理各种检查评比情况。

d. 主要关键过程的施工要有影像资料。

e. 工程交(竣)工验收情况，工程全貌的照片。

②按要求及时向公司报告各种质量资料：

a. 每周上报工程质量周报。

b. 工程质量事故(或质量问题)报告。

c. 当地工程部门、业主联合检查的信息；工程交、竣工验收结论。

d. 工程获奖证书。

e. 质量目标实施计划：项目签约后一周内。

f. 工程质量季度报表、工程照片：季首月25日前；质量管理年度工作总结：12月30日前。

（3）交竣工阶段的质量控制

1)项目应按项目有关规定，组织有关人员及时编制竣工资料和施工总结。

2）工程已按施工合同和设计文件要求建成，且具备交工验收条件后，项目总工程师应组织工程质量自检，并完成自检报告。

3）自检合格后，向监理工程师、业主提出交工申请。

4）项目应积极配合交竣工验收工作，项目总工程师应参加验收活动，并进行有关联系和协调工作。

5）对交工验收中发现的质量问题，项目应尽快提出整改措施，经验收认可后实施。

6）竣工资料的收集、整理工作应在施工初期就着手进行，并贯穿于施工全过程。在各分项工程施工完成后，即将有关资料分类装订，妥善保管。

7）项目应对已交工工程定期进行工程质量回访，并在工程缺陷责任期内对工程进行认真的保护、维修、管理，保证竣工验收时工程处于优良状态。

8）项目应定专人负责及时收集交竣工验收报告及质量评价结论。

（4）质量工作总结

1）工程在施工完成后，项目总工程师应组织技术人员对工程质量、工期、成本、技术方案的实施情况等进行分析评价，对好的经验进行推广，对出现问题的总结原因，引以为戒。

2）对质量事故台账及返工损失台账进行分析总结，对易发生问题的环节提出有效的预防措施，为以后施工提供借鉴。

3）收集各种有关资料，为申报各级优质工程做好充分准备。

4）对QC小组活动情况进行总结，撰写QC成果。

5. 项目质量管理制度

（1）教育、培训、持证上岗制度

参加本工程施工的所有员工必须认真学习施工规范、规则、规定和验标，熟悉施工的程序和质量要求，了解工程特点。特殊工种操作人员必须进行岗前培训，经考核合格后，方可持证上岗。

（2）坚持质量标准，进行质量策划制度

坚持各项质量标准，严格执行施工规范和验收规范，认真落实质量方针和目标，积极开展创优规划，确保本工程项目质量目标的实现。

（3）图纸审核制度

1）接到设计图纸后，由项目部总工程师组织参建有关技术、质量管理人员认真审核设计图纸。

2）各标段（区段）技术负责人应认真审阅施工图纸，充分领会设计意图，确保施工设计图的正确性和有效性。施工图纸会审无误后方能下发至各施工人员及专业负责人进行核对和完善工作，发现缺陷应及时向项目部、设计单位、监理单位反馈信息，未经核对并确认签章的图纸，不准开工使用。

3）施工组织设计送审确认后，由主管工程师组织全体人员认真学习，找出质量重点监控部位和监控点，按照施工任务划分，各分管的主管工程师负责对所担负的工程任务，向作业班组进行书面交底，并在施工过程中实行全程的技术指导。

（4）技术交底制度

经理部负责交底人员由图纸会审负责人担任，负责交底人员要编制交底文件资料和必需的图表，做到资料齐全、讲解清晰；接收方应彻底弄清交底内容和施工操作方法。技术交底要认真填写交底记录，参加交底人员要逐一签名。因交接不清造成质量事故的，要追究相关人员的责任。

（5）测量复核制度

1）加强施工技术管理，坚持施工测量复核制。各标段（区段）设现场小组，配备专职测量人员，以导线网控制方法，确保园建、构筑物、园路、关键点位的植物定位放线准确。

2）现场工程测量坚持闭合复核和换手测量复核制，测量放样资料必须由技术主管审核后方能交付施工。

（6）材料进场检验制度

1）工程材料、设备、构配件实施分类、分级管理。

2）物资部门应按计划保质、保量及时供应材料。材料需用量计划包括需要量总计划、年计划、季计划、月计划、旬计划，履行复核和审批手续。

3）材料仓库的选址有利于材料的进出和存放，符合防火，防水、防盗、防风、防变质的要求。

4）进场材料应有生产厂家的材质证明（包括厂名、品种、出厂日期、出厂编号、试验数据）和出厂合格证。按有关质量标准，对材料外观、尺寸、性能、数量等进行检查验收。根据验标规定的试验项目、取样数量和方法进行取样，取样部位和操作方法应符合要求，样品的质量应能代表该批材料的质量。有见证取样要求的，由监理工程师到场见证。试验结果合格的材料，做好相应的验收记录和标识，不合格的材料应及时更换或退货，严禁使用不合格的材料。

5）各种设备及构配件应开箱检验，按供方提供的技术说明书和质量保证文件进行检查验收，质量不符合要求的，应更换或进行处理，直至合格。

6）进口材料、设备的检查验收，应根据工程所在国有关法律和规定办理。

7）新材料、新产品和新型设备，应具备可靠的技术鉴定，并应有产品质量标准、使用说明和操作工艺要求，以及有关试验和实际应用报告。使用新材料，应经设计、监理、建设单位的认可，办理书面认可手续。经检验合格的新材料方可在工程上应用，没有质量标准或不能证明质量达到合格的材料，不得使用。

8）计量设备必须经具有资格的机构定期检定，确保计量所需要的精度，检验不合格的设备不得使用。

9）进场的材料应按型号、品种分区堆放，并分别编号、标识。有防潮湿要求的材料，应采取防潮湿措施，并做好标识。有保质期要求的库存材料应定期检查、防止过期，并做好标识。易损坏的材料应保护好外包装，防止损坏。

10）材料使用实行限额领料管理，建立材料使用台账，记录使用和节超情况。超限额的用料，用料前应办理手续，填写领料单，注明超耗原因，经项目部材料管理人员审批。

11）加强施工现场材料管理。材料管理人员应对材料使用情况进行监管，做到工完、料净、场清。建立监管记录台账，对存在的问题应及时分析和处理。及时办理剩余材料退料手续。设施用料、包装物及容器应收回，并建立回收台账。

（7）现场工程开工前质量监督检查制度

工程开工前做好充分准备，完善以下内容及要求：

1）施工合同已签订，开工报告已办理。

2）设计文件、施工图纸能满足开工需要。

3）施工调查及复测工作已完成，并有记录。

4）图纸会审、技术交底工作按规定进行，并有记录。

5）实施性施工组织设计已编制、审批。

6）采用“四新技术”之前，已对相关人员进行教育培训。

7）新上岗、转岗人员（含劳务工）已进行岗前培训。特种作业人员已按国家规定培训考核）持证上岗。

（8）现场工程施工过程中质量监督检查制度

加强施工过程控制，严格遵守以下内容及要求：

1）施工测量放线正确，精度符合要求，并有复测记录。

2）按照设计文件、技术标准和现行施工规范要求组织施工，操作方法正确，工程质量符合设计、合同及验标要求。

3）变更设计已履行审批程序。

4）工程日志等原始质量文件记录填写及时、真实、准确、完整、规范、清楚，签认齐全、符合要求，并妥善保管。

5）有关保证工程质量的措施，已制定和落实。

6）施工中的质量通病及特殊工序制定有针对性的预防措施。

7）施工材料、成品、半成品、设备等按规定检验，试验报告、出厂合格证齐全，并经相关人员签认。

8）严格执行“三检制(自检、互检、交接检)”和成品保护制，发现问题及时处理，相关记录齐全。

9）混凝土、砂浆试件（试块）、填筑土方密实度等按规定要求进行试验和检测，其强度和密实度符合要求，资料齐全。

（9）与建设、监理、设计单位配合制度

加强与建设、监理、设计单位的密切配合，服从质量监督检查，对提出的问题积极整改，做到“四有”，即有措施、有整改、有记录、有验证，保证提出的每个问题均得到彻底的整改消项。

（10）质检的见证、旁站制度

各作业项目质检人员要按规定确定见证、旁站的具体项目内容，确保工程质量每一个环节，特别是工程重点部位，关键工序质量得到有效控制，确立并完善施工企业自我约束机制。按程序及时到现场履行检查验证手续。

（11）样板先行制度

样板先行制就是要求在大面积开工前选择先行开工的第一个施工段（或地块）作为样板工程，集中项目经理部的技术、管理优势，重点进行指导、帮助、分析、总结、提高，形成比较完善的施工方案和工艺要求，使其内在质量和外观质量均达到标准要求，然后再全线大面积推广。这样可使所有工程均一次成优，且质量优良。样板先行制的执行，不仅可以加快施工进度，还节约了返工、返修的费用，达到以试点引导、样板示范，规范项目质量管理工作，提高公司质量管理水平，提升企业品牌效应。

（12）隐蔽工程检查签证制度

1）工程在隐蔽之前，经技术负责人自检合格后，质检工程师预检，并按规定时间报监理工程师检查签证。未经监理工程师检查签证不得隐蔽施工。

2）如遇地质与设计不符，应及时向监理、建设单位、设计单位及主管上级报告，在各方取得一致意见后方可继续施工，并保存其记录。

3）隐蔽工程检查证应按相关规定或业主要求由技术负责人填写，签认齐全，作为竣工文件保存。

4）隐蔽工程检查手续应及时办理，不得后补。

5）隐蔽工程检查合格后，如长期停工，在复工前应重新按规定进行检查签证。

（13）工程质量验收制度

分项、分部、单位工程完工以后，由经理部质量管理部门会同监理工程师共同组织验收，各工序施工必须符合标准后方准转入下道工序施工。

（14）文件资料记录制度

文件资料记录，是竣工交验的重要依据，也是质量追溯的依据。因此，图纸审核记录、技术交底记录、测量及复核记录、材料进场验收记录、隐蔽工程质量检查记录、钻孔桩记录、水下砼灌注记录、试验报告单、路基压实和材质检测记录、变更设计记录、质量验收记录、工程日志簿等都应通过工程部和试验室将记录真实、详尽、规范、完整、签字齐全的资料移交工程部内业管理人员，为工程留下完整的技术档案。

（15）验收合格产品保护制度

由项目经理牵头，建立“成品保护小组”，负责项目的成品保护。在进行技术交底时，针对工程特点提出相应的成品保护措施和要求，由“成品保护小组”实行和落实。

质检员在每道工序的开始和完工时对已验收完成的成品进行记录，对违反制度造成成品损坏的事故进行备案，确定“谁施工谁负责”原则，落实到人头，与经济收入直接挂钩，对破坏成品的人员进行经济处罚。而一旦发现成品破坏又未有记录在案者，则由质检员负责接受处罚。

（16）不合格品控制程序

为了防止工程施工中发生不合格工序以及质量控制过程中不合格项重复发生，项目应建立不合格品控制程序，并针对常见的质量问题制定预防措施和纠正措施以及处罚办法，在技术交底时给予说明。

当施工过程中出现不合格现象时，即属于一般工艺工序施工不符合规范要求，可及时采取返工时，项目总工程师应组织工程部门调查分析原因，通知班组限期整改，同时制定纠正预防措施，避免再次出现同类情况。

当施工过程中出现严重不合格品，即属于影响结构安全、严重影响使用功能的质量事故时，项目部总工程师应首先写出事故报告，组织项目有关部门调查分析事故原因，制订处置方案，必要时通报监理和业主，取得其认可并做好记录。项目部组织实施并向公司上报返工损失台帐。

（17）工程质量检查评比制度

1）项目经理部质量领导小组每周进行一次全面质量检查，质检员、质量巡查员随时对施工班组进行检查。把检查的结果真实地向公司报告，对检查的情况进行分析评价，对出现的质量问题及时提出整改。

2）按以下标准进行优良工程考核评比：

①计量、结算、施工技术资料齐全，填写认真，数量准确。

②坚持文明施工，环保措施符合要求，施工管理井然有序。

③严格执行安全操作规程和劳动保护安全卫生法规，无重大人身伤亡及机电设备事故。

④工程交工一次验收合格，并获得业主好评。

⑤按合同工期要求，提前或按期竣工。

⑥实现利润目标，未出现亏损。

⑦及时按要求上报各种质量信息。

（18）规范计量计价制度

对工程质量检查不合格的工程，不予计量计价。

6. 工程质量缺陷及事故报告与调查处理

（1）项目对工程质量事故以预防为主，实行工程质量缺陷、事故报告制度。

（2）工程质量事故，系指在工程建设过程中由于责任过失造成工程倒塌或报废、机械设备损坏、工程永久性缺陷、使用标准降低、人员伤亡、财产损失及工程需要加固、补强、返工处理等的事故。

（3）在施工进程中或完工后，质量监察 / 检查人员如发现工程存在着技术规范不允许的质量缺陷，应根据其性质和严重程度，按以下方式处理：

1）当施工中发现可能引起质量缺陷时，应立即制止，并及时查出不合格因素，更换不合格的材料、设备或不称职的施工人员，或改变不正确的施工方法及操作工艺。

2）当因施工而引起的质量缺陷已出现时，应立即向有关作业项目发出暂停施工的书面指令，待该项目采取了能足以保证施工质量的有效措施，并对质量缺陷进行了正确的补救处理，同时得到了监理工程师认可后，再书面通知恢复施工。

3）当质量缺陷发生在某道工序，而且质量缺陷的存在将对下道工序或分项工程产生不良影响时，应对质量缺陷产生的原因及责任做出判定，并确定补救方案后，再进行质量缺陷的处理，经检查符合要求后方可进行下道工序或分项工程的施工。

4）工程完工后，发现工程质量缺陷时，应及时指令有关作业项目按规定要求加固或返工处理。

（4）根据作业项目发生的质量缺陷，在进行判定、找准原因和分清责任的同时，确定质量缺陷处理的费用，作为质量考评的依据，如果类似质量缺陷发生两次以上，将作为质量事故论处。

（5）重视质量缺陷的修补及加固。现场质量工程师要跟踪质量缺陷的处理，做好监理单位对于工程质量缺陷的监督管理的配合工作，必要时通知设计单位，提出修补加固方案；修补加固方案应不降低质量标准，并在技术规范所允许的范围内；如果质量缺陷影响结构安全和使用功能，必须进行彻底返工，并按质量事故进行处罚。

（6）质量事故的处理。按公司《管理手册——技术质量管理》的程序及时报告，不得隐瞒不报、谎报或拖延不报。未经监理工程师现场察看或验证，不得擅自掩盖处理，更不允许故意破坏事故现场，弄虚作假，提供假材料。在查清质量事故原因并确定责任单位后，按照公司和相应的法律、法规对责任单位进行处罚。对于一般质量事故，由监理单位认定后，在规定时间内通知项目经理部、业主人员到场，研究处理。

（7）实行质量事故快报制度，快报内容：事故的单位、时间、地点、事故简要经过、伤亡情况、应急预案的执行情况。重大工程质量事故发生后，必须在 2 小时内报中交二航局，并且 24 小时内提交书面报告。

（8）发生重大事故的现场保护措施。

事故发生后，事故发生单位应按应急预案采取积极、有效措施抢救人员和财产，防止事故扩大，同时应采取相应措施严格保护事故现场。

（9）工程质量事故的调查处理按照统一领导、分级负责的原则进行。项目经理部归口监督管理本项目内重大工程质量事故的调查处理；项目归口管理本单位范围内工程质量事故的调查处理。

（10）工程质量事故发生后，事故发生单位必须严肃认真处理，严格遵守“四不放过”原则。

（11）工程质量事故发生后，事故单位隐瞒不报、谎报、故意拖延报告期限的，故意破坏现场的、阻碍调查工作正常进行的，拒绝提供事故相关情况、资料的，提供伪证的，一经调查核实，将由项目给予严肃处理。构成犯罪的，将移交司法机关依法追究其刑事责任。

（12）在发生质量事故后，项目部应及时编制处理细则，防止因工程质量事故引发安全生产事故。

7. 工程质量管理检查

（1）项目质量管理小组每周对各作业项目进行一次现场质量综合检查，提出整改要求，并实施奖罚。

（2）检查的主要内容：

1）质量保证体系、质量管理制度是否建立健全并规范运作。

2）质量管理机构是否健全，人员配置是否合理，责任是否落实到人。

3）施工方案中是否明确质量保证措施和工艺标准。

4）各类工程内业资料是否齐全、真实、规范。

5）质量验收标准是否在作业层达到应知应会，执行状况如何。

6）工程实体质量是否达到设计要求。

7）园路、地形和绿化种植的美感、观感是否达到设计要求的效果。

8）现场原材料是否分类堆放，是否有标识牌。

9）半成品及成品的保护措施是否到位。

10）苗木支护、淋水养护是否及时到位。

11）现场是否按照施工方案及技术交底施工，有无质量隐患。

12）施工安全、环保、水保是否达标。

13）现场文明施工环境评价。

（3）质量检查考评的程序与时间安排

1）现场质量综合检查每月进行一次，时间由质量检查组确定，检查前不准提前通知现场。

2）检查过程由质检部记录检查情况，检查后及时通报，并根据本办法第八章相关内容给予奖罚。

8. 工程质量奖罚

（1）奖励金以现金形式 发放；项目部员工的罚款，从奖金中扣除；对劳务分包队伍的罚款从工程款中扣除。

（2）各劳务分包队伍对工程质量负责，根据作业项目对工程质量事故承担的责任，按有关的处罚规定额度，实施经济罚款。

1）发生重大及以上质量事故，除返工或加固处理外，给予 2 万～ 5 万元或造成损失的两倍罚款。

2）发生工程质量大事故，除返工或加固处理外，给予 1 万～ 2 万元 / 次罚款。

3）发生一般质量事故，除返工或加固处理外，给予 0.5 万～ 1 万元 / 次罚款。

4）对工程质量达不到标准或设计要求，虽构不成事故，但影响结构安全或使用功能的，将根据工程规模和情节，除返工或加固处理外，给予 200 ～ 1000 元 / 次罚款。

5）项目或业主组织检查发现的问题，包括使用不合格材料、设备、工程外观质量差、内业资料失真并造成不良影响的按上述条款规定给予处罚。

（3）执行上述罚款时，以罚款通知单的方式通知，说明存在的问题，罚款从该单位验工计价款中扣除。

（4）项目领导及各职能部门检查现场时，如发现严重违规行为，且该行为危及工程质量或导致工程存在质量隐患者，除立即予以制止纠正外，可根据实际情况现场给予一次性处罚 200 ~ 1000 元，并在相关的季度和年度质量考评中体现。

9. 附则

（1）本体系措施未尽事宜，按国家主管部门、公司和本项目的有关质量管理规定办法要求办理。

（2）本体系措施自通过审批之日起施行。

（3）附件（略）。

思考题

1. 园林工程项目质量管理指的是什么？

2. 园林工程项目质量管理主要包含哪些内容？

3. 园林工程项目质量管理与工业产品质量管理有哪些异同？园林工程项目质量管理借鉴了哪些工业产品质量管理的理论与方法？

4. 常见的可用于质量管理上的管理方法与工具有哪些？

5. 如何看待质量管理中各参建单位的职责及其工作愿景？作为管理者，你会怎样处理各参建单位、人员的关系？

6. 请对园林工程项目与其他工程项目（如建筑工程项目）做一个比较，他们之间在用材、建设程序、项目管理及质量管理方面有何异同点？

7. 园林工程项目中的硬景（亦称园建工程）与软景（亦称绿化或种植工程）之间在用材、建设程序、项目管理及质量管理方面有何异同点？

8. 请参照园林工程项目质量管理体系（案例），编制一个小型园林工程项目的质量管理规定。

第10章　风景园林工程项目收尾管理

学习目标

通过本章的学习，掌握风景园林建设工程竣工验收的内容和程序，熟悉风景园林工程项目竣工验收的依据、方式、任务与标准，熟悉风景园林工程项目竣工后管理的内容及结算程序与资料文档管理方法，了解风景园林工程项目回访与保养管理要点。

10.1 项目收尾管理概述

风景园林项目收尾管理是指对项目的阶段竣工验收、竣工结算、资料归档、考核评价和回访保修等收尾工作进行的计划、组织和协调、控制等活动。

风景园林工程收尾管理的内容主要包括竣工收尾、竣工验收、竣工结算、资料归档、回访保修和管理考核评价等方面的管理。

10.2 项目竣工验收管理

10.2.1 竣工及竣工验收的概念

竣工是指承建单位按照设计施工图纸和承包合同的规定，已经完成了工程项目建设的全部施工活动，达到建设单位的使用要求。

竣工验收是指施工单位将竣工的工程项目及与该项目有关的资料移交给建设单位，并接受由建设单位组织的对工程建设质量和技术资料的一系列检验并接收工作的总称。其中，工程项目竣工验收的交工主体是施工单位，验收主体是项目法人，竣工验收的客体，应是设计文件规定、施工合同约定的特定工程对象。

10.2.2 竣工验收的意义

从宏观上看，工程项目竣工验收是各级政府全面考核项目建设成果、检验项目决策、设计、施工、管理水平、总结工程项目建设经验的重要环节。

从投资者角度看，工程项目竣工验收是投资者全面检验项目目标实现程度、投资效果，并就工程投资、工程进度和工程质量进行审查和认可的关键环节。

从承包商角度看，工程项目通过竣工验收之后，就标志着承包商已全面履行了合同义务。

从项目本身看，竣工验收是保证合同任务完成，提高质量水平的最后关口。

10.2.3 风景园林工程竣工验收的内容

（1）项目建设总体完成情况。

（2）项目资金到位及使用情况。

（3）项目变更情况。
（4）施工和设备到位情况。
（5）执行法律、法规情况。
（6）投产或者投入使用准备情况。
（7）竣工结算情况。
（8）档案资料情况。
（9）项目管理情况以及其他需要验收的内容。

10.2.4 风景园林工程项目竣工验收的主要依据

（1）国家有关法律、法规以及国家发布的建设标准。
（2）经批准的项目建议书、可行性研究报告（含修改以及调整文件）。
（3）经批准的设计文件（含变更设计）。
（4）设计时以及颁布执行的规范。
（5）国家和相关部门颁布的工程质量检验评定标准、施工（包括设备安装）验收规范。
（6）监理单位总监理工程师对竣工报告的签署意见。
（7）设备技术说明书，从国外引进新技术或成套设备的建设项目以及中外合资的建设项目签订的合同和外方提供的设计文件、标准等资料。
（8）合同文件。

10.2.5 竣工验收的方式

工程项目竣工验收的形式包括中间验收、单项工程验收（交工验收）及全部工程竣工验收（动用验收）。

建设项目的全部验收，又称整体工程验收或动用验收，简称竣工验收。建设项目按设计规定全面建成，达到竣工验收条件，在单位工程、单项工程竣工验收的基础上，由项目主管单位或验收委员会组织验收的过程。建设项目都必须有全部验收的过程。对于大型综合项目，可通过项目各个子项目的部分验收来完成；对于小型项目，可不必进行部分验收，而仅进行全部验收。

风景园林工程的验收方式以全部工程竣工验收较为常见。

10.2.6 验收任务

（1）负责审查建设工程的各个环节验收情况。
（2）听取各有关单位的工作报告。
（3）审阅工程竣工档案资料。
（4）实地察验工程。
（5）对设计、施工、监理等方面工作和工程质量做综合全面评价。

10.2.7 竣工验收的前置条件

按照国家规定，建设项目达到竣工验收、交付使用标准，应满足以下基本条件：
（1）设计文件和合同约定的各项施工内容已经施工完毕。
（2）有完整并经核定的工程竣工资料，符合验收规定。

工程竣工资料的整理符合要求，移交归档的文件应符合《建设工程文件归档整理规范》GB/T 50328—2001 的规定，分类组卷应符合自然形成规律，并按国家有关规定，将竣工档案资料装订成册，达到归档范围的要求。

（3）有勘察、设计、施工、监理等单位分别签署确认的工程质量合格文件。

工程施工完毕，勘察、设计、施工、监理单位按照《建设工程质量管理条例》的规定，已按各自的质量责任和义务，签署了工程质量合格文件。

承包人按照合同要求，提交的全套竣工资料，应经专业监理工程师审查，确认无误后，由总监理工程师签署认可意见。

（4）有工程使用的主要建筑材料、构配件、设备进场的证明及试验报告。

现场使用的主要建筑材料应有材质合格证，必须有符合国家标准、规范要求的抽样试验报告。对水泥、钢材等尚应注明主要使用部位。

混凝土预制构件、钢构件、铝塑门窗等应有生产单位的出厂合格证书，必要时，应附主要建筑材料的材质证明。

混凝土、砂浆等施工试验报告，应按结构部位和楼层依次填写清楚，取样组数应符合施工及验收规范和设计规定。

设备进场必须开箱检验，并有出厂质量合格证，检验完毕要如实做好各种进场设备的检查验收记录。

（5）有施工单位签署的《工程保修书》。

10.2.8 竣工验收的标准

建设工程管理规范对竣工验收的标准做了相关规定，具体如下：

（1）满足合同约定的工程质量标准

工程质量应达到协议书约定的质量标准，质量标准的评定以国家或行业的质量检验评定标准为依据。因承包人原因工程质量达不到约定的质量标准，承包人承担违约责任。双方对工程质量有争议，由双方同意的工程质量检测机构鉴定，所需费用及因此造成的损失，由责任方承担。双方均有责任，由双方根据其责任分别承担。

（2）达到竣工验收的合格标准

单位工程必须符合各专业工程质量验收标准的规定。合格标准是工程验收的最低标准，不合格一律不允许交付使用。

（3）符合使用条件与设计要求

建设项目的某个单项工程已按设计要求完成，即每个单位工程都已竣工、相关的配套工程整体收尾已完成无影响，能满足生产要求或具备使用条件，工程质量经验收合格，竣工资料整理符合规定，发包人可组织竣工验收。

10.2.9 竣工验收的程序

1. 验收前的准备

（1）依据合同法律规定，施工单位应全面完成合同约定的工程施工任务，包括园建部分、绿化部分和水电安装部分等。

（2）依据城建档案归档有关法规，建设单位应当通知城建档案机构对有关工程建设的设计、施工过程中应归档的技术资料进行归档资料预验收。

（3）依据风景园林工程安全生产监督管理法规，施工单位应当通知建设工程安全监督站进行安全生产和文明施工方面的验收评价。

2. 交工验收

（1）工程完工后，施工单位按照有关工程竣工验收和评定标准，全面检查评定所承建的工程质量，并准备好风景园林工程竣工验收有关工程质量评定的统一文表，同时准备好所有工程质量保证资料，填好工程质量保证资料备查明细表，向建设单位提交工程竣工报告，申请工程竣工验收。

（2）实施监理的工程，工程竣工报告和质量评定文件、工程质量保证资料检查表格须经总监理工程师签署意见。监理单位应准备完整的监理资料，并对该工程的质量进行评估，填写工程质量评估报告。

（3）建设单位收到工程竣工报告后，对符合竣工验收要求的工程，组织勘察、设计、施工、监理等单位和其他有关方面的专家组成验收组，制定验收方案。

（4）建设单位应当在工程竣工验收 7（有的地方为 15）个工作日前将验收的时间、地点、验收组名单书面报送负责监督该工程的工程质量监督站，并向工程质量监督站填交“工程竣工验收条件审核表”。

（5）工程质量监督机构对验收条件进行审核，不符合验收条件的，发出整改通知书，待整改完毕再进行验收。符合验收条件的，可按原计划验收。

（6）建设单位组织工程竣工验收。

1）召开验收会，建设、勘察、设计、施工、监理单位分别汇报工程合同履约情况和在工程建设各个环节执行法律、法规和工程建设强制性标准的情况。

2）审阅建设、勘察、设计、施工、监理单位的工程档案资料。

3）实地查验工程质量。

4）对工程勘察、设计、施工、设备安装质量和各个环节等方面做出全面评价，形成经验收组人员签署的工程竣工验收意见，载入“工程竣工验收报告”中。

5）参与工程竣工验收的建设、勘察、设计、施工、监理等各方不能形成一致意见时，应当协商提出解决办法。

（7）工程质量监督机构应当在工程竣工验收后 5 日内，向备查机关提交“工程质量监督报告”。

（8）移交竣工资料，办理工程移交手续。

10.3 项目竣工结算管理

工程结算是指施工企业按照承包合同和已完工程量向建设单位（业主）办理工程价款清算的经济文件。

项目竣工结算应由承包人编制，发包人审查，双方最终确定后定案。

风景园林工程项目竣工结算的编制方法，是在原工程投标报价或合同价的基础上，根据所收集、整理的各种结算资料，如设计变更、技术核定、现场签证和工程量核定单等进行直接费的增减调整计算，按取费标准的规定计算各项费用，最后汇总为工程结算造价。

10.3.1 风景园林工程项目竣工结算程序

（1）工程竣工验收报告经发包方认可后28天内，承包方向发包方递交竣工结算报告及完整的结算资料，双方按照协议书约定的合同价款及专用条款约定的合同价调整内容，进行工程竣工结算。

（2）发包方收到承包方递交的竣工结算报告及结算资料后28天内进行核实，给予确认或者提出修改意见。发包方确认竣工结算报告后通知经办银行向承包方支付工程竣工结算价款。承包方收到竣工结算价款后14天内将竣工工程交付发包方。

（3）发包方收到竣工结算报告及结算资料后28天内无正当理由不支付工程竣工结算价款，从第29天起按承包方同期向银行贷款利率支付拖欠工程价款的利息，并承担违约责任。

（4）发包方收到竣工结算报告及结算资料后28天内不支付工程竣工结算价款，承包方可以催告发包方支付结算价款。发包方在收到竣工结算报告及结算资料后56天内仍不支付的，承包方可以与发包方协议将该工程折价，也可以由承包方申请人民法院将该工程依法拍卖，承包方就该工程折价或者拍卖的价款优先受偿。

（5）工程竣工验收报告经发包方认可后28天内，承包方未能向发包方递交竣工结算报告及完整的结算资料，造成工程竣工结算不能正常进行或工程结算价款不能及时支付，发包方要求交付工程的，承包方应当交付；发包方不要求交付工程的，承包方承担保管责任。

（6）发包方和承包方对工程竣工结算价款发生争议时，按合同约定处理。在实际工作中，当年开工、当年竣工的工程，只需办理一次性结算。跨年度的工程，在年终办理一次年终结算，将未完工程结转到下一年度，此时竣工结算等于各年度结算的总和。

10.3.2 风景园林工程资料文档管理

建设文档管理有三方面含义：一是施工单位对本单位在工程建设过程中形成的文件的管理并向本单位档案管理机构移交；二是施工单位将本单位在工程建设过程中形成的文件向建设单位档案管理机构移交；三是建设单位向当地城建档案馆移交符合规定的工程档案。这里主要介绍施工企业竣工资料管理和建设工程文件资料归档管理，具体如下：

1.施工企业竣工资料管理的基本要求

（1）施工项目竣工资料的管理要在企业总工程师的领导下，由归口管理部门负责日常业务工作，相关的职能部门，如工程、技术、等部门要密切配合，督促、检查、指导各项目经理部工程竣工资料收集和整理的基础工作。

（2）施工项目竣工资料的收集和整理，要在项目经理的领导下，由项目技术负责人牵头，安排内业技术员负责收集整理工作。施工现场的其他管理人员要按时交接资料，统一归口整理，保证竣工资料组卷的有效性。

（3）施工项目实行总承包的，分包项目经理部负责收集、整理分包范围内工程竣工资料，交总包项目经理部汇总、整理。工程竣工验收时，由总包人向发包人移交完整、准确的工程竣工资料。

（4）施工项目实行分别平行发包的，由各承包人项目经理部负责收集、整理所承包工程范围的工程竣工资料。工程竣工报验时，交发包人汇总、整理，或由发包人委托一个承包人进行汇总、整理，竣工验收时进行移交。

（5）工程竣工资料应随着施工进度进行及时整理，应按系统和专业分类组卷。实行建设监理的工程，还应具备取得监理机构签署认可的报审资料。

（6）项目经理部在进行工程竣工资料的整理组卷排列时，应达到完整性、准确性、系统性的统一，做到字迹清晰、项目齐全、内容完整。各种资料表式一律按各行业、各部门、各地区规定的统一表格使用。

（7）整理竣工资料的依据：一是国家有关法律法规、规范对工程档案和竣工资料的规定；二是现行建设工程施工及验收规范和质量标准对资料内容的要求；三是国家和地方档案管理部门和工程竣工备案部门对竣工资料移交的规定。

2. 施工项目竣工资料的分类

（1）工程施工技术资料主要包含：施工技术准备文件；施工现场准备文件；基础处理记录；工程图纸变更记录；施工记录；预检记录；工程质量事故处理记录；隐蔽工程施工技术资料；工程竣工文件等。

（2）工程质量保证资料

质量保证资料是施工过程中全面反映工程质量控制和保证的证明资料，诸如原材料、构配件、器具及设备等质量证明、出厂合格证明、进场材料复试试验报告、隐蔽工程检查记录、施工试验报告等。

（3）工程检验评定资料

主要内容包含：单位工程质量竣工验收记录；分部工程质量验收记录；分项工程质量验收记录；检验批质量验收记录。

（4）竣工图

竣工图是工程施工完毕的实际成果和反映，是建设工程竣工验收的重要备案资料。竣工图的编制整理、审核盖章、交接验收应按国家对竣工图的要求办理。承包人应根据施工合同的约定，提交合格的竣工图。

（5）其他资料

其他资料包含：建设工程施工合同；施工图预算、竣工结算；工程施工项目经理部及负责人名单；工程质量保修书；施工项目管理总结。

3. 竣工图整理组卷的具体要求

竣工图是工程竣工验收后，真实反映工程项目施工结果的图样。竣工图真实、准确、完整地记录了各种地下和地上建筑物、构筑物等详细情况，是工程竣工验收、投产或交付使用后进行维修、扩建、改建的依据，是生产使用单位必须长期妥善保存和进行竣工备案的重要工程档案资料。对竣工图的编制、整理、审核、交接、验收必须符合国家规定，施工单位不按时提交合格竣工图的，不算完成施工任务，并应承担责任。

施工图没有变更、变动的，可由承包人在原施工图上加盖“竣工图”章标志，即作为竣工图。

在施工中，虽有一般设计变更，但能将原施工图加以修改补充作为竣工图的，可不再重新绘制，由承包人负责在原施工图（但必须是新蓝图）上注明修改的部分，并附设计变更通知单和施工说明，加盖“竣工图”章标志后，即可作为竣工图。

结构形式改变、工艺改变、平面布置改变、项目改变以及其他重大的改变，不宜在原施工图上修改、补充的，应重新绘制改变后的竣工图。

在编制竣工图前，对工程的全部变更文件应逐一进行审查核对，并分别盖上“已执行”或“未执行”章。

竣工图必须与实际情况和竣工资料相符，要保证图纸质量，做到规格统一，图面整洁、字迹清楚，不得用圆珠笔或其他易褪色的墨水绘制，并要经项目技术负责人审核签认。竣工图的编制一般不得少于两套，有特殊要求的，可另增加编制一套，并按规定的初步验收和竣工验收程序移交，作为工程档案长期保存。

4. 施工项目竣工资料的移交验收

承包人应从施工准备开始就建立起工程档案，收集、整理有关资料，把这项工作贯穿到施工全过程直到交付竣工验收为止。凡是列入归档范围的竣工资料，都必须按规定的竣工验收程序、建设工程文件归档整理规范和工程档案验收办法进行正式审定。承包人在工程承包范围内的竣工资料应按分类组卷的要求移交发包人，发包人则按照竣工备案制的规定，汇总整理全部竣工资料，向档案主管部门移交备案。

10.4 项目回访与保修管理

回访与保修管理是指风景园林工程在竣工验收交付使用后，在一定的期限内（合同约定，一般1～2年）由施工单位主动到建设单位进行回访，对工程发生的确实是由于施工单位施工责任造成的建筑物使用功能不良或无法使用的问题，由施工单位负责修理，直至达到正常使用的标准。

10.4.1 制定工作计划

风景园林工程项目回访工作计划，是在项目经理的领导下，由生产、技术、质量及有关方面人员组成回访小组，并制定具体的回访工作计划。

1. 风景园林工程项目回访工作方式

（1）季节性回访。大多数是雨季回访园路、广场是否积水，绿地排水是否通畅，景观建筑物的屋面，构筑物墙面的防水情况。如发现问题，采取有效措施及时加以解决。

（2）技术性的回访。主要了解在工程施工过程中所采用的新材料、新技术、新工艺、新设备等的技术性能和使用后的效果，发现问题及时加以补救和解决。

（3）保修期届满前的回访。这种回访一般是在保修即将届满之前，既可以解决出现的问题，又标志着保修期即将结束。

2. 风景园林工程项目回访的方法

回访的方法可以采用书信、面谈、实测等多种手段，可视工程规模大小和问题多少而定。一般常采用座谈会和实测手段。一般由业主单位组织座谈会，施工单位的领导组织生产、技术、质量等有关方面的人员参加。回访必须认真，必须解决问题，并应写出回访纪要。

10.4.2 风景园林工程保修管理

建设工程的保修是指工程在竣工验收交付使用后，在一定的期限内由承包人主动对发包人和使用人进行工程回访，对工程发生的由于施工原因造成的使用功能不良或无法使用的质量问题，由承包人负责修理，直到达到正常使用的标准。

实行工程质量保修是促进承包人加强工程施工质量管理，保护用户及消费者合法权益的必然要求，承包人应在工程竣工验收之前，与发包人签订《质量保修书》，对交付发包人使用的工程在质量保修期内承担质量保修责任。

工程质量保修书中应当明确工程的保修范围、保修期限和保修责任。

为了体现施工单位对项目交付后的工程质量仍负有责任，国家有关法规规定采用质量保证金作为保障措施。在办理竣工结算时，业主应将合同工程款总价的5%留作质量保证金。工程保修期满后14天内，双方办理质量保证金结算手续，如果合同内约定承包单位向业主提交履约保函或有其他保证形式时，可不再扣留质量保证金。

根据国家有关规定及行业惯例，就工程质量保修事宜，建设单位和施工单位应遵守如下基本程序：

（1）保修期内发现质量缺陷时，业主应及时向承建单位发出工程质量返修通知书，说明发现的质量问题和工程部位。

（2）不论工程保修期内出现质量缺陷的原因属于哪一方责任，承建单位均负有修复工程缺陷的义务，在接到工程质量返修通知书后两周内，应派人到达现场与业主共同确定返修内容，尽快进行修理。发生涉及结构安全或者严重影响使用功能的紧急抢修事故，施工单位接到保修通知后，应立即到达抢修现场。

（3）承建单位在收到返修通知书后两周内未能派人到现场修理，业主应再次发出通知，若在接到第二次通知书后一周内仍不能到达时，业主有权在不提高工程标准的前提下，自行修理或委托其他单位修理，修理费用由质量缺陷的责任方承担。如果质量缺陷原因属于承包商责任，在修复工作结束后，业主应书面将返修的项目，返修工程量和费用清单通知承建单位。承建单位由于未能派人到场，对所发生的费用不得提出异议，该项费用业主在保修金内扣除，不足部分由承建单位进一步支付。

（4）承建单位派人到现场后，与业主共同查找质量缺陷原因，确定修复方案、约定返修完成的期限。

（5）承建单位修复缺陷工程时，业主应给予配合，提供必要的方便条件。

（6）缺陷工程修复所需的材料、构配件，由承担修建任务的单位解决，既可能是原承建单位，也可能是业主委托的其他施工单位。

（7）返修项目的质量验收，以国家规范、标准和原设计要求为准。

（8）返修工程质量验收合格后，业主应出具返修合格证明书，或在工程质量返修通知书内的相应栏目，填写对返修结果的意见。

（9）保修费用由造成质量缺陷的责任方承担。如果质量缺陷是由于施工单位未按照工程建设强制性标准和合同要求施工造成的，则施工单位不仅要负责保修，还要承担保修费用。但是如果质量缺陷是由于设计单位、勘察单位或建设单位、监理单位的原因造成的，施工单位仅负责保修，其有权对由此发生的保修费用向建设单位索赔。建设单位向施工单位承担赔偿责任后，有权向造成质量缺陷的责任方追偿。

10.5 项目管理的考核评价

项目考核评价是对项目管理主体行为与项目实施效果的检验和评估，是客观反映项目管理目标实现情况的总结。通过项目考核评价可以总结经验、找出差距、制定措施，进一步提高建设工程项目管理水平。

10.5.1 风景园林工程项目考核评价方式

根据项目范围管理和组织实施方式的不同，应采取不同的项目考核评价方式。

通常而言，风景园林工程项目考核可按年度进行，也可按工程进度计划划分阶段进行，还可以综合以上两种方式，在按工程部位划分阶段进行，考核中插入按自然时间划分阶段进行考核。工程完工后，必须全面地对项目管理进行终结性考核。

10.5.2 风景园林工程项目考核评价指标

项目考核评价指标可以分为定量指标和定性指标两类，是对项目管理的实施效果做出客观、正确、科学分析和论证的依据。选择一组适用的指标对某一项目的管理目标进行定量或定性分析，是考核评价项目管理成果的需要。

风景园林工程项目考核评价的定量指标是指反映项目实施成果，可作量化比较分析的专业技术经济指标。

风景园林工程项目考核评价的定性指标，是指综合评价或单项评价项目管理水平的非量化指标，且有可靠的论证依据和办法，对项目实施效果做出科学评价。

10.5.3 项目管理总结

项目管理总结是全面、系统地反映项目管理实施情况的综合性文件。项目管理结束后，项目管理实施责任主体或项目经理部应进行项目管理总结，并应在项目考核评价工作完成后编制好项目管理总结。

风景园林工程项目管理总结的内容主要包括：项目概况，组织机构、管理体系、管理控制程序，各项经济技术指标完成情况及考核评价，主要经验及问题处理，其他需要提供的资料等。

10.5.4 工程项目后评价

项目完成并移交后，应该及时进行项目的考核评价。通过建设项目后考核评价，可以达到肯定成绩、总结经验、研究问题、吸取教训、提出建议、改进工作、不断提高项目决策水平和投资效果的目的。

项目实施的主体（法人或项目公司）应根据项目范围管理和组织实施方式的不同，分别采取不同的项目考核评价办法。特别应该注意提升自己考核的评价层面和思维方式。站在项目投资人的高度综合考虑项目的社会、经济及企业效益，把自己的项目投资人、项目实施人、项目融资人的角色结合起来，客观全面地进行项目的考核评价。

项目考核评价工作是项目管理活动中很重要的一个环节，它是对项目管理行为、项目管理效果以及项目管理目标实现程度的检验和评定，是公平、公正地反映项目管理的基础，通过考核评价工作，使得项目管理人员能够正确地认识自己的工作水平和业绩，并且能够进一步提高企业的项目管理水平和管理人员的素质。

思考题

1. 试述风景园林工程竣工验收的意义？
2. 竣工资料的主要内容有哪些？
3. 工程质量保修书应包含哪些内容？

第 11 章　风景园林工程项目安全管理

学习目标

通过本章的学习，了解风景园林工程安全管理的基本要求、五大关系及基本原则，了解风景园林工程项目安全管理法规与安全教育措施，熟悉风景园林施工项目危险源及其辨识技术，了解风景园林施工项目安全检查与监督方法，了解风景园林施工项目安全事故分析与处理技巧，了解风景园林工程项目安全专项施工方案。

风景园林工程项目施工具有露天作业多，平地作业、陡地作业与空中作业兼备，劳动强度大等特点，活动潜在风险性大、不安全性因素多，开山筑路往往是很多风景名胜区工程承建单位前锋施工单位人员面临的巨大挑战，作业安全环境条件较差。这就要求建设单位在整个工程建设中从源头抓好安全管理，合理安排和协调各施工单位的作业。

风景园林工程安全管理主要包括工程项目实施的职业健康安全管理、工程施工现场安全管理、安全文明管理和环境卫生管理等主要内容。为顺利、有效实现工程项目目标，各单位尤其是建设单位和施工承包单位应高度重视施工前线职工的职业健康安全管理，贯彻“以人为本”的安全方针以及“安全第一、预防为主”的安全理念，预防和减少伤亡事故的发生，确保职工的健康和安全，实现职业健康与安全管理工作的标准化和规范化，显然具有十分重要的意义。

11.1 风景园林工程安全管理概述

11.1.1 基本概念

1. 安全管理

安全管理是企业运用现代安全管理原理、方法和手段，分析和研究各种不安全因素，从技术上、组织上和管理上采取有力措施，解决和消除各种不安全因素，防止事故发生，实现安全目标的一门综合性的系统科学。安全管理的对象是生产中一切人、物、环境的状态管理与控制。安全管理是一种动态管理，必须贯彻“安全第一，预防为主”的方针。

安全管理呈现出从过去的事故发生后吸取教训为主转变为预防为主，从管事故变为管酿成事故的不安全因素，把酿成事故的诸因素查出来，抓主要矛盾，发动全员、全部门依靠科学的安全管理理论、程序和方法，使施工生产全过程中潜伏的危险处于受控状态，消除事故隐患，确保施工生产安全等基本特点。通过安全管理，创造良好的施工环境和作业条件，使生产活动安全化、最优化，减少或避免事故发生，保证职工的健康和安全。

2. 施工项目安全管理

施工项目安全管理是指施工企业在施工过程中组织安全生产的全部管理活动，运用科学管理的理论、方法，通过法规、技术、组织等手段所进行的规范劳动者行为，控制劳动对象、劳动手段和施工环境条件，消除或减少不安全因素，使人、物、环境构成的施工生产体系达到最佳安全状态，实现项目安全目标等一系列活动的总称。

3. 风景园林工程安全管理

风景园林工程安全管理一般分为风景园林工程宏观安全管理和风景园林工程微观安全管理。风景园林工程宏观安全管理是指风景园林工程项目建设单位及其相关单位安全管理部门为了保证工程项目质量及建设活动的有序开展，保证风景园林工程从业人员的人身安全不受侵害，从法律、法规、规章制度等层面对风景园林工程项目所进行的监督与管理。风景园林工程微观安全管理是指风景园林工程项目的直接参与方为了保证工程项目质量以及项目参与人员的安全所进行的安全管理活动。宏观安全管理与微观安全管理二者相辅相成，对风景园林工程项目的安全管理都不可缺少，共同作用，在安全管理的过程中必须把二者有机地结合起来，确保安全管理工作顺利进行。

狭义上的风景园林工程安全管理指在施工过程中组织安全生产的全部管理活动，包括建设行政主管部门对建设活动中的安全问题所进行的行业管理，以及从事建设活动中的安全问题的管理。安全管理以国家的法律、规定和技术标准为依据，采取各种手段，通过对生产要素过程控制，使生产要素的不安全行为和不安全状态得以减少或消除，达到减少一般事故、杜绝伤亡事故的目的，从而保证安全管理目标的实现。

风景园林工程施工项目安全管理的目的是，通过控制影响作业场所内职工、临时聘用人员、到访者及其他工地人员健康和安全的条件和因素，综合各方面因素尽量避免因材料或设备使用不当而对操作者造成健康和安全方面的潜在危害，以保护风景园林工程承建者和体验者的健康与安全。

11.1.2 风景园林工程项目安全管理的内容

1. 建立安全生产制度

安全生产制度必须符合国家和地区的有关政策、法规、条例和规程，并结合风景园林施工项目的特点，明确各级各类人员安全生产责任制，要求全体人员必须认真贯彻执行。

2. 贯彻安全技术管理

编制风景园林施工组织设计时，必须结合风景园林工程项目实际，编制切实可行的安全技术措施，并要求全体人员必须认真贯彻执行。执行过程中发现问题，应及时采取妥善的安全防护措施。同时，要不断收集安全技术措施在执行过程中的技术资料，深入研究分析、总结提高，以利于以后风景园林工程建设时借鉴。

3. 坚持安全教育和安全技术培训

组织全体人员认真学习国家、地方和本企业的安全生产责任制、安全技术规程、安全操作规程和劳动保护条例等。新工人进入岗位之前要进行安全纪律教育，特种专业作业人员要进行专业安全技术培训，考核合格后方能上岗。要使全体职工经常保持高度的安全生产意识，牢固树立“安全第一”的思想。

4. 组织安全检查

为了确保安全生产，须要监督监察。安全检查员要经常查看现场，及时排除施工中的不安全因素，纠正违章作业，监督安全技术措施的执行，不断改善劳动条件，防止工伤事故的发生。

5. 事故处理

人身伤亡和各种安全事故发生后，应立即进行调查，了解事故产生的原因、过程和后果，提出鉴定意见。在总结经验教训的基础上，有针对性地制订防止事故再次发生的可靠措施。

另外，要将安全生产指标，作为签订承包合同时一项重要考核指标。

11.1.3 风景园林工程项目安全管理的基本要求

1. 全员参与安全管理

安全管理是一项系统工程。风景园林企业中任何一个人和任何一个生产环节的工作，都会不同程度、直接或间接地影响着安全工作，因此，必须把所有人员的积极性充分调动起来，强化职工的安全意识，牢固树立“安全第一”的思想，全员参与安全管理。同时开展岗位责任承包，单位和个人每年都要相互签订包保合同，实行连锁承包责任制，把安全目标管理落到实处。通过各方面的共同努力，才能做好安全管理工作。

2. 全过程安全管理

安全管理的范围是设计、施工准备、施工安装、竣工验收等全过程的安全管理，即对每项工作、每种工艺、每个施工阶段的每一步骤，都要抓好安全管理，是纵向一条线的安全管理。安全管理是施工企业全体职工及各部门同心协力，把专业技术、生产管理、数理统计和安全教育结合起来，建立起从签订施工合同，进行施工组织设计、现场平面设置等施工准备工作开始，到施工的各个阶段，直至工程竣工验收活动全过程的安全保证体系，采用行政、经济、法律、技术和教育等手段，有效地控制设备事故、人身伤亡事故和职业危害的发生，实现安全生产、文明施工。

3. 全企业安全管理

“全企业”的含义就是要求企业各管理层次都有明确的安全管理活动内容。每个施工企业的管理，都可以分为上层、中层、基层管理，每个层次都有自己的安全管理活动重点内容。上层管理侧重于安全管理决策，并统一组织、协调企业各部门、各环节、各类人员的安全管理活动，保证实现企业的安全管理目标；中层管理则要实施领导层的安全决策，执行各自的安全职能，进行具体的安全业务管理；基层管理则要求职工严格标准，按规章制度和操作规程施工，完成具体的安全生产任务。

综上所述，“全员”、“全过程”、“全企业”三个方面的安全管理，编织成纵横交错的安全管理网络，囊括企业全部安全管理工作的内容。

4. 科学安全管理

随着现代科学技术的发展，对施工安全提出越来越高的要求，影响施工安全的因素也越来越复杂，既有人的因素，又有物的因素；既有管理组织的因素，又有技术的因素；既有企业内部的因素，又有企业外部的因素。要把这一系列的因素系统地控制起来，全面管好，必须根据不同情况、区别不同的影响因素，灵活运用各种现代化管理方法加以综合治理。

在运用科学方法过程中，必须坚持如下要求：

（1）坚持实事求是的工作作风。在安全管理过程中，要深入施工现场进行调查研究，掌握第一手资料，进行科学的分析、预测，制定有效的防范措施，纠正过去那种凭感觉、经验的工作方法，树立科学的工作作风，使安全管理建立在科学的基础上。

（2）正确实施安全评价。安全评价是对施工生产过程中存在的危险性进行定性和定量分析，得出该过程发生危险的可能性及其程度的评价，以寻求最低事故率、最少的损失和最优的安全投资效益。安全评价的方法包括评价总体方案、评价工作程序、评价工程技术三个方面的内容。根据评价对象的差异，可选择一种或几种适用的方法。

（3）广泛运用科学技术的新成果。全员安全管理是现代化科学技术和现代化施工生产发展的产物，所以应广泛地运用科学技术的新成果，分析事故因素，研究防范措施，如系统安全检查表法、危险性分析法、事故树分析法、类比和转移矩阵预测法等科学管理方法。

11.1.4 风景园林工程项目安全管理的五大关系

1. 安全与危险的并存关系

安全与危险往往同时存在于风景园林工程项目建设的各项活动当中，两者相互对立、相互依存。正是因为危险存在，才需要进行安全管理，从而预防危险的发生。保持施工的安全状态，必须采取多种措施，以预防为主，这样危险因素完全可以控制。

2. 安全与施工的统一关系

安全是风景园林工程项目施工的客观需求，施工有了安全保障，才能持续而稳定的发展。施工活动中事故层出不穷，风景园林工程项目建设势必陷入混乱甚至瘫痪状态。当施工与安全发生矛盾，危及职工生命或国家财产安全时，风景园林工程项目建设活动应停下来整治，待消除危险因素后再进行施工。

3. 安全与质量的包含关系

风景园林工程项目的施工质量包含安全工作质量、安全影响质量，安全为质量服务，质量需要安全保驾护航。忽视任意一方，生产过程都会陷入混乱。

4. 安全与进度的互保关系

风景园林工程施工项目应追求安全加速度。一味强调施工进度，而置安全于不顾的做法是极其有害的。当进度与安全发生矛盾时，暂时减缓施工进度，保证安全才是顺利实现目标的做法。两者相互作用、互为因果。

5. 安全与效益的兼顾关系

在安全管理中，投入要适度、适当，做好统筹安排。投入既要保证安全生产，又要经济、合理。另外，还要考虑施工企业的经济实力和成本计划。安全和效益两者协调一致，安全有利于促进效益的增长。

11.1.5 风景园林工程项目安全管理的基本原则

风景园林工程项目管理中安全管理涉及的内容比较多，主要包括对工程结构设计的安全管理、安全组织的管理、现场的原材料和各种施工设备的管理、安全建设技术的管理、现场施工人员的管理及处理施工中遇到的一切突发事件、安全事故的管理等。风景园林工程项目管理中安全管理的责任重大，在进行风景园林工程项目安全管理时要遵守以下几个原则。

1. 以人为本

充分维护工程项目施工人员的各项权利，保护每一个人的生命、财产安全。风景园林工程施工过程中任何的环节都是通过人来完成的，只有坚持以人为本，才能充分激发其工程项目施工人员的积极性，确保如期保质保量完成工程项目。管理施工的同时管理安全，不仅是对各级管理人员明确安全管理责任，也是对一切与施工过程有关的单位及机构、人员明确业务范围内的安全管理责任。

2. 安全第一、预防为主

必须牢固树立“安全第一”的意识，安全施工的方针是“安全第一、预防为主”。同时，在进行安全管理的过程中，要坚持安全施工毫不松懈、毫不动摇的理念，科学、合理安排工程进度和速度，工程质量和安全双手抓。安全问题是工程施工企业必须重点关注的问题，只有坚持安全生产才能够减少安全事故的发生，减少施工过程中的不必要的损失和支出，从而有效维护工程的经济利益。

进行安全管理不是处理事故，而是在建设活动中针对施工的特点，对施工因素采取管理措施，从而有效控制不安全因素的发展与扩大，把可能发生的事故消灭在萌芽状态，以保证施工人员的安全。

3. 依法办事

风景园林工程项目管理中的安全管理只有坚持依照法律法规的要求办事，使各项管理工作的实施有据可循、有法可依，从而提高安全管理工作的合规合法性。依法治国作为我国的一项基本国策，指导着我国各项工作的开展，因此，在风景园林工程项目的施工过程中坚持依法办事，确保各项工作能够有序、合法的推进。

4. 动态控制

根据风景园林工程项目的性质和特点，其建设活动中的安全管理就是一种动态管理。在项目施工建设活动过程中，随时随地都会遇到、接触到各个方面的潜在危险因素。因此，需要在建设活动中对不安全因素加以实时监控，做好动态控制，这是安全管理的重点。

5. 全面控制

安全管理不是管理人员少数人和安全管理机构的事，而是一切与安全施工、文明施工有关的所有人员共同的事。施工组织者、管理者在安全管理中所发挥的作用固然很重要，但安全管理的全员参与性更不能忽视。因此，建设活动中安全管理必须坚持全员、全过程、全方位的全面控制管理。

6. 现场安全为重点

施工现场是所有施工活动进行的“舞台”，大量的物资、劳动力、机械设备都需要通过这个“舞台”有条不紊地转变为建筑物。同时，施工现场也是最复杂的施工活动空间，不安全因素更多，有的甚至是隐蔽的，造成的危害或损失更大。所以，施工现场的安全应作为安全管理的重点。

11.1.6 风景园林工程项目安全管理意义

安全管理是风景园林工程项目管理的重要组成部分，确保风景园林工程施工安全是风景园林工程项目安全管理的核心内容之一，风景园林工程安全管理在项目管理中的重要意义主要体现在以下几个方面：

（1）做好相关安全管理工作有利于优化企业内部的管理模式，全方位推动企业内部各项工作有序进行，有利于提高企业安全生产管理水平和管理效益。

（2）做好相关安全管理工作有利于提高工程项目建设者的身心健康，有利于提高实施单位的劳动生产率。

（3）做好相关安全管理工作有利于发现危险隐患和作业条件的缺陷，有利于采取有效的预防和保护措施，减少伤亡事故发生，降低不利因素造成损失导致的企业成本增加，有利于和谐社会的建设和发展。

（4）做好相关安全管理工作有利于培养工程项目施工人员按章作业、规范操作的遵章守纪的职业习惯。

（5）做好相关安全管理工作有利于提高建筑工程安全管理相关法律、法规、标准和规范的普及程度，增强作业者的法制观念。

11.2 风景园林工程项目安全管理法规与安全教育

11.2.1 风景园林工程项目安全施工的管理规定

安全施工管理主要包括施工承包单位主要负责人的安全施工责任、职工安全培训和资质认证、安全设施的设计、施工和竣工验收等。施工承包单位主要负责人对本单位安全生产全面负责，其安全生产责任包括：建立健全本单位安全施工责任制；组织制定本单位安全施工规章制度和操作规程；保证本单位安全施工投入的有效实施，督促检查安全施工工作，及时消除施工安全事故隐患；组织制定并实施本单位施工安全事故应急救援预案；及时如实报告施工安全事故等。

（1）风景园林工程安全施工管理必须坚持“安全第一、预防为主”的方针，建立健全安全施工责任制度和群防群治制度。

（2）在编制施工组织设计时，应当根据风景园林工程的特点制定相应的安全技术措施；对专业性较强的工程，应当编制专项安全施工组织设计，并采取安全技术措施。

（3）应当在施工现场采取维护安全、防范危险、预防火灾等措施；有条件的，应当对施工现场进行封闭式管理。施工现场对毗邻的建筑、构筑物可能造成污损的，应当采取安全防护措施。

（4）应当遵守有关环境保护和安全施工的法律、法规的规定，采取控制措施处理好施工现场的各种粉尘、固体废物以及噪声对环境的污染和危害。

（5）必须依法加强对风景园林安全施工的管理，执行安全生产责任制度，采取有效措施，防止伤亡和其他安全生产事故的发生。风景园林企业的法定代表对本企业的安全施工负责。

（6）施工现场安全由风景园林施工企业负责。实行施工总承包的，由总承包单位负责。分包单位向总承包单位负责，服从总承包单位对施工现场的安全施工管理。

（7）应当建立健全劳动安全施工教育培训制度，加强对职工安全施工的教育培训；未经安全施工教育培训的人员，不得上岗作业。

（8）风景园林施工企业和作业人员在施工过程中，应当遵守有关安全生产的法律、法规和风景园林行业安全规章、规程，不得违章指挥或者违章作业。作业人员有权对影响人身健康的作业程序和作业条件提出改进意见，有权获得安全施工所需的防护用品。作业人员对危及生命安全和人身健康的行为有权提出批评、检举和控告。

（9）施工企业必须为从事危险作业的职工办理意外伤害保险，支付保险费。

（10）场地建筑设施及构造物拆除应当由具备保证安全条件的建筑施工单位承担，由建筑施工单位对安全负责。

（11）施工中发生事故时，应当采取紧急措施，减少人员伤亡和事故损失，并按国家有关规定，及时向有关部门报告。

（12）安全责任与法律责任

建设单位、勘察单位、设计单位、施工单位、工程监理单位及其他工程有关单位违反法规规定，承担的安全责任处罚主要包括：

①责令限期改正；②处以罚款；③责令停业整顿；④降低资质等级直至吊销资质证书；⑤造成重大安全事故，构成犯罪的，对直接责任人，依照刑法相关规定追究刑事责任；⑥造成损失的，依法承担赔偿责任。各单位相应安全责任处罚（用代号①～⑥表示）见表 11-1、表 11-2。

建设单位的安全责任与法律责任　　表 11-1

安全责任	责任处罚
应向施工单位提供施工现场及毗邻区域内供水、排水、供电、供气、供热、通信、光缆、广播电视等地下管线资料，气象和水文观测资料，相邻建筑物和构筑物、地下工程的有关资料，并保证资料的真实、准确、完整	
不得对勘察、设计、施工、工程监理等单位提出不符合建设工程安全生产法律、法规和强制性标准规定的要求，不得压缩合同约定的工期	①②；⑤；⑥
编制概预算时确定安全作业环境及安全施工措施所需费用	①；③
不得明示或暗示施工单位购买、租赁、使用不符合安全施工要求的安全防护用具、机械设备、施工机具及配件、消防设施和器材	
建设单位在申请领取施工许可证时，应当提供建设工程有关安全施工措施的资料。依法批准开工报告的建设工程，建设单位应当自开工报告批准之日起 15 日内，将保证安全施工的措施报送建设工程所在地的县级以上地方人民政府建设行政主管部门或者其他有关部门备案	给予警告；①
建设单位应当将拆除工程发包给具有相应资质等级的施工单位。建设单位应当在拆除工程施工 15 日前，将下列资料报送建设工程所在地的县级以上地方人民政府建设行政主管部门或者其他有关部门备案： （1）施工单位资质等级证明； （2）拟拆除建筑物、构筑物及可能危及毗邻建筑的说明； （3）拆除施工组织方案； （4）堆放、清除废弃物的措施	①②；⑥；⑦

勘察设计单位的安全责任与法律责任　　表 11-2

主体	安全责任	法律处罚
勘察单位	按照法律、法规和工程强制性标准进行勘察，提供的勘察文件应当真实、准确，满足工程建设安全生产的需要。勘察单位在勘察作业时，应当严格执行操作规程，采取措施保证各类管线、设施周边建筑物、构筑物的安全	①②；③④；②⑤；⑥
设计单位	按照法律、法规和工程强制性标准进行设计，防止因设计不合理导致施工安全事故的发生。应当考虑施工安全操作和防护的需要，对涉及施工安全的重点部位和环节在设计文件中注明，并对防范施工安全事故提出指导意见。采用新结构、新材料、新工艺的建设工程和特殊结构的建设工程，应当在设计文件中提出保障施工作业人员安全和预防施工安全事故的措施建议	①②；③④；②⑤；⑥
机械设备出租单位	出租的机械设备和施工机具及配件，应当具有生产（制造）许可证、产品合格证。应当对出租的机械设备和施工机具及配件的安全性能进行检测，在签订租赁协议时，应当出具检测合格证明。禁止出租检测不合格的机械设备和施工机具及配件	②③；⑥
机械设备提供单位	为建设工程提供机械设备和配件，应当按照安全施工的要求配备安全有效且齐全的安全设施和装置	②③；⑥

续表

主体	安全责任	法律处罚
监理单位	应当审查施工组织设计中的安全技术措施或者专项施工方案是否符合工程强制性标准。在实施监理过程中，发现存在安全事故隐患的，应当要求施工单位整改；情况严重的，应当要求施工单位暂时停止施工，并及时报告建设单位。施工单位拒不整改或者不停止施工的，应当及时向有关主管部门报告。应当按照法律、法规和工程建设强制性标准实施监理，并对建设工程安全生产承担监理责任	①；②③；④；⑤；⑧
设施安装、拆卸单位	在施工现场安装、拆卸施工起重机械和整体提升脚手架、模板等自升式架设设施，必须由具有相应资质的单位承担。安装、拆卸施工起重机械和整体提升脚手架、模板等自升式架设设施时：（1）应当编制拆装方案，制定安全施工措施；（2）由专业技术人员现场监督；（3）施工起重机械和整体提升脚手架、模板等自升式架设设施安装完毕后，安装单位应当自检，出具自检合格证明；（4）向施工单位进行安全使用说明，办理验收手续并签字	（1）（3）项①②；③④；⑤；⑥ （2）（4）项①②；③④；⑥ 施工单位委托资质单位时①；②③；④；⑤；⑥
检测单位	施工起重机械和整体提升脚手架、模板等自升式架设设施的使用达到国家规定的检验检测期限的，必须经具有专业资质的检验检测机构检测。经检测不合格的，不得继续使用。对检测合格的施工起重机械和整体提升脚手架、模板等自升式架设设施，应当出具安全合格证明文件，并对检测结果负责	

11.2.2 风景园林建筑工程项目安全施工的许可证制度

（1）国家对矿山企业、建筑施工企业和危险化学品、烟花爆竹、民用爆破器材生产企业（以下统称企业）实行安全生产许可制度。企业未取得安全生产许可证的，不得从事施工生产活动。

（2）企业取得安全施工生产许可证，应当具备相应的安全施工生产条件。

（3）未取得安全生产许可证擅自进行施工生产，责令停止生产，没收违法所得，并处 10 万元以上 50 万元以下的罚款；造成重大事故或者其他严重后果，构成犯罪的，依法追究刑事责任。

（4）风景园林建筑施工企业安全生产许可证管理规定如下：

1）国家对风景园林建筑施工企业实行安全生产许可制度。风景园林建筑施工企业未取得安全生产许可证的，不得从事风景园林建筑施工活动。

2）国务院建设主管部门负责中央管理的风景园林建筑施工企业安全生产许可证的颁发和管理。省、自治区、直辖市人民政府建设主管部门负责本行政区域内前款规定以外的风景园林建筑施工企业安全生产许可证的颁发和管理，并接受国务院建设主管部门的指导和监督。

3）风景园林建筑施工企业取得安全生产许可证，应当具备的安全生产条件为：建立、健全安全生产责任制，制定完备的安全生产规章制度和操作规程；保证本单位安全生产条件所需资金的投入；设置安全生产管理机构，按照国家有关规定配备专职安全生产管理人员；主要负责人、项目负责人、专职安全生产管理人员经建设主管部门或者其他有关部门考核合格；特种作业人员经有关业务主管部门考核合格，取得特种作业操作资格证书；管理人员和作业人员每年至少进行一次安全生产教育培训并考核合格；依法参加工伤保险，依法为施工现场从事危险作业的人员办理意外伤害保险，为从业人员交纳保险费；施工现场的办公、生活区及作业场所和安全防护用具、机械设备、施工机具及配件符合有关安全生产法律、法规、标准和规程的要求；有职业危害防治措施，并为作业人员配备符合国家标准或者行业标准的安全防护用具和安全防护服装；有对危险性较大的分部分项工程及施工现场易发生重大事故的部位、环节的预防、监控措施和应急预案；有生产安全事故应急救援预案、应急救援组织或者应急救援人员，配备必要的应急救援器材、设备；法律、法规规定的其他条件。

4）安全生产许可证的有效期为3年。安全生产许可证有效期满需要延期的，企业应当于期满前3个月向原安全生产许可证颁发管理机关申请办理延期手续。企业在安全生产许可证有效期内，严格遵守有关安全生产的法律法规，未发生死亡事故的，安全生产许可证有效期届满时，经原安全生产许可证颁发管理机关同意，不再审查，安全生产许可证有效期延期3年。

11.2.3 风景园林工程项目安全生产责任制与安全教育

工程施工前必须明确安全生产责任目标，建立安全生产责任制，签订安全生产协议书，使每个人都明确自己在安全生产工作中所应承担的责任。

1. 落实安全责任，实施责任管理

施工项目承担控制、管理施工生产进度、成本、质量、安全等目标的责任。因此，必须同时承担进行安全管理、实现安全生产的责任。

（1）建立、完善以项目经理为首的安全生产领导组织，有组织、有领导地开展安全管理活动。承担组织、领导安全生产的责任。

（2）建立各级人员安全生产责任制度，明确各级人员的安全责任。抓制度落实、抓责任落实，定期检查安全责任落实情况，及时报告。

1）项目经理是施工项目安全管理第一责任人。

2）各级职能部门、人员，在各自业务范围内，对实现安全生产的要求负责。

3）全员承担安全生产责任，建立安全生产责任制，从经理到工人的生产系统做到纵向到底，一环不漏。各职能部门、人员的安全生产责任做到横向到边，人人负责。

（3）施工项目经理部应通过监察部门的安全生产资质审查，并得到认可。一切从事生产管理与操作的人员、依照其从事的生产内容，分别通过企业、施工项目的安全审查，取得安全操作认可证，持证上岗。

特种作业人员，除经企业的安全审查，还需按规定参加安全操作考核，取得监察部核发的《安全操作合格证》，坚持“持证上岗”。施工现场出现特种作业无证操作现象时，施工项目经理部必须承担管理责任。

（4）施工项目经理部负责施工生产中物的状态的审验与认可，承担物的状态的漏验、失控的管理责任，接受由此而出现的经济损失的后果。

（5）一切管理、操作人员均需与施工项目经理部签订安全协议，向施工项目经理部做出安全保证。

（6）安全生产责任落实情况的检查，应认真、详细地记录，作为分配、补偿的原始资料之一。

为保障劳动者在施工生产中的生命安全和身体健康，根据国际和省市有关规定，结合施工现场实际情况，制定相符合的具体安全生产责任制。

2. 安全生产责任制的建立

安全生产责任制是企业经济责任制的重要组成部分，是安全管理制度的核心。建立和落实安全生产责任制，就要求明确规定企业各级领导、管理干部、工程技术人员和工人在安全工作上的具体任务、责任和权力，以便把安全与生产在组织上统一起来，把“管生产必须管安全”的原则在制度上固定下来，做到安全工作层层有分工，事事有人管，人人有专责，办事有标准，工作有检查、考核。以此把同安全直接有关的领导、技术干部、工人、职能部门联系起来，形成一个严密的安全管理工作系统。一旦出现事故，可以查清责任，总结正反两方面的经验，更好地保证安全管理工作顺利进行。

实践证明，只有实行严格的安全生产责任制，才能真正实现企业的全员、全方位、全过程的安全管理，把施工过程中各方面的事故隐患消灭在萌芽状态，减少或避免事故的发生。同时，还要使上至领导干部，下到班组职工都明白该做什么，怎样做，负什么责，做好工作的标准是什么，为搞好安全施工提供基本保证。

（1）各级领导人员在安全生产方面的主要职责

1）项目经理

施工项目经理是施工项目管理的核心人物，也是安全生产的首要责任者，对施工过程中的安全生产负全面领导责任，对全体职工的安全与健康负责。所以，项目经理必须具有“安全第一，预防为主”的指导思想，并掌握安全技术知识，熟知国家的各项有关安全生产的规定、标准以及当地和上级的安全生产制度，要树立法制观念，自觉地贯彻执行安全生产的方针、政策、规章制度和各项劳动保护条例，负责领导编制安全生产保证计划，确保施工的安全。

其主要安全生产职责是：在组织与指挥生产过程中，认真执行劳动保护和安全生产的政策、法令和规章制度；建立安全管理机构，主持制定安全生产条例，审查安全技术措施，定期研究解决安全生产中的问题；组织安全生产检查和安全教育，建立安全生产奖惩制度；主持总结安全生产经验和重大事故教训。

2）技术负责人

其主要安全生产职责是：对安全生产和劳保方面的技术工作负全面领导责任；组织编制施工组织设计或施工方案时，应同时编制相应的安全技术措施；当采用新工艺、新材料、新技术、新设备时，应制定相应的安全技术操作规程；解决施工生产中安全技术问题；制订改善工人劳动条件的有关技术措施；对职工进行安全技术教育，参加重大伤亡事故的调查分析，提出技术鉴定意见和改进措施。

3）作业队长

其主要安全生产职责是：对施工项目的安全生产负直接领导责任；在组织施工生产的同时，要认真执行安全生产制度，并制订实施细则；进行分项、分层、分工种的安全技术交底；组织工人学习安全技术操作规程，做到不违章作业；要经常检查施工现场，发现隐患要及时处理，发生事故要立即上报，并参加事故调查处理。

4）班组长

其主要安全生产职责是：模范地遵守安全生产规章制度，熟悉并掌握本工种的安全技术规程；带领本班组人员遵章作业，认真执行安全措施，发现班组成员思想或身体状况反常，应采取措施或调离危险作业部位；定期组织安全生产活动，进行安全生产及遵章守纪的教育，发生工伤或事故应立即上报。

（2）各专业人员在安全生产方面的主要职责

1）施工员

其主要安全生产职责是：认真贯彻施工组织设计或施工方案中安全技术措施计划；遵守

有关安全生产的规章制度；加强施工现场管理，建立安全生产、文明施工的良好生产秩序。

2）技术员

其主要安全生产职责是：严格遵照国家有关安全的法令、规程、标准、制度，编制设计、施工和工艺方案，同时编制相应的安全技术措施；在采用新工艺、新技术、新材料、新设备及施工条件变化时，要编制安全技术操作规程；负责安全技术的专题研究和安全设备、仪表的技术鉴定。

3）材料员

其主要安全生产职责是：保证按时供应安全技术措施所需要的材料、工具设备；保证新购买的安全网、安全帽、安全带及其他劳动保护用品、用具符合安全技术和质量标准；对各类脚手架要定期检查，保证所供应的用具和材料的质量。

4）财务员

其主要安全生产职责是：按照国家规定，提供安全技术措施费用，并监督其合理使用，不准挪作他用。

5）劳资员

其主要安全生产职责是：配合有关部门做好新工人、调换新工作岗位的工人和特殊工种工人的安全技术培训和考核工作；严格控制加班加点的情况，对于因工受伤或患职业病的职工建议有关部门安排适当工作。

6）安全员

其主要安全生产职责是：做好安全生产管理和监督检查工作；贯彻执行劳动保护法规；督促实施各项安全技术措施；开展安全生产宣传教育工作；组织安全生产检查，研究解决施工生产中的不安全因素；参加事故调查，提出事故处理意见，制止违章作业，遇有险情有权暂停生产。

（3）工作岗位安全生产责任制

每个工作岗位是落实企业安全生产的基础。要保证企业安全生产顺利开展，就得要求每个工作岗位履行安全职责，其内容是：积极参加各项安全教育活动，刻苦学习安全理论、安全技术知识和安全操作技能，提高安全意识和安全施工的能力；自觉遵守执行各项安全规章制度，服从干部、专职安全人员和其他人员的领导和劝告、及时纠正违章行为。同时有责任劝阻和纠正共同作业者的错误操作；积极参加群众安全管理活动和安全技术革新活动，对企业所用的设备进行改造，装配先进的安全装置，确保施工生产安全；抵制不符合安全规定的上级指示，并越级或直接向安全管理部门反映情况；发生事故后应立即进行抢救、积极保护好现场，并及时报告上级，实事求是地向上级和调查组反映事故发生的前后情况。

3. 安全教育概述

安全教育工作是整个安全工作中的一个重要环节。通过各种形式的安全教育，增强全体职工及操作层工人的安全生产意识，提高安全生产知识，有效地防止人的不安全行为，减少人的失误。进行安全教育要适时、宜人，内容合理、方式多样，形成制度。组织安全教育做到严肃、严格、严密、严谨，讲求实效。安全教育活动的开展要求：

（1）新进施工现场的各类施工人员，必须进行进场安全教育。新工人入场前，应完成三级安全教育。对学徒工、实习生的入场三级安全教育，重点偏重一般安全知识、生产组织原则、生产环境、生产纪律等，强调操作的非独立性。对季节工、农民工三级安全教育，以生产组织原则、环境、纪律、操作标准为主。两个月内安全技能不能达到熟练的，应及时解除劳动合同，废止劳动资格。

（2）变换工种时，要进行新工种的安全技术教育。

（3）进行定期和季节性的安全技术教育，其目的在于增强安全意识，控制人的行为，尽快地适应变化，减少人的失误。

（4）加强对全体施工人员节前和节后的安全教育。

（5）采用新技术，使用新设备、新材料，推行新工艺前，应对有关人员进行安全知识、技能、意识的全面安全教育，激励操作者实行安全技能的自觉性。

（6）坚持班前安全活动、周讲评制度。

4. 安全教育的内容

三级安全教育是指公司、项目经理部、施工班组三个层次的安全教育。三级教育的内容、时间及考核结果要有记录。

（1）工人进场公司一级安全教育内容

1）我国安全生产的指导方针是：必须贯彻“预防为主，安全第一”的思想。

2）安全生产的原则是坚持“管生产必须管安全”。讲效益必须讲安全，是生产过程中必须遵循的原则。

3）必须遵守本公司的一切规章制度和“工地守则”及“文明施工守则”。

4）提高自我防护意识，做到不伤害自己、不伤害他人，也不被他人伤害。

5）热爱本职工作，努力学习提高政治、文化、业务水平和操作技能，积极参加安全生产的各项活动，提出改进安全工作的意见，一心一意搞好安全。

6）在施工过程中，必须严格遵守劳动纪律，服从领导和安全检查人员的指挥，工作时思想要集中，坚守岗位，未经变换工种培训和项目经理部的许可，不得从事非本工种作业；严禁酒后上班；不得在禁火的区域吸烟和动火。

7）施工时要严格执行操作规程，不得违章指挥和违章作业，对违章作业的指令有权予以拒绝施工，并有责任和义务制止他人违章作业。

8）按照作业要求，正确穿戴个人防护用品。进入施工现场必须戴安全帽，在没有防护设施的高空、临边和陡坡进行施工时，必须系上安全带。高空作业不得穿硬底和带钉易滑的鞋，不得向下投掷物体，严禁赤脚或穿高跟鞋、拖鞋进入施工现场作业。

9）在施工现场行走要注意安全，不得攀登脚手架上下。

10）正确使用防护装置和防护设施。对各种防护装置、防护设施和安全禁示牌等不得任意拆除和随意挪动。

11）招用高空作业人员时，严禁招有高血压、心脏病、癫痫病和年龄未满 16 周岁的儿童从事建筑生产。

12）在工棚（包括木制品生产车间）吸烟时，应该将烟火和火柴梗放在有水的盆里不要随地乱丢，不要躺在床上吸烟，电灯泡距离可燃物应大于 30 cm。

13）如发现有人触电时，应立即：

①切断电源，如拉下闸刀、保险丝等。

②用木棍挑开电源。

③站在干木板或木凳上拉开触电者的干衣服，使其脱离电源，万一触电者因抽筋而紧握电线，可用干燥的木棍、胶把钳等工具切断电源；或用干燥木板、干胶木板等绝缘物插入触电者身下，以隔断电流。

14）施工现场要按规定悬挂灭火器，工地一旦发生火灾，无论任何人发现火警都有义务迅速向当地消防部门报警，报警时要讲清楚起火原因、地点，并要派人在路口接应消防车。

15）发生火灾时，现场所有人员都要积极扑救火势并保护好现场，积极配合火灾事故的调查工作。

16）如工地发生伤亡事故，应立即报告公司和主管部门，不得瞒报和谎报。

17）发生伤亡事故后，因抢救人员的需要需移动现场物件时，应绘制现场简图并妥善保存现场重要痕迹、物证，有条件的可以进行拍照。

18）事故现场须经劳动安全机构和司法部门的调查组同意，方可进行现场的清理工作。

（2）工人进场项目部二级安全教育内容

1）风景园林施工现场是一个露天、多工种作业、作业环境多变的生产场所，存在不安全因素。

2）应遵守公司和项目部的一切规章制度和“工地守则”、“现场文明施工条例”。

3）努力学习本工种的安全技术操作规程和有关的安全防护知识，积极参加各项安全活动，提出改正安全工作的意见，从而使安全管理水平再上新台阶。

4）提高自我防护意识，做到不伤害自己、不伤害他人、不被他人伤害。

5）进入施工现场必须戴好安全帽、扣好帽带，并正确使用个人防护用品。

6）高处作业时，不准向下或向上抛掷工具、材料等物体。

7）严禁招用患有高血压、心脏病、精神病、癫痫病、高度近视眼等劳动人员。

8）高处作业不得穿硬底鞋和带钉易滑的鞋，严禁赤脚或穿高跟鞋、拖鞋进入施工现场。

9）在施工现场行走要注意安全，不得攀登脚手架。

10）严禁酒后上班，不得在工地打架斗殴、嬉闹、猜拳、酗酒、赌博、寻衅滋事和耍流氓等违法行为。

11）施工作业时要严格执行安全操作规程，不得违章指挥和违章作业；对违章作业的指令班组有权拒绝施工，并有责任和义务制止他人违章作业的行为。

12）正确使用个人防护用品和爱护防护设施。对各种防护装置、防护设施和安全警示牌等，未经工地安全员同意，不得随便拆除和挪动。

13）在工棚（包括木制品车间）吸烟时，应将烟火和火柴梗放在有水的盆里，不能乱丢；不要躺在床上吸烟；照明灯泡距可燃物应大于30cm。

14）拆除井架、竹架和倾倒土头杂物，必须有专人监护。

15）防止触电事故发生，要做到：

①非电工、机械人员，不要乱动电和机械设备。

②实行一机一闸一漏电保护。

③不要把衣服和杂物挂在可能触电的物体上。

16）外脚手架、卸料平台架的防护栏杆，严禁坐人和挤压。

（3）工人进场班组三级安全教育内容

班组安全教育按工种展开。

1）钢筋班组安全生产教育的内容如下：

①每个工人都应自觉遵守法律、法规和公司、项目经理部的各种规章制度。

②钢材、半成品等应按规格、品种分别堆放整齐。制作场地要平整，照明灯具必须加网罩。

③拉直钢筋，卡头要卡牢，地锚要结实牢固，拉筋沿线 2m 区域内禁止行人。人工绞磨拉直，禁止胸、肚接触推杆；不得一次松开，应缓慢松解。

④展开圆盘钢筋须一头卡牢，防止回弹，切断时要先用脚踩牢。

⑤在高空、深坑绑扎钢筋和安装骨架，须搭设脚手架和马道。

⑥绑扎立柱、墙体钢筋，不得站在钢筋骨架上和攀登骨架上下。柱筋在 4m 以下且重量不大时，可在地面或楼面上绑扎，整体竖起；柱筋在 4m 以上应搭设工作台；柱、梁骨架应用临时支撑拉牢，以防倾倒。

⑦绑扎基础钢筋时，应按施工操作规程摆放钢筋支架（马凳）架起上部钢筋，不得任意减少支架或马凳。

⑧多人合运钢筋，起、落、转、停动作要一致，人工上下传送不得在同一垂直线上；钢筋堆放要分散、稳当，防止倾倒和塌落。

⑨点焊、对焊钢筋时，焊机应设在干燥的地方；焊机要有防护罩并放置平稳牢固，电源通过漏电保护器，导线绝缘良好。

⑩电焊时应戴防护眼镜和手套，并站在胶木板或木板上。电焊前应先清除易燃易爆物品，停工时确认无火源后，方准离开现场。

⑪操作钢筋切断机时应先保证机械运转正常，方准断料。手与刀口距离不得少于 15cm。电源通过漏电保护器，导线绝缘良好。

⑫切断钢筋禁止超过机械负载能力，切长钢筋应有专人扶住，操作动作要一致，不得任意拖拉。切断钢筋要用套管或钳子夹料，不得用手直接送料。

⑬使用卷扬机拉直钢筋，地锚应牢固、坚实，地面平整。钢丝绳最少需保留三圈，操作时不准有人跨越。作业突然停电，应立即拉开闸刀。

⑭电机外壳必须做好接地，一机一闸，严禁把闸刀放在地面上，应挂 1.5m 高的地方，并有防雨棚。

⑮严禁操作人员在酒后进入施工现场作业。

⑯每个工人进入施工现场，都必须头戴安全帽。

⑰班组如果因劳力不足需要再招新工人时，应事先向工地报告。

⑱新工人进场后应先经过三级安全交底，并经考试合格后方可让其正式上岗。

⑲新工人进场应具有四证，即：劳动技能证、身份证、计划生育证和居住证。

2）模板班组安全生产教育的内容如下：

①每个工人都应自觉遵守法律法规和公司、项目部的各种规章制度。

②进入现场人员须戴好安全帽，高处作业人员须佩戴安全带，并应系牢。

③经医生检查认为不宜高处作业的人员，不得进行高处作业。

④工作前应先检查使用的工具是否牢固，扳手等工具必须用绳链系挂在身上，钉子必须放在工具袋内，以免掉落伤人。工作时要思想集中，防止钉扎脚和空中滑落。

⑤安装与拆除 5m 以上的模板，应搭脚手架，并设防护栏杆，防止上下在同一垂直面操作。

⑥高空、复杂结构模板的安装与拆除，事先应有切实的安全措施。

⑦遇六级以上的大风时，应暂停室外的高空作业，雪霜雨后应先清扫施工现场，略干不滑时才进行工作。

⑧二人抬运模板时要互相配合、协同工作。传递模板、工具应用运输工具或绳子系牢后

升降，不得乱抛。

⑨不得在脚手架上堆放大批模板等材料。

⑩支撑等不得搭在门窗框和脚手架上。通路中间的斜撑、拉杆等应设在1.8m高以上。

⑪模板上有预留洞口者，应先安装后将洞口盖好，混凝土上的预留，应在模板拆除后即将洞口盖好。

⑫拆除模板一般用长撬棒，人不许站在正在拆除的模板上。

⑬装、拆模板时禁止使用小楞木、钢模板作立人板。

⑭高空作业要搭设脚手架或操作平台，上、下要使用梯子，不许站立在墙上工作；不准在梁底模上行走。操作人员严禁穿硬底鞋及有跟鞋作业。

⑮装、拆模板时作业人员要站立在安全地点进行操作，防止上下在同一垂直面工作；操作人员要主动避让吊物，增强自我保护和相互保护的安全意识。

⑯拆模必须一次性拆净，不得留有无撑模板。拆下的模板要及时清理，堆放整齐。

⑰模板顶撑排列必须符合施工荷载要求。

⑱拆模时临时脚手架必须牢固，不得用拆下的模板作脚手板。脚手板搁置必须牢固平整，不得有空头板，以防踏空坠落。

3）混凝土班组安全生产教育的内容如下：

①每个工人都应自觉遵守法律、法规和公司、项目部的各种规章制度。

②车子向料斗倒料，应有挡车措施，不得用力过猛和撒把。

③浇灌混凝土使用的溜槽及串筒节间必须连接牢固。操作部位应有护身栏杆，不准直接站在溜槽板上操作。

④用输送泵输送混凝土，管道接头、安全阀必须完好，管道的架子必须牢固且能承受输送推力，输送前必须试送，检修必须卸压。

⑤浇灌时应设操作台，不得直接站在模板或支撑上操作。

⑥使用震动棒应穿胶鞋戴绝缘手套，湿手不得接触开关，电源线不得有破皮漏电。

⑦振动器的使用：使用前必须检查，旋转方向应与标记方向一致；连接各部位是否紧固，减振装置是否良好，经检查确认良好后方可使用。

⑧电源动力线通过道路时，应架空或置于地槽内，槽上必须加设盖板保护。

⑨使用插入式振捣器时，一人操作，另一人配合掌握电动机和开关。胶皮软管与电动机的连接必须牢固，胶管的弯曲半径不得小于50cm，以免折断，并不得多于两个弯。操作时，振捣器应自然垂直地沉入混凝土中，拉管时不得用力太猛，如发现胶管漏电现象，应立即切断电源进行检修。

⑩振捣器不准放置在初凝的混凝土地板、脚手架、道路和干硬的地面上进行试振。如检修或操作间断时，应切断电源。

⑪雨天操作时，振捣器的电动机应有防雨装置。使用时要注意棒壳与软管的接头必须密封，以免水浆侵入。

⑫电源闸箱距实际操作地点，最远不得超过3m。电闸箱如有专人看管，必须精神集中，及时按指挥信号准确送电。

⑬插入式振捣器在钢筋网上面振捣时，应注意勿使钢筋夹住振动棒或使棒体触及硬物而受到损坏。此外，还要随时注意电线的绝缘，如发现漏电或电动机零线脱落，应及时切断电源进行修理。

⑭工作时，振动棒不能插入太深，棒的尾部须露出 1/3 ～ 1/4 为宜。软轴部分不得插入混凝土中，否则振捣后的混凝土会将振动棒挤住，造成不易拔出。

⑮搬动平板式振捣器，必须从两边始运，动作要一致，并防止被障碍物绊倒。

⑯在操作中进行移动时，须使与电动机的导线保持足够的长度和松度，勿使其拉紧，以免线头被拉断。

⑰操作振捣器时，电动机升温不得超过 75℃，必要时停机降温，运转中发现障碍，应立即停机排除。

⑱振捣器使用完毕后必须清洗干净，保持清洁，各连接接头不得有水泥浆粘住，以免丝扣受到胶结而影响连接。捣动器清理后应放置在干燥的室内。

4）架子班组安全生产教育的内容如下：

①每个工人都应自觉遵守法律、法规和公司、项目部的各种规章制度。

②竹脚手架，从安全角度考虑应逐步淘汰，如若使用竹脚手架应进行特殊计算。

③脚手架底部应考虑排水措施，防止积水后脚手架步层的不均匀沉陷。

④为了保证脚手架整体稳固，同一立面的小横杆应按立杆总数对等交错设置，同一副里、外立杆的小横杆应上下对直，不应扭曲。

⑤立杆、大横杆，斜拉杆的接长，应视梢部有效直径接足 1800mm 以上，每 300 ～ 400 封绑一道。接杆中不宜 3 杆同时绑扎。

⑥严禁操作人员酒后进入施工现场作业。

⑦每个工人进入施工现场都必须头戴安全帽。

⑧班组如因劳力不足需要招新工人时，应事先向工地报告。

⑨新工人进场后应先经过三级安全教育，并经考试合格后方可让其正式上岗。

⑩工人进场应具有四证，即：职业资质证、身份证和居住证。

⑪凡不符合高处作业的人员，禁止登高作业，并严禁酒后高处作业。

⑫严格正确使用劳动保护用品。遵守高处作业规定，工具须入袋，物件严禁高处抛掷。

⑬强风区、雪天区、雨天区的环境，不准实行拆除作业。

⑭拆除区或需设置警戒范围，设立明显的警示标记，非操作人员或地面施工人员，均不得通行或施工，安全员应配合现场监护。

⑮高层脚手架的拆除，应配备通信装置。

⑯拆除物件，应有垂直运输机械安全输送至地面，吊机不允许设在脚手架内。

⑰作业人员进入岗位后，应先进行检查，如遇薄弱环节时，应先加固后拆除。对表面存留的物件，垃圾应先清理。

⑱按下列顺序进行拆除工作：安全网—防护栏杆—挡脚杆—搁栅—斜拉杆—横杆—顶撑—立杆。

⑲悬空的拆除，预先应进行加固或设落地支撑措施后，方可拆除工作。

11.2.4 风景园林施工现场自救、急救措施

1. 骨折急救方法

去除伤员身上的用具和口袋中的硬物，就地取材固定骨折的肢体，防止骨折的再损伤。在搬运和转送过程中，要使用固定的平板或担架进行搬运，颈部和躯干不能前屈或扭转，而应使脊柱伸直，绝对禁止一个抬肩一个抬腿的方法，以免发生或加重截瘫。

2. 人工呼吸

（1）畅通气道，先清除伤者口中异物，然后一只手按住伤者前额，另一只手的食指、中指将其下颚托起。

（2）捏鼻掰嘴，用拇指和食指捏紧伤者的鼻翼，另一只手的拇指和食指将其下颌拉向前下方，使嘴巴张开。

（3）贴嘴吹气，救护者先进行深呼吸，然后将嘴紧紧贴在伤者的嘴上，往其嘴中吹气，每次时间为2s。

（4）放松换气，吹完气后，救护者用面颊或手指压堵伤者的鼻孔，头部后仰，离开伤者的口，并松开伤者的鼻孔。

3. 胸外心脏按压

将伤者置于仰卧位，平放于地面或硬板上，头后仰使气道开放。

按压部位为胸骨中部1/3与下部1/3交界处。

以左手掌根部紧贴按压区，右手掌重叠放在左手背上，使全部手指脱离胸壁。

救护者双臂伸直，垂直向下按压，手掌下压深度为3.5～4.5cm，每分钟约做100次。

按压后放松，放松时间为按压时间的2倍。

4. 切、割伤急救

（1）止血

对于较浅、小的伤口，采取直接压迫法止血。具体做法是将伤指上举，捏紧指根两侧，对于较大伤口，应绑扎伤口上部动脉，及时送医院治疗。

（2）绑扎

在紧急情况下，可采用干净的毛巾等进行简单绑扎，既起到止血作用，又防止伤口外露感染。

5. 心肺复苏

单人抢救时，每按压15次后吹气2次，反复进行。

双人抢救时，每按压5次后由另一人吹气一次，反复进行。

6. 触电急救

（1）发现有人触电首先应紧急呼救。

（2）切断电源开关；在触电人员没有脱离电源前，不得直接接触触电人员。

（3）尽快使触电者脱离电源，断开电源有困难时，可用干燥的木棍、竹竿等挑开触电者身上的电线或带电体。

（4）用手指感觉是否有脉搏跳动，若感觉不到脉搏时，须立即进行胸外心脏按压。

（5）注意伤者胸部是否有起伏或用脸颊感觉是否有呼吸，若呼吸停止，必须马上进行人工呼吸。

7. 火灾急救及自救

（1）发生室内火灾时，首先呼救，打电话119报警，讲清着火地点，冷静回答提问。

（2）身上着火，就地打滚，或用厚重衣物覆盖压灭火苗。

（3）火灾袭来时，要迅速疏散逃生，不要乱跑和使用电梯逃生，要顺着安全通道走。

（4）逃生有浓烟时，应尽量用湿毛巾或湿布捂住口鼻，或贴近地面爬行。

8. 中毒急救

（1）食物中毒

发现饭后多人有呕吐、腹泻等不正常症状时，尽量让病人大量饮水，刺激喉部让其呕吐。

立即将病人送往就近医院或拨打急救电话 120。

及时报告工地负责人和当地卫生防疫部门，并保留剩余食品以备检验。

（2）煤气中毒

1）发现有人煤气中毒时，要迅速打开门窗，使空气流通。

2）将中毒者转移到室外实行现场救援。

3）立即拨打急救电话 120 或将中毒者送往就近医院。

9. 中暑急救

（1）搬移：迅速将患者抬到通风、阴凉、干爽的地方，使其平躺。

（2）降温：解开患者衣扣，松开或脱去衣服，如衣服被汗水湿透应更换衣物，用湿水的毛巾擦身，有条件用电风扇吹风，加速散热。

（3）补水：患者仍有意识时，可给一些清凉饮料，在补水分时，可加入少量盐或小苏打。

（4）促醒：病人若失去知觉，可掐人中、合谷等穴，使其苏醒，如停止呼吸，应立即实施人工呼吸。

11.3 风景园林施工项目危险源与辨识

11.3.1 风景园林施工危险源的概念及分类

危险源是指可能导致风景园林施工作业人员发生人身伤害或疾病、财产损失、工作环境破坏或这些情况组合的根源或状态。风景园林行业的施工活动和工作场所中危险源常常很多，存在的形式也较复杂，不过，归纳起来主要有根据和状态这两类危险源。

第一类危险源是指根据，能量或危险物的意外释放是发生伤亡事故的物理本质。在风景园林工程施工中使用的燃油、仿真漆、涂料等易燃物质，土方工程、种植工程中的机械能，安装工程用电的电能，起重吊装作业中的势能，都是属于第一类的危险源。

第二类危险源是指状态。正常情况下，施工过程中能量或危险物受到约束或限制不会发生意外的释放。但是，一旦这些约束或限制能量的措施失效，则将发生事故。导致能量或危险物约束或限制措施失效的各种因素，称为第二类危险源。第二类危险源主要表现在以下三种情况。

（1）物的故障。物的故障是指机械设备，装置、零部件等由于性能低下而不能实现预定的功能的现象。主要由于设计缺陷、使用不当、维修不及时，以及磨损、腐蚀、老化等原因所造成。例如，电线绝缘损坏发生漏电等。

（2）人的失误。人的失误是指人的行为结果偏离了被要求的标准，不按规范要求操作以及人的不安全行为等原因造成事故。例如：高陡坡作业往下滚石、落物；非岗位操作人员操作机械等。

（3）环境因素。环境因素是指人和物存在的环境，即施工作业环境中的温度、湿度、噪声、照明、通风等方面的因素，会促使人的失误或物的故障发生。如潮湿环境会加速金属腐蚀而降低结构强度；工作场所强烈的噪声会影响人的情绪，分散人的注意力而发生失误等。

事故的发生往往是两类危险源共同作用的结果，第一类危险源是伤亡事故发生的能量主体，决定事故后果的严重程度；第二类危险源是事故发生的必要条件，决定事故发生的可能性。两类危险源互相联系、互相依存，前者为前提，后者为条件。

11.3.2 风景园林施工企业危险源的辨识

（1）危险源辨识与辨识方法

识别危险源的存在并确定其特性的过程，就是危险源辨识。要识别风景园林工程项目整个施工全过程中的危险源，包括所有的常规活动和非常规活动，施工现场内所有的设备设施，所有的人员包括临时人员及供方人员等。

辨识的方法通常有：询问交谈、调查表、现场观察、安全检查表、危险与可操作性研究、事故树分析法等。

（2）施工企业危险源辨识

1）按工序进行危险源辨识。风景园林工程施工项目按分项、分部和单位工程进行施工，在对危险源进行辨识中采取从施工准备到工程竣工的全过程进行危险源的辨识，对危险源进行全过程的排查，以便在施工策划时就提出控制管理方案和措施，充分体现预防为主的方针。如一座园桥工程，可以从施工准备、临时工程、施工用电、基础工程、墩台工程、架梁、桥面铺装、附属工程等过程入手，再将每个具体过程的工序细分，如基础施工中的开挖、模板支架的加工和安装、钢筋的加工和安装、混凝土的拌制运输浇筑、机械的使用等具体的工序中查找危险源，这样才能全面地排查隐患。

2）按风景园林行业的伤害类型进行危险源辨识。风景园林行业相对建筑行业来说，施工环境相对简单，但在一些风景区开发建设现场往往复杂又变幻不定，尤其在陡峭风景区域开凿登山游路，存在较多的不安全因素，容易导致多种伤亡事故的发生。在这种环境下悬崖处或高处坠落、滚落物打击、触电事故、机械伤害、坍塌事故，常常是风景园林施工企业面临的主要伤害事故。

①悬崖处或高处坠落：由于园路工程施工随着施工进展的进行，游路向悬崖处或高处发展，从而出现悬崖作业或高空作业现场，从而容易发生悬崖处或高处坠落事故，多发生在悬崖处、临边处作业以及脚手架、模板、龙门架等作业中。

②触电事故：风景园林施工离不开电力、电动机具和电器照明等。

③滚落物打击：于高陡坡区域进行风景园林工程施工，常常因为作业的艰难性、不易控制性，在施工中可能导致不可控或不可抗力因素发生高位砂石向下面滚落现象，因此，滚落物打击是风景园林施工中的常见事故。

④机械伤害：主要指垂直吊装机械或机具、钢筋加工、混凝土拌和、木材加工等机械设备对操作者的伤害。

⑤坍塌事故：在土石方工程、基础工程的施工中容易造成坍塌事故。

风景园林工程施工中的这五大伤害，是风景园林施工企业安全控制的重点。当然，对于风景园林工程项目来说，由于地形地质地貌的差异，其危险源种类差别较大。对于一般的无特殊地质结构的风景园林工程项目来说，危险源相对较少，对于地质结构复杂、地形地貌复杂的风景园林工程项目，潜在的危险源相对较多，因此应根据项目实际情况进行认真勘察，有针对性进行具体的分析和辨识。

11.4 风景园林施工项目安全检查与监督

11.4.1 风景园林施工安全检查的类型

风景园林施工项目现场安全检查是安全管理的重要内容，是识别和发现不安全因素，及时发现风景园林工程施工中人的不安全行为和物的不安全状态的重要途径，是消除隐患、落实整改措施、防止事故和职业危害、改善劳动条件及提高员工安全生产意识的重要手段，是安全管理工作的一项重要内容。安全检查工作具有经常性、专业性和群众性特点。

安全检查的类型主要有：日常性检查、专业性检查、季节性检查、节假日前后的检查、不定期检查、突击性检查和特殊检查。

（1）日常性检查。日常性检查即经常性检查，普遍的检查。风景园林施工企业一般对风景园林工程施工项目每年检查 1 ～ 4 次；施工项目经理自检每月 1 ～ 2 次，至少进行 1 次；施工班组每周、每班次都应进行检查。专职安全技术人员的日常检查应该有计划，针对重点部位进行周期性检查。

（2）专业性检查。专业性检查是针对特殊作业、特殊设备、特殊场所进行的检查。如电焊、气焊、起重设备、运输车辆和易燃易爆场所等。

（3）季节性检查。季节性检查是根据特点，为保障安全生产的特殊要求所进行的检查。如春季风大，要着重防火防爆；夏季高温多雨雷电，着重防暑、降温、防汛、防雷击、防触电；冬季着重防寒、防冻等。

（4）节假日前后的检查。节假日期间容易产生松懈，节假日前后的检查是针对此特点而进行的安全检查，包括节日前进行安全生产综合检查，节日后要进行遵章守纪的检查等。

（5）不定期检查。不定期检查是指在施工项目及专业工程开工前和停工前、检修中、工程竣工及运转时进行的安全检查。

（6）突击性检查。突击性检查指无固定检查周期，对特别部门、特别设备、小区域的安全检查。

（7）特殊检查。特殊检查是指针对新安装的设备、新采用的工艺、新建或改建的工程项目投入使用前，以发现其带来新的危险因素为专题的安全检查。

根据安全检查的对象、要求、时间的差异，一般可分为两种类型。

（1）定期安全检查

即依据企业安全委员会指定的日期和规定的周期进行安全大检查。检查工作由企业领导或分管安全的负责人组织，吸收职能部门、工会和群众代表参加。每次检查可根据企业的具体情况决定检查的内容。检查人员要深入施工现场或岗位实地进行检查，及时发现问题，消除事故隐患。对一时解决不了的问题，应制订出计划和措施，定人定位定时定责加以解决，不留尾巴、力求实效。检查结束后，要做出评语和总结。各级定期检查具体实施规定：工程局或公司每半年进行一次，或在重大节假日前组织检查；工程处或工程部每季度组织一次检查；工程段每月组织一次检查；施工队每旬进行一次检查。

（2）非定期安全检查

鉴于施工作业的安全状态受地质条件、作业环境、气候变化、施工对象、施工人员素质等复杂情况的影响，工伤事故时有发生，除定期安全检查外，还要根据客观因素的变化，开展经常性安全检查，具体可分为施工准备工作安全检查、季节性安全检查、节假日前后安全检查、专业性安全检查、专职安全人员日常检查。

11.4.2 风景园林施工安全检查的内容

安全检查的内容很丰富，归纳起来，主要是查思想、查管理、查制度、查隐患、查事故处理。

（1）查思想

主要检查企业各级领导、施工项目经理部管理人员和广大施工作业工人安全意识强不强，对安全管理工作认识是否明确，贯彻执行党和国家制定的安全生产方针、政策、规章、规程的自觉性高不高，是否树立了“安全第一，预防为主”的思想。

（2）查管理、查制度

主要检查施工项目安全管理是否有效。主要内容包括：是否结合本单位的实际情况，建立和健全了安全管理制度体系，包括安全生产责任制、安全技术措施计划、安全组织机构、安全保证措施、安全技术交底、安全教育、持证上岗、安全设施、安全标识、操作规程、违规行为、安全记录等；对安全工作是否做到了“五同时”(即在计划、布置、检查、总结、评比施工生产工作的同时，要计划、布置、检查、总结、评比安全工作)，在新建、扩建、改建工程中，是否做到了“三同时”(即在新建、扩建、改建工程中，安全设施要同时设计、同时施工、同时投产)。

（3）查隐患

深入施工现场，检查企业的劳动条件、劳动环境有哪些不安全因素，检查作业现场是否符合安全生产、文明施工的要求。检查人员对随时发现的可能造成伤亡事故的重大隐患，有权下令停工，并报告有关领导，待隐患排除后才能复工。

（4）查整改

主要检查对以前提出问题的整改情况。

（5）查事故处理

对安全事故的处理应达到查明事故原因、明确责任并对责任者做出处理、明确和落实整改措施等要求；同时，还应检查企业对发生的工伤事故是否按照“找不出原因不放过，本人和群众受不到教育不放过，没有制订出防范措施不放过”的原则，进行严肃认真地处理，是否及时、准确地向上级报告和进行统计。检查中如发现隐瞒不报、虚报或者故意延迟报告的情况，除责成补报外，对单位负责人应给予纪律处分或刑事处理。

安全检查的重点是违规指挥和违规作业。安全检查后应编制安全检查报告，说明已达标项目、未达标项目、存在问题、原因分析及纠正和预防措施等。

11.4.3 风景园林施工安全检查的方法

常用安全检查的方法包括一般检查方法和安全检查表法。

（1）一般检查方法。常采用看、听、嗅、问、查、测、验和析等方法。

1）看：看现场环境和作业条件，看实物和实际操作，看记录和资料等。

2）听：听汇报、听介绍、听反应、听意见或批评、听机械设备的运转响声或承重物发出的微弱声等。

3）嗅：对挥发物、腐蚀物、有毒气体进行辨别。

4）问：分析影响安全的问题，详细询问，追根究底。

5）查：查明问题，查对数据，查清原因，追查责任。

6）测：测量、测试和监测。

7）验：进行必要的试验和检验。

8）析：分析安全事故死亡隐患和原因。

（2）安全检查表法。安全检查表法通过事前拟定的安全检查明细表或清单，对安全生产进行初步分析和控制。安全检查表通常包括的内容有：检查项目、内容、回答问题、改进措施、检查措施、检查人等。

11.4.4 风景园林施工安全检查的注意事项

（1）安全检查要深入基层，紧紧依靠职工，坚持领导与群众相结合的原则，组织好检查工作。

（2）建立检查的组织领导机构，配备适当的检查人员，挑选具有较高技术业务水平的专职人员参加。

（3）做好检查的各项准备，包括思想端正，重温业务知识与法规政策，准备检查设备、奖金。

（4）明确检查的目的和要求。既要严格检查，又要防止一刀切，坚持从实际出发，分清主次矛盾，力求实效。

（5）把自查和互查有机结合。基层以自检为主，作业队和智能管理部门之间应进行互查，取长补短，相互学习和借鉴。

（6）坚持查改结合。检查只是一种手段，而不是目的，整改才是最终目的。检查中一旦发现问题，应及时采取切实有效的防范措施进行整改，以消除隐患。

（7）建立检查档案。结合安全检查表的实施，建立健全检查档案，收集基本数据，掌握基本安全状况，为及时消除隐患提供数据。同时，也为以后的职业健康安全检查奠定基础。

11.4.5 风景园林施工安全监督管理

风景园林安全施工监督管理，是建设行政主管部门依据法律、法规和工程建设强制性标准，对风景园林工程安全施工实施监督管理，督促勘察、设计、建设、监理、施工等各方责任主体履行相应安全施工责任，以控制施工事故发生，保障人民生命财产安全、维护公众利益的行为。

安全监督部门作为政府的代表进行安全行业管理。建筑工程安全生产监督管理坚持“以人为本”理念，贯彻“安全第一、预防为主”的方针，依靠科学管理和技术进步，遵循属地管理和层级监督相结合、监督安全保证体系运行与监督工程实体防护相结合、全面要求与重点监管相结合、监督执法与服务指导相结合的原则。

依据《建筑法》、《安全生产法》、《建设工程安全生产管理条例》、《安全生产许可证条例》等有关法律、法规及《建筑工程安全生产监督管理工作导则》的规定，建设行政主管部门应当依照有关法律法规，针对有关责任主体和工程项目，健全完善以下安全生产监督管理制度：

（1）风景园林施工企业安全生产许可证制度。

（2）风景园林施工企业“三类人员”安全生产任职考核制度。

（3）风景园林工程安全施工措施备案制度。

（4）风景园林工程开工安全条件审查制度。
（5）施工现场特种作业人员持证上岗制度。
（6）施工起重机械使用登记制度。
（7）风景园林工程施工安全事故应急救援制度。
（8）危及施工安全的工艺、设备、材料淘汰制度。
（9）法律、法规规定的其他有关制度。

11.4.6 风景园林施工安全生产监督的工作内容

安全监督包括施工安全和文明施工监督两项内容，监督单位应根据工程项目的实际情况，建立健全工程监督组织机构，落实安全监督责任制，实施切实有效的监督方法，将安全监督工作贯穿于整个工程监督之中，做到思想到位、人员到位、工作到位、管理到位，切实保障施工安全，杜绝安全事故的发生。只有摆正监督单位的角色定位，才能使监督单位明确自身的监督职责，确定合适的安全生产管理工作内容，采用有效的安全生产监督手段，排除影响业主投资目的实现的安全生产危险因素，达到维护委托人合法权益的目的。在具体的施工管理中，安全监督的主要内容是：

（1）贯彻执行“安全第一，预防为主”的方针，国家现行的安全生产的法律、法规，建设行政主管部门的安全生产的规章、检查标准和工程建设标准强制性条文。

（2）督促施工单位落实安全生产的组织保证体系、安全管理人员配备、安全设备设施、安全防护用品用具和安全生产资金投入，建立健全安全生产责任制和各项安全生产管理制度。

（3）督促施工单位对工人进行安全生产教育及分部分项工程的安全技术交底，检查特种作业人员的持证上岗情况和工人对安全操作规程的掌握情况。

（4）审核总体施工组织设计和各单项专业安全施工组织设计。

（5）督促施工单位按照有关规范标准要求，落实分部分项工程、各工序和关键部位的安全防护措施。

11.4.7 风景园林施工安全生产监督的权利和义务

《建筑法》第 32 条规定：“工程监督人员认为工程施工不符合工程设计要求、施工技术标准和合同约定的，有权要求建筑施工企业改正。”该条虽然没有指明监督工程师在安全生产监督中的责任，但其中包含着监督工程师应了解设计、施工技术标准和合同中有关安全的规定，并对承包商的安全生产进行监督，并有权在承包商违背时要求其改正。

《建设工程监理规范》GB 50319—2013 第 3．2．1 条第 6 款规定：总监理工程师负责审定承包单位提交的开工报告、施工组织设计（包括安全措施）、技术方案、进度计划。施工出现了安全隐患，总监督工程师认为有必要停工以消除隐患时，可签发停工令。当工程变更涉及安全、环保等内容时，应按规定经有关部门审核批准，总监督工程师签发工程变更单。

根据《安全生产管理条例》第 14 条，监督单位的安全生产监督权利包括：

（1）技术方案审批权。
（2）整改指令权。
（3）暂停工指令权。
（4）向主管部门上报权。以上权利是法律、法规赋予监督单位的法定安全生产监督权利。同时，监督必须履行其职责：

1）审查施工组织设计中的安全技术措施和专项施工方案。

2）在实施监督过程中发现安全隐患。

3）必要时要求施工队伍整改。

4）情况严重的要求暂停施工。

5）拒不整改或不停止施工的要及时报告有关安全主管部门。

6）依据法律、法规和工程建设标准强制性条文实施监督。

11.5 风景园林施工项目安全事故分析与处理

11.5.1 风景园林施工安全事故的分类

事故即造成死亡、疾病、伤害、损害或其他损失的意外情况。

建设工程职业健康安全事故分为两大类型，即职业伤害事故和职业病。职业伤害事故是指因生产过程及工作原因或与其相关的原因造成的伤亡事故。其分类方法主要有：

1. 按照事故发生的原因分类

按照我国《企业职工伤亡事故分类》GB 6441—1986的规定，职业伤害事故分为20类，包括：物体打击、车辆伤害、起重伤害、触电、淹溺火灾、高空坠落、坍塌、透水、放炮、火药爆炸、瓦斯爆炸、锅炉爆炸、容器爆炸、其他爆炸、中毒窒息、其他伤害（包含扭伤、跌伤、冻伤等）。风景园林工程项目中常见的主要有：物体打击、起重伤、机械伤害、触电、悬崖高空坠落、其他伤害等。

2. 按照事故后果严重程度分类

（1）轻伤事故：造成职工肢体或某些器官功能性或器质性轻度损伤，表现为劳动能力轻度或暂时丧失的伤害，一般每个受伤人员歇工1个工作日以上，但够不上重伤者。

（2）重伤事故：指受伤人员肢体残缺或视觉、听觉等器官受到严重损伤，一般能引起人体长期存在功能障碍或劳动能力有重大损失的伤害，或者造成每个受伤人损失105工作日以上的失能伤害。

（3）死亡事故：一次事故中死亡职工1～2人的事故。

（4）重大伤亡事故：一次事故中死亡3人以上（含3人）的事故。

（5）特大伤亡事故：一次死亡10人以上（含10人）的事故。

（6）特别重大伤亡事故。铁路、水运、矿山、水利、电力事故造成一次死亡50人及其以上，或者一次造成直接经济损失1000万元及其以上的；公路和其他发生一次死亡30人及其以上或直接经济损失在500万元及其以上的事故。

3. 按照受伤性质分类

常见的有：电伤、挫伤、割伤、擦伤、刺伤、撕脱伤、扭伤、倒塌压埋伤、冲击伤等。

4. 职业病

经诊断因从事接触有毒有害物质或不良环境的工作而造成的急慢性疾病，属于职业病。

2013年国家卫生计生委、人力资源社会保障部、安全监管总局和全国总工会四部委联合发布的《职业病分类和目录》中列出了10大类职业病，包括：尘肺病、职业性皮肤病、职业性眼病、职业性耳鼻喉口腔疾病、职业性化学中毒、物理因素所致职业病、职业性放射性疾病、职业性传染病、职业性肿瘤和其他职业病。

11.5.2 风景园林施工安全事故分级

按照2007年国务院出台并施行的《生产安全事故报告和调查处理条例》，根据生产安全事故造成的人员伤亡或者直接经济损失，安全事故一般分为以下等级：

（1）特别重大事故，是指造成30人以上（含30人）死亡，或者100人以上重伤（包括急性工业中毒，下同），或者1亿元以上直接经济损失的事故。

（2）重大事故，是指造成10人以上（含10人）30人以下死亡，或者50人（含50人）以上100人以下重伤，或者5000万元以上1亿元以下直接经济损失的事故。

（3）较大事故，是指造成3人以上（含3人）10人以下死亡，或者10人以上（含10人）50人以下重伤，或者1000万元以上5000万元以下直接经济损失的事故。

（4）一般事故，是指造成3人以下死亡，或者10人以下重伤，或者1000万元以下直接经济损失的事故。

11.5.3 风景园林施工安全事故的处理

1. 安全事故处理原则

安全事故处理的四不放过原则：认真查处各类事故，坚持事故原因未查清不放过、责任人员未处理不放过、整改措施未落实不放过、有关人员未受到教育不放过的“四不放过”原则，不仅要追究事故直接责任人的责任，同时要追究有关负责人的领导责任。

2. 安全事故的处理程序

安全处理程序主要有以下几个步骤：报告安全事故，处理安全事故，抢救伤员，排除险情，防止事故蔓延扩大，做好标识，保护现场等，对安全事故进行调查，对安全事故责任者进行处理，填写调查报告并上报。

3. 伤亡事故处理程序

（1）事故报告

1）伤亡事故发生后，负伤者或者事故现场有关人员应当立即直接或者逐级报告企业负责人。企业负责人接到重伤、死亡、重大死亡事故报告后，应当立即报告企业主管部门和企业所在地安全行政管理部门、劳动部门、公安部门、人民检察院、工会。

2）企业主管部门和劳动部门接到死亡、重大死亡事故报告后，应当立即按系统逐级上报。

①特别重大事故、重大事故逐级上报至国务院安全生产监督管理部门和负有安全生产监督管理职责的有关部门。

②较大事故逐级上报至省、自治区、直辖市人民政府安全生产监督管理部门和负有安全生产监督管理职责的有关部门。

③一般事故上报至设区的市级人民政府安全生产监督管理部门和负有安全生产监督管理职责的有关部门。

安全生产监督管理部门和负有安全生产监督管理职责的有关部门依照前款规定上报事故情况，应当同时报告本级人民政府。国务院安全生产监督管理部门和负有安全生产监督管理职责的有关部门以及省级人民政府接到发生特别重大事故、重大事故的报告后，应当立即报告国务院。必要时，安全生产监督管理部门和负有安全生产监督管理职责的有关部门可以越级上报事故情况。

④发生死亡、重大死亡事故的企业应当保护事故现场，并迅速采取必要措施抢救人员和财产，防止事故扩大。

（2）安全事故调查

调查组应迅速赶赴事故现场进行勘查。对事故现场的勘查必须及时、全面、准确、客观。参加调查组的单位：

1）轻伤、重伤事故，由企业负责人或其指定人员组织生产、技术、安全等有关人员以及工会成员参加的事故调查组，进行调查。

2）死亡事故，由企业主管部门会同企业所在地设区的市（或者相当于设区的市一级）安全行政管理部门、劳动部门、公安部门、工会组成事故调查组，进行调查。

3）重大伤亡事故，按照企业的隶属关系由省、自治区、直辖市企业主管部门或者国务院有关主管部门会同同级安全行政管理部门、劳动部门、公安部门、监察部门、工会组成事故调查组，进行调查。

事故调查组应当邀请人民检察院派人员参加。

事故调查组在查明事故情况以后，如果对事故的分析和事故责任者的处理不能取得一致意见，劳动部门有权提出结论性意见；如果仍有不同意见，应当报上级劳动部门及有关部门处理；仍不能达成一致意见的，报同级人民政府裁决。

（3）安全事故处理

事故调查组提出的事故处理意见和防范措施建议，由发生事故的企业及其主管部门负责处理。伤亡事故处理工作应当在 90 日内结案，特殊情况不得超过 180 日。

4. 安全事故统计规定

（1）企业职工伤亡事故统计实行以地区考核为主的制度。各级隶属关系的企业和企业主管单位，要按当地安全生产行政主管部门规定的时间报送报表。

（2）安全生产行政主管部门对各部门的企业职工伤亡事故情况实行分级考核。企业报送主管部门的数字要与报送当地安全生产行政主管部门的数字一致，各级主管部门应如实向同级安全生产行政主管部门报送。

（3）省级安全生产行政主管部门和国务院各有关部门及计划单列的企业集团的职工伤亡事故统计月报表、年报表，应按时报到国家安全生产行政主管部门。

5. 工伤认定

（1）职工有下列情形之一者，应当认定为工伤：

1）在工作时间和工作场所内，因工作原因受到事故伤害的。

2）在工作时间前后在工作场所内，从事与工作有关的预备性工作受到事故伤害的。

3）在工作时间和工作场所内，因履行工作职责受到暴力等意外伤害的。

4）患职业病的。

5）因公外出期间，由于工作原因受到伤害或者发生事故下落不明的。

6）在上下班途中，受到机动车事故伤害的。

7）法律、行政法规规定应当认定为工伤的其他情形。

（2）职工有下列情形之一者，应视同为工伤：

1）在工作时间和工作岗位，突然疾病死亡或者在 48h 内经抢救无效死亡的。

2）在抢险救灾等维护国家利益、公共利益活动中受到伤害的。

11.5.4 风景园林施工安全事故的预防

1. 改进生产工艺，实现机械化、自动化。

2. 设置安全装置

（1）设置防护装置

在“二道”(天梯道、陡坡道)、“三口”(楼梯口、预留洞口、通道口)、“五临边”(临水边、悬崖边、台地边、基坑边）处理上要按标准设置水平及立体防护，使操作者、体验者有安全感；在机械设备上做到轮有罩、轴有套，使其转动部分与人体绝对隔离开来；在施工用电中，要做到“四级”保险。遗留在施工现场的危险因素，要有隔离措施，如高压线路的隔离防护设施等。应强调按规定使用“三宝”（安全帽、安全带、安全网)。项目经理和管理人员应正确使用安全防护装置并严加保护，不得随意破坏、拆卸和废弃。

（2）设置保险装置

保险装置指机械装备在非正常操作和运转中能够自动控制和消除危险的设施设备，也可以说它是保障机械设备和人身安全的装置。如锅炉、压力容器的安全阀，供电设施的触电保护器，各种提升设备的断绳保险器等。

（3）设置信号装置

信号装置是应用信号指示或警告工人该做什么、应躲避什么。信号装置本身无排除危险的功能，它仅是提醒施工人员或现场人员注意，遇到不安全的状况立即采取有效措施脱离危险区或采取预防措施。因此，它的效果取决于现场人员的注意力和识别信号的能力。信号装置可分为 3 种：颜色信号，如指挥起重工的红、绿手旗，场区道路上的红、绿、黄灯；音响信号，如指挥吹的口哨等；指示仪表信号，如压力表、水位表和温度计等。

（4）设置危险警示标志

危险警示标志是警示现场人员进行施工现场应注意或必须做到的统一措施。通常它以简短的文字或明确图形符号来显示，如“禁止烟火！”“危险！”“有电！”等。各类图形通常配以红、黄、蓝、绿颜色。红色表示危险禁止，蓝色表示指令，黄色表示警告，绿色表示安全。

3. 预防性机械强度试验和电气绝缘检验

（1）预防性机械强度试验

施工现场的机械设备，特别是自行设计组装的临时设施的各种材料、构件、部件，均应进行机械强度试验，必须满足设计和使用功能，方可投入正常使用。有些还需定期或不定期地进行试验，如施工用的钢丝绳、钢材、钢筋、机件以及自行设计的吊栏架、外挂架子等，在使用前必须做载荷试验。

（2）电气绝缘检验

要保证良好的作业环境，使机电设施、设备正常运转，不断更新老化及被损坏的电气设备和线路是必须采取的预防措施。要求在施工前、施工中、施工后，应对电气绝缘进行检验。

4. 机械设备的维修、保养和检修

（1）机械设备的维修、保养

各种机械设备是根据不同的使用功能设计出来的，除了一般要求外，也具有特殊要求，即要严格坚持机械设备的维护和保养规则，要求按照其操作规程进行保护，使用后需及时加油清洗，使其减少磨损，确保正常运转，尽量延长寿命，提高完好率和使用率。

（2）计划检修

为了确保机械设备正常运转，对每台机械设备应建立档案，以便及时按每台机械设备的具体情况，进行定期地大、中、小修。在检验中应严格遵守规章制度，遵守安全技术规定，遵守先检查后使用的原则。绝不允许为了赶进度、违规指挥、违规操作，让机械设备“带病”工作。

5. 文明施工

如果一个施工现场做到整体规划有序，平面布置合理，临时设施整洁划一，原材料、构配件堆放整齐，各种防护设施齐全、有效，各种标志醒目，施工生产管理人员遵章守纪，那么这个施工项目就会获得较大的经济效益、社会效益和环境效益。因此，文明施工也是预防安全事故、提高施工项目管理水平的综合手段。

6. 合理使用劳动保护用品

适时供应劳动保护用品，是在施工生产过程中预防事故保护工人安全和健康的一种辅助手段。因此，统一采购、妥善保管、正确使用防护用品，也是预防事故、减轻伤害程度不可缺少的措施之一。

7. 认真执行安全操作规程，普及安全技术知识教育。

11.5.5 风景园林施工安全技术措施

1. 施工安全技术措施基本概念

施工安全技术措施是施工组织设计中的重要组成部分，它是具体安排和指导工程安全施工的安全管理与技术文件。施工安全技术措施是针对危险源采取的技术手段。制定施工安全技术措施应遵循“消除、预防、减少、隔离、个体保护”的原则。针对每项工程在施工过程中可能发生的事故隐患和可能发生安全问题的环节进行预测，从而在防护、技术和管理上采取措施，消除或控制施工过程的不安全因素，防范发生事故。

安全技术措施应包括下列内容：防火、防爆、防洪、防尘、防雷击、防触电、防坍塌、防物体打击、防机械伤害、防溜车、防悬崖坠落、防交通事故、防寒、防暑、防疫、防环境污染等方面的措施。

2. 施工安全技术措施的内容

施工安全技术措施因具体工程项目特点的不同而不同，其主要内容包括：

（1）施工平面布置的安全技术要求。

（2）悬崖高空作业。安全技术措施应主要从防护着手，包括：职工的身体状况（不允许带病、疲劳、酒后上悬崖高空作业）和防护措施（佩戴安全带，设置安全网、防护栏等）。

（3）机械操作。除应要求严格按安全操作规程操作外，对一些特殊的机械，应制定特别的安全技术措施。

（4）起重吊装作业。起重吊装作业，尤其是大型吊装，具有重大风险，一旦出现安全事故，后果极其严重，应根据具体方案制定安全技术措施，并形成专门的安全技术措施方案。设置警戒区，凡是吊装事故发生后可能影响的区域均应进入警戒区。在吊装过程中，除吊装施工人员外，不允许其他人员进入警戒区，更不允许在警戒区内安排其他施工。

（5）动用明火作业。必须采取专门的防护措施和预备专门的消防设施和消防人员。

（6）在密闭容器内作业。在密闭容器内作业，空气不流通，很易造成工人窒息和中毒，必须采取空气流通措施。

（7）带电调试作业。必须采取相应的安全技术措施，防止触电和用电机械产生误动作。

（8）管道和容器的压力试验。管道和容器的压力试验中的气压试验，其安全技术措施主要是严格按试压程序进行，即先水压试验，后气压试验，分级试压，试压前严格执行检查、报批程序。

（9）临时用电。由于是临时的，施工现场的职工易对临时用电产生麻痹思想，乱拉乱接，很多触电事故和火灾事故均由此引起。采取的安全技术措施包括：充分考虑施工现场的临时用电部位、规范布线、严格管理等。

（10）单机试车和联动试车等安全技术措施。应根据设备的工艺作用、工作特点、与其他设施的关联等制定安全技术措施方案。

此外还有：冬季、雨季、夏季高温期、夜间等施工时安全技术措施；针对工程项目的特殊需求，补充相应的安全操作规程或措施；针对采用新工艺、新技术、新设备、新材料施工的特殊性，制定相应的安全技术措施；对施工各专业、工种、施工各阶段、交叉作业等编制针对性的安全技术措施等。

3. 施工安全技术措施的编制依据

（1）国家和政府有关部门安全生产的法律、法规和有关部门规定。

（2）技术标准、规范，安全技术规程。

（3）安全管理规章制度。

4. 施工安全技术措施的编制要求

安全技术措施和方案的编制必须考虑现场的实际情况、施工特点及周围作业，措施要有针对性。凡在施工过程中可能发生的危险因素及建筑物周围外部环境不利因素等，都必须从技术上采取具体有效的措施予以预防。同时，安全技术措施和方案必须有设计、有计算、有详图、有文字说明。

（1）一般工程安全技术措施

1）深基坑、桩基础施工与土方开挖方案。

2）工程临时用电方案。

3）结构施工临边、洞口及交叉作业，施工防护安全技术措施。

4）垂直提升架等安装与拆除安全技术方案。

5）大模板施工安全技术方案。

6）脚手架及卸料平台安全技术方案。

7）钢结构吊装安全技术方案。

8）防水施工安全技术方案。

9）设备安装安全技术方案。

10）新工艺、新技术、新材料施工安全技术方案。

11）防火、防毒、防爆、防雷安全技术措施。

12）临街防护、临时外架供电线路，地下供电、供气、通风、管线毗邻建筑物防护等安全技术措施；主体结构、装修工程安全技术方案。

13）群塔作业安全技术措施。

14）中小型机械安全技术措施。

15）安全网的架设范围及管理要求。

16）冬雨季施工安全技术措施。

17）场内运输道路、人行通道的布置。

（2）单位工程安全技术措施

对于结构复杂、危险性大、特性较多的特殊工程，应单独编制安全技术方案。如爆破作业、各种特殊架设作业、高层脚手架等，必须单独编制安全技术方案，并要有设计依据。

（3）季节性安全技术措施

1）高温作业安全措施。夏季气候炎热，高温时间持续较长，应制订防暑降温安全措施。

2）雨期施工安全方案。雨期施工应制定防止触电、防雷、防坍塌、防台风安全技术措施。

（4）危险性较大的分部分项工程安全技术措施

对达到一定规模的危险性较大的分部分项工程应编制专项施工方案，并附具安全验算结果，经施工单位技术负责人、总监理工程师签字后实施，由专职安全管理人员进行现场监督。这些工程主要包括以下几种：

1）基坑支护及降水工程。

2）土方开挖工程。

3）模板工程。

4）起重吊装工程。

5）脚手架工程。

6）拆除、爆破工程。

7）国务院建设行政主管部门或者其他有关部门规定的其他危险性较大的工程。

对上述所列工程中涉及深基坑、大模板工程的专项施工方案还应组织专家进行论证、审查。

11.6 风景园林工程项目安全专项施工方案

11.6.1 安全专项施工方案

（1）施工承包单位应当在危险性较大的分部分项工程施工前编制专项方案；对于超过一定规模的危险性较大的分部分项工程，施工承包单位应当组织专家对专项方案进行论证。

（2）危险性较大的分部分项工程安全专项施工方案，是指施工承包单位在编制施工组织设计的基础上，针对危险性较大的分部分项工程单独编制的安全技术措施文件。

（3）风景园林工程实行施工总承包的，安全专项施工方案应当由施工总承包单位组织编制。

（4）安全专项施工方案应当由施工承包单位技术部门组织本单位施工技术、安全、质量等部门的专业技术人员进行审核。经审核合格的，由施工承包单位技术负责人签字。实行施工总承包的，安全专项施工方案应当由施工总承包单位技术负责人及相关专业承包单位技术负责人签字。不需专家论证的安全专项施工方案，经施工总承包单位审核合格后报项目监理机构，由项目总监理工程师审核签字。

（5）安全专项施工方案编制应当包括以下内容：

1）工程概况：危险性较大的分部分项工程概况、施工平面布置、施工要求和技术保证条件。

2）编制依据：相关法律、法规、规范性文件、标准、规范及图纸、施工组织设计等。
3）施工计划：包括施工进度计划、材料与设备计划。
4）施工工艺技术：技术参数、工艺流程、施工方法、检查验收等。
5）施工安全保证措施：组织保障、技术措施、应急预案、监测监控等。
6）劳动力计划。专职安全生产管理人员、特种作业人员等。
7）计算书及相关图纸。

11.6.2 危险性较大的分部分项工程范围

对于危险性较大的分部分项工程，应单独编制安全专项施工方案。
（1）基坑支护、降水工程
开挖深度超过3m（含3m）或虽未超过3m但地质条件和周边环境复杂的基坑（槽）支护、降水工程。
（2）土方开挖工程
开挖深度超过3m（含3m）的基坑（槽）的土方开挖工程。
（3）模板工程及支撑体系
1）各类工具式模板工程：包括大模板、滑模、爬模、飞模等工程。
2）混凝土模板支撑工程：搭设高度5m及以上；搭设跨度10 m及以上；施工总荷载$10kN/m^2$及以上；集中线荷载15kN/m及以上；高度大于支撑水平投影宽度且相对独立、无联系构件的混凝土模板支撑工程。
3）承重支撑体系：用于钢结构安装等满堂支撑体系。
（4）起重吊装及安装拆卸工程
1）采用非常规起重设备、方法，且单件起吊重量在10kN及以上的起重吊装工程。
2）采用起重机械进行安装的工程。
3）起重机械设备自身的安装、拆卸。
（5）脚手架工程
1）搭设高度24m及以上的落地式钢管脚手架工程。
2）附着式整体和分片提升脚手架工程。
3）悬挑式脚手架工程。
4）吊篮脚手架工程。
5）自制卸料平台、移动操作平台工程。
6）新型及异型脚手架工程。
（6）拆除、爆破工程
1）建筑物、构筑物拆除工程。
2）采用爆破拆除的工程。
（7）其他
1）建筑幕墙安装工程。
2）钢结构、网架和索膜结构安装工程。
3）人工挖扩孔桩工程。
4）地下暗挖、顶管及水下作业工程。
5）预应力工程。

6）采用新技术、新工艺、新材料、新设备及尚无相关技术标准的危险性较大的分部分项工程。

思考题

1. 试述进行工程项目安全管理的作用和意义。
2. 试述建筑企业危险源的辨识。
3. 工程项目三级安全教育的内容有哪些？
4. 施工项目安全技术措施的主要内容有哪些？
5. 试述工程项目安全检查的内容。
6. 根据 2007 年《生产安全事故报告和调查处理条例》，安全事故的等级是如何划分的。
7. 施工项目安全生产中，“二道”“三口”“五临边”分别指什么？

参考文献

[1] 张秀省，黄凯 . 风景园林管理与法规 [M]. 重庆：重庆大学出版社 ,2013.

[2] 高小磊 .PDCA 循环法在工程安全管理中的运用 [J]. 工程管理 ,2016(7):1.

[3] 邓铁军 . 工程项目管理 [M]. 武汉：武汉理工大学出版社 ,2008.

[4] 王云 . 建筑工程项目管理 [M]. 北京：北京理工大学出版社 ,2012.

[5] 张国珍 . 工程项目管理 [M]. 北京：水利水电出版社 ,2008.

[6]https://wenku.baidu.com/view/a753c40d5a8102d276a22f76.html.

[7] 赵庆华 . 工程项目管理 [M]. 南京：东南大学出版社 ,2011.

[8] 朱骁卒 . 项目管理的发展及成熟度分析 [J]. 中国科技信息 ,2011(18):122-123.

[9] 骆珣，马红霞 . 项目管理发展综述 [J]. 现代管理科学 ,2005(5):28-29.

[10] 马明军，肖萍 . 项目管理的历史由来及其发展趋势 [J]. 中国房地产业 ,2011(3):89-90.

[11] 朱俊文，刘共清，尹贻林 . 项目管理发展综述 [J]. 技术经济与管理研究 ,2003(1):82-83.

[12] 殷凯 . 项目管理发展趋势的研究概述 [J]. 黑龙江科技信息 ,2010(6):93,24.

[13] 刘贵甲 . 工程项目管理的现状、发展趋势及对策 [J]. 广东建材 ,2009(6):247-248.

[14] 徐彦，李琳 . 中国项目管理发展的热点和趋势研究 [J]. 项目管理技术 ,2013,11(10):45-48.

[15] 白思俊 . 中国项目管理的发展现状及趋向 [J]. 项目管理技术 ,2003,1(1):7-11.

[16] 王泓领 . 中国工程项目管理体系探讨 [J]. 现代物业 (中旬刊),2010,9(6):8-11,73.

[17] 王海莉 . 项目管理的发展现状及趋势研究 [J]. 中小企业管理与科技 (下旬刊),2015(23):143-144.

[18] 郭峰 . 土木工程项目管理 [M]. 北京：冶金工业出版社 ,2013.

[19] 俞洪良，毛义华 . 工程项目管理 [M]. 杭州：浙江大学出版社 ,2015.

[20] 赖一飞，胡小勇，刘汕 . 工程项目管理学 [M]. 武汉：武汉大学出版社 ,2015.

[21] 清华大学美术学院环境艺术设计系艺术可持续发展研究课题组 . 环境艺术设计系统与中国城市景观建设立项决策 [M]. 北京：中国建筑工业出版社 ,2009.

[22]《建筑工程施工质量验收统一标准》规范等组织 . 建筑工程施工质量验收规范实施答疑 [M]. 北京：中国建筑工业出版社 ,2008.

[23] 中国工程院 . 我国中长期核电发展研究 (总报告)[R].2000.

[24] 罗依平 . 决策非可行性论证：优化政府决策的必由之途 [J]. 科技进步与对策 ,2006,(10):40.

[25] 宁骚 . 公共政策学 [M]. 北京：高等教育出版社 ,2003:345.

[26] 陈晓正，胡象明 . 重大工程项目社会稳定风险评估研究——基于社会预期的视角 [J]. 北京航空航天大学学报：社会科学版 ,2013,(2):16.

[27] 中华人民共和国国民经济和社会发展第十二个五年规划纲要 [EB/OL]. 人民网 ,http:/ /politics. people. com.cn/GB/1026/14159537.html.

[28] 胡象明，罗立 . 逆向论证：完善大型工程项目决策论证机制的有效途径 [J]. 理论探讨 ,2015(5):134-137.

[29] 李明安，邓铁军，杨卫东 . 工程项目管理理论与实务 [M]. 长沙：湖南大学出版社 ,2012.

[30] 邱国林，刘茉 . 建设工程项目管理 [M]. 武汉：武汉大学出版社 ,2014.

[31] 李永红 . 园林工程项目管理 [M]. 北京：高等教育出版社 ,2005.

[32] 张文英 . 风景园林工程 [M]. 北京：中国农业出版社 .2007.

[33] 李成，李琳，王彦军 . 风景园林工程管理 [M]. 北京：化学工业出版社 ,2013.

[34] 陈有杰 . 园林工程招投标与合同管理便携手册 [M]. 北京：中国电力出版社 ,2013.

[35] 吴戈军 . 园林工程招投标与合同管理 [M]. 北京 : 化学工业出版社 ,2014.
[36] 黄凯 . 园林工程招投标与概预算 [M]. 重庆 : 重庆大学出版社 ,2016.
[37] 宁平 . 园林工程招投标与合同管理从入门到精通 [M]. 北京 : 化学工业出版社 ,2017.
[38] 中国勘察设计协会 . 工程勘察设计行业年度发展研究报告（2014 ～ 2015）[R]. 北京 : 中国勘察设计协会 ,2015.
[39] 黄文杰 . 建设工程项目管理 [M]. 北京 : 中国建筑工业出版社 ,2014.
[40] 中国建设监理协会 . 建设工程合同管理 [M]. 北京 : 中国建筑工业出版社 ,2014.
[41] 中国勘察设计协会 . 工程勘察设计行业发展预测 [J]. 中国勘察设计 ,2016(3):36-43.
[42] 天强工程设计咨询行业研究中心 . 工程勘察设计行业发展展望 [J]. 中国勘察设计 ,2017(3):32-36.
[43] 刘国余 . 设计管理 [M]. 第 2 版 . 上海 : 上海交通大学出版社 ,2007.
[44] 张虎康 , 陈士明 . 工程勘察设计全面质量管理 [M]. 太原 : 山西人民出版社 ,1989.
[45] 王江涛 , 李婷等 . 浅谈建设工程项目收尾管理 [J]. 工程建筑设计 ,2017(12):162-164.
[46] 陈棉 . 市政工程项目管理成熟度评价研究 [D]. 兰州交通大学 ,2014.
[47] 叶晓进 , 董雄报 . 浅析建设工程项目收尾阶段的管理 [J]. 科技广场 ,2011(03):231-233.
[48] 张风 . 工程项目收尾阶段财务管理的思考 [J]. 财会学习 ,2017(10):88.
[49] 彭学鸿 . 收尾项目管理的研究 [J]. 财经界 (学术版),2017(05):46-47.
[50] 建设部 . 建设工程项目管理规范 GB/T50326–2017[S]. 北京 : 中国建筑工业出版社 ,2017.
[51] 丛培经 , 曹小琳 , 贾宏俊 . 工程项目管理 [M]. 第 4 版 . 北京 : 中国建筑工业出版社 ,2012.
[52] 吴立威 . 园林工程施工组织与管理 [M]. 北京 : 机械工业出版社 ,2008.
[53] 郭雪峰 . 园林工程项目管理 [M]. 武汉 : 华中科技大学出版社 ,2012.
[54] 吴戈军 . 园林工程项目管理 [M]. 北京 : 化学工业出版社 ,2016.
[55] 盖卫东 . 市政与园林绿化工程项目管理与成本核算 [M]. 哈尔滨 : 哈尔滨工业大学出版社 ,2015.
[56] 全国一级建造师执业资格考试用书编写委员会 .2017 年版全国一级建造师执业资格考试用书 建设工程项目管理 [M]. 北京 : 中国建筑工业出版社 ,2017.
[57]《建设工程项目管理复习题集》编委会 .2017 年版全国一级建造师执业资格考试辅导 建设工程项目管理复习题集 [M]. 北京 : 中国建筑工业出版社 ,2017.
[58] 全国咨询工程师（投资）职业资格考试参考教材编写委员会 . 工程项目组织与管理（2017 年版）[M]. 第四版 . 北京 : 中国计划出版社 ,2016.
[59] 陈正 , 穆新盈 . 建设工程项目管理 [M]. 南京 : 东南大学出版社 ,2017.
[60] 罗远洲 , 周晟 . 工程项目管理 [M]. 北京 : 中国建筑工业出版社 ,2016.
[61] 何成旗 , 李宁 , 舒方方 , 等 . 工程项目计划与控制 [M]. 北京 : 中国建筑工业出版社 ,2013.
[62] 成虎 , 陈群 . 工程项目管理 [M]. 第 4 版 . 北京 : 中国建筑工业出版社 ,2015.
[63] 郭继秋 , 唐慧哲 . 工程项目成本管理 [M]. 北京 : 化学工业出版社 ,2005.
[64] 刘允延 . 建设工程项目成本管理 [M]. 北京 : 机械工业出版社 ,2003.
[65] 田金信 . 建设项目管理 [M]. 北京 : 高等教育出版社 ,2002.
[66] 陈伟珂 , 何伟怡 . 工程项目管理手册 [M]. 天津 : 天津大学出版社 ,2010.
[67] 宋伟 , 刘岗 . 工程项目管理 [M]. 北京 : 科学出版社 ,2006.
[68] 丁士昭 . 工程项目管理 [M]. 北京 : 中国建筑工业出版社 ,2006.
[69] 仲景冰 , 王红兵 . 工程项目管理 [M]. 北京 : 北京大学出版社 ,2006.
[70] 戎贤 , 穆静波 , 王大明 . 工程建设项目管理 [M]. 北京 : 人民交通出版社 ,2006.
[71] 胡志根 . 工程项目管理 [M]. 第 3 版 . 武汉 : 武汉大学出版社 ,2017.
[72] 王卓甫 , 杨高升 . 工程项目管理原理与案例 [M]. 北京 : 中国水利水电出版社 ,2014.
[73] 刘伊生 . 建设项目管理 [M]. 第 3 版 . 北京 : 北京交通大学出版社 ,2014.
[74] 陈宪 .2011 注册咨询工程师（投资）执业资格考试教习全书 工程项目组织与管理 [M]. 第 4 版 . 北京 : 机

械工业出版社 ,2010.
[75] 沈笑非 , 等 . 现代综合体工程项目管理创汇昆明怒火见解和花岗岩与机会新实践 [M]. 南京 : 东南大学出版社 ,2014.
[76] 何成旗 , 马卫周 . 工程项目成本控制 [M]. 北京 : 中国建筑工业出版社 ,2013.
[77] 杨兴荣 . 工程项目管理 [M]. 合肥 : 合肥工业大学出版社 ,2007.
[78] 王芳 , 范建洲 . 工程项目管理 [M]. 北京 : 科学出版社 ,2007.
[79] 张厚先 . 建设项目管理 [M]. 郑州 : 黄河水利出版社 ,2008.
[80] 程鸿群 . 工程项目管理学 [M]. 武汉 : 武汉大学出版社 ,2008.
[81] 叶枫 . 工程项目管理 [M]. 北京 : 清华大学出版社 ,2009.
[82] 乐云 . 工程项目管理 上册 [M]. 武汉 : 武汉理工大学出版社 ,2008.
[83] 何俊德 . 工程项目管理 [M]. 武汉 : 华中科技大学出版社 ,2008.
[84] 王旭 , 马广儒 . 建设工程项目管理 [M]. 北京 : 中国水利水电出版社 ,2009.
[85] 陈金洪 . 工程项目管理 [M]. 北京 : 中国电力出版社 ,2008.
[86] 邓铁军 . 工程建设项目管理 [M]. 第 2 版 . 武汉 : 武汉理工大学出版社 ,2009.
[87] 吴贤国 . 工程项目管理 [M]. 武汉 : 武汉大学出版社 ,2009.
[88] 刘炳南 . 工程项目管理 [M]. 西安 : 西安交通大学出版社 ,2010.
[89] 李先君 , 罗远洲 . 工程项目管理 [M]. 武汉 : 武汉理工大学出版社 ,2009.
[90] 冯宁 . 工程项目管理 [M]. 郑州 : 郑州大学出版社 ,2010.
[91] 梁世连 . 工程项目管理 [M]. 第 2 版 . 北京 : 中国建材工业出版社 ,2010.
[92] 王雪青 . 工程项目成本规划与控制 [M]. 北京 : 中国建筑工业出版社 ,2011.
[93] 孙剑 . 工程项目管理 [M]. 北京 : 中国水利水电出版社 ,2011.
[94] 韩国波 . 建设工程项目管理 [M]. 重庆 : 重庆大学出版社 ,2011.
[95] 陈旭 , 闫文周 . 工程项目管理 [M]. 北京 : 化学工业出版社 ,2010.
[96] 陈金洪 . 工建设程项目管理 [M]. 北京 : 中国电力出版社 ,2010.
[97] 北京建筑工程学院招标采购专员建设委员会 . 建设项目概论 [M]. 北京 : 中国建筑工业出版社 ,2012.
[98] 杨兴荣 , 姚传勤 . 建设工程项目管理 [M]. 武汉 : 武汉大学出版社 ,2013.
[99] 郭庆军 . 工程项目管理 [M]. 北京 : 科学出版社 ,2015.
[100] 董良峰 , 张瑞敏 . 工程项目管理 [M]. 北京 : 北京大学出版社 ,2015.
[101] 张飞涟 . 建设工程项目管理 [M]. 武汉 : 武汉大学出版社 ,2015.
[102] 赖一飞 , 胡小勇 , 刘汕 . 工程项目管理学 [M]. 第 2 版 . 武汉 : 武汉大学出版社 ,2015.
[103] 刘钦 . 工程造价控制 [M]. 北京 : 机械工业出版社 ,2009.
[104] 陆惠民 , 苏振民 , 王延树 . 工程项目管理 [M]. 第 2 版 . 南京 : 东南大学出版社 ,2010.
[105] 雷建平 . 建设工程投资控制 [M]. 北京 : 中国电力出版社 ,2011.
[106] 曲赜胜 . 建筑施工组织与管理 [M]. 北京 : 科学出版社 ,2007.
[107] 宋顺 . 园林绿化工程项目进度管理的研究——以园博会永定河休闲森林公园为例 [D]. 北京 : 中国科学院大学 ,2014.
[108] 刘金华 . 基于 PKPM 软件的园林工程项目进度计划编制 [J]. 项目管理技术 ,2013,2(11):65-69.